R. Lauterbach · Physik des Planeten Erde

Physik des Planeten Erde

Physik des Erdkörpers, der Hydrosphäre und der Atmosphäre

Unter Mitwirkung von

St. Grässl †
Chr. Hänsel
P. Hupfer
H. Kautzleben
M. Reichstein
Kh. Schmidt
H. Stiller
J. Taubenheim
H.-J. Treder
C.-U. Wagner

mitverfaßt und herausgegeben von R. Lauterbach

Mit 75 Abbildungen und 13 Tabellen
2., völlig neu bearbeitete Auflage

AKADEMIE-VERLAG BERLIN 1985

Erschienen im Akademie-Verlag Berlin, DDR-1086 Berlin, Leipziger Straße 3–4

Lizenznummer: 202 · 100/452/85
Printed in the German Democratic Republic
Gesamtherstellung: VEB Druckerei „Thomas Müntzer", 5820 Bad Langensalza
Lektor: Dipl.-Met. Heide Deutscher
Schutzumschlag und Einband: Wolfgang Janisch
LSV 1435
Bestellnummer: 761 859 6 (6121)

04800

Inhaltsverzeichnis

Anschriften der Verfasser

Dr. sc. nat. STEFFEN GRÄSSL(†), Akademie der Wissenschaften der DDR, Forschungsbereich Geo- und Kosmoswissenschaften, Zentralinstitut für Physik der Erde. DDR-1500 Potsdam, Telegrafenberg.

Professor Dr. sc. nat. CHRISTIAN HÄNSEL, Karl-Marx-Universität Leipzig, Sektion Physik, Wissenschaftsbereich Geophysik. DDR-7010 Leipzig, Talstr. 35.

Professor Dr. sc. nat. PETER HUPFER, Humboldt-Universität zu Berlin, Sektion Physik, Bereich 09 – Meteorologie und Geophysik. DDR-1162 Berlin, Müggelseedamm 256.

Professor Dr. rer. nat. habil. HEINZ KAUTZLEBEN, korr. Mitglied der Akademie der Wissenschaften der DDR; Akademie der Wissenschaften der DDR, Leiter des Forschungsbereiches Geo- und Kosmoswissenschaften. DDR-1500 Potsdam, Telegrafenberg.

Professor Dr. sc. nat. ROBERT LAUTERBACH, o. Mitglied der Akademie der Wissenschaften der DDR; Karl-Marx-Universität Leipzig, Sektion Physik, Wissenschaftsbereich Geophysik. DDR-7010 Leipzig, Talstr. 35.

Dozent Dr. rer. nat. habil. MANFRED REICHSTEIN, Martin-Luther-Universität Halle-Wittenberg, Sektion Geographie, Wissenschaftsbereich Geologie. DDR-4020 Halle (Saale), Domstr. 5.

Professor Dr. rer. nat. habil. KARLHEINZ SCHMIDT, Akademie der Wissenschaften der DDR, Forschungsbereich Geo- und Kosmoswissenschaften; Direktor des Zentralinstituts für Astrophysik. DDR-1502 Potsdam-Babelsberg, Rosa-Luxemburg-Str. 17a.

Professor Dr. rer. nat. habil. HEINZ STILLER, Vizepräsident und o. Mitglied der Akademie der Wissenschaften der DDR. DDR-1086 Berlin, Otto-Nuschke-Str. 22 bis 23.

Professor Dr. rer. nat. habil. JENS TAUBENHEIM, Akademie der Wissenschaften der DDR, Forschungsbereich Geo- und Kosmoswissenschaften, stv. Direktor des Heinrich-Hertz-Instituts für Atmosphärenforschung und Geomagnetismus. DDR-1199 Berlin, Rudower Chaussee 5.

Professor Dr. rer. nat. habil. Dr. h. c. mult. HANS-JÜRGEN TREDER, o. Mitglied der Akademie der Wissenschaften der DDR; Akademie der Wissenschaften der DDR, Forschungsbereich Geo- und Kosmoswissenschaften, Direktor der Einstein-Laboratoriums für theoretische Physik. DDR-1506 Caputh, Am Waldrand 3/3a.

Professor Dr. rer. nat. habil. CHRISTIAN-ULRICH WAGNER, Akademie der Wissenschaften der DDR, Forschungsbereich Geo- und Kosmoswissenschaften, Heinrich-Hertz-Institut für Atmosphärenforschung und Geomagnetismus; Leiter des Bereiches Physik der Sonne und der Magnetosphäre. DDR-1500 Potsdam, Telegrafenberg.

Vorwort

Die geophysikalische Erforschung des Planeten Erde hat in allen seinen Sphären auch seit Erscheinen der ersten Auflage der „Physik des Planeten Erde" (1975) im Akademie-Verlag, Berlin, und dem Ferdinand Enke Verlag, Stuttgart, (1975) weiterhin ungewöhnlich große Fortschritte gemacht. Dazu haben vor allem die Kosmosforschung, die internationalen Forschungs- und Überwachungsprojekte sowie die Fortschritte der Meßtechnik in erster Linie beigetragen. Zu neuen experimentellen und Labormethoden kamen wichtige theoretische Ansätze und Modelle, mit deren Hilfe versucht wurde, die Fülle neuer Daten und Tatsachen zu einem möglichst günstigen, abgerundeten Bild zusammenzufassen.

Die Geophysik ist in breiter Öffentlichkeit sehr viel bekannter geworden als je zuvor, nicht zuletzt deshalb, weil sie an Bedeutung beträchtlich zugenommen hat. Zahlreiche neue Untersuchungsmethoden sind gleichzeitig für die Atmosphäre, die Hydrosphäre wie die feste Erde von Wichtigkeit. Dadurch entstand eine sehr viel größere Wechselwirkung zwischen den einzelnen Teildisziplinen der Geophysik als früher. Am Anfang standen mehr formale Gemeinsamkeiten wie etwa die methodisch analoge Bewältigung sehr großer Datenmengen aus langen Zeitreihen, ihre Aufbereitung und Speicherung in Datenbänken. Dann kamen echte gemeinsame Aufgabenstellungen, die wohl zuerst bei der Erforschung der Ozeane deutlich wurden und vom Untergrund derselben über ihre Dynamik bis zur Wechselwirkung mit der Atmosphäre reichten. Diese Kooperation wurde durch die Satellitenmethoden erheblich verstärkt. Internationale Projekte bauten diese Wechselwirkung zwischen den einzelnen Geosphären durch neue Erkenntnisse aus. In zunehmendem Maße spielte auch die Umweltgeophysik eine Rolle als komplex zu lösende Aufgabe der physikalischen Wechselbeziehungen zwischen Erdkörper, terrestrischer Hydrosphäre, den Ozeanen, der unteren und oberen Atmosphäre und der Magnetosphäre mit der Biosphäre.

Die erste Auflage dieses Buches hat eine freundliche Aufnahme gefunden und erfreute sich einer bedeutenden Nachfrage. Das mag wohl auch daran liegen, daß als Folge des Zusammenrückens der geophysikalischen Teilfächer ein zunehmender Bedarf nach breiter Information eintrat, die alle Stockwerke der Erde umfaßt, also vom Erdkern bis zur Magnetosphäre. Nun gibt es aber noch nicht wieder sehr viele Bücher, die das vielgliedrige Gebiet der Geophysik im Sinne eines Forschrittsberichtes bis in die letzte Zeit behandeln. Deshalb entschlossen sich der Akademie-Verlag Berlin, die Verfasser und der Herausgeber zu dieser zweiten Auflage nach rund 10 Jahren. Seit dem Erscheinen der ersten Auflage sind viele Erkenntnisse neu hinzugekommen. Manche Probleme wurden seitdem gelöst, neue, andere Fragen sind wieder aufgetaucht und bedürfen einer neuartigen Behandlung.

Es ist das besondere Ziel dieses Buches, die Fortschritte bei der Erforschung des geophysikalischen Baues, der Struktur und Dynamik sowie des Funktionsmechanismus der Erde insgesamt mit Einschluß der Wechselwirkung ihrer Geosphären (und einiger physikalischer Aspekte der Biosphäre) zu kennzeichnen. Dabei wird auf den Kenntnisstand bis 1983 zurückgegriffen, und die durch neue Tatsachen und Erkenntnisse in Bewegung geratenen Gebiete werden besonders gekennzeichnet.

Die zahlreichen Hinweise, die anläßlich der Buchbesprechungen der ersten Auflage in den internationalen Zeitschriften gegeben wurden, sind — soweit möglich — mit Dank für die Ratschläge berücksichtigt worden. So wurde z. B. der kritisierte Dualismus von Paläogeophysik und Paläomagnetismus (in zwei getrennten Kapiteln) beseitigt. Es wurde ferner bei der Behandlung der Hydrosphäre die Lücke hinsichtlich der terrestrischen Hydrologie geschlossen, und die Seismologie wurde durch ein Kapitel physikalische Vulkanologie ergänzt. Die Aufnahme weiterer neuer Kapitel, die ursprünglich geplant waren, verbot der fehlende Platz. Dieses gesamt-geophysikalische Buch sollte den gleichen Umfang beibehalten und nicht in ein voluminöses — und teures — Handbuch ausarten.

So ist das hiermit erneut vorgelegte Buch in erster Linie für Geowissenschaftler gedacht, darunter vor allem für Geophysiker unterschiedlicher Fachrichtungen, aber auch für Geologen, Geochemiker und Geographen. Es wendet sich aber auch an geowissenschaftlich Interessierte ganz allgemein. Es will also versuchen, dem Natur- wie Gesellschaftswissenschaftler die große Bedeutung der in letzter Zeit mit geophysikalischen Mitteln erzielten Fortschritte bei der Erforschung unserer kosmischen Heimat Erde zu verdeutlichen. Dem für diese Thematik weniger vorgebildeten Leser wird es nicht schwerfallen, die zu speziellen Passagen des Textes ohne Gefährdung des Gesamtverständnisses zu überschlagen. Durch kursive Hervorhebungen wird die Stoffauswahl zusätzlich erleichtert, außerdem hilft hierbei ein alphabetisches Schlagwortregister.

Dem Geophysiker hingegen werden die das gesamte Spektrum seiner Disziplin keineswegs voll überdeckenden Berichte aber hoffentlich doch genug Anregung geben, über weitere Möglichkeiten der interdisziplinären Wechselwirkung allein im Bereich der Physik der Erde, aber auch darüber hinaus nachzudenken.

Die gegenwärtige Entwicklung der Geophysik ist durch eine sich räumlich ständig erweiternde und immer intensivere Einbeziehung der physikalischen Einflüsse aller Geosphären in den menschlichen Wirkungskreis gekennzeichnet. Die Geophysik ist noch mehr als früher zu einer Naturwissenschaft von grundlegender Bedeutung geworden.

Man kann die physikalischen Eigenschaften und Prozesse unserer kosmischen Heimat nicht vollkommen verstehen, wenn nicht — und das geschieht in diesem Buch — auch moderne Grundkenntnisse über die Entstehung des Sonnensystems und der Erde dargeboten werden. Auch der Mond als Nachbar unseres Heimatplanten wird in diese Betrachtung mit einbezogen.

Die Darstellung umfaßt ferner die äußerste Hülle der Erde, die Magnetosphäre. Schließlich werden neue Erkenntnisse über die Hochatmosphäre und weiter auch die untere Atmosphäre dargestellt, was ebenfalls eine Neueinfügung in den Text bedeutet. Die Hydrosphäre wird sowohl als physikalische Ozeanologie, aber auch als terrestrische Wasserhülle im Rahmen der physikalischen Geohydrologie umrissen.

Es schließt sich eine Analyse der Physik und Chemie des Erdinneren an, die auch über die auf diesem Gebiet ebenfalls erfolgreiche internationale Kooperation berichtet. Dieses Kapitel wird durch ein weiteres über die physikalischen Aspekte der Seismologie und der Vulkantätigkeit in einem besonderen Abschnitt noch speziell ergänzt.

Querschnittsgebiete der Geophysik werden in dem Buch als Beispiele auch behandelt. Da ist einmal die Paläogeophysik, die sich mit allen Informationen über frühere geophysikalische Zustände der Erde befaßt und hieraus Schlußfolgerungen für die Gegenwart zieht. Das betrifft die feste Erde mit ihrer Struktur, mit dem Schwerefeld und dem magnetischen Feld (Paläomagnetismus). Ferner gehört hierzu die Erforschung der alten Meere (Paläozeanologie) und der ehemaligen Atmosphäre sowie Klimate (Paläoklima).

Dem Vorgehen von BENO GUTENBERG folgend wird schließlich auch der Einfluß physikalischer Felder des Erdkörpers, des Wassers wie vor allem der Atmosphäre auf Lebewesen insoweit angedeutet, als gegenwärtig sich schon gesichterte Kenntnisse hierzu zu formieren beginnen.

Damit will dieses Buch dazu beitragen, daß eine bessere Verständigung der Vertreter verschiedenster geophysikalischer Teilgebiete untereinander zum besten des Fortschrittes unserer Wissenschaft möglich wird, die einstmals an Hochschulen und in Forschungsstätten ein einheitliches Fach gewesen ist und nun aus den dargelegten Gründen wieder enger zusammenzurücken begonnen hat.

Als Herausgeber danke ich herzlich meinen an diesem Buch mitwirkenden Autoren für die Ermutigung zur Herausgabe dieser zweiten Auflage, für ihre viele Mühe und für die intensive Zusammenarbeit. Dank auch Herrn Dr. sc. Jacobs für seine Unterstützung.

Ein besonderer Dank gebührt dem Akademie-Verlag Berlin, und insbesondere der stets hilfsbereiten betreuenden Lektorin, Frau Diplom-Meteorologin H. DEUTSCHER.

R. LAUTERBACH

1. Kosmogonie und Erdentstehung[1])

1.1. Historische Bemerkungen

Die historisch und methodisch erste Grundlage der kosmogonischen Theorienbildung sind die NEWTONsche Gravitationstheorie und Himmelsmechanik und insbesondere die aus ihr folgenden Stabilitätstheoreme für Körper und Körpersysteme und die Theorie der Gleichgewichtsfiguren rotierender deformierbarer Körper. Auf diesem Fundament allein beruhten die ersten wissenschaftlichen Kosmogonien von KANT und LAPLACE. Die ältere Entwicklung der kosmogonischen Theorien ist identisch mit der mathematischen Entwicklung der Theorie der Gleichgewichtsfiguren und den damit verbundenen Stabilitätskriterien von C. JACOBI über E. ROCHE, G. H. DARWIN, H. POINCARÉ bis J. JEANS.

Mitte des vorigen Jahrhunderts entstand ein weiterer Zugang zur Kosmogonie aus der Entwicklung der mechanischen Wärmetheorie und der kinetischen Gastheorie. Sie führte, wie sich später zeigte, zum Verständnis der ersten Phasen der Lebensgeschichte von Sternen. Die Anwendung der kinetischen Gastheorie auf die Kosmogonie begann mit HELMHOLTZ und KELVIN. Der von HELMHOLTZ und KELVIN entdeckte Prozeß der Energieerzeugung durch Gravitations-Kontraktion ist von großer Bedeutung für die Kosmogonie des Planetensystems. Die Synthese von Mechanik und Thermodynamik von H. LANE und A. RITTER über POINCARÉ und JEANS führte schließlich zu der von EDDINGTON (1924) begründeten allgemeinen Theorie der Sternentwicklung, deren erste Phasen auch für die Kosmogonie des Planetensystems entscheidend sind.

Eine grundsätzlich neue Komponente kam in die Kosmogonie mit der Begründung der Quantentheorie, der Relativitätstheorie und der Kernphysik durch PLANCK, EINSTEIN und RUTHERFORD zu Beginn dieses Jahrhunderts. Die neue Physik führte nicht nur zu einer quantitativ verbesserten Theorie der kosmogonisch bedeutsamen Parameter, sondern ermöglichte das Verständnis des Energiehaushaltes der Sterne aus der Theorie der Kernfusionsprozesse und damit das Verständnis der kosmogonischen und geologischen Zeitskalen, die durch die Kernphysik exakt begründet wurden. Sternentwicklung ist die Synthese der beiden klassischen Komponenten mit der Quanten-, Relativitäts- und Kernphysik.

Nach KANT ist die Materie des Sonnensystems ursprünglich quasi-kontinuierlich über den gesamten Raum des Sonnensystems verteilt gewesen mit einer Massendichte, die

[1]) Von KH. SCHMIDT und H.-J. TREDER.

vielleicht kleiner als

$$\varrho = \frac{M}{V} \approx \frac{2 \cdot 10^{33}\,\mathrm{g}}{V} \approx 10^{-21}\,\mathrm{g/cm^3}$$

(M = Sonnenmasse, V = Volumen des Urnebels,)

war, so daß die Materie des Sonnensystems primär bis in die Nähe der nächsten Fixsterne reichte. Diese ursprüngliche Materie war gas- und staubförmig mit einem sehr großen Übergewicht der kleineren Partikel gegenüber den größeren. Diese Partikel bewegten sich im allgemeinen statistisch ungeordnet in einem von KANT als „chaotisch" bezeichneten Bewegungszustand. Jedoch war diesem chaotischen Bewegungszustand noch zusätzlich eine systematische Bewegung aufgeprägt, ein endlicher Gesamtdrehimpuls. Dieser Gesamtdrehimpuls des Sonnen-Urnebels entstand, weil sich die Urwolke der Sonne gleichzeitig mit einer großen Anzahl anderer Urwolken, nämlich denjenigen eines Sternsystems von Millionen von Sonnenmassen herausbildete, wobei dann alle Urwolken – in statistischer Verteilung – verschiedene innere Drehimpulse mitnahmen.

Bei der Entwicklung des Planetensystems treten neben der Gravitation und den unelastischen Stößen auch andere Kräfte in Erscheinung, welche die Feinstruktur des Sonnensystems beeinflussen. Die Aufheizung der Sonne führt zu deren Leuchten und damit auch zum Strahlungsdruck, auf dessen kosmogonische Bedeutung schon SCHWARZSCHILD, ARRHENIUS und EDDINGTON hinwiesen. – ALFVÉN sieht eine wesentliche Komponente in den „eingefrorenen Magnetfeldern", welche das Sonnensystem aus seiner praestellaren Vorgeschichte mitnahm, und deren Intensität durch die Komprimierung der Feldlinien bei der Kontraktion der Urwolke stark anwächst.

Grundsätzlich haben die *Kosmogonie des Planetensystems* und auch die Geschichte dieses Systems (wie auch die Geschichte des Planeten Erde) eine *kosmologische Komponente*, indem die Bedingungen, unter denen das Sonnensystem entstand und unter denen es sich entwickelte, durch die engere und weitere kosmische Umwelt gegeben sind, welche letztendlich vom Entwicklungszustand des Universums selbst abhängt. – Es ist seit E. A. MILNE (1932) verschiedentlich untersucht worden, inwiefern die von der Kosmologie konstatierte Entwicklung des Universums im Großen (relativistischer Evolutions-Kosmos) sowohl die Anfangsbedingungen der Entwicklung des Planetensystems und der Erde bestimmt hat, als auch eine wesentliche Komponente in der weiteren Entwicklung von Planetensystemen und Erde sein könnte.

Die Klärung dieser Fragen steht im Zusammenhang mit der allgemeinen Relativitätstheorie EINSTEINS. Die in den letzten Jahrfünften gewonnenen Erkenntnisse über die relative Beziehung zwischen Erdalter und dem Alter der Metagalaxis haben viel zur Vereinfachung dieses Problems beigetragen, indem sie nachwiesen, daß die Metagalaxis wesentlich älter (mindestens doppelt so alt, $\geqq 10 \cdot 10^9$a gegenüber $\approx 5 \cdot 10^9$a) als das Sonnensystem ist. Dennoch könnten feinere Effekte in der Kosmogonie und der Geogonie kosmologisch bedingt sein (dies behaupten sowohl die DIRACsche Hypothese als auch die sogenannte MACH-EINSTEIN-Doktrin – s. Kapitel 1.2. und 1.3. jeweils am Schluß).

Die neuesten Entwicklungen in der Astrophysik der nichtstellaren Materie und der jungen Sterne haben in Beobachtung und Theorie die wesentlichen Momente der theoretischen Kosmogonie gesichert und ausgebaut (s. Kapitel 1.3.).

1.2. Thesenartige Zusammenfassung der theoretischen Grundlagen der Kosmogonie des Sonnensystems

1. *Die Sonne ist ein normaler Stern der Scheibenpopulation I.* Sie entstand praktisch gleichzeitig (siehe unten) mit ihrem Planetensystem in einer *Sternassoziation*, die sich aus einer Wolke interstellarer Materie (Gas und kosmischer Staub) bildete. Diese Materie war schon einmal in Sternen der Population II thermonuklear „durchgekocht", woraus sich die *primäre Isotopenzusammensetzung* im Sonnensystem erklärt. Zwischen der Synthese der schweren Elemente während der Endphase der Entwicklung dieser Sterne aus der Population II und der Bildung neuer Sterne in der Assoziation lagen etwa 500 Mio Jahre. — Die Assoziation umfaßte größenordnungsmäßig 10^3 Sonnenmassen, und es entstanden etwa 10^3 Sterne in der Assoziation.

2. Die *Entstehung der primären Solarmaterie* aus Materie der Sternpopulation II geschah in einem *explosiven Prozeß* vom Typ einer *Supernova-Explosion*, eines extrem schweren Sterns der Population II (der entsprechend seinem Massenreichtum eine relativ kurze Lebensgeschichte gehabt hat).

3. Weil sich diese *primäre Wolke* nicht im dynamischen Gleichgewicht (im Sinne der Himmelsmechanik) befand, zerfiel diese Wolke in *kontrahierende Teilwolken*, die sich in einem quasi-stabilen Gleichgewichtszustand befanden (Gravitations-Instabilität im Sinne von Jeans).
Die Mindestgröße dieser Teilwolken ist durch die Jeanssche Formel
$$M = \left(\frac{5}{9}\right)^{3/2} \pi^{3/2} \frac{v^3}{f^{3/2}\varrho^{1/2}}$$
(f = Gravitationskonstante)
gegeben, aus der insbesondere folgt, daß die Mindestmasse M der kontrahierenden Teilwolken, das sind die *Protosonnen*, proportional der dritthalben Potenz der absoluten Temperatur T, d. h. der halben Potenz der mittleren Molekulargeschwindigkeit v, und reziprok proportional der Wurzel der Massendichte ϱ der primären Wolke ist. Je höher die Temperatur T und je kleiner die Massendichte ϱ der primären Wolke ist, um so größer ist die Mindestmasse M der Protosterne.
Die Stellen, an denen sich die *primären Gravitations-Instabilitäten* ausbilden, sind durch äußere Einflüsse auf die Urwolke gegeben. Sind die primären Instabilitäten einmal da, so sorgt die Gravitations-Dynamik von selbst dafür, daß die Protosterne die Jeanssche Bedingungen erfüllen.

4. Es sei ausdrücklich bemerkt, daß alle diese Aussagen nur für Sterne der *Population I* gültig sind, nicht jedoch für die Sterne der relativ älteren Population II, die sicher auf ganz anderem Wege entstanden sind.

5. Für den Prozeß der *Entstehung der Sonne und ihres Planetensystems* ist die relativ *kurze Zeit von einigen* 10^1 *Mio Jahren* entscheidend, die zwischen der Ausbildung von Gravitationsinstabilitäten im Urnebel bis zur *Zündung der Kernfusionsprozesse* im Innern der neugebildeten Sonne liegt.

6. Nach Ausbildung der entsprechenden Gravitationsinstabilität kontrahierte ein Teil der Wolke von größenordnungsmäßig einer Sonnenmasse unter der Wirkung

der eigenen Schwere. Dieser Kontraktionsprozeß ist mit der von HELMHOLTZ untersuchten Energieproduktion einer Gaskugel durch Umsetzen ihrer potentiellen Gravitationsenergie V in Arbeit verbunden. Die energetischen und thermischen Verhältnisse in der *kontrahierenden Ursonne* werden quantitativ beschrieben durch ein Theorem von POINCARÉ, nach dem die innere Energie U der Gaskugel immer gleich dem halben Betrag der jeweiligen potentiellen Gravitationsenergie ist:

$$U = \frac{1}{2}|V| = \frac{3}{10} f \frac{M^2}{r}$$

(r = momentaner Sonnenradius).

Die Energiedifferenz

$$V(r_1) - V(r_2) + U(r_1) - U(r_2) = \tfrac{1}{2}\left(V(r_1) - V(r_2)\right)$$

zwischen den verschiedenen Kontraktionsstadien verliert die Sonne in Form von Wärmestrahlung.

7. Die *innere Energie U* ist im wesentlichen ungeordnete kinetische Energie und repräsentiert sich phänomenologisch als Wärmeenergie. Entsprechend der kinetischen Gastheorie gilt für die Temperatur im Innern der Ursonne daher $U \sim T$. Die Temperatur im Innern der Ursonne wächst also mit abnehmendem Sonnenradius $T \sim 1/R$.

8. Der *primäre Nebel* besitzt im allgemeinen große *Turbulenzelemente*, so daß die sich als JEANSsche Gravitationsinstabilitäten herausbildenden Protosonnen *Rotationsmomente* besitzen. Durch Beobachtungen ist in der Tat bekannt, daß der Drehimpuls (genügend schwerer) junger Sterne von derselben Größenordnung ist wie der gesamte heutige Drehimpuls des Sonnensystems.

9. Bei der *Kontraktion der Ursonne wächst* entsprechend dem Drehimpulssatz die *Winkelgeschwindigkeit* ω der Ursonne an: $\omega \sim 1/R^2$.

10. Aus der Theorie der *Gleichgewichtsfigur* von JACOBI bis POINCARÉ und JEANS folgt dann, daß mit wachsender Rotationsgeschwindigkeit die *Ursonne* zunächst *elliptisch deformiert* und bei zu großem primären Rotationsmoment mit schrumpfendem Radius R schließlich *instabil* wird. Die Ursonne müßte sich dann in zwei Teilkörper vergleichbarer Masse aufteilen, wobei das Rotationsmoment der Ursonne im wesentlichen in das Bahndrehmoment des so entstandenen *Doppelsternsystems* umgesetzt wird. Auf Grund der Gezeitenkopplung gemäß DARWIN wurden dann im Laufe der Geschichte dieses Doppelsternsystems die verbliebenen Eigendrehmomente der beiden Teilsterne weiter in das Bahndrehmoment transformiert, so daß sich die Komponenten des Doppelsternsystems voneinander entfernten.

11. Die Astrometrie hat gezeigt, daß etwa die *Hälfte aller Sterne Doppelsterne* sind. Die Bildung von Doppelsternen gemäß DARWIN und JEANS ist also einer der Wege, auf denen ein sich bildender Stern sein überschüssiges Drehmoment verliert.

12. Für die *Bildung eines Planetensystems* hat dieser rein dynamische Prozeß aber keine Bedeutung: Unser Sonnensystem zeichnet sich dadurch aus, daß das Dreh-

moment des Sonnensystems überwiegend als *Bahndrehimpuls* auf die Planetenbewegung verteilt ist [wobei das Maximum (etwa 90%) durch Bahndrehimpulse von Jupiter und Saturn gebunden ist].

13. Astrometrische Untersuchungen der Sterne in der Umgebung der Sonne haben gezeigt, daß vielleicht bis zu 50% aller Sterne ein Planetensystem besitzen können.

14. Man kann die Charakteristika des Planetensystems verstehen, wenn man mit KANT davon ausgeht, daß die *Urwolke*, aus der sich das Sonnensystem bildete, ein *Drehmoment* besaß, das dem heutigen Bahndrehimpuls der Planeten in etwa entspricht. Dieser Drehimpuls beträgt insgesamt nur etwa 1/700 desjenigen Rotationsmoments, welches die Ursonne haben müßte, um als quasi-starrer Körper mit einem Radius a zu rotieren, der der heutigen Ausdehnung des Sonnensystems entsprechen würde.

15. Daher konnte sich auch nur 1/700 der Masse M der Urwolke als selbständige Planeten formieren, deren Bahnbewegungen etwa den Gesamtdrehimpuls (mit $\alpha \leqq 2/5$)

$$\sum (m_p R_p^2 \Omega_p) = \frac{\alpha}{700} M a^2 \omega = \frac{\alpha}{700} M \sqrt{fMa}$$

aufweisen.
Hierbei sind die m_p die Planeten-Massen und R_p ihre Bahnradien. ω wäre die Winkelgeschwindigkeit der starr rotierenden Wolke, wobei ω etwa die KEPLER-Bewegung des Pluto und a dessen Bahnradius sein müßte.

16. Die *unelastischen Stöße* zwischen den Partikeln der Urwolke *verzehren* fast die gesamte *kinetische Energie* und kompensieren die Impulse der Partikeln, so daß die Gravitation der Wolke zur *Accretion* der frei fallenden Massen im Zentrum führte. Diese zentrale Massenkonzentration erfaßte 699/700 der Gesamtmasse als Zentralkörper „Sonne“ und zwar praktisch ohne Drehimpuls. Die *Fallenergie* dieser Massen wurde zur *Wärmeenergie der Sonne.*

17. Der *Drehimpuls* verblieb zu 99% als Bahndrehimpuls der Planeten (vor allem des Jupiter und des Saturn). Der Gravitationskollaps und die Aufzehrung der kinetischen Energie bei den unelastischen Stößen sorgten dafür, daß die *Bewegungsbahnen* sich einer *Hauptebene* anschmiegen, die durch das Rotationsmoment der Urwolke definiert ist.

18. *Je größer die Planeten sind, desto kreisförmiger sind ihre Bahnen.* Das Fehlen von Bahnneigung und Bahnexzentrizität ist das Resultat einer statistischen Mittelung über viele „Planetesimalen“. Die kinetische Energie wurde hauptsächlich zur Wärmeenergie der Sonne und ferner zur inneren Wärme der Planeten. *Ein Planet hat daher eine desto größere primäre Wärme, je größer er ist.*

19. Bei der Entwicklung des Planetensystems treten neben der Gravitation und den unelastischen Stößen auch andere Kräfte auf, welche die Feinstruktur des Sonnensystems bestimmen. Die Aufheizung der Sonne führt zu deren Leuchten und damit zum Strahlungsdruck. — ALFVÉN sieht eine wesentliche Komponente in den „*Magnetfeldern*“, welche das Sonnensystem aus seiner prästellaren Vorgeschichte mitnahm und deren Intensität durch die *Komprimierung derFeldlinien* bei der Kontraktion der Sonnenwolke stark anwächst.

20. Während im Sonnensystem fast der gesamte Drehimpuls im Bahndrehimpuls der Planeten konzentriert ist, beträgt bei den *Satelliten-Systemen der großen Planeten* der Bahndrehimpuls der Monde immer nur einen Bruchteil des jeweiligen Rotationsmoments der Planeten. Die *Drehimpulsverteilung* in diesen Systemen entspricht daher völlig den Konsequenzen, die aus der LAPLACEschen *Hypothese* zu erwarten sind: Die inhomogenen Schichten der Uratmosphäre der großen Planeten kollabierten, und das *überschüssige Rotationsmoment* wurde stufenweis als *Gas- oder Staubringe* abgeschleudert, aus denen durch Accretion sich dann die *Monde* bildeten.

21. Dabei konnten später die *inneren Monde* noch ihre Bahndrehimpulse mit Hilfe der DARWINschen Gezeitenkopplung auf Kosten der Rotationsmomente der Planeten vergrößern. So ist beim Doppelplaneten Erde-Mond der Bahndrehimpuls auf Kosten der Eigenrotation der Erde via Gezeitenkopplung angewachsen.

22. Im allgemeinen gibt die „LAPLACE*sche Uratmosphären-Hypothese*" genau so die Grundwahrheiten der Satelliten-Kosmogonie wieder, wie KANTS „*Urwolken-Hypothese*" die Entstehung des Planetensystems darstellt.

23. Es gibt also *drei Idealfälle*:

a) Die Bildung von *Doppel- und Mehrfach-Systemen* (JACOBI, POINCARÉ, JEANS). Größenordnungsmäßig führt das Rotationsellipsoid von JACOBI über POINCARÉS Birne zur Aufspaltung und „Gleichverteilung" (kleine Zahlenverhältnisse) von Masse und Drehimpuls auf die Komponenten und Bewegungen (Bahnmoment, Spin). (Umverteilung der Drehimpulse später via Gezeitenkopplung, DARWIN.)

b) Bei der *Satelliten-Bildung* nach LAPLACE bindet der Zentralkörper fast die gesamte Masse und fast den gesamten Drehimpuls (als Spin).

c) Im *Planetensystem* ist dagegen fast die gesamte Masse in der (nahezu „spinlosen") Sonne gebunden, während der Drehimpuls fast völlig der Bahndrehimpuls der nahezu „masselosen" Planeten ist.

24. Was tatsächlich geschieht, hängt von den Anfangsbedingungen im „*Urnebel*" (bzw. im „Protostern") ab, d. h. von deren Masse, Dichte und Drehimpuls, insbesondere vom Verhältnis der Gravitationskraft zur Zentrifugalkraft. *Doppelsterne* entstehen bei spezifisch großem, *Planetensysteme* bei nahezu verschwindendem Drehimpuls der Urwolke. Alle anderen Kräfte und Gesetze (Strahlungskräfte, Magnetismus etc.) sind nur für die „Feinstrukturen" der Systeme (oder für deren Peculiaritäten) verantwortlich.

25. Der Prozeß der *Entstehung des Planetensystems* fand vor rund 4,5 bis 5,0 10^3 Mio Jahren statt. *Die Erde ist etwa so alt wie das Planetensystem selbst.*
Da das sogenannte *Weltalter* t_0 (die reziproke HUBBLE-Konstante H_0) der Kosmologie mindestens 10^4 Mio Jahre beträgt, fand die *Entstehung desSonnensystems unter normalen kosmologischen Bedingungen* statt, die sich nicht wesentlich von den heutigen unterschieden.

26. Die *extragalaktische astronomische Forschung* überschaut heute einen Zeitraum von etwa 10^4 Mio Jahren durch direkte Beobachtungen. Sie bestätigt das von der allgemeinen Relativitätstheorie implizierte Prinzip der *universellen Gültigkeit der*

Naturgesetze. Nach EINSTEINS *allgemeinem Relativitätsprinzip* gelten *zu jeder Zeit und an jedem Ort lokal die Gesetze der speziell-relativistischen Quantentheorie*. Dies ist die schärfste Formulierung des *aktualistischen Prinzips*, das daher in der Kosmogonie und Geogonie uneingeschränkt anzuwenden ist. (Dies gilt insbesondere auch für die *Werte der universellen Naturkonstanten*.)

27. Die Gravitationstheorien mit *variabler Gravitationskonstante* behaupten insbesondere gemäß einer Hypothese von DIRAC, daß die Gravitationskonstante f reziprok zum Weltalter t abnimmt:

$$f \sim \frac{1}{t}.$$

Hieraus würde für nicht zu große Zeitdifferenzen Δt folgen, daß die Solarkonstante S früher ($\Delta t < 0$) gemäß

$$S = S_0(1 + 9H_0\Delta t)$$

größer war als heute (d. h. vor 1 bis 2 Mrd. Jahren soll die Solarkonstante doppelt so groß gewesen sein wie heute). (Wir werden im folgenden davon ausgehen, daß es *keine säkulare Änderung der Gravitationskonstante* gibt.)

28. Die *Erdgeschichte* muß daher davon ausgehen, daß zu jeder Zeit die heutigen Naturgesetze galten und daß sich ferner die Umgebung der Erde im Kosmos nicht wesentlich geändert hat. Mit der Zündung der Kernreaktionen kam die Sonne auf ihren Platz in der Hauptreihe des HERTZSPRUNG-RUSSELL-Diagramms, den sie noch heute innehat. Die physikalische Beschaffenheit der *Sonne hat sich während der Erdgeschichte daher nicht merklich geändert* (was kleine temporäre Schwankungen der physikalischen Parameter der Sonnenatmosphäre nicht ausschließt). Man sollte wohl davon ausgehen, daß die Rate der primären kosmischen Strahlung während der Erdgeschichte sich nicht säkulär geändert hat (zufällige temporäre Schwankungen nachzuweisen, wäre Sache der *Paläogeophysik*).

29. Ein denkbarer säkularer himmelsmechanischer Effekt von Bedeutung für die Erdgeschichte könnten die *Gezeitenreibung* (insbesondere die Gezeitenkopplung des Systems Erde-Mond) gemäß KANT, KELVIN und DARWIN sein. Die quantitative Wirkung der Gezeitenreibung ist aber schwer abzuschätzen, insbesondere für geologische Zeitepochen, da sie von der Größe und Form der *Schelfmeere* abhängt.

30. Ein anderer möglicher Effekt ist kosmologischen Charakters. Da das *Erdalter* von 5 Mrd. Jahren mit dem *Weltalter* von 10 Mrd. Jahren immerhin vergleichbar ist, ist zu beachten, daß die Massendichte des Evolutions-Kosmos als Folge der *Expansion des Universums während der Erdgeschichte* abgenommen hat und daher insbesondere auch das mittlere *Gravitationspotential der Meta-Galaxis* φ *auf etwa den halben Wert gesunken* ist.

31. Eine wichtige Hypothese im Rahmen der relativistischen Physik, die sogenannte MACH-EINSTEIN-Doktrin, behauptet nun (gemäß TREDER 1972), daß die *Trägheit aller Körper* eine homogene lineare Funktion dieses mittleren Gravitationspotentials der Meta-Galaxis φ ist, so daß der *Trägheits-Widerstand* $\mathfrak{M}$ eines beliebigen Körpers gegenüber den physikalischen Kräften *während der Erdgeschichte*

permanent abgenommen hat, was effektiv das Anwachsen aller Kräfte bedeutet:

$$\mathfrak{M} = \mathfrak{M}_0 \frac{\varphi}{\varphi_0}.$$

32. Aus der MACH-EINSTEIN-Doktrin folgt insbesondere eine *Akzeleration der Orbitalgeschwindigkeit* aller Planeten und Monde gemäß

$$\Omega = \Omega_0(1 + 2H_0\Delta t)\,,$$

wobei H_0 wieder die HUBBLE-Konstante ist. Diese Formel steht in bester Übereinstimmung mit den himmelsmechanischen Fakten, insbesondere aber mit der Mondtheorie und der scheinbaren Bewegung der Sonne. Diese *Säkularbeschleunigungen der Umlaufgeschwindigkeiten* werden meist als nicht real, sondern als Ergebnis der Verlängerung des irdischen Tages als Folge der Gezeitenbremsung gedeutet. Wenn es keine Gezeitenbremsung gibt, bleibt der Erdtag konstant $d = d_0$. Für die Zahl der Tage N pro Jahr gilt jedoch nach der MACH-EINSTEIN-Doktrin

$$N = N_0(1 - 2H_0\Delta t)$$

d. h., weil das *Erdjahr früher länger* war, enthielt es mehr Tage.

33. Aus der MACH-EINSTEIN-Doktrin folgt ferner eine säkulare *Änderung der Erdabplattung* α gemäß

$$\alpha = \alpha_0(1 - H_0\Delta t)$$

sowie eine säkulare *Zunahme der Solarkonstante* (als Folge der Verminderung des Abstandes Erde-Sonne):

$$S = S_0(1 + 2H_0\Delta t)\,.$$

1.3. Astrophysikalische Tatsachen und Vermutungen

Die Untersuchungen über den *inneren Aufbau* und die *Entwicklung der Sterne* ergaben, daß sich die Sterne während des längsten Zeitabschnittes ihres Lebens in *stabilen hydrostatischen und thermischen Gleichgewichtszuständen* befinden. In dieser Phase setzen die Sterne die von ihnen *abgestrahlte Energiemenge* durch die Verschmelzung von je vier Protonen zu einem Heliumkern frei, wobei für Temperaturen unterhalb von etwa $16 \cdot 10^6$ K die *Proton-Proton-Reaktion*, bei der als erster Schritt die direkte Vereinigung von zwei Protonen einsetzt, wirksamer ist als der bei höheren Temperaturen effektivere *Kohlenstoff-Stickstoff-Sauerstoff-Zyklus*, bei dem die genannten Kerne als Katalysatoren dienen. Da die *Zentraltemperatur der Sterne proportional der Masse* ist, überwiegen der CNO-Zyklus in den massereichen Objekten, die pp-Reaktion bei den massearmen Sternen. *In der Sonne*, deren *Zentraltemperatur* bei rund $15-16 \cdot 10^6$ *K* liegt, wird im wesentlichen durch die *pp-Reaktion* Energie freigesetzt. Während der Zeitspanne, in der ein Stern die abgestrahlte Energiemenge durch die genannten Prozesse gewinnt, ändert er seine Strahlungsleistung (Leuchtkraft) nur wenig. Somit läßt sich aus der *Strahlungsleistung* und dem *Wasserstoffvorrat* die *Aufenthaltsdauer eines Sterns* in dieser Phase abschätzen. Berücksichtigt man den aus der Beobachtung der Sternatmosphären erhaltenen Prozentsatz des Wasserstoffs X an der Gesamtmasse, den der Stern bei seiner Entstehung aufwies, und zieht man den aus der *Theorie der Sternentwicklung* folgenden Anteil qX an der gesamten Wasserstoffmasse heran, der im Sterninnern zu Helium umgewandelt werden kann, so ergibt sich die Aufenthaltsdauer τ zu

$$\tau = \frac{0{,}007\, Mc^2 qX}{L}.$$

Der Zahlenfaktor 0,007 ist der Anteil der Wasserstoffmasse, der in Strahlungsenergie umgewandelt wird (Massendefekt).

Mit $qX = 0{,}15$ ergibt sich für die Sonne $\tau = 15 \cdot 10^9$ Jahre. Da sowohl aus der Beobachtung als auch aus der Theorie eine Beziehung zwischen Sternmasse $\mathfrak{M}$ und Strahlungsleistung $L \sim \mathfrak{M}^{3,5}$ folgt, ist die Aufenthaltsdauer $\tau \sim \mathfrak{M}^{-2,5}$.

Für einen Stern mit 20 Sonnenmassen wird $\tau = 10^7$ Jahre, eine Zeitspanne, die klein ist im Vergleich zum Alter unseres Sternsystems, das von der Größenordnung 10^{10} Jahre sein dürfte. Nach diesen Angaben besitzen *leuchtkraftstarke Sterne großer Masse ein kosmisch gesehen geringes Alter*, wodurch die Annahme nahegelegt wird, daß *auch heute noch Sterne entstehen*. Diese *jungen Sterne* sind in unserem wie auch in anderen Sternsystemen in einer dünnen Schicht (Halbwertsdicke etwa 100 pc) *um die Symmetrieebene des Systems* angeordnet. Darüber hinaus markieren sie *Spiralarmsegmente*. Die mittlere Pekuliargeschwindigkeit dieser Sterne beträgt etwa 10 km s^{-1}. *Gleiche räumliche Verteilung* und gleiches kinematisches Verhalten wie diese *massereichen Sterne* zeigt auch die *nichtstellare Materie*. Aus diesen Gründen liegt die Annahme nahe, daß die *Sterne aus nichtstellarem Gas und Staub gebildet werden*.

Die jungen Sterne, zu denen nicht nur die massereichen Objekte gehören, deren geringes Alter aber am leichtesten zu erkennen ist, bilden Gruppen unterschiedlicher Konzentration. Die Auflösung der relativ stark konzentrierten Sternhaufen durch die scherende Wirkung der *Rotation des Sternsystems* und durch den Energieaustausch bei nahen Begegnungen von Sternen im Haufen erfolgt im allgemeinen innerhalb von 10^8 bis 10^9 Jahren. Die lockeren, von Ambarzumjan *Assoziationen* genannten *Gruppen junger Sterne* lösen sich innerhalb von 10^6 bis 10^7 Jahren auf. Die Existenz solcher Assoziationen ist ein unabhängier Beweis für das geringe Alter der Mitglieder dieser Gruppen. Die Tatsache, daß fast alle jungen Sterne in Assoziationen oder Haufen auftreten, spricht für die Annahme, daß die *Sternentstehung grundsätzlich in Gruppen vor sich geht*. Die *nichtstellare Materie als Baustoff der Sterne* erstreckt sich in einer dünnen Schicht mit einer effektiven Schichtdicke von 100 bis 200 pc in der *Ebene der Galaxis*. Diese Schicht besitzt *Dichte-Inhomogenitäten* („*Wolken*"), deren charakteristische Ausdehnungen etwa zwischen 3 und 15 pc liegen, während ihre *Massen zwischen* 10 und 15000 *Sonnenmassen* betragen. Die *Formen der Wolken sind mannigfaltig*: kompakte kugelförmige Gebilde, längliche und faserförmige Strukturen sowie dünne Schichten. Die Dichte in den Wolken liegt zwischen einigen 10^0 und mehreren 10^2 H/cm^3. Da die Wolken nur wenige Prozent des Raumes in der Umgebung der galaktischen Ebene einnehmen, macht die mittlere Dichte nur etwa 0,8 H/cm^3 aus. Die *chemische Zusammensetzung der nichtstellaren Materie entspricht weitgehend der solaren Zusammensetzung*. Allerdings ist rund ein Viertel bis zur Hälfte der chemischen Elemente, die schwerer als Helium sind, im interstellaren Staub konzentriert. Dies trifft insbesondere für die schwer flüchtigen Substanzen zu. Bemerkenswert ist die große Anzahl der in den letzten Jahren *im Radiospektrum aufgefundenen Moleküle,* von denen viele drei- und mehratomig sind.

Diese *Moleküle und Radikale treten ausschließlich in dichteren Gebieten auf.* In rund 95% der Wolken – den HI-Gebieten – ist der Wasserstoff neutral. Die *kinetische Temperatur des Gases liegt dort im Mittel zwischen 60 und 100 K.* In den Bereichen zwischen den Wolken befindet sich heißes HI-Gas von wesentlich geringerer Dichte, dem kinetische Temperaturen um 5000 K zuzuschreiben sind. Der *Wasserstoff in interstellaren Wolken* in der Umgebung von leuchtkraftstarken, massereichen Sternen wird durch die *intensive UV-Strahlung* dieser Sterne, deren Oberflächentemperaturen mehr als 20000 K betragen, *ionisiert.* Diese HII-Gebiete machen nur einige Prozent aller Wolken aus. *Dem Gas ist sowohl in HI- als auch in HII-Bereichen Staub beigemengt,* dessen Anteil an der Gesamtmasse im Mittel ein Prozent ausmacht. In *dichten Wolken ist der Staubgehalt relativ größer.* Die Staubteilchen besitzen effektive Durchmesser von der Größenordnung 10^{-5} bis 10^{-6} cm. Ihrer *chemischen Beschaffenheit* nach dürften die *Partikeln* vornehmlich aus Silikaten bestehen. Doch werden auch andere Modellvorstellungen über die Staubteilchen diskutiert.

Wesentlich für den Energiehaushalt der interstellaren Materie ist die *kosmische Strahlung,* deren Energiedichte mit rund $2 \cdot 10^{-19}$ J cm^{-3} von der gleichen Größenordnung ist wie die des nichtstellaren Gases. Die kosmische Strahlung, die nach den gegenwärtigen Vorstellungen *bei Supernova-Ausbrüchen und durch Pulsare* (sowie möglicherweise in den Kernregionen unseres Sternsystems) erzeugt wird, heizt das nichtstellare Gas auf. Die Gasabkühlung erfolgt durch unelastische Elektronenstöße mit Ionen von schwereren Elementen (C, N, O, Ne, Fe) und durch Stoßanregung von Rotations- und Schwingungsniveaus von Molekülen mit nachfolgender Abstrahlung. Ferner wird durch Stöße von Atomen mit Staubteilchen dem Gas Energie entzogen. Aus dem *Gleichgewicht zwischen Aufheizung und Abstrahlung* ergeben sich die genannten *kinetischen Temperaturen* in HI-Gebieten, wobei die dichteren Wolken kühler sind.

Das *interstellare Magnetfeld* besitzt in der Sonnenumgebung eine schraubenförmige Struktur. Die mittlere Feldstärke beträgt einige 10^{-9} T. Allerdings weisen Messungen der ZEEMAN-Aufspaltung in einzelnen HI-Wolken darauf hin, daß die *Feldstärke mit der Gasdichte zunimmt.* Offenbar sind die *Feldlinien eingefroren* und werden bei der Kontraktion der Wolke vom Gas mitgeschleppt.

Eine Reihe von Detailfragen über den Prozeß der *Sternentstehung aus nichtstellarer Materie* sind noch nicht geklärt. Bekannt ist uns aber das Ergebnis dieses Vorganges: Sterne mit Massen zwischen etwa 0,08 und 50 Sonnenmassen. *Massereichere Objekte* werden wahrscheinlich *instabil, masseärmere erreichen die für das Wasserstoffbrennen notwendige Zentraltemperatur nicht.* Das Massenspektrum der Sterne hat sein *Maximum bei etwa 0,5 Sonnenmassen.* Zu den großen Massen hin fällt das Spektrum stetig ab. Obgleich die *massereichen Sterne* ($\mathfrak{M} \geqq 20\,\mathfrak{M}_\odot$) nur einen Anteil von etwa 3% an der Gesamtmasse der jungen Sterne ausmachen, spielen sie wegen ihrer hohen Oberflächentemperatur eine große Rolle. Ihre *Ultraviolettstrahlung* ionisiert den Wasserstoff des umgebenden nichtstellaren Gases und beeinflußt damit den Prozeß der Sternentstehung in der Nachbarschaft.

Damit es zur *Kondensation von Sternen aus nichtstellarer Materie* kommen kann, ist die Ausbildung einer *Instabilität* erforderlich. JEANS untersuchte als erster die Frage, welche Dichtestörungen in einer Gasmasse instabil sind. Er nahm als ungestörten Zustand eine im Raum homogen verteilte Gasmasse der Dichte ϱ_0 an. Sie soll sich bis ins Unendliche erstrecken und keine Geschwindigkeiten aufweisen. Dann ist kein Punkt in dieser Verteilung ausgezeichnet. JEANS schließt, daß dann das Gravitationspotential eine nicht vom Ort abhängige Konstante sein muß. Unter diesen Voraussetzungen läßt sich zeigen, daß die *kleinste instabile Masse* im Fall der Isothermie durch

$$\mathfrak{M} = \left(\frac{40}{9}\right)^{3/2} \frac{1}{\sqrt{\varrho_0}} \left(\frac{\Re T_0}{\mu f}\right)^{3/2}$$

gegeben ist, wobei $\Re$ die allgemeine Gaskonstante, f die Gravitationskonstante, T_0 die Temperatur und μ das Molekulargewicht des Gases bedeuten. Je größer die Dichte und je kleiner die Temperatur sind, desto kleiner ist die instabile Masse. Bei Anwesenheit eines *Magnetfeldes* erhöht sich bei sonst gleichen Daten der eingehenden Größen die Minimalmasse, die unter dem Einfluß der Eigengravitation *kontrahiert.* Gleichfalls wirkt der *Drehimpuls* einer Gasmasse der Kontraktion entgegen.

Im allgemeinen dürfte die *Sternentstehung* folgendermaßen vor sich gehen. Die dichten HI-Wolken befinden sich mit dem heißen Gas in den Zwischengebieten meist im Druckgleichgewicht. Dieses Gleichgewicht kann durch Zusammenstöße von Wolken, infolge der plötzlichen Kompression durch eine Dichtewelle, die zur Ausbildung von Spiralarmen führt, oder durch die schnelle Abkühlung als Folge einer erhöhten Staubproduktion gestört werden, so daß die *Kontraktion der Wolke durch die Gravitation* beginnt. Zu diesem Zeitpunkt machen Moleküle und Staubteilchen einen großen Teil der Wolkenmasse aus. Die folgende *Entwicklung der Wolken* ist bis jetzt noch nicht geklärt, doch sprechen die Beobachtungsergebnisse gegen eine einfache gravitative Kontraktion und einen sukzessiven Zerfall der Wolke in Protosterne. In diesem Fall müßten nämlich die massereichen Objekte zuerst gebildet werden. Tatsächlich entstehen aber die *massivsten Sterne* in den Assoziationen und jungen Sternhaufen *zuletzt.* Darüber hinaus gibt es Assoziationen junger Sterne, die keine Sterne großer Masse aufweisen, und es erscheint fraglich, ob sich dort überhaupt derartige Objekte bilden werden. In den *Assoziationen mit massereichen Sternen,* den sogenannten 0-Assoziationen, entstehen die Sterne in Untergruppen von jeweils etwa 2000 Sonnenmassen. Wenn es dort zur Bildung von *massiven Sternen* gekommen ist, *ionisieren* sie die noch nicht zur Sternentstehung verbrauchte *gasförmige nichtstellare Materie,* die als kompaktes HII-Gebiet beobachtet wird. Das Massenverhältnis zwischen dem ionisierten Gas und den jungen Sternen liegt bei etwa 10 Prozent, was darauf hinweist, daß *der Prozeß der Sternentstehung sehr effektiv* ist. Im *Orionnebel,* dem uns nächsten Gebiet momentaner *intensiver Sternbildung,* wurde bei Untersuchungen im Radiobereich eine Reihe von sehr kompakten HII-Gebieten aufgefunden, deren lineare Durchmesser $5 \cdot 10^{16}$ cm betragen. Dabei handelt es sich wahrscheinlich um Protosterne in den frühsten Stadien ihrer Entwicklung, in denen die mittlere Dichte dieser Objekte zwischen 10^7 und 10^8 H/cm^3 liegt. Wenn ein solcher *Protostern* der *UV-Strahlung* eines jungen massereichen Sterns ausgesetzt wird, werden nur seine oberflächennahen Schichten, deren Dichte etwa 10^5 H/cm^3 ausmacht, *ionisiert.* Der dadurch bedingte äußere Druck beschleunigt die *Kontraktion* des Objekts.

Im Orionnebel findet man am Ort der kompakten kleinen HII-Gebiete keine auffälligen optischen Objekte. In einem anderen Bereich aktiver Sternentstehung, dem *Emissionsnebel* M 8, fällt dagegen die Lage eines *massiven heißen Sterns* mit dem Ort stärkster *Radiostrahlung* zusammen. Dieser Stern, Herschel 36, ist von einer dichten

Staubwolke umgeben. Eine Reihe weiterer sehr junger Sterne zeigt gleiche Erscheinungen, so daß das Stadium des „*Kokonsterns*" offenbar eine späte Entwicklungsstufe des Protosterns ist. Die Masse der Staubhülle ist annähernd proportional der Masse des Sterns. Setzt man im „Kokon" ein ähnliches Massenverhältnis zwischen Gas und Staub voraus, wie es im Mittel in der nichtstellaren Materie gefunden wird, geht etwa die *halbe Masse des Protosterns in den eigentlichen Stern* über, die andere Hälfte bleibt in der Schale. Vermutlich ist die *Kokonhülle reich an Molekülen,* so daß die Quellen der beobachteten Linienstrahlung des OH und anderer Moleküle und Radikale im Radiobereich, die zum Teil eine lineare Ausdehnung von nur 10^{14} und 10^{15} cm besitzen und am Rande von HII-Gebieten liegen, mit den äußeren Schichten von Protosternen zu identifizieren sind. Die Dichte in diesen OH-Quellen wird zu 10^{11} H/cm^3 abgeschätzt, während die Temperatur zwischen 200 und 500 K liegt. Nach diesen Angaben dürften die OH-Quellen jenem Entwicklungsstadium entsprechen, in dem der *Protostern undurchsichtig* geworden ist und *adiabatisch kontrahiert.* Beobachtungen im infraroten Spektralbereich geben Auskunft über andere Stufen der Sternentstehung. So wurde im Orionnebel ein *Infrarotstern* entdeckt. dessen Temperatur rund 700 K ausmacht und dessen Durchmesser $4 \cdot 10^{14}$ cm beträgt. Wahrscheinlich handelt es sich bei diesem Objekt um den *Kern eines Protosterns.* Ein anderer Typ von *Infrarotquellen* sind wesentlich ausgedehntere Objekte mit niedrigerer Temperatur, die offensichtlich mit *Staubhüllen* zu identifizieren sind, die durch die Strahlung von Sternen aufgeheizt werden. Während die ersten Entwicklungsstufen von Protosternen theoretisch noch nicht hinreichend erfaßt sind, sind die Stadien kurz vor dem *Einsetzen der Kernreaktionen* bekannt. Bei der Behandlung dieser Frage wird davon ausgegangen, daß der Protostern sich aus dem umgebenden interstellaren Medium herausgeschält hat. Seine charakteristischen Daten — seine Masse $\mathfrak{M}$, die mittlere Dichte ϱ, und die kinetische Temperatur T — sollen solche Werte aufweisen, daß der Protostern entsprechend dem Stabilitätskriterium kontrahiert. Aus der Bewegungsgleichung für eine Kugelschale in der Entfernung r vom Massenzentrum folgt durch Integration die Zeitskala für einen *im freien Fall kontrahierenden Stern,* wenn der Druckterm in der Bewegungsgleichung vernachlässigt wird:

$$t_{\mathrm{F}} = \left(\frac{32\pi f \varrho}{3}\right)^{-1/2}.$$

Von dem vorgegebenen Ausgangszustand, bei dem die kinetische Temperatur etwa 40 K beträgt, kontrahiert die Gasmasse zunächst nahezu adiabatisch im freien Fall. Da die Dichte nach innen zunimmt, kontrahieren die inneren Schichten gemäß obiger Beziehung schneller als die äußeren Schalen. Durch die Kontraktion unter adiabatischen Bedingungen wächst der Druck erheblich, so daß der Druckterm in derBewegungsgleichung berücksichtigt werden muß und die Kontraktion der inneren Gebiete in eine Expansion umschlägt. Durch die *Wechselwirkung zwischen dem expandierenden Kern und den einstürzenden äußeren Schichten bilden sich Stoßwellen,* so daß ein Teil der Bewegungsenergie in thermische Energie übergeführt wird. Nachdem sich eine neue Druck- und Temperaturverteilung eingestellt hat, kontrahiert der Protostern erneut. Wie die theoretischen Untersuchungen zeigen, erfährt ein *Protostern* vor dem Erreichen eines stabilen Zustandes *zwei Phasen, in denen die inneren Bereiche expandieren.* Beim *ersten* Umschlagen wird die in thermische Energie umgesetzte Bewegungsenergie für die Dissoziation der Wasserstoffmoleküle schnell aufgebraucht. Die *zweite*

Kernexpansion zieht stärkere Stoßwellen nach sich, so daß der Wasserstoff fast im ganzen Stern ionisiert und die Temperatur erhöht wird. Die Stoßwellen können die Sternoberfläche erreichen und ein *Aufflackern* verursachen. Bis zu diesem Punkt der Entwicklung, in dem ein Stern von einer *Sonnenmasse*, die mehr als *100fache heutige Sonnenleuchtkraft* besitzt, vergehen vom angegebenen Ausgangszustand rund *20 Jahre.* Davon entfallen etwa 100 Tage auf die schnelle Leuchtkraftzunahme, die bei einem Objekt (FU Orionis) möglicherweise beobachtet wurde. Dem Aufflackern des Sterns beim Übergang zum Gravitationsgleichgewicht folgt ein kurzer Abschnitt, in dem die Energie der Massenbewegung in thermische Energie übergeht. Durch den ein- oder auswärts gerichteten Wärmestrom erreicht der Stern schließlich *quasi-hydrostatisches Gleichgewicht.* Der gesamte *Stern ist jetzt konvektiv.*

In der folgenden Phase kontrahiert der Stern langsam quasi-hydrostatisch, bis in seinen Kernregionen die Temperatur hoch genug ist, um ein effektives Wasserstoffbrennen zu ermöglichen. Die Kontraktion läuft, solange der Stern konvektiv ist, homolog ab. Durch den *abnehmenden Radius verringert sich* bei nur wenig steigender Oberflächentemperatur auch *die Leuchtkraft.* Nachdem die Strahlungsleistung unter einen bestimmten Wert (für einen Stern von Sonnenmasse etwa zwei Sonnenleuchtkräfte) gesunken ist, übernimmt die Strahlung den Energietransport. Der *Radius des Sterns bleibt konstant.* Die Kontraktion erfolgt unter Temperaturerhöhung nur noch in den zentralen Gebieten des Sterns, bis bei etwa 10^7 K das Wasserstoffbrennen beginnt. Die *Umstellung der Energiefreisetzung von Gravitationsenergie auf Kernenergie* erfolgt *nicht plötzlich,* sondern bei der Sonne im Laufe von rund $3 \cdot 10^7$ Jahren. *Vom Beginn der Kontraktion bis zum Erreichen des stabilen Zustandes benötigt ein Stern von Sonnenmasse etwa $6 \cdot 10^7$ Jahre.* Für massereiche Objekte ist diese Zeitspanne wesentlich kürzer.

Die Beobachtung der benachbarten Sterne ergab, daß viele von ihnen möglicherweise kleine *dunkle Begleiter* besitzen, deren Massen großen Planetenmassen vergleichbar sind. Die bei vielen jungen Sternen beobachteten *Staubhüllen* lassen überdies vermuten, daß in ihnen die *Substanz für die Bildung von Planetensystemen* zu suchen ist. Zwar sind diese Befunde kein eindeutiger Nachweis der Existenz anderer Planetensysteme, doch deuten sie darauf hin, daß die *Entstehung von Planetensystemen ein häufiger Prozeß ist.*

Die modernen Vorstellungen gehen von der Voraussetzung aus, daß die *Entstehung der Sterne und der Planetensysteme miteinander verknüpft* sind und die wichtigsten *Etappen der Planetenentstehung bereits abgeschlossen sind, wenn der Zentralstern das Stadium der Wasserstoffverbrennung erreicht* hat. Dies ermöglichte neue Einsichten über die Drehimpuls-Beurteilung im Sonnensystem:

Es ist anzunehmen, daß die *Gaswolke,* aus der sich ein Stern bildet, im allgemeinen eine *langsame Rotation* aufweist. Bei der Kontraktion wird sich wegen des Gesetzes der Erhaltung des Drehimpulses die Rotationsgeschwindigkeit erhöhen. Danach wäre zu erwarten, daß alle Sterne rasch rotieren. Tatsächlich sind aber nur Sterne mit mehr als 1,5 Sonnenmassen Objekte schneller Rotation. Da das *Problem des Drehimpulses für die Entstehung von Planetensystemen wichtig* ist, kommt der Erklärung dieser Erscheinung zentrale Bedeutung zu. Es wurde — hauptsächlich von ALFVÉN — folgender Mechanismus diskutiert: Die Gaswolke wird durch die schnelle Rotation an den Polen stark abgeplattet. Bei einem Stern von Sonnenmasse sind Gravitationsbeschleunigung und Zentrifugalbeschleunigung etwa innerhalb der Merkurbahn von gleicher Größe, so daß Rotationsinstabilität eintritt und Masse nach außen abfließt. Eine wirksame Bremsung durch turbulente Bewegungen läßt sich nicht erreichen, weil die Bahngeschwindigkeiten der in Äquatornähe umlaufenden Gasmassen zu groß sind. Daher ist eine *Kopplung des Gases in der abgeplatteten Scheibe mit dem Stern durch ein Magnetfeld notwendig.* Ein solches Magnetfeld des Sterns kann durch Konvektion und differentielle Rotation oder durch Verdichtung der Feldlinien eines schwachen interstellaren Magnetfeldes entstanden sein. Der Ionisationsgrad des Gases dürfte ausreichend sein, um eine Mitführung der magnetischen Kraftlinien zu garantieren. Wenn der Stern schneller rotiert als die Gasscheibe, werden die Feldlinien verdrillt. Zur Verdrillung der Kraftlinien ist Energie aufzuwenden, die der Rotationsenergie des Sterns entzogen wird. Diese magnetische Energie wird zunächst in mechanische, dann in thermische Energie umgewandelt und schließlich abgestrahlt. Dieser Abbremsmechanismus kann nur bei solchen Sternen wirksam sein, bei denen sich die Materie auch unter der Sternoberfläche genügend frei bewegen kann. Diese Bedingung ist bei Sternen mit ausgedehnten äußeren Konvektionszonen erfüllt, die alle kühleren Sterne, die im allgemeinen auch massearmer sind, besitzen. Für die *Entstehung von Planetensystemen ist wichtig,* daß *Drehimpuls vom Stern auf die umgebende Scheibe abgegeben* wird. Die Materie in dieser Scheibe, die sich durch den übertragenen Drehimpuls weiter abplattet, ist das Material für die Bildung der Planeten. Die *chemische Zusammensetzung in der Scheibe entspricht der der Sterne.* Infolge der noch geringen Oberflächentemperaturen des Sterns und durch die Abschwächung des Sternlichtes in der Gasscheibe können die allerdings seltenen schwereren chemischen Elemente, die niedrige Sättigungsdrücke aufweisen, kondensieren. Bei *Zusammenstößen mit geringen Geschwindigkeiten* lagern sich die Teilchen an und wachsen zu *größeren Brocken.* Bei diesen Körpern wird dann langsam die Kopplung an das Nebelgas aufgehoben, da die Gravitationskraft zwischen Sonne und Brocken mit zunehmender Masse dieser Objekte größer wird als die Reibungskraft zwischen Gas und Brocken. Im Laufe der weiteren Entwicklung wird das *Gas* durch die vom Stern ausgehende Partikelstrahlung *nach außen* gedrückt, wobei kleinere Teilchen mitgeschleppt werden, während die *größeren Objekte* (Planetesimals mit Durchmessern von etwa 1 m) ihren *Abstand vom Stern beibehalten* und durch weitere Zusammenstöße schließlich *bis auf Planetengröße anwachsen.* Da die Partikelstrahlung des Sterns das nicht kondensierte Gas nach außen treibt, nimmt die Gasdichte in größeren Abständen vom Stern zu. In diesem Bereich ist dann auch wegen der geringeren Strahlungsintensität und der damit verbundenen *niedrigeren Temperatur* die *Kondensation von Wasser und Ammoniak* möglich, so daß ausreichend feste Substanz für die Bildung größerer Planeten zu Verfügung steht.

Die *Vereinigung benachbarter Planetesimals* bildet vermutlich die erste Phase des Wachstumsprozesses, der zum Aufbau von „*Planetenembryonen*" führt. Dabei ist es erforderlich, daß die Geschwindigkeit, mit der die Teilchen aufeinandertreffen, einerseits einen kritischen Grenzwert nicht überschreitet, damit sie nicht zertrümmert werden, andererseits aber groß genug ist, damit sich ein hinreichendes Wachstumstempo ergibt. Die Zusammenballung kleinerer Partikeln findet ihr natürliches Ende, wenn die oben erwähnte Wirkung des Sternwindes einsetzt und Gas sowie kleine Teilchen nach außen drückt. Ein einmal entstandener großer Körper fegt bei seiner Bahn um die Sonne die in seiner Nachbarschaft befindlichen Kondensationsprodukte auf und wächst zu Planetengröße heran. Durch seine

Gravitationswirkung vergrößert sich – entsprechend seiner Masse – sein effektiver Querschnitt.

In der Entfernung von der Sonne, in der sich die *Riesenplaneten* befinden, waren offenbar die Wachstumsbedingungen in der Scheibe um die Sonne so günstig, daß die sich dort bildenden Objekte *große Gasmengen* aufnehmen konnten, bevor der Sonnenwind wirksam wurde.

Die *Zeitdauer der Erdgeschichte* von 4–5 Mrd. Jahren ist durchaus mit dem „*Welt-Alter*“ vergleichbar, das 15 Mrd. Jahre beträgt. – Des weiteren wird die Erde, und im besonderen die *Physik der Erdoberfläche* (und damit ebenso die Klimata in den geologischen Epochen) bestimmt durch die *Strahlung der Sonne.* Diese Sonnenstrahlung ist ihrerseits eine Funktion des Entwicklungszustands der Sonne selbst und hängt andererseits vom Abstand der Erde von der Sonne ab. Nicht zuletzt wird das Erdklima eine Funktion der Tageslänge sein, so daß beide *Bewegungen der Erde*, ihr Umlauf um die Sonne und ihre Rotation um die eigene Achse, in ihre Konstanz oder Variabilität wesentliche Daten für die *Geologie und Paläogeophysik* sind.

Der wichtigste Einfluß der Sonne auf die Erdoberfläche ist ihre elektromagnetische *Strahlung im sichtbaren Bereich* (und im nahen Ultravioletten und Infraroten). Es wird aber heute oft betont, daß die Korpuskularstrahlung der Sonne und der *Solarwind* ebenfalls einen Einfluß beispielsweise auf die *Entwicklung des Lebens* auf der Erde haben.

Die universelle Gültigkeit der grundlegenden physikalischen Gesetze, die sowohl die Entwicklung der Sonne als auch die Bewegung der Erde und das physikalische Geschehen auf der Erde bestimmen, ist für die Physik eine theoretische Einsicht und ein empirisch gesicherter Tatbestand. Die Frage gipfelt in der Frage der zeitlichen Konstanz von physikalischen Fundamental-Konstanten, die die Physik und Chemie beherrschen, wie die elektrische Elementarladung, das PLANCKsche Wirkungsquantum h, die SOMMERFELDsche Feinstruktur-Konstante e^2/hc, die Massen der stabilen Elementarteilchen usw. In Übereinstimmung mit der Theorie zeigen die Präzisionsmessungen der heutigen Experimentalphysik mit phantastisch hohen Genauigkeiten die Konstanz aller dieser Größen G in dem Sinne, daß eine mögliche zeitliche Variabilität heute weit unterhalb einer relativen Änderung

$$\frac{\dot{G}}{G} < 10^{-11} \quad \text{pro Jahr}$$

liegen mußte. Da große säkulare Änderungen sich aus kleinen momentanen Änderungen zusammensetzen müssen, besagt dies auch ihre säkulare Unveränderlichkeit.

Diese Konstanz bestätigt zugleich die *Astrophysik der extragalaktischen Objekte.* Wegen der Endlichkeit der Lichtgeschwindigkeit c untersuchen die Astronomen mit den Spektren von Objekten aus *Galaxien*, die mehrere Mrd. Lichtjahre von uns entfernt sind, gleichzeitig den physikalischen Zustand der Materie zu früheren Zeitepochen, die Milliarden Jahre zurückliegen. Mit der hohen Genauigkeit, die gerade die Spektroskopie ermöglicht, zeigt sich nun, daß die *quantenmechanischen Gesetze und atomaren Konstanten*, die die Spektrogramme bestimmen, *zu allen Zeiten dieselben gewesen* sind.

Für das Problem der *Veränderlichkeit der Jahres- und Tageslängen in geologischen Epochen* ist aber gerade diejenige Naturkonstante ausschlaggebend, bei der für Theorie und Beobachtung heute noch grundsätzlich eine kleine Variabilität nicht ausgeschlossen werden kann, die NEWTONsche *Gravitations-Konstante.*

Daß die Gravitations-Konstante hier eine besondere Rolle spielt, liegt einerseits an der enormen Schwäche der gravitativen Wechselwirkungen, die praktisch keinen Einfluß auf die Struktur der Atome haben und daher atomphysikalisch schwer zu testen sind, und andererseits an der Universalität der Gravitation, die dazu führt, daß die Gravitation auf alle Massen und Energien im Prinzip auf dieselbe Weise einwirkt.

Die heutige *Präzisions-Gravimetrie* und die präzisen Bestimmungen der relativen Abstände von natürlichen und künstlichen Himmelskörpern im Sonnensystem mit den Methoden der Radar-Astronomie und der *extraterrestischen Raumforschung* zeigen, daß eine *Variation der Gravitations-Konstanten möglich* ist, die durch das „Weltalter" $1/H_0$bestimmt wird; es gilt die Abschätzung

$$\frac{|\dot{f}|}{|f|} \leqq 10^{-10} \quad \text{pro Jahr} .$$

Eine solche Variation der Gravitations-Konstanten braucht es nicht zu geben. Sie ist aber nach dem heutigen Stande möglich, wobei die Meßgenauigkeiten noch so unsicher sind, daß grundsätzlich sowohl eine *Zu- als auch eine Abnahme der Gravitation in kosmischen Zeiträumen als denkbar erscheint.*

Eine Vermutung, die Dirac ausgesprochen hat und die zu einer feldtheoretischen Spekulation Anlaß gab, ist die Annahme einer säkularen Abnahme der Gravitationszahl f gemäß einem Gesetz, das wir (entsprechend einem „Weltalter" von 15×10^9 Jahren) schreiben können:

$$\frac{\dot{f}}{f} \approx -\frac{2}{3} \cdot 10^{-10} \quad \text{pro Jahr}$$

Newtons Gravitations-Konstante wäre nach Dirac also früher größer als heute und übertraf zur Zeit der Entstehung der Erde (vor 5 Mrd. Jahren) ihren heutigen Betrag vielleicht um ein Drittel. Die Himmelsmechanik lehrt aber, daß mit der Abnahme von f der Abstand r der Erde von der Sonne anwächst und sich auch die Umlaufzeit um die Sonne und damit die *Jahreslänge* T vergrößert:

$$-\frac{\dot{r}}{r} = \frac{\dot{f}}{f}; \qquad \frac{\dot{T}}{T} = -\frac{2\dot{f}}{f} \approx \frac{4}{3} \cdot 10^{-10} \quad \text{pro Jahr} .$$

Gleichzeitig ändert sich mit dem Abstand nach dem Lambertschen Gesetz die *Solar-Konstante* S. Es ist

$$\frac{\dot{S}(r)}{S} = -\frac{2\dot{r}}{r} = \frac{2\dot{f}}{f} .$$

Aus den physikalischen Theorien über Aufbau und Entwicklung der Sonne und über die Produktion der Sonnenwärme durch Kernfusion im Sonneninnern folgt aber noch eine stärkere Abhängigkeit der *Strahlungstemperatur der Sonne* und damit der *Solar-Konstanten* von f. Diese Abhängigkeit der Solar-Konstante beträgt:

$$S(f) \sim f^7 , \qquad S(f, r) \sim r^{-2} f^7 ,$$

so daß sich für die Solar-Konstante insgesam

$$\frac{\dot{S}}{S} = \frac{9\dot{f}}{f} \approx -6 \cdot 10^{-10} \quad \text{pro Jahr}$$

ergeben würde.

Aus der Hypothese einer *säkularen Abnahme der Gravitations-Konstante* würde noch folgen, daß die *Jahrslänge T* früher kleiner war als heute und daß die *Solar-Konstante S* zu früheren geologischen Epochen ihren *heutigen Wert wesentlich übertreffen* würde. Sie wäre *im Archaikum doppelt so groß* wie heute, was wohl geologisch auszuschließen ist. — Des weiteren *widerspricht* die Aussage einer Verlängerung des Jahres während der Erdgeschichte den *geologischen Befunden*, nach denen die in Tagen gezählte Jahrelänge T abgenommen hat:

$$\frac{\dot{T}}{T} \approx 10^{-10} \quad \text{pro Jahr} .$$

Allerdings kann die relative Änderung der Jahreslänge relativ zum Tage auch bedeuten, daß während der Erdgeschichte die Tageslänge d, in absoluten physikalischen Zeiteinheiten gemessen, stetig zugenommen hat. Sie kann aber andererseits eine wirkliche Abnahme der Jahreslänge, gemessen in absoluten physikalischen Zeiteinheiten, sein. — Für beide Möglichkeiten gibt es physikalische Hypothesen, die dies begründen könnten. Eine Zunahme der Tageslänge d im Verlauf der Erdgeschichte entsprechend einer empirischen Formel

$$\frac{\dot{d}}{d} \approx 10^{-10} \quad \text{pro Jahr}$$

könnte aus der *Gezeitenreibung* resultieren, durch die das Rotationsmoment der Erde auf das Bahndrehmoment des Mondes übertragen wird. Dieser besonders von H. G. Darwin untersuchte Mechanismus ist größenordnungsmäßig allerdings heute immer noch sehr umstritten, und es ist vor allem schwierig, ihn quantitativ auf längere Zeiten zu extrapolieren, da sein Effekt im wesentlichen von der jeweiligen Struktur der Schelfmeere abhängt.

Eine Hypothese, die zu einer wirklichen *Abnahme der Jahreslänge T* führt und damit eine säkulare Annäherung $\dot{r} < 0$ der Erde an die Sonne (und des Mondes an die Erde) behauptet, liefert die „Mach-Einstein-Doktrin der Relativität der Trägheit" (Treder). Formuliert man diese in der Sprache der analytischen Mechanik und wendet es auf den *expandierenden Kosmos* an, so ergeben sich hieraus folgende Abschätzungen für die (auf heutige Jahre bezogenen) Änderungen von r und T:

$$5 \cdot 10^{-11} \leqq -\frac{\dot{r}}{r} < 10^{-10} \quad \text{(pro Jahr)} ,$$

$$10^{-10} \leqq \frac{\dot{T}}{T} < 2 \cdot 10^{-10} \quad \text{(pro Jahr)} ,$$

woraus man dann übrigens auf eine Zunahme der Solar-Konstanten gemäß

$$10^{-10} \leqq \frac{\dot{S}}{S} < 2 \cdot 10^{-10} \quad \text{(pro Jahr)}$$

schließen muß. — Es ist natürlich ebenso möglich, daß sich beide Effekte, die Verlängerung $\dot{d} < 0$ des Tages und die Abnahme $\dot{T} < 0$ der Jahreslänge, tatsächlich addieren.

Dasselbe Prinzip der Relativität der Trägheit ergibt außerdem — auf die kosmische Umgebung der Erde angewandt — eine langperiodische *Änderung der effektiven*

Wirksamkeit der Erd-Gravitation auf die physikalischen und chemischen Prozesse auf der Erde:

Das *Sonnensystem umläuft* in einer elliptischen Bahn in einem Zeitraum von 250 Mill. Jahren das *Zentrum des Milchstraßensystems* und ist im Periastron einem etwas stärkeren galaktischen Gravitationspotential ausgesetzt als im Apastron. Das Prinzip der Relativität der Trägheit ergibt aber, daß im Periastron die effektive Erde-Gravitation etwas kleiner war als im Apastron. Auf Grund der angenäherten astronomischen Werte für die Dynamik der Galaxis ergibt sich die folgende Größenordnung für die periodische Variation der effektiven Erdschwere g im Verlauf von 250 Mill. Jahren, deren relative Amplitude $\Delta g/g$ etwa 10^{-7} betragen würde. Das ist ein sehr kleiner Effekt, doch wird in einigen Hypothesen über die *Auslösung von Erdbeben* bereits auf noch um eine Größenordnung kleinere (hypothetische) jährliche Variationen der Erdschwere ($\Delta g \approx \pm 10^{-8} g$) als auslösenden Faktor für Erdbeben hingewiesen.
Dieselbe *Zeitspanne von ca. 300 Mill. Jahren* stammt möglicherweise aus dem Kosmos und wirkte z. B. *paläoklimatisch* von dort auf die Erde. — Bis vor kurzem lehrten die astrophysikalischen Sternmodelle, daß (zeitliche Konstanz der Gravitations-Konstante f vorausgesetzt) die Energie-Produktion auf der Sonne und damit die Sonnen-Temperatur und — gemäß den Strahlungsgesetzen nach PLANCK, WIEN und STEFAN-BOLTZMANN — schließlich auch die Quantität und Qualität der elektromagnetischen Sonnen-Strahlung, vor allem die Solar-Konstante S, sich während der Existenz der festen Erde nicht verändert haben. Da die „Lebenserwartung der Sonne" größer als 10 Mrd. Jahre ist, soll die *Sonne* während der 4 Mrd. Jahre Erdgeschichte (nach diesen astronomisch anscheinend wohlbegründeten Modellen) *immer dieselbe Strahlung* ausgesandt haben.

Quelle der Strahlungs-Energie ist letztlich eine *Kernfusion* — Wasserstoff in Helium — im Sonneninnern, welche bei einer Zentral-Temperatur von etwa 15 Mill. Grad abläuft. Die im Sonneninnern produzierte Strahlungs-Energie wird auf dem Wege zur Sonnenoberfläche sehr oft absorbiert und remittiert und schließlich auf die Strahlungstemperatur von 6000 Grad umgeformt. Dieser Prozeß des Strahlungsstroms vom Sonneninnern bis zur Sonnenoberfläche hat eine Dauer, die durch die fundamentale thermodynamische Größe der Sonnenphysik, die HELMHOLTZ-KELVIN-Periode von ca. 20 Mill. Jahren, gegeben ist.

Außer der *elektromagnetischen Strahlung* wird im Sonneninnern nach diesem Modell entsprechend den Gesetzlichkeiten der Kernfusion auch noch eine *Neutrino-Strahlung* produziert, die 2% der Strahlungs-Energie aufnimmt. Die Neutrinos sind Teilchen, die zahlreiche Eigenschaften mit den Photonen des Lichts gemeinsam haben, vor allem bewegen sie sich ebenso mit Lichtgeschwindigkeit. Sie haben dagegen nur eine ganz schwache Wechselwirkung mit der Materie und werden daher *im Sonneninnern nicht absorbiert*, so daß sie binnen zweier Sekunden vom Sonnenzentrum zur Sonnenoberfläche gelangen. Würde es also gelingen, den Strom der solaren Neutrinos auf der Erde zu registrieren, so würde man direkt in das Sonnenzentrum hineinschauen, in dem die Kernfusion stattfindet.

Ohne auf die komplexen Zusammenhänge der Kernphysik näher einzugehen, ist lediglich anzumerken, daß es bisher — im Gegensatz zu der sicheren theoretischen Erwartung — nicht gelungen ist, die solaren Neutrinos auf der Erde quantitativ nachzuweisen, obwohl solche Versuche seit 15 Jahren mit Einrichtungen durchgeführt werden, die die bei irdischen Kernreaktionen erzeugten Neutrinos problemlos registrieren.

Eine mögliche Erklärung für dieses Paradoxon ist nun, daß die Sonne vielleicht zur Zeit überhaupt nicht als Kernfusions-Reaktor arbeitet. Dann sind die beiden einzigen übrigbleibenden Quellen der Wärmestrahlung der Sonne

1. ihr vorhandener Wärmevorrat, der sich allmählich erschöpft, und
2. die bei dieser Erschöpfung dann notwendig einsetzende Kontraktion des Sonneninnern, wobei nach dem bereits von HELMHOLTZ und KELVIN untersuchten Prozeß potentielle Energie in Wärme umgesetzt wird.

Das Bild, das man sich unter diesen Voraussetzungen von der Sonne machen müßte, ist, daß die *Sonne kein „Dauerbrenner"* ist, sondern nach dem Prinzip eines „Diesel-Motors" arbeitet. Während Zeiträumen, deren Dauer man theoretisch auf über 250 Mill. Jahre abschätzen kann, wirkt die Sonne als Kernfusions-Reaktor und hält damit das Gleichgewicht aufrecht. Dieser Fusions-Reaktor hat eine Brenn-Temperatur von ca. 15 Mill. Grad. — Die Sonne leistet aber hierbei etwas zu viel, so daß das Sonneninnere expandiert, damit Arbeit leistet und sich abkühlt. Die Zentral-Temperatur der Sonne sinkt, der stark temperaturabhängige Fusions-Prozeß nimmt rapide ab und reicht dann nicht mehr aus, um die Energie-Bilanz abzudecken. Dabei gibt es aber noch einen Zeitraum von einigen 10 Mill. Jahren, in denen die Sonne — entsprechend ihrer HELMHOLTZ-KELVIN-Periode — auf Grund ihres vorhandenen Wärmevorrats mit der ursprünglichen Solar-Konstante strahlt, aber keine nachweisbaren Neutrinos mehr produziert. Daran schließt sich ein Zeitraum an (etwa ebenfalls von einigen 10 Mill. Jahren), in dem auch die Strahlung der Sonne zurückgeht. In diesen beiden Epochen läuft ein Kontraktions-Prozeß im Sonneninneren ab, welcher sie binnen ca. 20 Mill. Jahren wieder aufheizt, so daß sie danach erneut als Fusions-Reaktor arbeitet. — Es dauert nun nochmals etwa 10 Mill. Jahre, bis die Sonne wieder die ursprüngliche Strahlungsintensität erreicht. Durch lange Zeiten (Hunderte von Mill. Jahren) der ungestörten Kernfusion liegt der Wert der Solar-Konstanten höher als in den kürzeren Zeiträumen nach dem Aussetzen dieser Energieproduktion: Während einer HELMHOLTZ-KELVIN-Periode von ca. 20 Mill. Jahren ist die Solarkonstante kleiner als in den um eine Größenordnung längeren normalen Epochen.

Dieses noch völlig hypothetische (und vom fehlenden Nachweis solarer Neutrinos abhängige) Modell der Sonne als „Diesel-Motor" würde anscheinend verständlich machen, weshalb die *Paläoklimatologie* festgestellt hat, daß die mittlere Temperatur auf der Erde in langen geologischen Zeiträumen von jeweils ca. 300 Mill. Jahren so viel höher lag als heute, daß es auch an den Polen keine Eiskappen gab, daß jedoch diese langen, *wärmeren Zeiträume* durch kürzere Epochen von wenigen Mill. Jahren Dauer unterbrochen sind, in denen die Pole vereist und umfassende *Eiszeiten* möglich sind. (Wir befänden uns dann zur Zeit gerade in einer Epoche, wo die Kernfusion schon vor so langer Zeit ausgesetzt hat, daß sich die Sonne bereits merklich abgekühlt hat und nun durch eine Kontraktion im Verlauf einer HELMHOLTZ-KELVIN-Periode wieder aufgeheizt wird.)

Die *solar-terrestrischen Beziehungen* im engeren Sinne, nämlich der Einfluß der Sonnenaktivität auf das *Magnetfeld* und die *Atmosphäre* der Erde (nebst der indirekten Wirkung auf die *Biosphäre* usw.) sind naturgemäß weit weniger stationär als die Solar-Konstante. Die Daten der heutigen Sonnenaktivität, ihres 2×11 jährigen Zyklus und ihrer in den Relativzahlen der *Sonnenfleckenhäufigkeit* ausdrückbaren Intensität, sind *nicht über geologische Zeiträume extrapolierbar*, obwohl dies durch die Solarphysik und die Arbeiten über magnetohydrodynamische Ursachen des solaren Magnetismus zeitweilig nahegelegt wurde.

Tatsächlich ergibt die Magnetohydrodynamik zwar eine Herleitung der Periodizität des solaren Magnetismus und der durch ihn gesteuerten Sonnenaktivität in Abhängigkeit vom Aufbau und der Rotation der Sonne. Die Magnetohydrodynamik kann aber zur Zeit keine Aussagen über die absolute Größe der Effekte machen. Der *solare Magnetismus ist ein sehr peculiares Phänomen der Sonnen-Atmosphäre*, dessen Anregung oder Nichtanregung von vielen ,,zufälligen" Faktoren abzuhängen scheint.

1.4. Literatur

Literatur zu 1.2.

ALFVÉN, H. und FÄLTHAMMER, C. G.: Cosmical Magnetohydrodynamics. Oxford 1980.
DARWIN, G. H.: Ebbe und Flut. 2. Auflage 1911.
EINSTEIN, A.: Die Grundlagen der Relativitätstheorie. 5. Auflage, Berlin, Oxford, Braunschweig 1969.
JEANS, J.: Astronomy and Cosmogony. Cambridge 1929.
JORDAN, P.: Die Expansion der Erde. Braunschweig 1966.
MITTON, S.: Cambridge Enzyklopädie der Astronomie. Leipzig, Jena, Berlin 1978.
POINCARÉ, H.: Leçons sur les Hypothèses Cosmogoniques. Paris 1913.
TREDER, H.-J.: Relativität und Kosmos. 2. Auflage Berlin, Oxford, Braunschweig 1970.
TREDER, H.-J.: Die Relativität der Trägheit. Berlin 1972.
UNSÖLD, A. und BASCHEK, B.: Der neue Kosmos. 3. Auflage Berlin, Heidelberg, New York 1980.
UREY, A. C.: The Planets, their Origin and Development. New Haven 1932.

Literatur zu 1.3.

HAYASHI, C.: Evolution of Protostars. Ann. Rev. Astron. Astrophys. 4 (1966) 171.
HOYLE, F.: On the Origin of the Solar Nebula. Quart. Journ. Roy. Astr. Soc. 1 (1960) 28.
DE JONG, T. und MAEDER, A.: Star Formation. Dordrecht-Holland/Boston-U.S.A. 1977.
BURBIDGE, G. R., KAHN, F. D., EBERT, R., VON HOERNER, S. und TEMESVARY, S.: Die Entstehung von Sternen durch Kondensation diffuser Materie. Berlin, Göttingen, Heidelberg 1960.
HABING, H. J.: Interstellar Gas Dynamics. Dordrecht-Holland 1970.

2. Der Mond
Struktur, Entwicklung und Erdbeziehung[1])

2.1. Einleitung

Aus der Vielzahl der Motive zur Mondforschung in den letzten Jahren lassen sich unter geowissenschaftlichen Aspekten als vorrangig nennen:

1. Untersuchungen der *lunaren Substanz*, um Rückschlüsse auf die petrologische und geochemische Evolution unseres Trabanten, aber auch auf die der Erde bzw. des gesamten Planetensystems zu gewinnen.
2. Untersuchungen zur *Genese und Abfolge der morphologischen Erscheinungen* an der Mondoberfläche mit ähnlicher Zielsetzung wie der unter Punkt 1. genannten, wobei hier der Schwerpunkt der Forschung in der Gewinnung möglichst vieler, statistisch auswertbarer, absoluter wie auch relativer Altersangaben liegt.
3. Erforschung und Entwicklung der Theorie des strukturellen und thermischen *lunaren Vertikalprofils.*

Nimmt man die der Menschheit jeweils zur Verfügung stehenden technischen Möglichkeiten zum Maßstab, so stehen wir zur Zeit durch die dominante Anwendung von Satelliten mitten in der 3. Etappe der Mondforschung. (Als Initialphase wäre die des unbewaffneten Auges etwa bis 1600 anzusprechen, gefolgt vom reinen „Teleskopzeitalter" der Mondforschung, das 1959 mit der ersten Rückseitenaufnahme des Mondes durch Lunik 3 sein Ende fand. Ein neuer, 4. Abschnitt wird sich erst dann herausbilden, wenn es zur Einrichtung lunarer Stationen kommt, wobei der Mond für die Menschheit mehr und mehr vom Forschungsobjekt zum Forschungspodium werden dürfte.)

Die Leistungsfähigkeit der *bemannten Raumfahrt* und die der *vollautomatischen Stationen* hat durch die Einbeziehung von Laboruntersuchungen in die Mondforschung ein explosionsartiges *Anwachsen* vor allem *geologisch-geophysikalischer und geochemischer Daten* hervorgerufen, so daß unser derzeitiger Wissensstand mit dem einst stärker astronomisch geprägten bis etwa Mitte der 60er Jahre nur noch schwer vergleichbar ist. Wenn auch die enorme Aussagekraft des analysierten Mondgesteins es uns heute erlaubt, eine ganze Reihe theoretischer Denkmodelle zur *lunaren Evolution* zu streichen, so hat sich doch eine große Hoffnung nicht bestätigt, nämlich die, bereits aus den ersten Proben die Grundzüge der Evolution unseres Trabanten bis zur Frage der Selbständigkeit seiner Entstehung klären zu können.

Statt dessen sind wir nur zu Teilergebnissen gekommen, die aber in ihrer grundsätzlichen Bedeutung nicht unterschätzt werden sollten. Als herausragend lassen sich festhalten:

[1]) Von M. Reichstein.

1. Die *Mondoberfläche* muß eine *totale Aufschmelzung* erfahren haben, denn sie ist allgemein achondritisch.
2. Die Mondsubstanzen sind durch das grundsätzliche *Fehlen von Wasser* sowie ein gewisses *Sauerstoffdefizit* im Vergleich zur Erde gekennzeichnet.
3. Nach physikalischen Altersbestimmungen war die (Wieder-) *Erstarrung der Kruste* bereits *vor 4,6 Milliarden Jahren* in vollem Gange, und davon ist auch das Mindestalter für eine selbständige Entwicklungsgeschichte des Mondes ableitbar.
4. *Exogen entstandene Krater* vom μ-Bereich (= Nanokrater) bis zur Dimension dei Zirkular-Mare sind auf dem Mond in allen Größenordnungen in kontinuierlicher Reihenfolge vorhanden und treten in einer die Oberflächenformung bestimmenden Häufigkeit auf. Daneben ist aber auch die Existenz *endogen entstandener Krater* erwiesen. Zu ihrer Häufigkeit bestehen aber noch sehr unterschiedliche Auffassungen.
5. Destrukturierungen der Krater als gesetzmäßig verlaufende Alterungsvorgänge und Zerfalls- sowie Umformungsprozesse an der Gesteins- und Stauboberfläche des Mondes wurden als Folge *kosmischer Verwitterung*, ausgelöst durch korpuskulare und kosmische Bestrahlung, erkannt. Beide Vorgänge sind entsprechend ihren Grundregeln in der Abfolge auch zu relativen oder absoluten Altersangaben verwendbar.
6. Dem Mond *fehlen orogene Strukturen*, die im irdischen Sinn auf Großkrustenverschiebungen schließen lassen könnten, völlig. Während der Zeit der basaltischen Magmenföderung verlief die globale, lunare Entwicklung schwach expansiv.

Diesen herausragenden Ergebnissen von allgemeiner Bedeutung lassen sich interessante Befunde nachordnen, die — oft weniger gesichert — noch der Bestätigung bedürfen und die z. T. nur für speziellere Fragen von Belang sind. Zu ihnen gehören Merkmale, die erkennen lassen, daß

1. die Zeit der magmatischen *Mareüberflutung* etwa 1 Milliarde Jahre oder länger gewährt hat, vor etwa 2,6 bis 3 Milliarden Jahren endete und es oft erst nach erheblichem zeitlichen Hiatus zur magmatischen Füllung der durch Einschlag entstandenen großen Becken kam,
2. nicht Wasser, sondern Lavaströme die Ursache vieler gewundener *Rillen* sind,
3. wenigstens zum Teil die *Mehrfachringsysteme* der Großkrater über 200 km in übertragenem Sinn als eingefrorene Krustenschwingungen anzusehen sind, die vom *Einschlag relativ großer Himmelskörper* ausgelöst wurden,
4. der Mond einen *Schalenbau* aufweist, der Kruste und Mantel mit magmatischer Differenzierung zu unterscheiden gestattet, dessen *Kern* aber wahrscheinlich nur eine Teilaufschmelzung erfahren hat,
5. der *schwache Magnetismus* lokal wechselnder Intensität in den lunaren Basalten aufgrund von deren unterschiedlichem Alter eher auf endogene statt auf exogene Ursachen zurückzuführen ist,
6. die extrem *geringe Absorption der* bisher registrierten *seismischen Wellen* an der Mondoberfläche aus der von irdischen Bedingungen abweichenden, atmosphärefreien, spezifisch lockeren Packung des lunaren Regolith abgeleitet werden kann und zwei grundverschiedene Auslöser der Schwingungen, nämlich Meteoriteneinschlag und echte tektonische Beben, unterscheidbar sind.

Bevor wir gleichsam als Fazit aus den bisherigen mehr oder weniger gesicherten Forschungsergebnissen den Versuch anschließen, ein Bild der Hauptetappen der lunaren Evolution zu entwerfen, sei zu den allgemein zitierten Ergebnissen noch eine Reihe von exakteren Daten zur Veranschaulichung hinzugefügt.

2.2. Lunares Gestein und seine Formationen

Was schon Apollo 11 vermuten ließ, hat sich bis Luna 24 mehr und mehr bestätigt; Dem lunaren *Basalt* der Mare mit 50 bis 60% Pyroxen steht als feldspatreichstes Gestein der Hochländer der sog. *Anorthosit* gegenüber, der bis zu 98% aus Plagioklas besteht. Beide Hauptgesteinstypen zeigen erhebliche Variationen und zwischen ihnen vermittelt der Norit oder *KREEP-Basalt* mit seiner Anreicherung an Kalium, seltenen Erdelementen und Phosphor, wie er schon durch Apollo 14 vom Fra-Mauro-Gebiet des Oceanus Procellarum bekannt wurde (Abb. 1). Aufgrund der vermut-

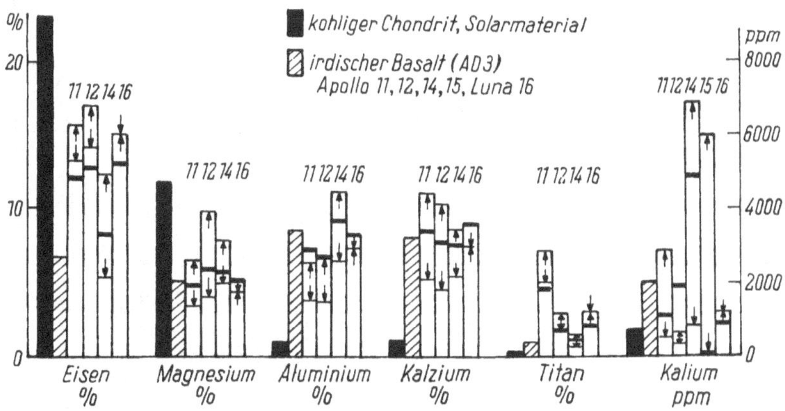

Abb. 1. Konzentration der Elemente Eisen, Magnesium, Aluminium, Kalzium Titan und Kalium in Proben des Mondgesteins, irdischer Basalte sowie kohliger Chondrite zum Vergleich

baren, regional unterschiedlichen Übergangserscheinungen zu in der Tiefe allmählich immer basischeren Gesteinstypen entsprechen alle Mächtigkeitsangaben nur sehr vereinfachten Mittelwerten. Vorläufige Abschätzungen ergaben aus angenommener Aufschmelzung („magma ocean“) einer chondritischen Mondkruste von bis zu 500 km Mächtigkeit ungefähr 60 bis 100 km Anorthositkruste über einer zur Tiefe zunehmend mit Olivin und Pyroxen angereicherten basaltischen Basis.

Geochemisch trennt die *lunaren Basalte* vom *irdischen Vergleichsmaterial* bei sonst hohem Verwandtschaftsgrad neben einer Anreicherung an lithophilen Elementen wie Ti und Seltenen Erden (außer Europium) die stärkere Verarmung an chalkophilen und siderophilen Elementen wie Ca und Ni. Verarmt sind auch die leichtflüchtigen Komponenten wie K, Na, Cl, Cd, Hg und Pb.

Die *Hochlandbrekzien* und der *lunare Staub* lieferten bisher mit Werten ab *4,65 Milliarden Jahren* die bisher ältesten, aber auch problematischsten Datierungen. Ihnen folgen mit Werten um 4 Milliarden Jahren die *noritischen Gesteine* der Fra-Mauro-

Abb. 2. Anorthositkruste der Mondrückseite mit Großkrater Ziolkowsky (etwa 200 km Durchmesser) nach Orbiter-Aufnahme

Region südlich des Mare Imbrium. Vom Regolith der Sonde Luna 16 wurden aus dem nördlichen Mare Foecunditatis von Winogradow Altersangaben von über $4{,}25 \times 10^9$ Jahren veröffentlicht, und Luna 20 erbrachte aus den Terragebieten zwischen dem Mare Crisium und dem Mare Foecunditatis ebenfalls hohe Werte ***bis 4,6 Milliarden Jahre.***

Frühe Alterswerte für die ***Basalte der Mare*** liegen bei 3,6 bis 3,9 Milliarden Jahren, und späte Ergüsse im Oceanus Procellarum (Apollo 12) ließen sich mit 3,1 bis $3{,}2 \times 10^9$

Tabelle 1. Übersicht zur Abfolge der die Mondmorphologie prägenden Hauptereignisse

Stratigraphische Einheiten		Datierungen und Beispiele entstandener Großkrater und Marebecken	allgemeine Kennzeichen
Kopernikanisches System $0{,}9 \cdot 10^9$a		Tycho Aristarchus Kopernikus	Große Krater nur noch selten vorhanden. Konturen und Strahlen je jünger desto besser erhalten
Eratosthenisches System $3{,}3 \cdot 10^9$a		Marius — Ap. 12 Laven $\pm 3{,}2 \cdot 10^9$a Eratosthenes — Ap. 15 Laven $\pm 3{,}3 \cdot 10^9$a	Letzte Flutbasaltergüsse, junge Laven meist dunkel. Die Mehrzahl der Lavawülste und Sinusrillen entsteht
Imbrisches System $3{,}9 \cdot 10^9$a		Luna 16 Laven $\pm 3{,}4 \cdot 10^9$a Ap. 11 Laven $\pm 3{,}6 \cdot 10^9$a Orientale — Ap. 17 Laven $\pm 3{,}8 \cdot 10^9$a Imbrium Fra-Mauro-Formation	Hauptphase der Basaltergüsse Erzeugung von Einschlagkratern läßt stark nach. Hauptphase der Krustenzerspaltung
Prämbrisches System	Nektarisches System $4{,}1 \cdot 10^9$a	Crisium Nektaris	Einschlag größerer Himmelskörper in der Spätphase des intensiven kosmischen Bombardements auffällig häufig! („terminal cataclysmus" $3{,}9 \cdot 10^9$a)
	Pränektarisches System	Serenitatis Tranquillitatis Nubium	Ältere Gruppe der Einschlagkrater durch Folgeereignisse meist stark zerstört und allgemein abgeflacht
	$4{,}46 \cdot 10^9$a	Totale Neuformierung der Mondmorphologie durch Erstarren der Anorthositkruste. Mögliche Bildung einer wieder verlorengegangenen lunaren Urkruste.	
	$4{,}57 \cdot 10^9$a	Accretion der Mondsubstanz	

Jahren datieren. Abschätzungen des *Bestrahlungsalters des Oberflächenmaterials* auf dem Mond durch Auswertung der Kernspurendichte von solaren Stürmen bzw. dem Edelgasgehalt als Reaktionsprodukt der kosmischen Strahlung führten zu Datierungen zwischen 10 bis 500 Millionen Jahren. Die daraus und aus *kraterstatistischen Untersuchungen* abgeleiteten *Umwälzraten* für die *obersten 10 cm des Regolith* liegen *bei 10 Millionen Jahren* oder noch längeren Zeiträumen.

Auch aus der größeren Anzahl der Krater in der vom Auswurf stärker überdeckten, näheren Umgebung der Zirkularmare gegenüber der der Marefläche selbst wurde ein größerer zeitlicher Hiatus bis zu über 1 Milliarde Jahre vom Meteoriteneinschlag bis zur Magmenüberflutung der entstandenen Großdepression ableitbar. Die Unterschiede in der Kraterdichte vom Kraterumland zur Marefläche im Innern betragen oft das 2- bis 10fache, zum Beispiel 2,4 für das Mare Orientale und etwas weniger für den Großkrater Ziolkowksy. Die Mare unter sich zeigen dagegen im allgemeinen nur Schwankungen in der Besetzungsdichte mit Kratern über 1 km Durchmesser im Verhältnis 1:3. Wenn man das Maremittel 1 setzt, ergibt sich etwa 1/30 der Kraterdichte für die alten, kratersaturierten Hochlandflächen (Abb. 2).

Aus dem Vergleich derartiger relativer Altersfolgen mit solchen auf physikalischer Basis unter Berücksichtigung einer *initial erheblich größeren Impactdichte* als im Postmarestadium ließ sich das Alter der genauer erforschten Krater wie Kopernikus mit 0,8 bis 1,0 Milliarden Jahren, Aristarchus mit 500 bis 600 Millionen Jahren und das des relativ jungen Großkraters Tycho mit 150 bis 200 Millionen Jahren veranschlagen. Die Auswertung aller Datierungen mündet in dem Versuch, die Formierung der lunaren Kruste ähnlich dem irdischen Beispiel auch nomenklatorisch in einer *lunaren Formationstabelle* zu erfassen. Versuche dieser Art, die ständige Verbesserung erfahren, gibt Tab. 1 wieder.

2.3. Aufbau des Mondinnern

Die 1968 bekannt gewordenen *Schwereanomalien auf dem Mond* nach Bahnstörungen der Lunar-Orbiter heben die Zirkularmare als Gebiete mit Überschwere (*Mascons*) bis zu 165 mGal (= Mare Serenitatis) deutlich von den leichteren, kontinentalen Flächen und den sog. Epikontinental-Maren mit unregelmäßigen Rändern wie Oceanus Procellarum ab. Je nach den angesetzten Dichteunterschieden der Hauptgesteine dieser Oberflächentypen, die zwischen den Werten von 2.8 für Anorthosit und 3,3 für den Basalt schwanken, kann man *10* bis *30 km mächtige Basaltlager* als Ursache der Überschwere der zirkularen Depressionen annehmen. Während auf der erdzugewandten Seite des Mondes die auch morphologisch auffallenden, kreisförmigen Objekte, wie das Mare Imbrium, Mare Crisium, Mare Humorum und Mare Nectaris, zu solchen Mascongebieten zu zählen sind, lassen sich vergleichbare Mascons auf der Mondrückseite morphologisch nicht erkennen, sondern werden vermutlich durch ausschließlich subkrustal infiltrierte Basaltschmelzen ausgelöst.

Die *Seismogramme der lunaren Bodenunruhe* (Abb. 3) weichen erheblich von dem auf der Erde gewohnten Bild ab. Die spezifischen Eigenschaften der lunaren Lockermassen (Regolith) von im Mittel 3 bis 20 m Tiefe bedingen durch ihre atmosphärenfreie, pyroklastische Struktur eine *geringe Absorption der seismischen Wellen,* so daß die Dauer der Signale bei vergleichbaren Impulsen von der von Minuten auf der Erde

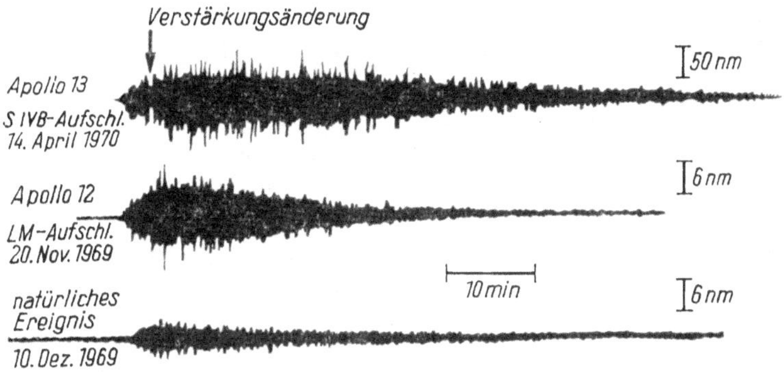

Abb. 3. Seismogramme des Apollo-12-Seismometers

in die von Stunden auf dem Mond transformiert wird. Charakteristisch ist ferner nach den Ergebnissen der Apollo-Seismometer der vergleichsweise sehr langsame Anstieg der Amplitude bis zum Maximum. Mit Hilfe von hochfrequenten Geophonen gelang es, nach künstlich ausgelösten Explosionen, z. B. beim Landeplatz von Apollo 14, die örtliche Mächtigkeit des lunaren Regoliths mit 8 bis 9 m bei Laufzeiten von nur 105 m/s zu bestimmen. Bis zu etwa 25 km Tiefe steigern sich diese Laufzeitwerte aber nach den registrierten Aufschlägen nicht mehr benutzter Raketenstufen und abgeworfener Teile der Apollo-Landegeräte auf fast 8 km/s. Bedingt durch die auf dem Mond mangels turbulenter, atmosphärischer Ereignisse *fehlende Mikroseismik* irdischen Typs können die lunaren Seismographen auch noch relativ energieschwache Ereignisse aus großer Distanz verzeichnen. Der Grad der insgesamt über Jahre hin gemessenen, *tektonischen Aktivität* des Mondes beträgt allerdings *nur etwa* 10^{-2} *bis* 10^{-3} *der irdischen* Größenordnung, und der Grad der dabei freigesetzten Energie bewegt sich sogar noch unter einem Milliardstel des vergleichbaren irdischen Ausmaßes.

Neben zahlreichen registrierten *Meteoriteneinschlägen* wurde schon anfangs der 70er Jahre von einer Arbeitsgruppe der NASA aufgrund des Frequenzspektrums eine Reihe echter *tektonischer Beben des Mondes* nachgewiesen mit zunächst noch unklarer Tiefenlage der Herde im Oceanus Procellarum, aber mit deutlicher Bindung auf ± 3 Tage an die Zeit des lunaren Perigäums. Ein von Gezeiten ausgelöster *Gasvulkanismus* scheint nach dem progressiven Verlauf der Anregungen den Herdmechanismus erklären zu können.

Das *magnetische Feld des Mondes*, durch Explorer 35 im Mondorbit gemessen, ließ Werte von nur 2 nT für die Oberfläche erwarten. Statt dessen wurden dann an den Apollo-Landeplätzen doch örtlich Größenordnungen von 40—100 nT festgestellt. Die Deutung des *remanenten Magnetismus* fällt deshalb so schwer, weil dem Modell eines verursachenden stärkeren interplanetarischen Feldes die Varianz der tatsächlichen Werte gegenübersteht und bei gegenteiliger Annahme einer lunar internen Ursache zur Zeit der Basaltförderungen vor 3 bis 4 Milliarden Jahren eine geophysikalisch nur schwer zu begründende, tiefreichende Aufschmelzung möglichst mit resultierendem eisenreichen Kern nötig wäre.

Eines der ersten detaillierten *Vertikalprofile* des Mondes wurde aus unterschiedlichen Induktionsströmen an seiner Oberfläche abgeleitet, die durch die Inkonstanz des vom solaren Wind mitgeführten magnetischen Feldes der Sonne ausgelöst werden. Das von C. P. SONETT u. a. 1971 vorgelegte Mondprofil unterscheidet *Kruste* und *Kern* sowie *unteren* und *oberen Mantel* im Mond. Basis dieser Gliederung ist eine *Anomalie der elektrischen Leitfähigkeit im Mondinnern,* die bei sonst genereller Zunahme der Leitfähigkeit bis zum Kern durch einen Abfall um fast 3 Größenordnungen in einer Zone 250 bis 350 km unter der Oberfläche gekennzeichnet sein soll.

Nach Auswertung der Ergebnisse der Apollo-Seismometer (TAYLOR 1979) gibt es inzwischen über den inneren Aufbau des Mondes mit Ausnahme der Diskussion um sein Kernproblem nur noch wenig unterschiedliche Auffassungen (Abb. 4). Danach

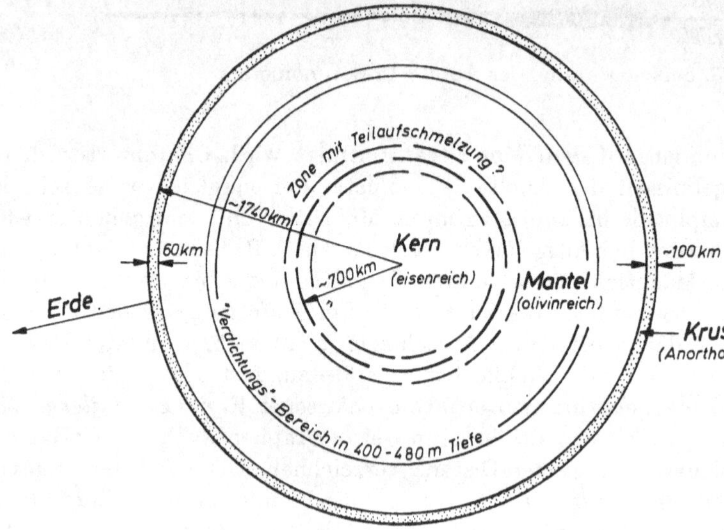

Abb. 4. Aufbau des Mondinneren

variiert die *lunare Kruste* von minimal *60 km Mächtigkeit* auf der erdzugewandten Seite *bis zu 100 km Dicke* auf der Rückseite. Die Marebasalte erreichen als Beckenfüllungen damit nur etwa 1% des Krustenvolumens. Die beobachtete *Diskontinuität in 20 km Tiefe* (plötzliche Geschwindigkeitszunahme der P-Wellen von 6,0 auf 6,7 km/s) wird nicht mehr als Wirkung der Basis der Marebasalte, sondern eher als Grenze des impactzerrütteten Gesteins zum kompakten Fels angesehen, der dem Typ eines anorthositischen Gabbros entsprechen könnte.

Im anschließenden Abschnitt *bis etwa 600 km* Tiefe, der als *oberer Mantel,* oder nach modernen, irdischen Vergleichen auch als *lunare Lithosphäre* bezeichnet werden kann, herrschen ziemlich konstant Durchschnittsgeschwindigkeiten für die Kompressionswellen (Vp) von 7,7 km s^{-1} und 4,45 km s^{-1} für die Scher- oder S-Wellen (Vs). Zumindest was die Zahl der Beben anbetrifft, ist der Bereich zwischen 600 bis 800 km der tektonisch inaktivste, und seine Zusammensetzung ist nach den seismischen Geschwindigkeiten mit irdischen Pyroxeniten vergleichbar.

In noch tieferen Bereichen bis hin zu etwa 1000 km Tiefe läßt sich zunächst eine geringe Geschwindigkeitsreduzierung auf Werte für Vp = 7,6 km s^{-1} und Vs = = 4,2 km s^{-1} feststellen. Gleichzeitig werden aus dieser *Zone in etwa 800 bis 1000 km Tiefe* unter der erdzugewandten Seite des Mondes noch *Tiefbeben* registriert, ohne daß noch ein spezifischer Bezug zu Oberflächenstrukturen erkennbar wäre.

Bei *1110 km* folgt eine *auffällige Diskontinuität*, unterhalb der die Geschwindigkeiten der Kompressionswellen auf 5,0 km s^{-1} verlangsamt werden bei noch stärkerer Dämpfung der Scherwellen (Vs 2,5 km s^{-1}). Es wird angenommen, daß bereits eine *Teilverflüssigung* von einigen wenigen Prozent des lunaren *Kernmaterials* diese beobachteten Laufzeitdaten erklären kann. Die in diesem Zusammenhang für die Kernbereiche vermuteten Temperaturwerte liegen bei 1500 bis 1600 °C. Für alle Überlegungen, die den Mondkern als Produkt gravitativer Magmendifferentiation in Erwägung ziehen, gilt es zu beachten, daß z. B. erst ein Kernradius von 472 km zirka 2% des Mondvolumens erfassen würde. Ferner ist es für alle Theorien zur *thermischen Entwicklungsgeschichte* des Mondes wichtig, daß die Langzeitbeobachtungen des *Wärmeflusses* durch die Apollo-15- und Apollo-17-Instrumente eindeutig einen noch gegenwärtig 2 Mikrowatt/cm^2 erreichenden Wärmestrom zur Oberfläche belegen konnten, was immerhin etwa einem Drittel des irdischen Wertes entspricht.

2.4. Phasenschema der Mondentwicklung

Abschließend sei summarisch ein wahrscheinliches Bild der Gesamtentwicklung des Mondes nach unserem bisherigen Kenntnisstand gezeichnet. Es läßt sich unter der allerdings nicht unangefochtenen Bedingung einer primären Selbständigkeit Lunas in fünf Phasen gliedern:

Phase 1 = *Agglomerationsphase* des Mondes

Sie entspricht der in ihrem Verlauf auch heute noch zum Teil unklaren Art der Ballung der lunaren Massen aus Frühkondensaten der Solarmaterie (vgl. 1.3.). Insbesondere können wir noch nicht entscheiden, in welcher Erddistanz (wenn überhaupt!) dies geschah. Wir wissen aber, daß die „Abreicherung“ an leichtflüchtigen Elementen bereits in dieser Zeitspanne ihren Hauptabschluß findet, und insgesamt gesehen scheint danach die *Accretion des Mondes aus primär heißeren Substanzen* erfolgt zu sein als die der Erde.

Phase 2 = Phase der *totalen Krustenaufschmelzung*

Auch hier ist die Dauer der Ereignisse wie auch ihre Verknüpfung bzw. zeitliche Überlappung mit Phase 1 noch wenig geklärt. Als den spezifischen Verlauf dieses Mondstadiums am meisten bestimmende Faktoren werden angesehen:

1. *Strahlungsbilanz der Sonne* in der Spätphase ihres gravitativen Kollapsstadiums;
2. Anteil kurzlebiger *radiogener Substanzen* (eventuell überschwere Elemente) an der Gesamtmasse des Mondes,
3. *Impactdichte* in der Spätphase der Agglomeration, da die wachsende gravitative Potenz des Mondes immer größere Wärmemengen pro Einschlag freiwerden läßt.

Phase 3 = *Phase der Krustenbildung* des Mondes

Die *Anorthositkruste* bildet sich in dieser Zeit als Wirkung erster oberflächlicher Wiederabkühlung möglicherweise über ein „rockberg“-Stadium (Taylor 1979) bei gleichzeitigem Andauern des In-die-Tiefe-Wanderns der Basis der Aufschmelzungszone. Der Anorthosit wird dabei als Anreicherung der spezifisch leichteren Feldspatkristalle in der Dachregion der Schmelze eines ursprünglich *chondritischen lunaren Ausgangsmaterials* angesehen. Im Gegensatz zu irdischen Bedingungen wird die Flotation der Feldspäte hier durch den fehlenden Wassergehalt der Schmelze ermöglicht. Bei zunehmender Tragfähigkeit dieser Anorthositkruste nahe dem Erreichen der Kilometermächtigkeit wächst die Chance zur morphologischen Erhaltung der Impactprozesse. Nach einer noch heute auf den sogenannten Highlands oder Kontinenten erhaltenen Großkraterdichte bis zur Sättigung ist diese 3. Phase auch die *Hauptphase der Kraterbildung.*

Phase 4 = *Phase der lunaren Basaltergüsse*

Das *Ende dieser Phase vor etwa 3 Milliarden Jahren* mit vereinzelt möglichen Nachläufern noch einige 100 Millionen Jahre später (nach photogeologischer Kartierung) ist klarer definierbar als der Anfang der Phase, da wir hauptsächlich die oberen Basaltlagen mit unseren Altersbestimmungen erfassen. Die Häufung der bisherigen Datierungsergebnisse mit Werten von 3,3 bis 3,9 Milliarden Jahren könnte etwa dem wirklichen *Höhepunkt der magmatischen Tätigkeit* des Mondes entsprechen. Es scheint, als habe sich in dieser Phase der Schwerpunkt der Magmenförderung von der Osthälfte der erdzugewandten Seite des Mondes (Mare Tranquillitatis) allmählich mehr zur Westhälfte (Marius Region) verlagert.

Phase 5 = *Das Postmare-Stadium*

Die *größeren Einschlagkrater* aus dieser jüngsten Phase der Mondentwicklung liegen meist heute noch als *Strahlenkrater* vor. Die Intensität der Einschläge hat aber gegenüber der früheren Mondgeschichte erheblich nachgelassen. Auch wird die magmatische Tätigkeit auf dem Mond seitdem wohl nur noch durch einen vielleicht bis in die Gegenwart reichenden, *sehr schwachen Gasvulkanismus* gekennzeichnet, der für einige der noch ungeklärten, problematischen lunaren „transient events" der Verursacher sein könnte.

2.5. Ursprung des Mondes

Auch mehr als zehn Jahre nach der ersten Phase zahlreicher Mondlandeunternehmen bzw. einer intensiven Probeentnahme für irdische Labors läßt sich noch *kein Konsensus* über die Herkunft des Erdbegleiters registrieren. Den inzwischen allgemeiner akzeptierten Vorstellungen einer aus homogener Accretion hervorgegangenen Mondsubstanz stehen immer noch die stark auseinandergehenden Meinungen zum Ursprung des Mondes als Himmelskörper gegenüber.

Die *Einfanghypothese* muß himmelsmechanisch gesehen von extremen Sonderfallbedingungen ausgehen, wenn die Bahnverhältnisse von Erde und Mond nicht schon in einer sehr frühen Phase der Bildung des Sonnensystems zum Konnex geführt haben sollen. Für einen Einfang des Mondes vor zirka $2 \cdot 10^9$a — abgeleitet aus dem derzeitigen Wechselspiel der Gezeitenkräfte — fehlt außerdem eine deutliche krustenmorphologische Überprägung, sei es in Form von globalen Spaltensystemen oder dazu orientierter Magmenaufstiege.

Im Gegensatz zu ihr steht die Hypothese der *Mondabspaltung von der Erde*. Nachdem die alte Version, die im Raum des Pazifischen Ozeans die Abspaltungsnarbe erblickt, durch unser heutiges Wissen über die plattentektonischen Vorgänge in der Erdkruste unvertretbar geworden war, hat diese Hypothese aber vor allem durch die neueren *geochemischen Untersuchungen wieder Auftrieb* erhalten. Der hohe Verwandtschaftsgrad einiger irdischer und lunarer magmatischer Gesteine, besonders aber ihr sehr ähnliches Sauerstoffisotopenverhältnis, werden als Hauptzeugen für den Zwang zur *gemeinsamen Differentiations-Vorgeschichte* angeführt. Es bleibt aber zu beachten, daß auch einige der achondritischen Meteorite (z. B. Eukrite und Howardite) in ihrem Chemismus den entsprechenden Magmatiten der Erde sehr ähnlich sein können. Ferner bedarf dann auch der praktisch *totale Wasserverlust der Mondsubstanz*, der bekanntlich alle gesteinsbildenden Minerale mit Hydroxylgruppen auf dem Mond vermissen läßt, bei der Herleitung aus irdischem Material einer besonderen Erklärung.

Die sogenannte *Doppelplaneten-Hypothese* vermag die postulierten geochemischen Analogien und Unterschiede zwischen Mondsubstanz und Erdmantelgestein vielleicht noch relativ am besten zu erklären. Dadurch, daß für beide Körper etwa die gleiche Sonnendistanz für die Entstehung Voraussetzung ist, ergibt sich schon von vornherein der Zwang zum hohen Verwandtschaftsgrad. Die demgegenüber dennoch bestehenden Unterschiede, wie zum Beispiel die Eisenverarmung des Mondgesteins, lassen sich dann aus den spezifischen Formierungsbedingungen im Jugendstadium des Erde-Mond-Systems ableiten. Nimmt man z. B. an — wie neuere Modifikationen zu dieser Hypothese dies in zunehmendem Maße tun —, daß sich der *Mond aus einem Materiering*, der einst die Erde umgab, bildete, so steht bei den variablen gravitativen Bedingungen bis zur Accretion des Mondkörpers von der gegenwärtigen Masse für die Annahme möglicher Fraktionierungsprozesse eine relativ breite Palette zur Verfügung. Je nachdem, von welch hohen, initialen Temperaturbedingungen ausgegangen wird, kann angenommen werden, daß eventuell von einer überhitzten Muttererde sogar Silikatsubstanz zum Aufbau der Ringsubstanz überführt wurde. Es sollte aber auch in diesem noch planetesimalreichen Stadium des jungen Sonnensystems eine Einmischung von „Fremdsubstanz" in die Ringebene eine gewichtige Rolle gespielt haben können. Die denkbaren Prozesse sind zur Zeit noch mannigfaltiger Art, was für die Beweisbarkeit dieser Theorie gleichsam als Stärke und Schwäche anzusehen ist.

2.6. Literatur

Anderson, A. J.: Lunar Paleotides and the Origin of the Earth-Moon System. ESA Journal 1978, Vol. 2, S. 215—221, 1978.

Basilewsky, A. T.: Geologische Struktur und Geschichte der Entwicklung der Mondoberfläche (russ.). Fortschrittsberichte der Akad. d. Wiss. der UdSSR, Moskau, Geologische Serie Nr. 5 (Mai 1977) S. 5—19.

Beneš, U. und Katterfeld, G. N.: Erde, Mond und Mars im Lichte der vergleichenden Planetologie. Z. Geol. Wiss. **1** (1973), 4, S. 381—401.

Berichte der Apollo 11 Lunar Science Conference Houston, Texas, 5.—8. 1. 1970. Science, 30. 1. 1970, **167**, Nr. 3918. Jährlich fortgesetzt: Nr. 10 dementsprechend März 1979.

Brown, G. M.: Die Geochemie des Mondes. Endeavour XXX, Nr. 111 (Sept. 1971), S. 147—152.

Carlson, R. W. and G. M. Lugmair: Time and duration of lunar highlands crust formation. Earth Planet. Sci. Lett. **52**, (1981) S. 227—238.

DORSCHNER, J.: Apollo und der Mond. Die Sterne, **55**. Bd. (1979) H. 3, S. 129–143.

EL-BAZ, F.: The Moon after Apollo. Icarus **25** (1975) S. 495–510.

FIELDER, G. (Hrsg.): Geology and Physics of the Moon. 1971.

FRENCH, B. M.: The Moon. In: New Solar System, S. 71 ... 81, edited by J. K. BEATTY, B. O'LEARY and A. CHAIKIN, Cambridge, Mass. 1981.

GUEST, J. E. und GREELEY, G.: Geologie auf dem Mond. Enke, Stuttgart, 1979.

HOOD, L. L. and SCHUBERT, G.: Lunar Magnetic Anomalies and Surface Optical Properties. Science **208** (1980) S. 49 ... 51.

KIESL, W.: Kosmochemie. Springer, Wien-New York, 1979.

KONDRATYEV, K. Y.; RYCROFT, M. J. und SAGAN, C. (Editors): Cospar — Space Research XI, Leningrad 1970. Hier zahlreiche Aufsätze in Vol. 1, Kap. The Moon S. 1–12, Akademie-Verl. Berlin 1971.

KOYAMA, J. and NAKAMURA, Y.: Focal mechanism of deep moonquakes. Proc. Lunar Planet Sci. Conf. 11th, Geochimica et Cosmochimica Acta Suppl. **12** (1980) S. 1855–1865.

LATHAN, G. u. a.: Seismic Data from Man-made Impacts on the Moon. Science **170**, (1970) Nr. 3958, S. 620–626.

LINDSAY, J. F.: Lunar Stratigraphy and Sedimentology. Elsevier 1976.

MASON und MELSON: The Lunar Rocks. Whiley-Interscience 1970.

MEISSNER, R., SUTTON, G. und F. DUENNEBLER: Mondbeben. Umschau (1971) S. 111 bis 115.

MOORE, H. J., BOYCE, J. M., SCHABER, G. G. und D. H. SCOTT: Lunar REMOTE SENSING and Measurements. Geological Survey Prof. Paper 1046-B, Washington 1980.

MULLER, P. M. und W. L. SJOGREN: Mascons: Lunar Mass Concentrations. Science, 16. 8. 1968, **161** (1968), Nr. 3842, S. 680–684.

MURVAY, B., MALIN, M. C. and R. GREELEY: Earthlike Planets. San Francisco 1981.

NEUKUM, G., KÖNIG, B., FECHTIG, H. und D. STORZER: Cratering in the earth-moon system: Consequences for age determination by crater counting: Proc. Lunar Sci. Conf. 6th, Geochim et Cosmochim. Acta, supp. 6, v. **3** (1975) S. 2597–2620.

NEWSON, H. E. und M. J. DRAKE: Constraints on the Moon's origin from the partitioning behaviour of tungsten. Science **297** (1982) S. 210–212.

PIKE, R. J.: Geometric Interpretation of Lunar Craters. Geological Survey Prof. Paper 1046-C, Washington 1980.

RAITALA, J.: Tectonics of the Lunar Oceanus Procellarum Area. Acta Univ. Ouluensis, Ser. A Nr. 135, Oulu 1982.

RANSFORD, G. A. and W. M. KAULA: Heating of the Moon by heterogeneous accretion. J. Geophys. Res. **85** (1980) S. 6615–6627.

RINGWOOD, A. E.: Origin of the Earth and Moon. New York-Heidelberg-Berlin 1979.

RUNCORN, S. K.; LIBBY, L. M. und W. F. LIBBY: Primaeval melting of the Moon. Nature **270** (1977) S. 676–681.

SHOEMAKER, E. M. und R. J. HACKMANN: Stratigraphic Basis for a Lunar Time Scala. In KOPAL, Z. und Z. K. MIKHAILOW: The Moon (1962) S. 289–300.

SOLOMON, S. C. and J. W. HEAD: Lunar mascon basins: lava filling, tectonics, and evolution of the lithophere. Rev. Geophys. Space Phys. **18** (1980) S. 107–141.

SONNETT, C. P. u. a.: Lunar Electrical Conductivity Profils. Nature **230** (1971) Nr. 5293, S. 359–362.

STILLER, H.: Die innere Struktur der Erde, des Mondes und der Planeten. Sitz.-Ber. d. AdW der DDR, **13** (1975).

SUCHANOV, A. L. und V. G. TRIFONOV: Metodika sostavlenija i legenda geologo-morfologičeskich kart Luny Masštaba 1:1000000. In Problemy geologii Luny, Moskau, 1969.

TAYLOR, ST. R.: Structure and Evolution of the Moon. Nature, **281** (1979) S. 105–110.

Toksöz, M. N. u. a.: Moonquakes: Mechanisms and Relation to Tidal Stresses. Science, **196** (1977) Nr. 4293, S. 979–981.
Vinogradov, A. P.: Ergebnisse über das Mondgestein nach Daten von Luna 16 (russ.). Priroda **3** (1971), S. 8–16.
Vinogradov, A. P. (Hrsg.): Das fahrbare Mondlaboratorium Lunochod 1 (russ.). Moskau 1971.
Wäsch, R.: Planetologie des Mondes. Wiss. und Fortschr. **32,** (1982) H. 6.
Wasson, J. T. und P. H. Warren: Contribution of the Mantle to the Lunar Asymmetry. Icarus **44** (1980) S. 752–772.
Wilhelms, D. E.: Stratigraphy of Part of the Lunar Near Side. Geological Survey Prof. Paper 1046-A. Washington 1980.
Wolfe, E. W. u. a.: The Geologic Investigation of the Taurus-Littrow Valley: Apollo 17 Landing Site. Geol. Survey Profl. Paper 1080. Washington 1981.

3. Paläogeophysik [1]

Unter dem Begriff Paläogeophysik (Runcorn, 1970; Lauterbach, 1955/56, 1971) versteht man die systematische Zusammenfassung folgender längst bekannter Arbeitsrichtungen:

- *Paläoklimatologie* (z. B. Schwarzbach, 1974; Monin und Schischkov, 1979).
- *Paläoatmosphäre*, Rekonstruktion (z. B. Schidlowski, 1971).
- *Paläotemperaturanalyse* von Gewässern (z. B. Bowen, 1966).
- *Paläohydrographie* und *Paläolimnologie* (z. B. Reeves jr., 1968).
- *Paläomagnetismus* (z. B. Irving, 1964; Collinson, Creer und Runcorn (eds.). 1967).
- *Paläogravitation.*
- *Paläorotation.*
- *Paläogeothermie.*
- *Paläovulkanologie* (nach Lutschizkij, 1971).

Diese und weitere Gebiete lassen sich (Lauterbach, 1955/56) in drei großen Teilgebieten entsprechend der Gliederung der Geophysik zusammenfassen:

1. Spezielle Paläogeophysik oder *Paläophysik der festen Erde.*
2. *Paläophysik der Hydrosphäre* bestehend aus Paläozeanologie und Paläohydrologie.
3. *Paläophysik der Atmosphäre* mit der Evolution der Paläoatmosphäre, dem Paläoklima und (z. T.) der Paläometeorologie.

Die Paläogeophysik ist in den letzen Jahren vor allem durch die vergleichende *planetologische Forschung* stark angeregt worden, nicht zuletzt durch den sehr verschiedenen Entwicklungsstand und die Art der Evolution der erdähnlichen Planeten.

Die heute bekannten geophysikalischen Eigenschaften und Prozesse der Erde sind nur die letzte Etappe einer langen Evolution auch physikalischer Felder und Vorgänge sehr unterschiedlicher Ursachen. So kann man einmal unter Paläogeophysik die erdhistorische *Entwicklung des geophysikalischen Zustandes unseres Planeten* verstehen. Das betrifft z. B. die allmähliche Ausbildung von Erdkern und -mantel, die Entstehung der Ozeane und festländischen Gewässer oder die Evolution der Atmosphäre. Zum anderen sind paläogeophysikalische Kenntnisse aber auch geeignet, die *heutigen geologisch-geophysikalischen Probleme mit lösen zu helfen.* Dies trifft z. B. auf die paläomagnetischen Messungen zu, die eine magnetostratigraphische Korrelation ermöglichen (z. B. Menning und Wiegank, 1982) oder Beiträge zur rezenten Kontinentaldrift liefern.

---

[1]) Von R. Lauterbach

3.1. Geophysik und Paläogeophysik

1. Aufgabe und Hauptanliegen der Geophysik ist nicht nur die Messung, die analytische Erfassung und Interpretation gegenwärtiger physikalischer Zustände und Prozesse der Erde. Nachdem es gelang, durch die *absolute Zeitmessung* die geologischen Vorgänge in eine verläßliche Altersfolge zu bringen, konnten auch Meilensteine der *geophysikalischen Entwicklung der Erde* mit eingeordnet werden. Die Resultate der Untersuchungen von *Satelliten* aus brachten sowohl für den zirkumterrestrischen Raum wie für die Erdoberfläche selbst zahlreiche neue Einzelheiten hinzu. Vergleiche mit den Nachbarplaneten wurden bis ins Detail durch die kosmischen Untersuchungen möglich, damit stellte sich auch die Frage nach den dortigen physikalischen Verhältnissen und nach den Gründen einer großen Zahl von Abweichungen gegenüber dem geophysikalischen Zustand der Erde (z. B. unterschiedliche Ausbildung der planetaren Magnetfelder).

2. Die *Paläogeophysik sammelt alle zurückliegenden Informationen*, die über den früheren geophysikalischen Zustand der Erde direkt oder indirekt Hinweise geben. Sie nutzt hierzu Erkenntnisse geo- und petrophysikalischer Art, aber auch *geologische* oder *geochemische Ergebnisse*. Sogar die *Paläontologie* kann einige wichtige Hinweise über denkbare oder wahrscheinliche Wechselwirkungen von Leben und geophysikalischen Feldern liefern (z. B. Auswirkungen der Umkehr des magnetischen Erdfeldes auf die Biosphäre u. ä.).

Dabei spielen moderne Analysenverfahren der Geowissenschaften eine wesentliche Rolle. Dies gilt für die *Isotopengeologie*, die elektronenmikroskopische Gesteinsuntersuchung, die *geochemischen Labormethoden* oder auch die *paläomagnetischen Messungen*. Die Paläogeophysik interpretiert also alle Informationen über frühere physikalische Zustände der Erde, aus welchen wissenschaftlichen Quellen sie auch stammen. Neben den geologischen, ozeanologischen und meteorologischen Wissenschaften spielen hierbei z. B. die Physik extremer Zustände. die Astrophysik (vgl. 1.2 und 1.3) die chemische Analytik, die Biochemie oder die Molekularbiologie eine zusätzliche Rolle.

Wichtig und sehr aktuell sind hierbei auch eine Reihe erneut aufgeworfener Hypothesen und Theorien, wie etwa die *Plattentektonik* mit allen geophysikalischen Auswirkungen bis hin zur Asthenosphäre. Aber auch das Problem der etwaigen Entwicklung des *Erddurchmessers* (der sich ausdehnenden oder der oszillierenden Erde), der Veränderung der *Erdschwere* und natürlich der Ursachen und Wirkungen der Umpolungen des *magnetischen Erdfeldes* sind einige von zahlreichen in die Erdvergangenheit weit zurückreichenden geophysikalischen Problemen, die ohne Mitwirkung der Paläogeophysik nicht verständlich wären.

Tabelle 2 gibt eine (nicht vollständige) Übersicht über die wichtigsten *Komplexe einer paläogeophysikalischen Forschung*. Dabei mag zunächst befremdlich erscheinen, daß neben der *festen Erde*, der *Hydrosphäre* und *Atmosphäre* auch die *Biosphäre* erwähnt wird. Es ist aber vom Standpunkt der Paläogeophysik nicht zu übersehen, daß die Biosphäre einen nicht unwichtigen Anteil an der früheren Herausbildung bestimmter geophysikalischer Zustände hat. So ist der größte Teil des Luftsauerstoffes der Atmosphäre biogener Herkunft und damit u. a. auch die Ozonosphäre. Die bedeutende paläoklimatische Rolle vor allem der Flora nach der Besiedlung der Kontinente ist ein weiteres wichtiges Beispiel für die Wechselwirkung von Geosphären und Biosphäre

Tabelle 2. Übersicht über die Paläogeophysik

Feste Erde	Hydrosphäre	Atmosphäre	Biosphäre
Evolution des Erdkörpers	Paläozeanologie	Paläoatmosphäre	Paläophysik der Biosphäre
Entstehung von Erdkern und Erdmantel	Paläozirkulation	Paläoklimatologie	Geophysikalische Auswirkungen der Paläo-Biosphäre (Klima, Sauerstoff-Produktion)
Entwicklung des Erddurchmessers	Paläogezeiten	Paläometeorologie	Geophysikalische Ursachen der Faunenschnitte
Paläorotation	Paläotemperatur	Paläowindrichtung und -zirkulation	Fossilien als geophysikalische Indikatoren (z. B. für Klima, Temperatur, Isotopenanalyse)
Paläogravitation	Paläogeographie und	Paläofulgurite	Abschirmung des Sonnenwindes durch Magnetfeld als Grundlage für paläobiologische Evolution
Paläomagnetismus	Evolution der Ozeane		Abschirmung des UV C durch die Entstehung der Ozonschicht als Voraussetzung der Besiedlung der Kontinente
Paläogeothermie und -radioaktivität	Paläohydrographie		Biologische Anpassung an geophysikalische Umwelt
Paläogezeiten	Paläohydrologie		
Paläogeodynamik	Paläolimnologie		
Paläovulkanismus	Paläoflumenologie		
Paläogeoelektrizität			
Paläo-Zeitmessung			
Plattendrift und			
Paläogeographie			
Polwanderungen			
Tektonische Zyklen			

Wegen der sehr verschiedenartigen Informationsquellen und der dabei angewandten Arbeitsmethoden *fehlt* der *Paläogeophysik* zwangsläufig als Spezialdiszplin der Geophysik *eine disziplinäre Einheitlichkeit*. Dennoch spielt sie als die Geophysik der geologischen Vergangenheit eine nicht unbedeutende Rolle und wird auch weiter ausgebaut werden. Besonders gilt dies für Spezialgebiete, die hinsichtlich der Fragestellung wie der Methodik recht einheitlich sind, wie z. B. die *Paläogeothermie* und *-radioaktivität* oder den *Paläomagnetismus*. Aber auch die klassische *Paläoklimatologie* muß aus sehr verschiedenartigen Quellen schöpfen, wie z. B. den Verwitterungserscheinungen, der Sedimentausbildung, den *Paläoböden* oder in vielfältigster Weise der Fauna und Flora vergangener Zeiten. Da dies auch bei anderen Teilgebieten ähnlich ist, verknüpft die Position der *Paläogeophysik* die *Geophysik* selbst und andererseits die *Geologie* und z. T. sogar der *Paläontologie*. Ohne Zweifel hat sie aber für die Geophysik die größte Bedeutung, woher auch immer sie ihre Informationen erhält.

3.2. Paläogeophysik der festen Erde

Wie SCHMIDT und TREDER (vgl. Kapitel 1) feststellen, muß die Erdgeschichte — und damit auch die Paläogeophysik — davon ausgehen, daß zu jeder Zeit die heutigen Naturgesetze galten und daß sich ferner die Umgebung der Erde im Kosmos nicht wesentlich geändert hat. Ferner stellen sie fest, daß der Prozeß der Entstehung des Planetensystems vor rund 4,5 bis 5,0 Milliarden Jahren stattfand und die Erde damit etwa ebenso alt ist wie das Sonnensystem selbst. Über die thermische Geschichte der Erde und damit auch über den Zeitpunkt und den Ablauf der inneren Organisation des Planeten Erde gibt es gegenwärtig eine Vielzahl von Hypothesen, aber keine einheitliche befriedigende Theorie (vgl. KAUTZLEBEN und STILLER, Kapitel 9.5. und 9.6.).

Für die gesamte Zeit der Erdgeschichte gab es offenbar stets einen *Überschuß der Wärmeproduktion im Erdinneren* gegenüber der Wärmeabgabe durch die Erdoberfläche. Nach KAUTZLEBEN und STILLER hat sich das Innere der Erde ständig in einem überhitzten Zustand befunden, in dem es bis heute verblieben ist. So scheint die Erde während ihrer Entwicklung in physikalischer Beziehung einen recht konstanten Eindruck zu machen, insofern als revolutionäre Prozesse großen Umfanges fehlen bzw. zu fehlen scheinen.

WALZER und MAAZ (1983) kommen nach geochemischen Ergebnissen zu der Schlußfolgerung, daß der *untere Mantel der Erde* einen *geringeren Gehalt an Radionukliden* aufweist als der obere Mantel. So wird die produzierte Wärme nur in geringem Umfang weitergeleitet, und die Temperatur steigt an. Es kommt infolgedessen nur zu *einer zeitweisen Konvektion im unteren Mantel in großen Zeitabständen*. Die Autoren haben das Problem auch theoretisch durchgerechnet und kommen zu *vier bedeutenden Konvektionsepisoden* im unteren Mantel, die — von der Gegenwart aus gerechnet — die *Dynamik des oberen Mantels vor rund 200, 475, 970 und 1870 Millionen Jahren beeinflußt* haben müßten. Diese Zeiträume decken sich auch mit wesentlichen Aussagen der magmatischen Aktivität der Erde nach GASTIL (1960), die sich weitgehend mit denen der orogenetischen Aktivität decken. WALZER und MAAZ (1983) stellten ferner fest, daß die Zeiträume eines *aktiven unteren Mantels* der Erde nicht nur durch Wechselwirkung mit dem oberen Mantel gekennzeichnet sind, sondern auch mit dem äußeren Erdkern, dessen hydromagnetische Konvektion beeinflußt wird. So sind diese Perioden durch eine nur *geringe Umkehraktivität des geomagnetischen Dipolfeldes* wenigstens im Phanerozoikum gekennzeichnet.

Im oberen Mantel befindet sich die *fließfähige Mesosphäre* von ungefähr 700 km Tiefe ab nach oben. Ab 200 km folgte die zähflüssige *Asthenosphäre* bis 100 km, der sich die starre und spröde Lithosphäre anschließt. Wie bildet sie Becken?

Le Pichon (1976) stellt auf Grund eingehender, alle bisherigen Resultate zusammenfassender Studien fest, daß es *vor dem Mesozoikum kein Ozeanbecken* gegeben haben kann. Der *Indische* und der *Pazifische Ozean* haben ein Höchstalter entsprechend dem oberen Jura, die Beckenöffnung könnte bis in die Trias (180 Millionen Jahre) zurückgeben wie beim *Atlantischen Ozean.* Das bedeutet natürlich nicht, daß es überhaupt keine Meere gab, in denen sich organisches Leben hätte entwickeln können. Le Pichon glaubt, daß der wichtigste Grund der Eliminierung jeweils gerade der ältesten ozeanischen Kruste ihre Gravitationsinstabilität als Folge der fortschreitenden höheren Dichte bei ihrer Abkühlung sei.

Demgegenüber hat Belousov (z. B. 1981) bis in die letzte Zeit die Ansicht vertreten, daß es völlig unmöglich sei, ohne die Veränderung der kontinentalen Kruste durch Einwanderung basischer Schmelzen auszukommen (*Basifizierung*), die dann über Übergangsformen in einer *ozeanischen Kruste* enden kann. Danach handelte es sich also um einen ständigen Kreislauf, der besonders für die kontinentalen oder zwischenkontinentalen Meere immer gegeben sei.

Durch die Aktivität von S. W. Carey (1981/83) ist an der Universität Sydney im Februar 1981 unter Teilnahme zahlreicher prominenter Geowissenschaftler erneut die Frage erörtert worden, ob die *Erde* sich nicht *kontinuierlich ausdehne.* In einer Untersuchung über die primordiale Größe der Erde kommt Masao Gorai (1981/83) zu dem Ergebnis, daß der anfängliche Radius der Erde etwa zwischen 4900 und 5600 km betragen habe. Er geht dabei von einer Abschätzung der Fläche der primären Lithosphäre aus und glaubt, daß diese 400 bis 300 Millionen km^2 betragen haben müsse.

Zwischen diesen Hypothesen ist schwerlich sicher zu entscheiden: ob ozeanische Kruste als Folge der *Abkühlung* absinkt (Le Pichon), oder ob kontinentale Kruste sich als Folge der *Basifizierung* in ozeanische verwandelt, ob Plattenfläche durch *Subduktion* verschwindet und an *mittelozeanischen Rücken* Lithosphärenmaterial neu gebildet oder ob schließlich der *Erdradius wächst,* das sollte durch eine paläogeophysikalische Untersuchung wenigstens prinzipiell geklärt werden können.

3.3. Paläomagnetismus

Eine der wichtigen Methoden zur Klärung der *Plattenbewegungen der Lithosphäre* ist zweifellos der Paläomagnetismus. Er gestattet durch eine hypothesenfreie Bestimmung der *Magnetisierungsrichtung* orientiert entnommener Gesteinsproben bei statistischem Vorgehen einmal die Klärung der *Richtung des magnetischen Hauptfeldes* und damit seiner *Inversionen,* ferner aber auch vor allem in vulkanogenen Gesteinsserien eine *Altersbestimmung* sowie Aussagen zu einer *Verlagerung der Pole* des erdmagnetischen Feldes oder von Gesteinsschollen und -verbänden längst nach deren Formierung.

Die *paläomagnetischen* Ergebnisse werden am besten mit *paläoklimatischen* und *paläontologischen* Resultaten kombiniert, um ihre Aussagekraft im Sinne einer geologischen Synthese zu erhöhen. Allerdings hat es auch Widersprüche zwischen paläomagnetischen und paläontologischen Schlußfolgerungen gegeben, die für bestimmte geologische Zeiträume, z. B. das Perm, zur Annahme führten, daß das erdmagnetische Feld nicht einem axialen Dipol entsprach. Doch trotz solcher regional meist begrenzter Konflikte ist an der Aussagekraft der paläomagnetischen Messungen im allgemeinen wohl kaum zu zweifeln.

Die *paläomagnetischen Resultate* hängen hinsichtlich ihrer Signifikanz von den Magnetisierungsprozessen während der Gesteinsgenese ab. Wie MENNING und WIEGANK (1982) hervorheben, sind die wichtigsten Grundlagen einmal die Bildung einer fest ausgeprägten *remanenten Magnetisierung* und dann deren *Konservierung* über Zeiträume von Milliarden Jahren hinweg.

Nach ANGENHEISTER und SOFFEL (1972) können als *Träger der Information* über das *frühere erdmagnetische Feld* mit seiner Richtung (und z. T. auch Intensität) nur die verschiedenen Arten der remanenten Magnetisierung angesehen werden:

1. Die *natürliche remanente Magnetisierung* (NRM), die einem Gestein in situ zu eigen ist, das ferri- oder antiferromagnetische Minerale enthält. Die NRM kann durch den Prozeß der Probenentnahme (Erschütterung, Entfernen aus dem Verband) verändert werden, was zu beachten ist.
2. Die *thermoremanente Magnetisierung* (TRM) und *partielle thermoremanente Magnetisierung* (PTRM). Sie kommt vor allem bei magnetischen Gesteinen vor, wo sie bei der Abkühlung nach Durchsinken der CURIE-Temperatur sozusagen „einfriert". Dies trifft besonders auf *Magnetit* zu, dessen CURIE-Temperatur bei etwa 575 °C liegt.
3. Die *chemische remanente Magnetisierung* (CRM) wird durch eine chemische Veränderung oder Umkristallisation erzeugt. Sie tritt z. B. in Rotsandsteinen mit ihren roten, rotbraunen bis violetten Farben auf und gilt dann natürlich für den Zeitraum dieser Umbildung.
4. Besonders wichtig ist die *Sedimentations-Remanenz* oder detrital remanent magnetization (DRM). In der Regel mechanisch zerkleinerte Magnetit-, Titanomagnetit- oder Hämatitfragmente werden bei der Ablagerung als bereits magnetisierte Mineralteile (aus dem Verwitterungsschutt magmatischer oder metamorpher Gesteine) entsprechend dem herrschenden Magnetfeld eingeregelt oder eingedriftet. Das bewegende Medium (Wasser, Luft) kann dabei einen weiteren Einfluß auf die Einregelung ausüben (Fehlerquelle!).

ANGENHEISTER (1957) hat vor allem auf zwei Formen der Gesteinsmagnetisierung hingewiesen; die *remanente und die induktive Magnetisierung*, die sehr verschieden groß, aber dem Betrag nach auch ähnlich sein können. Für den *Paläomagnetismus* interessiert nur die *remanente Magnetisierung*. Bei Gesteinen sind zwei Prozesse wichtig, die zur Bildung einer remanenten Magnetisierung führen und die entsprechend untersucht wurden:

Die *isothermale Remanenz*, die ein Gestein in einem Magnetfeld erhält, vorausgesetzt, daß es ferromagnetische Minerale enthält. Die Temperatur ist konstant und in der Regel niedrig. Diese isothermale Remanenz ist gering, wenn sie durch ein so schwaches Feld wie das Erdfeld hervorgerufen wird, und zudem *nicht stabil*. Die erwähnte *Thermoremanenz* nimmt ein Gestein an, wenn es von Temperaturen oberhalb des CURIE-Punktes bzw. der CURIE-Temperaturen einer oder mehrerer ferromagnetischer Komponenten unter diesen Grenzwert abgekühlt wird.

Die thermoremanente Magnetisierung (TRM), die remanente Magnetisierung von Sedimenten (DRM) und die chemisch bedingte remanente Magnetisierung (CRM) sind besonders *charakteristische Magnetisierungen* (*CARM*). Sie können aber auch im Laufe der Zeit durch *innere Einflüsse*, die von Kristallen bzw. Gesteinen ausgehen, oder durch *äußere Feldeinflüsse* untypisch werden. Sie sind dann *uncharakteristische remanente Magnetisierungen* (*UCARM*), weil sich je nach ihrer Stabilität nur ein mehr oder weniger großer Teil der CARM erhalten hat. In der Regel kann man bei beträchtlichen Änderungen von Richtung und Intensität des Magnetisierungsvektors mit einem großen Anteil der UCARM an der gesamten remanenten Magnetisierung rechnen. Kautzleben und Stiller (vgl. Kap. 9.6.3.) legen in Zusammenhang mit der *Dynamotheorie* des geomagnetischen Hauptfeldes dar, daß diese sich auch bereits bei der physikalischen Erklärung der Magnetfelder anderer kosmischer Objekte bewährt hat. Jedenfalls wird das *magnetische Hauptfeld im äußeren Erdkern erzeugt* und zeigt neben der magnetischen *Säkularvariation*, der *Westdrift* des Nicht-Dipolfeldes auch *Polaritätsänderungen*. Die paläomagnetischen Arbeiten konnten in den letzten Jahrzehnten zeigen, daß dieser *Polaritätswechsel aperiodisch* erfolgt und jeweils Zeiträume von 10^4 bis 10^7 Jahre umfaßt (vgl. Menning und Wiegank, 1982).

Es werden Polaritätsfolgen unterschiedlicher Dauer beobachtet:

— *Epochen* für Zeiträume von 100000 Jahren und mehr;
— *Events* für Zeiten zwischen 100000 und 10000 Jahren;
— *Exkursionen* für Zeiträume bis zu 10000 Jahren.

Unter *Exkursionen* versteht man Wanderungen des Dipols *über den Äquator* hinweg, ohne daß aber die Position des Gegenpols erreicht wurde.

— *Intervalle* sind jene Zeiten von mehr als 10 Millionen Jahren, in denen eine bestimmte Richtung oder Frequenz der Umpolung sich in charakteristischer Weise gegenüber den vorangegangenen und folgenden Zeitabschnitten unterscheidet.

Dies wurde von der Kommission für Stratigraphie der IUGS (Subkommission der Polaritätsskala) festgelegt.

Insgesamt kann man folgende *Hauptanwendungsgebiete* paläomagnetischer Untersuchungen festhalten, die von allgemeinem wie speziellem geophysikalischen und geologischen Interesse sind:

Nach verschiedenen Autoren, darunter Irving (1964), ergab sich aus einer sehr großen Zahl paläomagnetischer Messungen die gesicherte Tatsache, daß die Magnetisierungsrichtungen (der remanenten Magnetisierung) von Gesteinen sowohl als Funktion des Probeentnahmeortes als auch des auf anderem Wege bestimmten Gesteinalters sehr erheblich differieren. So fand man für jede geologische Einheit immer dann eine bestimmte Polposition, wenn nur Proben berücksichtigt wurden, die bei einer Abmagnetisierung eine weitgehende Konstanz des Magnetisierungsvektors aufweisen (also CARM aufweisen).

Nach Rother (1975) können *paläomagnetische Resultate als Zeitmesser* verwandt werden, so durch die *Polwanderungskurven*, die beiderseits des nördlichen Atlantiks nur dann in Übereinstimmung gebracht werden können, wenn Europa und Amerika in die durch A. Wegener (1912) angenommene Ausgangsposition gebracht werden.

Ferner lassen sich die *Inversionen* des erdmagnetischen Feldes zur *Zeitbestimmung* verwenden. Schließlich kann man auch Rückschlüsse auf die *Änderungen der Feldintensität* ziehen, die allerdings bislang keine sehr großen Änderungen ergeben haben, wenn man vom Altpaläozoikum absieht. Ferner lassen sich Angaben über das *Alter von Intrusionen* gewinnen und mit Hilfe des *Paläogradnetzes* Hinweise zum wahrscheinlichen *Paläoklima* im betrachteten Gebiet.

Ein besonders wichtiges Gebiet ist inzwischen die *magnetostratigraphische Korrelation* geworden (vgl. z. B. MENNING und WIEGANK, 1982), die sich einmal auf die Polaritätsfolge stützt und zum anderen die Variationen der Deklination, Inklination und der Intensität des Paläofeldes heranzieht.

In Zusammenhang damit steht der Nachweis von Schollen- oder *Plattenbewegungen* nach einer geologischen (Zwischen-) Konsolidierungsphase. Die generelle Tendenz scheint trotz einer Reihe differenzierender Ergebnisse darin zu bestehen, daß die Pangea nach STILLE vom Ausgang des Paläozoikums ab immer deutlicher in die heutigen Kontinentalschollen zerfiel und auseinanderdriftete.

Schließlich sind auch (vorsichtige) Aussagen zur Entwicklung des *Erddurchmessers* auf Grund paläomagnetischer Messungen möglich. HOSPERS und VAN ANDEL (1970) stellen fest, daß *keine wesentlichen Änderungen des Erdradius* im Phanerozoikum eingetreten sein können.

Einige Autoren gaben schon 1968 folgende Werte an, die auch ROTHER (1975) zitiert:

Perm:	1,03 des jetzigen Erdradius (nach Resultaten aus Europa),
	0,70 des jetzigen Erdradius (nach Werten aus Sibirien);
Trias:	0,98 des jetzigen Erdradius (nach Werten aus Europa);
Kreide:	0,98 des jetzigen Radius (nach Werten aus Nord-Amerika).

Danach sieht es so aus, als ob der *Erdradius* im Phanerozoikum *etwa konstant* geblieben ist oder höchstens gering zunahm (1 ... 2 mm pro Jahr, keinesfalls über 2,5 mm pro Jahr).

Es ist allerdings nicht zu übersehen, daß die Methode keineswegs so widerspruchsfreie Ergebnisse liefert, wie man erwarten sollte und wie auch oft behauptet wird. Neben anderen Autoren hat z. B. BLINOV (1983) für den Zeitraum von Karbon bis Trias folgende Werte zusammengestellt:

Angaben für den Erdradius in % des jetzigen Radius nach folgenden Autoren:

Trias	0,82	nach D. VAN HILTEN, 1965
Perm	0,94	nach M. A. WARD, 1963
Perm	0,95	nach E. IRVING, 1964
Karbon-Perm	0,47	nach V. B. NEIMAN, 1964
Karbon-Perm	0,47 – 0,80	nach A. I. BILINSKIJ, 1963
Perm	0,86	nach A. N. CHRAMOV, 1967
Karbon	0,83	nach A. N. CHRAMOV, 1963
Karbon	0,78	nach D. VAN HILTEN, 1965
Devon-Trias	0,83	nach A. I. BILINSKIJ, 1963

BLINOV gibt noch für die obigen Zeiträume die Mittelwerte für den Erdradius an. Für die paläomagnetisch bestimmten Daten erhält man: 5000 ± 300 km. Nimmt man nur die Mittelwerte für die Plattformgebiete, so resultiert 5300 ± 100 km. Der Mittelwert aus allen anderen Daten (Paläogeographie u. a.) beläuft sich auf 6500 ± 300 km.

Nach diesen Ergebnissen, denen noch weitere anzufügen wären, kann man der paläomagnetischen Aussage zur Erddimension gegenwärtig noch nicht die letzte Sicherheit beimessen. Die Gründe sind schon von IRVING (1964) dargelegt worden. Die paläomagnetischen Richtungen, auf einer tektonisch stabilen Platte ermittelt, sollten sich in ein geozentrisches Dipolfeld einfügen lassen. Trifft dies nicht zu, dann hat sich

- entweder der *Erdradius geändert* oder
- das Testgebiet war *nicht stabil zusammenhängend* bzw.
- das Feld war *nicht ein Dipolfeld.*

BELOUSOV (1981) fügt noch die Möglichkeit hinzu, daß selbst bei relativ geringen Drücken und Temperaturen in langen geologischen Zeiträumen eine *Veränderung der Magnetisierungsrichtung* nicht völlig auszuschließen ist.

Ein weiteres wichtiges Problem paläomagnetischer Forschung ist die Ermittlung früherer *Lagen der Erdmagnetpole.* Innerhalb einer stabilen Tafel sachgerecht entnommene Proben müssen dabei annähernd gleiche Pollagen ergeben. Bestimmt man die Lage der Pole jeweils für eine stabile Krusteneinheit über längere Zeit hinweg, dann resultiert hieraus je eine Kurve der *Polwanderung.* Verschiedene Kontinente haben in der Regel auch verschiedene Polkurven.

Mit diesem Problem befaßt sich in Zusammenhang mit dem Konzept der *Plattentektonik* WIEGANK (1982). Nach ihm läßt sich das *Paläomagnetfeld* des höheren *Känozoikums* am besten durch einen axialen geozentrischen Dipol beschreiben. Die Dipolachse weicht nur um etwa 5° von der Rotationsachse der Erde ab, liegt ihr also sehr nahe.

Für die *Trias,* das *Perm* und *Karbon* zeigen Ergebnisse z. B. von BENKOVA u. a. (1973) bei WIEGANK eine Abweichung von 7 bis 10° unter der Voraussetzung, daß die Lage der Kontinente entsprechend den plattentektonischen Vorstellungen angenommen wird. Geht man von der heutigen geographischen Situation aus, so resultiert eine Streuung der Pollagen um etwa 60°, was äußerst unwahrscheinlich ist.

Für das *Präkambrium* ergab sich erstaunlicherweise ebenfalls eine ausreichende Stabilität der magnetischen Remanenz. MC ELHINNY und MC WILLIAMS (1977) konstruierten die Polwanderungskurven für *Afrika, Australien* und *Nordamerika.* Dabei scheint sich zu zeigen, daß 700 bis 2500 Millionen Jahre zurück nur eine *geringere relative Mobilität der untersuchten Platten* zueinander stattgefunden haben kann. Wahrscheinlich war im Präkambrium auch die Zahl der kontinentalen Einheiten geringer als später. Ob dies auch darauf hindeutet, daß die plattentektonischen Mechanismen im Präkambrium sich erst auszubilden begannen, wird zwar diskutiert, muß aber wohl noch offen bleiben.

Für das *Phanerozoikum* ist nach dieser Studie auf eine volle *Funktion der Plattentektonik* auf Grund paläomagnetischer Resultate geschlossen worden, wie Resultate z. B. von CREER (1970), SMITH et al. (1973), KANASEVICH et al. (1976), MOREL und IRVING (1978) sowie ZONENŠAJN (1979) im Vergleich mit geologischen Ergebnissen zeigen.

Die wichtigsten Ergebnisse bisheriger paläomagnetischer Forschung hat CHRAMOV (1977) wie folgt zusammengefaßt:

1. Die scheinbaren *Polwanderungen* erfolgen *ungleichmäßig.* Kurze Intervalle mit rascher Bewegung lösen Perioden geringer Verschiebungen (der Pole bzw. kontinentalen Platten) ab. Besonders tektonisch und magmatisch sehr bewegte Zeitabschnitte sind mit rascher Polwanderung verbunden.
2. Die *Polaritätsskala* besitzt eine *zyklische Struktur.* Lange Intervalle von etwa 200 Millionen Jahren Dauer decken sich mit den Schlußphasen geotektonischer Zyklen.
3. Das magnetische *Umpolungsverhalten* zeigt enge Beziehungen zu den *epirogenetischen Bewegungen* der Kruste mit Trans- und Regressionen. Wahrscheinlich entsteht diese Parallelität aus den Prozessen an der Grenze von Kern und Mantel und der Konvektion im Mantel (vgl. auch WALZER und MAAZ, 1983).

Nach CHRAMOV stehen folgende *wichtige Aufgaben* noch für die weitere Arbeit auf dem Gebiet des Paläomagnetismus zur Debatte:

— Weitere petromagnetische *Untersuchungen zur Remanenzbildung* besonders auch bei Mehrkomponenten-Systemen;

- Identifizierung aller denkbaren Quellen der streifenförmigen *Anomalien im Bereich der Ozeane*, aber auch der magnetisch ruhigen Zonen.
- Verbesserung der *paläomagnetisch begründeten Zeitskala* in der Erdgeschichte und in Zusammenhang damit weitere Klärung plattentektonischer Effekte.

Wichtig ist hierbei besonders die weitere Interpretation der *ozeanischen*, etwa streifenförmig angeordneten *Anomalien* im Resultat der „Registrierung" des sich *umpolenden Paläomagnetfeldes* in der Umgebung der mittelozeanischen Rücken mit Neubildung ozeanischer Kruste nach dem Konzept der *Spreading-Theorie*. Näheres hierzu findet sich bei WIEGANK (1982).

Ein weiteres wichtiges Problem, das z. Z. weiter erforscht wird, ist das Problem *plattentektonischer Bewegungen* (auf Grund paläomagnetischer Informationen) *im Proterozoikum*. Hierzu fanden in letzter Zeit mehrere internationale Symposien statt. Es scheint danach wahrscheinlich, daß *geringere Bewegungen* größerer Lithosphäreneinheiten angenommen werden müssen, daß also plattentektonische Bewegungen nicht völlig ausgeschlossen werden können. Diese Schlußfolgerungen — sollten sie sich bewahrheiten — werden umgekehrt wieder als Beweise (seitens der Vertreter dieser Hypothese) für eine sich ausdehnende Erde angesehen (vgl. z. B. den Bericht des Symposiums über The Expanding Earth von 1981 in Sydney, den S. CAREY 1983 herausgegeben hat).

3.4. Paläogravitation

In Zusammenhang mit den Spekulationen über eine mögliche Ausdehnung des Planeten Erde wird auch immer wieder das Problem der Paläogravitation erörtert, sei es durch das Bestreben, Informationen über die irdische Schwerebeschleunigung g (an der ehemaligen Erdoberfläche) zu gewinnen, oder durch theoretische Betrachtungen Hinweise auf eine zeitlich kontinuierliche Änderung der universellen Gravitationskonstante G (vgl. Kapitel 1.3.) zu erhalten.

DIRAC (1937, 1938) leitete aus der Relativitätstheorie ab, daß die Gravitationskonstante mit der Zeit sehr langsam abnimmt und dabei einem Zeitparameter von der Größenordnung des Weltalters umgekehrt proportional ist. Zahlreiche Physiker und Geophysiker befaßten sich mit dieser Frage ebenso wie Astrophysiker in Zusammenhang mit der Frage des sich ausdehnenden Weltalls, das einst vielleicht mit dem „Urknall" (big bang) startete. Eine derartige Hypothese kosmologischer Art würde ebenfalls eine kontinuierliche Abnahme von G nach sich ziehen. MC DOUGALL, BUTLER, KRONBERG und SANDQVIST (1963) wiesen zuerst auf die bemerkenswerte Übereinstimmung der (aus HUBBLES sich ausdehnendem Weltall folgenden) Expansion der Erde um 0,66 mm pro Jahr und andererseits der von EGYED (1960) postulierten Ausdehnung der Erde um jährlich 0,5 bis 1,0 mm hin.

Dieses Problem ist deshalb von besonderem paläogeophysikalischen Interesse, weil mit einer *Veränderung des Erdradius* auch das *Rotationsverhalten* der Erde verknüpft sein müßte, ferner die *Schwerkraft* an der Erdoberfläche, aber auch z. B. die Größe des *Wärmeflusses* aus dem Erdinneren. Daher ist vielfach versucht worden, Hinweise auf die evtl. Variation der Schwerkraft auf der Erdoberfläche zu erhalten.

In unserer Erde und auf der Erdoberfläche spielen sich eine größere Zahl verschiedenartiger Prozesse ab, in die auch die Schwerkraft eingeht. Es kommt nun darauf an, solche Phänomene auszuwählen, die auch aus geologischer Zeit Informationen mit Bezug auf die Größe der Schwerkraft hinterlassen haben.

Es ist daran gedacht worden, die *Konvektion im Mantel* heranzuziehen, ferner die *Aufwärtsbewegung von Salzdiapiren* entgegen der Schwerkraft oder die *Verdichtung von tonigen Gesteinen* durch überlagernde Schichten zu nutzen. Auch die Bestimmung des geostatischen Druckgradienten wurde als brauchbar diskutiert. Hier sollen diese ihrerseits spekulativen Verfahren nicht weiter verfolgt werden.

Durchaus ernst zu nehmen sind aber folgende Methoden, wenn sie in großer Beobachtungs- bzw. Messungszahl durchgeführt und statistisch ausgewertet werden: die Verdichtung von Ton bzw. Lehm unter eiszeitlichen *Geschiebeblöcken*, deren Gewicht berechnet werden kann. Die Tiefe der *Schrammen* unter mit dem Eis transportierten Gesteinsblöcken in einem bestimmten unterlagernden Gestein, z. B. Porphyr, Granit oder einem verfestigten Sediment. Ferner kann das *Gewicht fliegender Tiere* (z. B. Flugsaurier) annähernd aus ihrem Skelett berechnet werden und aus der Muskulatur der Flügel eine gewisse Auskunft über das damalige Schwerefeld gewonnen werden. Oft wird auch die Tiefe der *Fußabdrücke von Tieren* herangezogen, wenn deren Gewicht annähernd bekannt und die Nachgiebigkeit des Gesteinsuntergrundes bekannt ist. Bei Landtieren früherer Zeiten ist ferner eine statistische Auswertung der Dimensionen und der Festigkeit des *tierischen Stützapparates* versucht worden, der selbstverständlich auch von der Schwerkraft abhängig ist.

Alle diese und weitere Methoden bringen *keinen deutlichen Hinweis auf eine beträchtliche Änderung der Schwerkraft* an der Erdoberfläche. Die ungefähre Konstanz derselben ist bis zu 150 Millionen Jahren zurück mit einer Schärfe von 10 ... 20% zu treffen, mehr als 150 Millionen Jahre zurück im Phanerozoikum mit etwa 20 ... 30% Sicherheit. Es ist also fast mit Sicherheit auszuschließen, daß sich die Schwerkraft auf der Erdoberfläche seit Beginn des Phanerozoikums verdoppelt habe.

Auch FAIRBRIDGE (1964) stellt fest, daß sich aus fossilen *chemischen und biochemischen Strukturen* eine weitgehende *Konstanz der Schwerkraft auf der Erdoberfläche bis weit in das Präkambrium hinein* ableiten läßt. Die Ergebnisse der chemischen Prozesse sind selbst im hochkomplizierten biologischen Bereich so konstant, daß sie völlig mit den heutigen übereinstimmen.

Im Gegensatz dazu hätte nach DICKE (1962) die Schwerebeschleunigung vor zwei Milliarden Jahren einen Wert von 1660 cm/s^2 gehabt, also fast das Doppelte des heutigen Wertes. Dies aber wäre für die chemische, biologische und geologische Entwicklung von so gravierender Bedeutung gewesen, daß sich Spuren davon im anorganischen wie organischen Geschehen dieser Zeit hätten nachweisen lassen müssen, was bislang aber nicht geschehen ist.

Andererseits wären aber Informationen aus präkambrischer Zeit von besonderem Wert, weil eine langsame Veränderung von Schwerkraft, Erdradius und Rotationsgeschwindigkeit sich über sehr lange Zeiträume besonders deutlich abzeichnen müßten.

Deshalb hat STEWART (1977, 1978, 1979) den Versuch unternommen, die berechneten Druck- und Temperaturbedingungen in der Erdkruste und im oberen Erdmantel mit denjenigen p-T-Werten zu vergleichen. die sich aus den *mineralchemischen Gegebenheiten* für absolut datierte Gesteine ergeben. Er verwandte dabei u. a. Xenolithe (Fremdeinschlüsse) in Kimberliten.

Unter der Annahme einer etwa konstanten Erdmasse und ebenfalls einer gleichbleibenden Gravitationskonstante hat STEWART (1983) versucht, sowohl auf die Paläogravitation bis etwa 1.1 Milliarden Jahre zurück zu schließen wie auch umgekehrt auf den Erdradius (wobei er auch die immer größer werdende Unschärfe der Aussage berücksichtigt). Danach erhält er *keine dramatischen Änderungen, höchstens eine leichte Tendenz zur Abnahme von g aus dem Präkambrium in Richtung auf die Gegenwart* und eine ebenfalls nicht sehr deutliche leichte Zunahme des Erdradius.

Carey (1983) stellt die Möglichkeiten zusammen, die bisher zur Frage der Paläogravitation und der *Paläoexpansion der Erde* vorgebracht worden sind:

- *Überdichter*, metastabiler innerer *Kern* der Erde, der im Laufe der Zeit in normale, der Situation angemessene Dichte übergeht und sich somit ausdehnt (z. B. Egyed, 1956, 1957).
- *Zuwachs an Erdmasse* durch meteoritische und asteroidische sowie Kometenmaterie (Shields, 1983).
- Konstante Erdmasse bei *abnehmender Gravitationskonstante G* (Dirac, 1937; Jordan, 1955, 1964; Ivanenko und Sagitov, 1961; Dicke, 1962 u. a.).
- *Kosmologische Ursache* der Erdexpansion, die Erdmasse nimmt infolgedessen langsam zu; die obigen denkbaren Ursachen werden dabei nicht völlig ausgeschlossen, sind aber sekundär (Hilgenberg, 1933, 1965; Carey, z. B. 1976 u. v. a.).

Ferner weist Carey (1983) darauf hin, daß die kritische Studie von Stewart wegen seiner Annahme einer konstanten Erdmasse nicht gültig sein kann für die Gruppe von Hypothesen mit Massenzunahme aus kosmologischen Gründen und nur für die Theorien von der Phasenänderung und von der abnehmenden Gravitationskonstanten gilt.

Die paläogeophysikalischen Anhaltspunkte für die mit diesem Problemkreis eng verbundene *frühere Rotationsgeschwindigkeit* der Erde stammen paradoxerweise vor allem von *paläontologischen Daten*. Man zieht z. B. die Anwachsstreifen von Mollusken und anderen Fossilien heran, z. B. Korallen. Dabei ergab sich u. a. eine Zahl von *400 Tagen im Jahr im Devon* und damit rund 13 Lunarmonaten. Bei einer umfassenden Untersuchung der *Paläotiden* ließ sich festellen, daß sich die *Erdrotation* im Laufe der Erdgeschichte ungleichmäßig *verlangsamt* haben muß und zwar seit dem Kambrium um etwa 10%.

Trotz aller Unsicherheit in der Beurteilung früherer geophysikalischer Zustände der Erde und trotz vieler sich z. T. erheblich widersprechender Hypothesen, ergibt sich für das *Phanerozoikum* zumindest ein *relativ gleichbleibendes Bild* unserer Erde. Dabei wird hierbei allerdings nicht die Mobilität im oberen Mantel, der Asthenosphäre und der Lithosphäre, mit einbezogen.

3.5. Paläogeophysik der Hydrosphäre. Paläozeanologie.

Die Paläogeophysik der *Hydrosphäre* ist vor allem durch die Frage nach der *Herkunft* des irdischen Wassers, der Ausbildung von Flüssen und Seen, später Meeren und dann *Ozeanen* geprägt.

Der geologische Augenschein lehrt, daß bereits sehr früh Wasser als geologisches Agens auf der Erde vorhanden war, das für die Verwitterung von Gesteinen, für den Transport des Verwitterungsschutts und als Ablagerungsraum fungierte. Da allgemein angenommen wird, daß das Wasser der irdischen Hydrosphäre fast ausschließlich aus der *Entgasung des Erdinneren* — mit und ohne Vulkanismus — stammt, muß diese Entgasung mit Freisetzung von H_2O aus dem Erdinneren schon sehr früh eingesetzt haben.

Voraussetzung für diese Tatsache war die (fast) „kalte Entstehung“ der Erde und die Einbeziehung von *Eis kosmischer Herkunft*, wie es heute noch einen wichtigen Bestandteil der Kometen, des Saturnringes und mancher Satelliten darstellt, kurz also im Kosmos damals wie heute allgegenwärtig ist.

Die geologische Aktivität des Wassers setzt bereits einen funktionierenden *atmosphärischen Kreislauf* des Wassers voraus. damit Niederschläge fallen, Bäche und Flüsse mit dem Materialtransport entstehen können. Es müssen aber auch große Seen oder Meere vorhanden sein, die mit als Wasserreservoire für die ständige Verdunstung dienen. Kurzum, die Freisetzung von Wasser aus dem oberen Erdinneren hat frühzeitig eingesetzt, wobei man als Größenordnung 4 Milliarden Jahre nennen kann.

Auf Grund paläontologischer Betrachtungen hat SEGAL (1979) für das Ende des Paläozoikums festgestellt, daß die *Salinität im Ozean* Werte um 160—180 mM erreicht hatte. Die gegenwärtigen Beträge von um 480 mM NaCl sind durch einen langsamen Anstieg erreicht worden. Nach seinen Ergebnissen kann man nicht davon ausgehen, daß der Urozean salzarm gewesen sei. Auch CAREY (1983) weist darauf hin, daß die heutige Atmosphäre wie Hydrosphäre das Ergebnis der *Entgasung der Erde* sind. Der zunächst geringe, dann ständig *steigende Salzgehalt* ist einmal das Ergebnis der *chemischen Verwitterung* der festländischen Gesteine und zum anderen das Resultat des *Austritts von Flüssigkeit hoher Salinität* aus verschiedenen Stellen des Ozeanbodens, wie heute z. B. im Roten Meer, aber auch im Toten Meer, das mit seinen Bromvorräten den Weltmarkt sättigt (CAREY, 1983).

Die Zunahme des Austritts von Volatilen ist wahrscheinlich an die *Rift-Zonen* und *Ridges* gebunden, so daß es durchaus denkbar ist, daß eine Beschleunigung der Freisetzung ozeanischer Wässer aus dem Erdinneren in dem Maße eintrat, wie diese tektonischen Elemente eine zuerst geringere, dann immer mehr zunehmende Rolle in der Entwicklung der Ozeane spielten.

Die Bildung der ozeanischen Wassermassen hängt auch mit den Hypothesen über die etwaige Ausdehnung der Erde zusammen. Setzt man eine etwa konstante *Entgasung* der Erde vor allem auch durch *vulkanische Prozesse* voraus, dann kann die Erdexpansion nicht übermäßig groß gewesen sein — vorausgesetzt, es gibt überhaupt ein solches Phänomen. Andernfalls würde die Erde entgegen der paläogeographischen Evidenz zwangsweise völlig mit Wasser bedeckt gewesen sein. Wie wir schon sahen, ist *höchstens eine sehr geringe Erdexpansion zulässig*, so daß hierzu am besten das Modell einer allmählichen Entgasung der Erde paßt. Hinzu kommt noch, daß von verschiedener Seite auch auf die Möglichkeit hingewiesen wird, daß das ozeanische Wasser im Bereich der mittelozeanischen Rücken und der Rifts mit tieferen Horizonten in Kontakt gerät und die Salinität nicht allein durch die festländische Verwitterung sowie die Soleproduktion an einigen Stellen des Meeresbodens, sondern auch durch eine Art „Durchsatz" durch die magmatektonisch aktiven Meeresgebiete erreicht wird.

Die besonders *aktive Rolle der untermeerischen Rücken*, die nur 1% der gesamten Erdoberfläche einnehmen, ergibt sich nach LJUBIMOVA et al. (1976) aus der Tatsache, daß an diesem rund 50000 km langen System etwa 30% des gesamten *Wärmeverlustes* der Erde angenommen werden müssen. Es ist somit verständlich, wenn CAREY (1983) vom *gemeinsamen Ursprung der Ozeanböden und des Ozeanwassers* spricht, auch wenn dies nur eine starke Tendenz sein sollte.

Eine weitere, besonders wichtige Problematik stellt die Entwicklung der *ozeanischen Zirkulation* im Laufe der Erdgeschichte — auch in Zusammenhang mit der Paläoklimatologie — dar.

Dazu ist vor allem eine genauere Kenntnis des Ausmaßes und der Tiefenkontur der Ozeanbecken notwendig. Nach den Annahmen der *Plattentektonik* entsteht im Achsenbereich aktiver Rücken und Schwellen *neugebildete ozeanische Lithosphäre*. Kommt, wie sehr oft, dazu eine Ausbreitung des Ozeanbodens (*spreading*), so entsteht ein breiterer *submariner Rücken* (Morphogen). Es entsteht, zugleich beeinflußt von Magmatismus wie Sedimentationsvorgängen, eine tief gelegene Platte (*Thalassokraton*), die sich von der kontinentalen (hochkratonen) Platte grundsätzlich durch ihre nur *zeitweilige Stabilität* (um etwa 200 Millionen Jahre) auszeichnet und in einem *destruktiven Stadium* endet, das entweder durch Subduktionszonen oder Geosynklinalbildungen u. a. gekennzeichnet ist.

Alle bisherigen Untersuchungen, vor allem auch die Ergebnisse der zahlreichen *Tiefseebohrungen*, zeigen, daß neu entstandener Ozeanboden (im Bereich eines mittelozeanischen Rückens) etwas unter 2500 m Tiefe liegt. Nach rund 20 Millionen Jahren wird bereits eine Tiefe von 4000 m erreicht und nach 50 Millionen Jahren rund 5000 m. Nach rund 80 Millionen Jahren hat sich der Ozeanboden um etwa 1000 bis 5000 km von seiner Entstehungsstelle entfernt, je nach der Geschwindigkeit des Spreadingprozesses; dann hat er Tiefenwerte bis zu 5600 m erreicht. Diese Spreadingrate ist wichtig für die Breite der mittelozeanischen Schwellen und damit deren Wasserverdrängung. Auf diese Weise können globale Transgressionen wie auch Änderungen des Paläoklimas ausgelöst werden.

Aus den bereits vielfältig entworfenen *Isochronenkarten der Ozeanbodenbildung* lassen sich direkt auch *paläobathymetrische Karten* ableiten (Mc Kenzie und Sclater, 1971).

Die Modellierung älterer Ozeanbecken-Anordnungen wurde von verschiedener Seite vorgenommen. *Planetare Zirkulationsmodelle* für die Nordhalbkugel haben für die *mittlere Kreide* Luyendyk et al. (1972) aufgestellt. Sie erprobten diese Modelle unter Berücksichtigung der plattentektonischen Hypothese mit Einschluß der Gebirgsbildung auch im Experiment. Derartige Untersuchungen wurden auch für spätere Zeiten durchgeführt. Tabelle 3 faßt die wichtigsten Ergebnisse zusammen.

Auch von anderer Seite sind modifizierte Modelle aufgestellt worden, die z. B. eisfreie Polarregionen und ein warmes Polarmeer annahmen. Dabei wurde die Strahlungsbilanz als konstant angesetzt. Danach ist das gegenwärtig noch vorhandene Meereis als Klimarelikt zu betrachten, das sich nicht vergrößert, infolge der Selbsterhaltungstendenz aber nur langsam zurückgeht. Wenn es gelänge, die Eismassen der Nordpolarregion zum Abdriften nach Süden zu bringen, ergäben sich nach diesem Modell im Polargebiet Wintertemperaturen um 0°, also um 30° bis 40° höhere Temperaturen als gegenwärtig. Diese und weitere Modelle zeigen, daß sowohl für die ozeanische wie die atmosphärische Zirkulation mehrere stabile Zustände möglich sind, die ein großes Beharrungsvermögen aufweisen.

Es ist ferner möglich, in den Paläozeanen mit Hilfe der *Isotopenanalyse Temperaturbestimmungen* durchzuführen. Diese Paläotemperaturanalyse bezieht sich vor allem auf das Verhältnis der Sauerstoffisotopen ^{16}O zu ^{18}O in kalzitischem Material von Fossilschalen. Damit ist es möglich, für Teile der Paläozeane *Isothermenkarten* zu entwerfen.

Auch Radionuklide im Sedimentmaterial am Meeresboden wurden für absolute Altersbestimmungen herangezogen. Dabei zeigte sich die schon erwähnte Tatsache, daß alle bislang untersuchten Bodensedimente der Ozeane nicht älter als mesozoisch sind. Wie oben schon dargelegt, dürften die Tiefozeane ihre Vorläufer in Gestalt von flacheren Meeresbecken gehabt haben, für deren Füllung eine entsprechend geringere Wassermenge ausreichte.

Paläozeanologische Forschung befaßt sich auch mit den oft überraschend weit erfolgten *Sedimenttransporten* und mit den im Schelf- und dessen Vorfeldbereich intensiven *Transportgeschwindigkeiten*. Hinweise geben die *Paläocurrents*, aber auch die

Tabelle 3.

Zeit	Tekton. Ereignis	Paläoklima	Zirkulation
Spät-Pliozän (3 Mio. Jahre)		Glazial, Bildung von Eiskappen	Polarstrom Richtung Pazifik-Atlantik verlegt, heutige Zirkulation verwirklicht.
Spät-Pliozän (3 ... 4 Mio Jahre)	Isthmus von Panama blockiert die Zirkulation	Nichtglazial, Abkühlung	Pazifik, Atlantik und Indik trennen sich, separate Zirkulation wie heute. Golfstrom erreicht Labradorsee. Transpolarer Strom unterbrochen.
Mittelmiozän	Tethys unterbrochen im Nahen Osten Kollision Europas mit Afrika	Nichtglazial, kühler	Kein Tethysstrom mehr bis auf schwache und variable Restströme. Nordatlantische Zirkulation bis zum Äquator. Pazifikwasser über Mittelamerika in Atlantik.
Obereozän	Norwegische See öffnet sich. Tethys in Schliessung.	Nichtglazial, warm	Tethysstrom reduziert. Sonst weitere Entwicklung wie obere Kreide.
Obere Kreide	Labradorsee öffnet sich.	Nichtglazial, warm	Golfstrom dringt in Labradorsee ein, transpolarer Strom vom Atlantik zum Pazifik.
Mittl. Kreide	Öffnung Mittelatlant. Rücken. Tethys in (links-) lateraler Scherung	Nichtglazial, warm	Tethys-Strom um N-Hemisphäre: Golf-Strom nach Neufundland. Nordatlantik :Zirkulation nördlich 20° nördl. Breite.

Paläoflumenologie. Zu *geologischen* und *lithologischen* Untersuchungen hierfür kommen auch *geophysikalische Methoden*, z. B. die *geoelektrische Feinkartierung* am heute zutage liegenden Sediment oder die Untersuchung mit Hilfe der Anomalienmuster der Mikromagnetik, die auch die *Transportrichtung* widerspiegeln. Mit Hilfe *radioaktiver Untersuchungen* lassen sich einmal der Tongehalt über das Kaliumisotop ^{40}K bestimmen oder die Schwermineralfraktionen mittels der in ihr angereicherten Folgeisotope des ^{232}Th sowie dieses selbst. *Mikromagnetische Messungen* mit Hilfe von Protonenmagnetometern wurden für die Klärung der Dynamik fossiler Küstenbereiche eingesetzt, darunter von *Durchbruchstellen*, von fossilen *Prielen* und von ehemaligen *Flußdeltas*. Die *Hydrosphäre* im Bereich des *Festlandes* weist demgegenüber in der geologischen Evolution andersartige paläogeophysikalische Fragen auf. Hier spielen eine wichtige Rolle die *fossilen Grundwässer*, die Variation des *Wasserkreislaufes* durch klimatische Einflußfaktoren und paläogeographisch-tektonische Probleme (z. B. *Paläolimnologie*) sowie die Aufdeckung von *Paläo-Flußnetzen* in ihrer allmählichen Evolution. In diesem Zusammenhang spielen faziell-sedimentäre Untersuchungen eine bedeutende Rolle. Auch der Kreis *glazialer* und *glazigener Erscheinungen* spielt auf dem Festland eine wichtige Rolle. Ein Beispiel dafür ist der *Dauerfrostboden*.

In Zusammenhang mit den Gezeiten, den *Paläotiden*, ist die Ausgestaltung der Epikontinental- und Schelfmeere wichtig. Sie spielen für die Veränderung der Geschwindigkeit der *Erdrotation* durch die Gezeitenreibung eine wichtige Rolle, was vielfach theoretisch abgeschätzt wurde.

3.6. Paläogeophysik der Atmosphäre. Paläoklimatologie

Die Paläogeophysik der Atmosphäre befaßt sich vor allem mit der Gewinnung, Interpretation und Einordnung von Zeugnissen über die frühe Entwicklung der Erdatmosphäre. Die Hauptfrage ist die nach der *Entwicklung* der *Erdatmosphäre*, nach ihrer Entstehung durch Entgasung der Erde. Daraus resultieren das *Paläoklima* und seine Veränderungen.

Zeugnisse in diesem Sinne können *geologische Relikte* sein, bestimmte Gesteine (z. B. ehemalige Wüstenbildungen) und die Verwitterungserscheinungen an der Erdoberfläche, Hinweise auf feuchtes oder trockenes Klima, Relikte von Vereisungen, die sich vor allem in ihrer sedimentären Hinterlassenschaft zu erkennen geben. Eine große Rolle spielen die Fossilien als Hinweise von Fauna und Flora auf die paläoklimatischen Bedingungen. So unterscheidet man lithologische Klimazeugen, morphologische Klimarelikte und biologische Klimazeugen. Dazu kommen die Ergebnisse isotopengeologischer oder paläomagnetischer Untersuchungen.

Aus der sehr großen Zahl von Monographien zu diesem Thema seien nur die Bücher von Budyko (1982), Monin und Schischkov (1979) und Schwarzbach (1974) erwähnt, die weiterführende Einzelheiten enthalten.

Die *früheste Gasatmosphäre* der Erde dürfte etwa der Zusammensetzung vulkanischer Exhalationen entsprochen haben. Sie entwickelte sich dann zu einer überwiegend *CO_2-haltigen Atmosphäre*, wie sie auch auf unseren Nachbarplaneten *Venus und Mars* zu finden ist. Hinzu kamen H_2O, CH_4, NH_3 und H_2S. Das Defizit von Sauerstoff im Erdmantel bewirkte also den *reduzierenden Charakter* der frühesten Erdatmosphäre. Es ist ein Zeichen für die Anpassungsfähigkeit des Lebens in damaliger Zeit, daß die frühe Biosphäre anaerobe Lebensformen aufweist.

Der *Sauerstoff* der Atmosphäre entstammt sicher nicht magmatischen Exhalationen, da er durch oxydierende Prozesse bei der Auskristallisation sofort wieder verbraucht wird und damit fixiert bleibt. Für das *Fehlen des Sauerstoffs* in der *Primordialatmosphäre* der Erde gibt es sehr viele geologische bzw. geochemische Zeugnisse. Seine Bildung ist auf anorganischem Wege durch die *Photodissoziation des*

Wasserdampfes unter dem UV in geringerem Umfang zu erklären, aber ***hauptsächlich auf organischem Wege*** zustande gekommen als Folge des Einsetzens der *Photosynthese* (etwa vor drei Milliarden Jahren). Dieser letztere Prozeß konnte natürlich erst die erforderliche Effektivität erreichen, nachdem die Biosphäre einen höheren Stand erreicht hatte, der allerdings mehr quantitativ und noch nicht qualitativ zu verstehen ist. Vor allem waren es zuerst Blaualgen in steigenden Mengen. Mit dem Nachweis von Blaualgenriffen und anderen Lebensformen in den Meeren vor etwa 2,7 Milliarden Jahren wird im wesentlichen durch die erwähnten anorganischen Prozesse ein Sauerstoffgehalt von 10^{-3} P. A. L. (present atmospheric level) erreicht. Er wurde nach UREY, der diesen Prozeß erstmals diskutierte, als UREY-*Pegel* bezeichnet. Mit dem Beginn der *Photosynthese* rund 3 Milliarden Jahre vor der Gegenwart begann der raschere Anstieg des Sauerstoffgehaltes. Immerhin dauerte es noch über 2 Milliarden Jahre, bis der sog. PASTEUR-*Pegel* des Sauerstoffgehaltes in der Atmosphäre erreicht wurde (10^{-2} P.A.L.). Hiermit wurde in der Biosphäre auch der Übergang von der Gärung zur Sauerstoffatmung möglich, die energetisch wesentlich günstiger ist.

Gegen Ende des Silur wird mit 10^{-1} P.A.L. der sogenannte *Festlandspegel* erreicht, bei dem sich fast explosionsartig die *Besiedelung des Festlandes* durch Landpflanzen einstellt, denen die Fauna folgt. Dieser Umstand wird gedeutet mit dem Auftreten einer *Ozonosphäre* und der entsprechenden Absorption der harten UV-Strahlung, gegen die über 2,5 Milliarden Jahre das Wasser als Lebensraum den biologischen Schutz bot (zunächst etwa 10 m Wassersäule).

Somit ist der entscheidende Anteil des atmosphärischen *Sauerstoffgehaltes biogener Natur*. Damit wurde die Atmung als Grundlage für eine Entwicklung des Lebens in Richtung auf die Vielzelligkeit, gepaart mit kernhaltigen Zellen und der Gewebedifferenzierung ein wichtiger Faktor.

Mit dieser wechselnden Zusammensetzung der Erdatmosphäre ist unter anderem eine unterschiedliche, frequenzabhängige Absorption der solaren Strahlung und ein entsprechender Wechsel im *Retentionsvermögen* für die *langwellige Wärmestrahlung* des Erdkörpers verbunden. Diese sogenannte *Glashauswirkung der Atmosphäre*, die vom Gehalt an CO_2 und H_2O abhängig ist, bestimmte zu ihrem Teil die Klimageschichte der Erde mit.

Das *Paläoklima* der Erde spielt schon immer eine besondere Rolle, da es für den Verlauf der Erdgeschichte ein besonders entscheidender Faktor war. Dies liegt auch daran, daß das Gesamtsystem sehr komplex ist, von welchem das Klima abhängt: Zustand der Atmosphäre, der Hydrosphäre, der Schnee- und Eisbedeckung (Kryosphäre), der Struktur, Zusammensetzung und Morphologie der Lithosphäre und nicht zuletzt der Biosphäre sowie natürlich als äußerem Faktor der Sonneneinstrahlung.

Unter geologischen Gesichtspunkten tritt das Hauptproblem zur Deutung der paläoklimatischen Entwicklung einmal bei dem Phänomen der *Eiszeiten* und andererseits bei den meist sehr lang anhaltenden *Warmzeiten* auf (z. B. während des ganzen Mesozoikums). Was zunächst das Phänomen der Eiszeiten anlangt, so ist es keine Angelegenheit nur des Pleistozäns. Schon seit langem ist die *permokarbonische Eiszeit* vor allem auf der *Südhalbkugel* bekannt und untersucht worden, hat sie doch massive geologische Relikte hinterlassen. Nach wahrscheinlich zutreffenden paläogeographischen Informationen lag damals die Mehrzahl der Kontinente (Pangea) auf der Südhalbkugel. Die Eiskalotten wuchsen mit einer Annäherung an den Südpol. Hieraus erkennt man schon eine wichtige Voraussetzung für eine Eiszeit: die Nähe von Kontinentalmassen in Polnähe oder an einem Pol.

Eine weitere kurze glaziale Epoche findet sich vor 430 Millionen Jahren in Afrika, da für dort die Nähe des Südpols angenommen werden muß. Ansonsten war das Klima rund 350 bis 500 Millionen Jahre von heute zurück etwa dem gegenwärtigen entsprechend (Ordovicium, Silur und Devon).

Geht man in der Erdgeschichte noch weiter zurück, so finden sich *weitere Vereisungen*, die jeweils etwa 100 Millionen Jahre gedauert haben könnten und um 615 Millionen, 770 Millionen und 940 Millionen Jahre herum im Präkambrium liegen. Vielleicht waren auch hier mehrere Vereisungphasen jedem Ereignis zuzuordnen, wie WIGLEY (1981) meint.

Die *älteste*, bisher bekannte *Vƃunsıəɹə* liegt vor 2300 $\pm$ 400 Mio. Jahren, wobei Zeugnisse von relativ vielen Orten der Erde bekannt sind. Sie wird als *Huronische Vereisung* bezeichnet, die glaziale Ablagerungen vor 2360 Mio. Jahren, 2330 und 2300 Mio. Jahren hinterlassen hat, so daß einige Geologen mehrere glaziale Events annehmen möchten.

In dieser weit zurückliegenden Vergangenheit sind die Zeugnisse nicht mehr so sicher, als daß die Gründe für diese Vereisungen deutlich erkannt werden könnten. Vermutet wird als denkbare Möglichkeit die vulkanische Aktivität in Verbindung mit der Kontinentaldrift in Richtung auf eine paläoklimatisch ungünstige Lage zum Pol.

In der Zeit zwischen 2000 Mio. und 950 Mio. Jahren vor heute scheint auf der Erde bereits eine relativ lange *Warmzeit* geherrscht zu haben, die ganz oder weitgehend frei von Schnee und Eis gewesen sein soll. Darauf deuten die frühesten bekannten Evaporite vor 1700 Mio. Jahren hin. Hiernach müßte es sich nicht nur um ein warmes, sondern auch wenigstens über größere Strecken trockenes Klima gehandelt haben (WIGLEY, 1981).

Faßt man diese Tatsachen zusammen, so ergibt sich die Deutung, daß wohl in erster Linie Ereignisse auf der Erde selbst (Transparenz der Atmosphäre, Kontinentaldrift, Pollage, energietransportierende Meeresströmungen) die Ursache für Kalt- und Warmzeiten sein können und auch die solare Energieproduktion eine Rolle gespielt haben kann (vgl. Kap. 1).

Bemerkenswert ist in diesem Zusammenhang, daß eine kurze und relativ intensive *kühle Periode das Ende des Mesozoikums* (vor ca. 65 Mio. Jahren) kennzeichnet. Innerhalb weniger Millionen Jahre kam es zu einem *massenweisen Untergang mariner und terrestrischer Organismen.* In der Folgezeit stiegen die Temperaturen in den Ozeanen sowohl in niedrigen wie hohen Breiten wieder kurz an (Paleozän), um dann beständig einem fallenden Trend zu unterliegen, der zum *Pleistozän* führt. Als Ursache wird für diesen Klimawechsel nicht selten Kontinentaldrift und Gebirgsbildung angenommen. Eine bedeutende Abkühlungsphase liegt an der *Grenze Eozän zu Oligozän* (vor rund 38 Mio. Jahren). Hier fiel die Temperatur des Ozeanwassers in hohen Breiten um durchweg 3—5 °C, in niederen Breiten für das oberflächennahe Wasser um rund 1 °C. Die Temperaturänderung erfolgte in 100000 bis 1 Mio. Jahren. Zu dieser Zeit begann auch die Bildung des *antarktischen See-Eises.* Wahrscheinliche Ursachen werden in der Verlagerung von Ozeanströmen durch tektonische Ursachen vermutet (Öffnung der Grönland-Passage oder Entwicklung des antarktischen zirkumpolaren Stromes durch Reduktion der Tasmanischen Schwelle). Neuerdings ist in diesem Zusammenhang auch an die vorübergehende Bildung eines (saturnähnlichen) *Ringes um die Erde* gedacht worden, der die Winter-Hemisphäre beschattet haben soll. Als Grundlage für diese Hypothese wird ein großes Tektit-Feld in Nord-Amerika angenommen und die Auslöschung zahlreicher Radiolarien. Dennoch bleiben extraterrestrische Ursachen — obwohl sie nicht ausgeschlossen werden können — doch immer noch hypothetisch, die Sonne ausgenommen.

Hinsichtlich der Feingliederung eines Eiszeitphänomens ist als einziges nur die MILANKOVITCHsche *Strahlungskurve* gesichert, die sich auf die astronomischen Erdbahnelemente bezieht und berechenbar ist. Alle weiteren – z. T. sehr umfangreichen – Modellrechungen haben hypothetische Annahmen zur Grundlage. So weist BUDYKO (1972) darauf hin, daß eine Erhöhung des jetzigen CO_2-Gehaltes der Erdatmosphäre (von 0,032%) um die Hälfte zur Abschmelzung der Eiskappen führen könne. Hier sind Selbstverstärkungsmechanismen durch Glashauseffekte oder durch Albedoerhöhungen im Spiel. So hat BUDYKO für die gegenwärtige Atmosphäre vier mögliche *stabile Zustände des Klimas* nachzuweisen versucht:

a) jetziger Zustand; b) völlig vereiste Erde; c) teilweise vereiste Erde (bis ca. 35°) und d) völlig eisfreie Erde.

Für die *globalen Klimafaktoren* läßt sich also feststellen, daß bereits kleine Änderungen relativ große Auswirkungen haben können, wobei nicht allein die Atmosphäre, sondern die ganze *Erde* als ein *sehr kompliziertes System* reagiert und damit erheblichen Störungen unterworfen werden kann. Auch *regionale Klimafaktoren*, wie z. B. paläogeographische Verhältnisse, stellen einen wichtigen Komplex dar, der in das Gesamtfaktorengefüge mit globalen Auswirkungen eintakten kann.

Unser *gegenwärtiges Klima* ist im Verhältnis zum erdgeschichtlichen Durchschnitt als leicht *unterdurchschnittlich* einzustufen. Die theoretische Meteorologie und Klimatologie haben insbesondere mit ihren Modellierungen gezeigt, daß vor allem die Verteilung der Kontinente und Ozeane in den Polargebieten von Wichtigkeit ist. Liegt ein Pol im Kontinentalbereich (gegenwärtig z. B. in der Antarktis), so ruft diese Anordnung ein extrem kontinentales Klima mit der bekannten Selbstverstärkungstendenz hervor. So ist auch das *Modell eines eisfreien Klimas* durchgerechnet worden. Heute beträgt das Temperaturgefälle Äquator-Pole etwa 50 °C, dann würde es nur noch rund 15 °C betragen. Eisfreie Pole beeinflussen aber nicht nur die atmosphärische, sondern auch die ozeanische Zirkulation. Es würde eine 50 bis 60° breite Hochdruckzone geben. Die Westwindzonen würden auf die Polargebiete zurückgedrängt werden. Heute liegt die irdische Mitteltemperatur bei 15,5 °C, dann würde sie bei 23–24 °C liegen. Voraussetzung wäre eine ausreichend lange Pollage in marinen Bereichen.

Dennoch soll noch angefügt werden, daß von astronomisch-geophysikalischer Seite auch *außerirdische Einflüsse* mit in Erwägung gezogen werden (vgl. Kap. 1.).

So sei abschließend nach WIGLEY (1981) die Reihe der *ursächlichen Faktoren von Klimaänderungen*, die denkbar sind, zusammengestellt:

1. Irdische Frühgeschichte:
   - Galaktischer Staub, galaktische Spiralarme
   - Entwicklung der Sonne.
2. Phanerozoikum und Präkambrium:
   - Gebirgsbildung, Isostasie
   - Erdbahnparameter
   - Ozeanische Zirkulation
   - Entwicklung der Atmosphäre
   - Vulkanische Aktivität
   - Solare Variabilität.

3. Quartär:
   - Atmosphäre-Ozean-Wechselwirkungen
   - Feedback von Luft, See, Eis und Land
   - Atmosphärische Autovariation.

3.7. Literatur

ANGENHEISTER, G.: Der gegenwärtige Stand der paläomagnetischen Forschung. Geol. Rdsch., Stuttgart, **46** (1957) S. 87–99.

ANGENHEISTER, G, und H. SOFFEL: Gesteinsmagnetismus und Paläomagnetismus. Studienhefte z. Phys. d. Erdkörpers, H. 1. Berlin, Stuttgart, 1972.

BELOUSOV, V. V.: Kontinente und Ozeane – die grundlegende Inhomogenität der Lithosphäre und ihre Untersuchung. Z. angew. Geol., Berlin, **27** (1981) **11**, S. 505–510.

BENKOVA, N. P.; CHRAMOV, A. N.; CHEREVKO, C. N. und N. V. ADAM: Spherical harmonic analysis of the palaeomagnetic field. Earth Planet. Sci. Letts., Amsterdam, (1973) **18**, 141–147.

BLACKETT, P. M. S.: Lectures on rock-magnetism. Jerusalem, 1956.

BLINOV, V. F.: Spreading rate and rate of expansion of the Earth. in: CAREY, S. W. (ed.): Expanding Earth Symposium Sydney 1981. Univ. of Tasmania, 1983.

BOWEN, R.: Paleotemperature analysis (Methods in Geochemistry and Geophysics.) Amsterdam. London, New York, 1966.

BUDYKO, M. I.: The Earth's climate: past and future. New York and London. 1982.

CAREY, S. W.: The expanding Earth. Amsterdam, 1976.

CAREY, S. W.: The necessity for Earth expansion. In: S. W. CAREY (ed.): Expanding Earth Symposium Syney 1981. Univ. of Tasmania, 1983.

CHRAMOV, A. N.: Paleomagnetism i problemy geodinamiki. Fizika Zemlii, Moskau, **11**, (1977) S. 68–84.

CHRAMOV, A. N.; PETROVA, G. N.; KOMAROV, A. G. und V. V. KOTSCHEGURA: Methodik paläomagnetischer Untersuchungen (russ.). Leningrad, 1961.

COLLINSON, D. W.; CREER, K. M. and S. K. RUNCORN: Methods in Palaeomagnetics. (Developments in solid Earth Geophysics, 3). Amsterdam, London, New York; 1967.

CREER, K. M.: A review of paleomagnetism. Earth Sci. Rev., S. 369–466, Amsterdam, 1970.

DICKE, R. H.: The Earth and cosmology. Science **138** (1962) S. 653–664.

DIRAC, P. A. M.: The cosmological constants. Nature **139** (1937) S. 323.

DIRAC, P. A. M.: A new basis for cosmology. Proc. Roy. Soc. A, London, **165** (1938) 199–208.

EGYED, L.: The change of the Earth's dimensions determined from Palaeographical data. Geofis. Pur. e Appl., **33** (1956) S. 42–48.

EGYED, L.: A new dynamic conception of the internal constitution of the Earth. Geol. Rdsch., Stuttgart, **46** (1957) S. 101–121.

EGYED, L.: Dirac's cosmology and the origin of the solar system. Nature **186** (1960) S. 621–622.

FAIRBRIDGE, R. W.: The importance of limestone and its Ca/Mg content to palaeoclimatology. In: NAIRN, A. E. M. (ed.): Problems in palaeoclimatology. London. New York, Sydney (Proceedings of Paleoclimates Conference 1963). 1964.

GASTIL, G.: Distribution of mantle dates in time and space. Am. Journ. Sci., New York, **258** (1960) 1, S. 1–35.

GORAI, M.: A consideration on the primordial size of the Earth. In: CAREY, S. W. (ed.): Expanding Earth Symposium Sydney 1981. Univ. of Tasmania, 1983.

HILGENBERG, O. C.: Vom wachsenden Erdball. Berlin, 1933.

HILGENBERG, O. C.: Die Paläogeographie der expandierenden Erde vom Karbon bis zum Tertiär nach paläomagnetischen Messungen. Geol. Rdsch., Stuttgart, **55** (1965) S. 878 – 924.

HOSPERS, J. and S. I. VAN ANDEL: Statistical analysis of ancient Earth radii computed from palaeomagnetic data. In: RUNCORN, S. K. (ed.): Palaeogeophysics. London and New York, 1970.

IRVING, E.: Paleomagnetism and its application to geological and geophysical problems. New York, London, Sydney. 1964.

IVANENKO, D. D. und M. U. SAGITOV: Die Hypothese von der sich ausdehnenden Erde (russ.). Vestn. Mosk. Univ., 3. Ser., **6** (1961) 83.

JORDAN, P.: Schwerkraft und Weltall. Braunschweig. 1955.

JORDAN, P.: Die Expansion der Erde. Bild. d. Wissensch., Hamburg, 1964.

KANASEVICH, E. R.; HAVSKOV, E. R. and M. E. EVANS: Plate tectonics in the phanerozoic. Can. J. Earth Sci., Ottawa, **15** (1978) 919 – 955.

LAUTERBACH, R.: Paläogeophysik. Wiss. Z. d. KMU, **5** (1955/56) 4, S. 463 – 472. Außerdem in: Geologie und Geophysik, Leipzig, 1956.

LAUTERBACH, R.: Paläogeophysik und Erdgeschichte, Ber. D. Ges. Geol. Wiss., Berlin, A, Geol. Paläont., **16** (1971) 3 – 5, S. 207 – 220.

LE PICHON, X.: Introduction sommaire à la tectonique des plaques. In: COULOMB, J. et G. JOBERT (ed.): Traité de Géophysique Interne. Kapitel 39. Paris, New York, Barcelona, Mailand. 1976.

LJUBIMOVA, E. A.; LJUBOSHITS, V. M. and V. N. NIKITINA: Effect of contrasts in the physical properties on the heat flow and electromagnetic profiles. In: ADAM, A.: Geoelectric and Geothermal Studies. S. 72 – 99, Budapest, 1976.

LUTSCHIZKIJ, I. W.: Grundzüge der Paläovulkanologie, 2 Bde., Moskau, (russ.) 1971.

LUYENDYK, B. P.; FORSYTH, D. and J. D. PHILLIPS: Experimental approach to the paleocirculation of the oceanic surface waters. Geol. Soc. of. Am. Bull., **83** (1972) S. 2649 to 2664.

MC DOUGALL, J.; BUTLER, R.; KRONBERG, P. and A. SANDQUIST: A comparison of terrestrial and universal expansion. Nature, **199** (1963) S. 1080.

MC ELHINNY, M. E.; MC WILLIAMS, M. O.: Precambrian geodynamics – a paleomagnetic view. Tectonophys., Amsterdam, **40** (1977) S. 137 – 159.

MC KENZIE, D. P. and J. G. SCLATER: The evolution of the Indian ocean since the late cretaceous. Geoph. J. Oxford, **24** (1971) 5, S. 437 – 528.

MENNING, M.: Forschritte des Paläomagnetismus im Perm Mitteleuropas Z. geol. Wiss., Berlin, **9** (1981) S. 1247 – 1252.

MENNING, M. und F. WIEGANK: Magnetostratigraphische Korrelation – Möglichkeiten und Ergebnisse. Z. geol. Wiss., Berlin, **10** (1982) 10, S. 1307 – 1322.

MONIN, A. S. und JU. A. SCHISCHKOV: Die Geschichte des Klimas (russ.) Leningrad, 1979.

MOREL, P. and E. IRVING: Tentative paleocontinental maps for the early phanerozoic and proterozoic. J. Geol., Chicago, **86** (1978) S. 535 – 561.

NAGATA, T.: Rock-Magnetism. Tokio, 1953.

REEVES, Jr., C. C.: Introduction to Paleolimnology. Amsterdam, London, New York. 1968.

ROTHER, K.: Paläomagnetismus. Kapitel 10 in: LAUTERBACH, R. (ed.): Physik des Planeten Erde, 1. Aufl.; Berlin. 1975.

RUNCORN, S. K. (ed.): Palaeogeophysics. London and New York, 1970.

SCHIDLOWSKI, M.: Probleme der atmosphärischen Evolution im Präkambrium. Geol. Rdsch. Stuttgart, **60** (1971) 4, S. 1351 – 1384.

SCHWARZBACH, M.: Das Klima der Vorzeit. Eine Einführung in die Paläoklimatologie. Stuttgart, 1974.

SEGAL, J.: Frühe Stadien des Lebens: biologisch kritische Salinitäten und Temperaturen im Urozean — Fragen an die Geologie. Z. geol. Wiss. Berlin, **7** (1979) 1., S. 19—27.

SHIELDS, O.: The role of gravity and asteroid impacts in Earth expansion. In: CAREY, S. W. (ed.): Expanding Earth Symposium Sydney 1981; Univ. of Tasmania, 1983.

SMITH, A. G.; BRIDEN, J. C. and DREWRY, G. E.: Phanerozoic world maps. In: N. F. HUGHES: Organisms and continents through time. Spec. Pap. Paläont., London, **12**. (1973) S. 1—42.

STACEY, F. D. and BANERJEE, S. K.: The physical principles of rock magnetism. (Developments in Solid Earth Geophysics, 5). Amsterdam, London, New York. 1974.

STEWART, A. D.: Quantitative limits to palaeogravity. Geol. Soc. Lond. Journ., **133** (1977) S. 281—291.

STEWART, A. D.: Limits to palaeogravity since the late precambrian. Nature, **271** (1978) S. 153—155.

STEWART, A. D.: On the contraction of the Earth. The Moon and Plan., **21** (1979) S. 123—124.

STEWART, A. D.: Quantitative limits of the palaeoradius of the Earth. In: CAREY, S. W. (ed.): Expanding Earth Symposium. S. 305—319. Univ. of Tasmania, 1983.

VAQUIER, V.: Geomagnetism in marine geology. Amsterdam, London. New York, 1972.

WALZER, U. and R. MAAZ: On intermittent lower-mantle convection. In: S. W. CAREY (ed.): Expanding Earth Symposium Sydney 1981. Univ. of Tasmania, 1983.

WEGENER, A.: Die Entstehung der Kontinente, Geol. Rdsch., Stuttgart, **3** (1912) S. 266 bis 292.

WIEGANK, F.: Beitrag des Paläomagnetismus zum Konzept der Plattentektonik. Z. geol. Wiss., Berlin, **10** (1982) 3., S. 371—382.

WIGLEY, T. M. L.: Climate and paleoclimate: what can we learn about solar luminosity variations. Solar Physics, Dordrecht u. Boston, **74** (1981) 2, S. 435—471.

ZONENŠAJN, L. P.: Die Rekonstruktion der paläozoischen Kontinente und Ozeane. Z geol. Wiss., Berlin, **7** (1979) S. 1277—1280.

4. Physik der Magnetosphäre[1])

4.1. Einleitung

Eine Magnetosphäre entsteht, wenn ein ein Magnetfeld besitzender Körper kontinuierlich von einem heißen stößefreien Plasma umströmt wird. Bei diesem Umströmungsprozeß wird durch das Magnetfeld des Körpers im Plasmastrom ein Gebiet freigehalten, die Magnetosphäre. Innerhalb dieses Gebietes werden die wesentlichen physikalischen Prozesse durch das Magnetfeld des Körpers bestimmt. Dieses führt die geladenen Teilchen, Wellen und elektrischen Ströme, fängt Plasma und energetische Teilchen ein und sorgt für die Verkopplung der äußeren, der Wechselwirkung mit dem heißen Plasma unterliegenden, Teile der Magnetosphäre mit den unteren Schichten oder der Oberfläche des Körpers. Die wichtigste Energiequelle für magnetosphärische Prozesse kann entweder, wie bei der Erde, im umströmenden Plasmafluß liegen oder aber auch, wie bei den Pulsaren, in dem rotierenden, das Magnetfeld tragenden Körper. Das Plasma in der Magnetosphäre kann sowohl aus dem die Magnetosphäre erzeugenden Plasmastrom stammen als auch vom umströmten Körper (z. B. Erde oder Jupiter) selbst.

Entsprechend bezeichnet man als *Magnetosphäre* der Erde das Gebiet des erdnahen Raumes, in dem die *wesentlichen Prozesse hauptsächlich durch das erdmagnetische Feld bestimmt* werden. Die Quellen des erdmagnetischen Feldes liegen im Erdinneren (siehe Kapitel 9.6.). In erster Näherung kann das Feld in größerer Höhe über der Erdoberfläche als Dipolfeld beschrieben werden. Befände sich die Erde in einem Vakuum, so würde man den in Abb. 5 dargestellten Verlauf des Magnetfeldes vorfinden. Satellitenmessungen haben jedoch gezeigt, daß von der Sonne neben elektromagnetischer Strahlung verschiedener Wellenlängen ständig ein Strom von Magnetoplasma, der sogenannte *Sonnenwind*, ausgesendet wird. Unsere Erde und wahrscheinlich sogar die sonnenfernsten Planeten werden ständig vom Sonnenwind umströmt. Die durch diesen Umströmungsprozeß entstehende Magnetosphäre der Erde hat die in Abb. 6 gezeigte Gestalt. Der äußere Rand der Magnetosphäre, die sogenannte *Magnetopause*, befindet sich auf der der Sonne zugewandten Seite in einem Abstand von ca. 10 Erdradien vom Erdmittelpunkt. Auf der der Sonne abgewandten Seite kann sich das „Herrschaftsgebiet" des Erdmagnetfeldes bis in 100 Erdradien Entfernung erstrecken. Da die Magnetosphäre der Erde überhaupt erst im *Ergebnis der Wechselwirkung des Erdmagnetfeldes mit dem Sonnenwind* entsteht, ist es verständlich, daß für viele innerhalb der Magnetosphäre ablaufenden Prozesse das Verständnis dieser Wechselwirkung, d. h. des Energie-, Impuls- und Massenaustausches mit dem Sonnenwind von entscheidender Bedeutung ist.

---

[1]) von C.-U. Wagner.

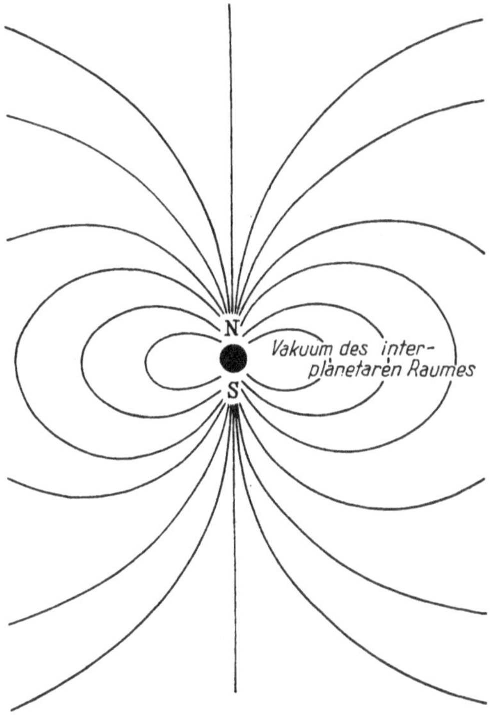

Abb. 5. Feldlinien eines magnetischen Dipols im Vakuum des interplanetaren Raums

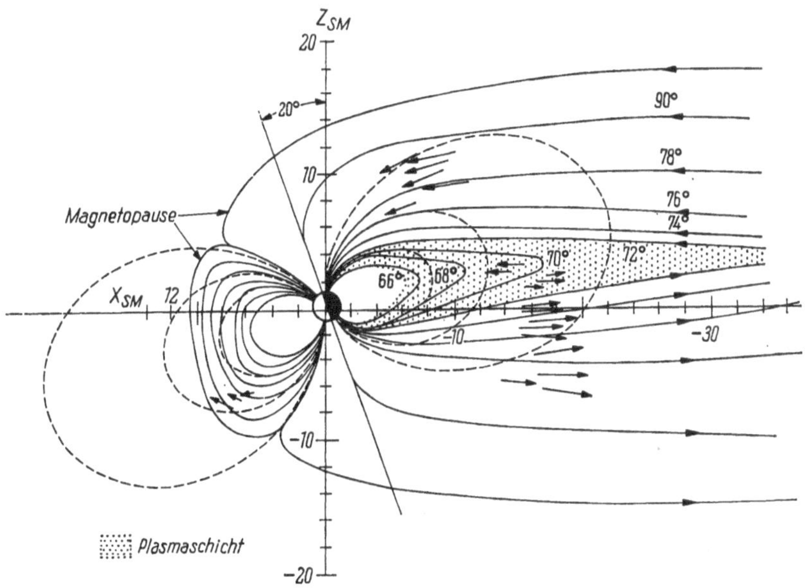

Abb. 6. Konfiguration des Magnetfeldes der Erde

Darstellung des gemessenen Verlaufs der magnetischen Feldlinien (Mittags-Mitternachts-Ebene) nach Fairfield (1970). Gestrichelt sind einige Dipolfeldlinien eingetragen. Die einigen Feldlinien im Magnetschweif zugeordneten Zahlen geben die geomagnetische Breite der Feldlinienfußpunkte an.

Die gesamte Magnetosphäre ist mit Plasma (Elektronen, verschiedene Ionen) erfüllt. Die Eigenschaften dieses Plasmas (Energieverteilung, Stärke und Richtung des Flusses usw.) unterscheiden sich jedoch in den verschiedenen Bereichen der Magnetosphäre ganz wesentlich und zeigen außerdem oft starke zeitliche Variationen. Durch die Erfassung der für die einzelnen Gebiete charakteristischen Plasmaeigenschaften hofft man, den innerhalb der Magnetosphäre ablaufenden Prozessen auf die Spur zu kommen. Dabei spielt auch die Frage, ob das betrachtete Plasma ursprünglich aus dem Sonnenwind oder von der Erde stammt, eine wesentliche Rolle. Physikalisch gesehen handelt es sich bei den Problemen der *Magnetosphärenphysik* um die *Untersuchung stößefreier Plasmen in magnetischen und elektrischen Feldern und deren Wechselwirkung.*

Magnetosphärenforschung wird heutzutage einmal unter geophysikalischen, zum anderen unter plasmaphysikalischen Gesichtspunkten betrieben. Für die Geophysik ergibt sich die Bedeutung der Magnetosphärenforschung aus der Tatsache, daß die Magnetosphäre die äußerste Zone des durch die Erde bestimmten Raumes ist und daß in diesem Gebiet die solare Partikelstrahlung abgefangen, umgeleitet oder umgesetzt wird. Die Magnetosphäre ist aber auch in der Lage, Energie und Partikel zu speichern und diesen Speicher auf entsprechende Reize hin in relativ kurzer Zeit zu entleeren und die Energie an die tiefer liegenden Schichten (Ionosphäre, Hochatmosphäre) abzugeben. Diese breitenabhängig wirkenden *Energieeinspeisungsmechanismen* sind bei der Untersuchung der Ionosphäre bzw. Hochatmosphäre nicht vernachlässigbar (polare Ionosphäre, Teilchenpräzipitation, Ionosphärenstürme, Magnetstürme). — Für die Plasmaphysik stellt die Magnetosphäre ein im Laboratorium nicht reproduzierbares „Großraumlaboratorium" zur Untersuchung fundamentaler plasmaphysikalischer Prozesse in *stößefreien Plasmen* dar (Stoßfronten, Instabilitäten, Beschleunigungsprozesse, Wellenerzeugungs- und -ausbreitungsmechanismen). Von Bedeutung ist vor allem auch die Untersuchung von Strukturen an Grenzflächen, die Gebiete mit verschiedenen charakteristischen Eigenschaften des stößefreien Plasmas voneinander trennen. Für die meisten dieser Prozesse ist typisch, daß einerseits detaillierte Laborexperimente nicht möglich sind, andererseits gleichartige Phänomene an anderen Orten des Universums gefunden wurden (Sternatmosphären, Pulsare, Supernovas, interstellares Gas; vgl. Kap. 1.3.)

Die Magnetosphärenforschung ist ein sehr junges Gebiet und ein echtes Kind der Raumfahrt. Eine erste Durchmusterung der Magnetosphäre mit Hilfe von Satelliten ist im wesentlichen abgeschlossen, wenn man von Messungen in großen Höhen hoher Breiten absieht. Es konnte die ständige Existenz mehrerer Bereiche mit typischen Plasmaeigenschaften nachgewiesen werden, die durch mehr oder weniger dünne Grenzflächen voneinander getrennt sind. Die inneren zur Ausbildung dieser Großraumphänomene führenden physikalischen Prozesse sind jedoch bisher kaum geklärt. Das Identifizieren der dominierenden physikalischen Prozesse wird durch die starke Variabilität und die hohe Dynamik der magnetosphärischen Vorgänge zusätzlich erschwert. Diese Variabilität (z. B. in Abhängigkeit von der Sonnenaktivität) wird zum großen Teil durch die Variabilität des umströmenden Plasmas erzeugt; es spielen aber offenbar auch innermagnetosphärische Vorgänge hierbei eine Rolle.

Der Umfang dieses Beitrages gestattet daher nur die Beschreibung großräumiger Strukturen der Magnetosphäre unter ungestörten Bedingungen. Auf die Behandlung der plasmaphysikalischen Aspekte einschließlich aller Wellenphänomene in der Magnetosphäre muß ebenso verzichtet werden, wie auf die Darstellung des Verhaltens der Magnetosphäre unter gestörten Bedingungen (z. B. Magnetosphärensturm).

— Nach einer kurzen Zusammenstellung der wichtigsten Eigenschaften des Sonnenwindes wird die Magnetosphäre zunächst unter feldphysikalischen Aspekten beschrieben (Beschreibung der Konfigurationen des Magnetfeldes, der elektrischen Felder, der Stromsysteme). Anschließend wird versucht, den augenblicklichen Kenntnisstand über die verschiedenen sich durch die charakteristischen Eigenschaften des Plasmas unterscheidenden Gebiete darzustellen.

4.2. Sonnenwind und interplanetares Magnetfeld

Ungestörte Perioden sind durch eine relative großräumige Stabilität und durch eine nahezu gleichbleibende Energieumsetzung und -übertragung aus dem Sonnenwind in die Magnetosphäre gekennzeichnet. Für ungestörte Perioden kann vorausgesetzt werden, daß der solare Plasmastrom nur aus dem Sonnenwind besteht.

Der *Sonnenwind* ist ein quasi-neutrales, stößefreies Plasma mit einer Dichte von $1-5 \cdot 10^6$ Teilchen/m^3, das einen Teil des solaren Magnetfeldes der Korona mit sich führt. Abb. 7 zeigt mittlere Daten für das im Sonnenwind mitgeführte interplanetare Magnetfeld und für den Sonnenwind. Abb. 7a erläutert das für die Beschreibung verwendete geozentrische Ekliptiksystem. Abb. 7b und 7c geben die statistische Verteilung der Amplitude des interplanetaren Magnetfeldes sowie Richtungsverteilungen wieder. Man erkennt, daß das *interplanetare Magnetfeld* sowohl von der Sonne weg als zur Sonne hin gerichtet sein kann. Dabei bleibt im allgemeinen die Richtung über eine ganze Reihe von Tagen hinweg gleich, um sich dann relativ schnell umzukehren. Von der Sonne aus gesehen gibt es also große Gebiete (sog. Sektoren), in denen das *Magnetfeld von der Sonne weg* gerichtet ist. Dann erfolgt ein relativ schneller Übergang in einen anderen Sektor, in dem das *Magnetfeld zur Sonne hin* zeigt. Die Größe der Energieeinspeisung in die Erdmagnetosphäre hängt auch von dieser *Sektorstruktur* ab.

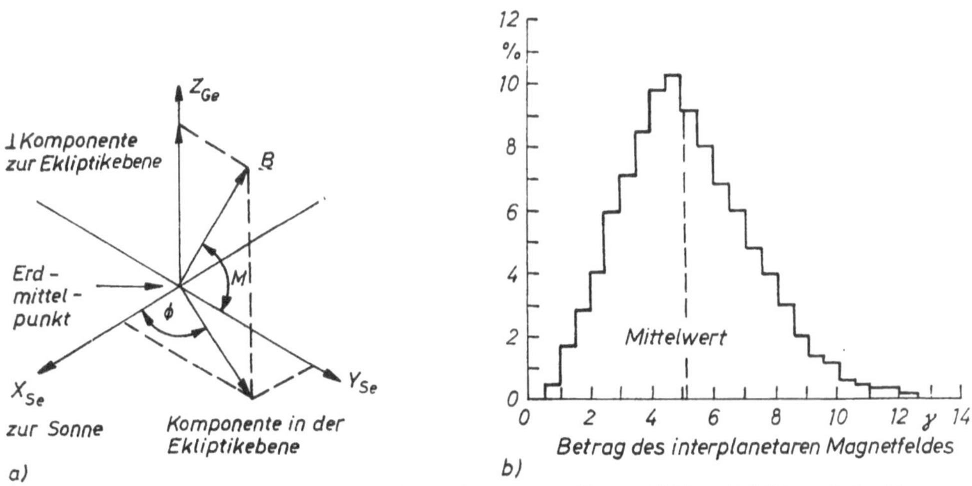

Abb. 7. Mittlere Werte des interplanetaren Magnetfeldes (IMF) und des Sonnenwindes nach Ness et al. (1966)

a) Geozentrisches Ekliptik-Koordinatensystem,

b) Statistische Verteilung der Amplituden des IMF,

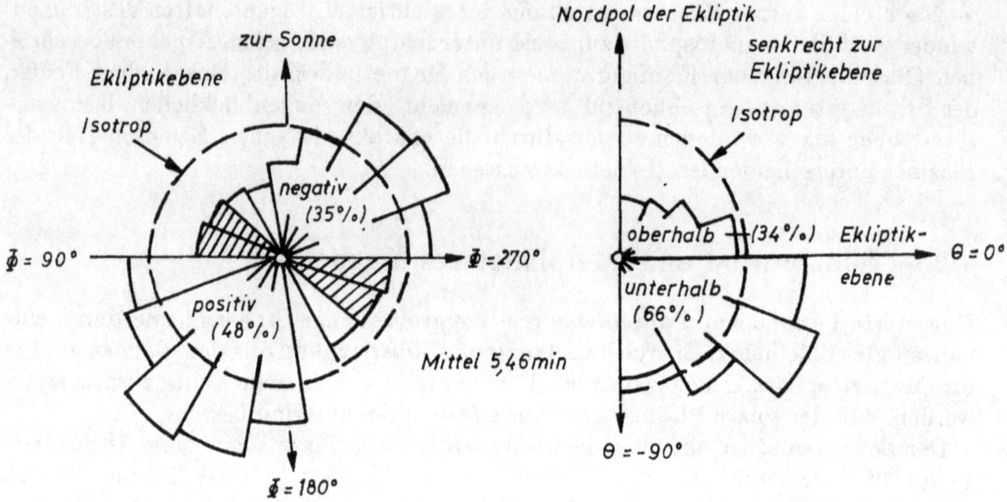

c)

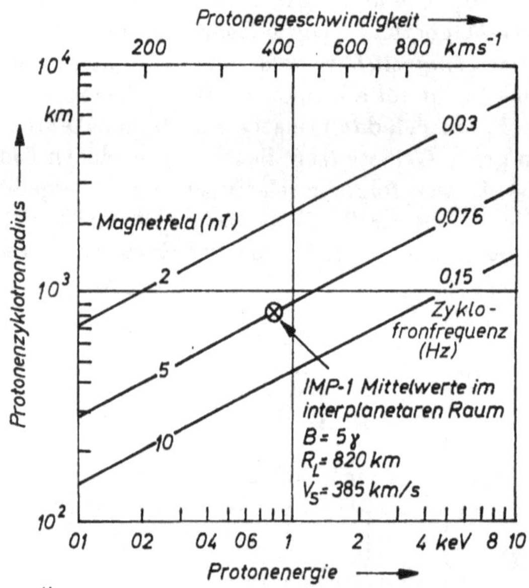

d)

Abb. 7.

c) Statistische Richtungsverteilung des IMF,

d) Plasmaparameter des Sonnenwindes

Interessant ist, daß das Magnetfeld eine kleine *Komponente senkrecht zur Ekliptikebene* besitzt, die nord- oder südwärts gerichtet sein kann. Ausgehend von dieser Feststellung wurde mit den „Magnetfeldverschmelzungs-“ bzw. „Reconnection“-Modellen eine qualitative Vorstellung über den Energieübertragungsmechanismus aus dem Sonnenwind in die Erdmagnetosphäre entwickelt.

Abb. 7d zeigt eine Zusammenstellung mittlerer Werte für den Sonnenwind. Die *mittlere Geschwindigkeit* liegt bei 400 km/s. Als Bewegungsenergiedichte des Sonnenwindes findet man einige 10^{-9} bis 10^{-8} erg/cm³, als thermische Energiedichte (5 bis $7 \cdot 10^{-11}$ erg/cm³ und als Magnetfeldenergiedichte 10^{-10} erg/cm³. Die *Energiedichte* des Sonnenwindes übersteigt bei weitem die Magnetfeldenergiedichte.

Berechnet man die ALFVÉNsche MACH-Zahl, so erhält man Werte zwischen 3 und 10. Der Sonnenwind stellt also eine *magneto-hydrodynamische „Überschallströmung“* dar. Vor dem Hindernis „Erdmagnetfeld“ kommt es daher zur Ausbildung einer *stehenden Stoßwelle* im stößefreien Plasma im Abstand von einigen Erdradien vor der Magnetopause (siehe Abb. 15). Durch den Aufbau dieser Stoßwelle wird die Überschallströmung abgebremst, so daß hinter der Stoßwelle Unterschallverhältnisse herrschen. Das Gebiet zwischen der Stoßwelle und der Magnetopause wird als „*Magnetosheath*“ bezeichnet. Genau genommen tritt nicht das Sonnenwindplasma mit der Magnetosphäre in Wechselwirkung, sondern das Plasma der Magnetosheath.

Für die Beschreibung des Sonnenwindes ist es sehr naheliegend, daß man ein Koordinatensystem verwendet, das die Ekliptikebene enthält und entweder sonnen- oder erdzentriert ist. Für die Beschreibung der Magnetosphäre der Erde, die ja aufgrund der Wechselwirkung des Sonnenwindes mit dem Erdmagnetfeld entsteht, ist es wesentlich schwieriger, ein geeignetes Koordinatensysten zu finden. Das wird klar, wenn man berücksichtigt, daß einmal die Magnetfeldachse nicht mit der Rotationsachse der Erde zusammenfällt und damit das sich dem Sonnenwind entgegenstellende Erdmagnetfeld zu verschiedenen Tagesstunden etwa unterschiedlich aussieht und zum anderen die Rotationsachse der Erde im Sommer und Winter unterschiedliche Neigungen zum anströmenden Sonnenwind hat. Zahlreiche Versuche haben gezeigt, daß zur Beschreibung magnetosphärischer Erscheinungen das solar-magnetosphärische Koordinatensystem am besten geeignet ist. In diesem Koordinatensystem fällt die Z-Achse mit der Achse des Erddipols zusammen. Die X-Achse steht senkrecht zur Z-Achse und ist so gerichtet, daß die Verbindungslinie Erde-Sonne stets innerhalb der X-Z-Ebene liegt und die Y-Achse stets senkrecht zur X-Z-Ebene. Alle dreidimensionalen Koordinatenangaben erfolgen im folgenden in diesem Koordinatensystem. — Auch bei der Darstellung magnetosphärischer Beobachtungen auf einer geozentrischen Kugelschale (z. B. in der Ionosphäre) bestimmt das Magnetfeld die Auswahl des geeignetsten Koordinatensystems. Hier werden deshalb die solar-magnetosphärische Länge φ_{SM} bzw. die magnetische Ortszeit MLT einerseits und die invariante Breite Λ andererseits verwendet.

4.3. Magnetfeldkonfiguration und großräumige magnetosphärische Stromsysteme

Die Wechselwirkung mit dem Sonnenwind führt zu einer drastischen Veränderung des Verlaufs des Erdmagnetfeldes in großer Entfernung von der Erde (siehe Abb. 6). Abb. 6 zeigt das erste, ausschließlich aus *Satellitenmessungen* ermittelte Magnetfeldmodell (FAIRFIELD 1971). Dargestellt ist ein Schnitt in der Mittagsmitternachtebene. Zur Veranschaulichung der Änderungen sind auch einige Dipolfeldlinien mit eingezeichnet. Man erkennt deutlich, daß das *Erdmagnetfeld zur Sonnenseite hin durch den Sonnenwind zusammengedrückt* wird. Zur Nachtseite hin dagegen bildet sich ein langgestreckter, bis zu mehr als 100 Erdradien in den interplanetaren Raum hineichender *Magnetschweif* aus. Man kann sich den Magnetschweif als aus Feldlinien gebildet vorstellen, die durch den Sonnenwind von der Tag- auf die Nachtseite weggeblasen wurden. Daher sind die Kraftlinien auf der einen Seite des Schweifs von der Erde weg, auf der anderen Seite zur Erde hin gerichtet (siehe Abb. 6). Im Inneren des Schweifes muß sich daher eine Zone ausbilden, in der sich die Magnetfeldvektoren nahezu kompensieren bzw. neutralisieren. Diese Schicht bezeichnet man als Neutralschicht. Messungen zeigen, daß sie bis ungefähr 10—12 Erdradien an die Erde heranreichen kann. Eine weitere Besonderheit der Magnetfeldkonfiguration auf der Tagseite besteht darin, daß im Gebiet der sogenannten „polaren Hörner" (*Polar cusp*) auf der Magnetopause Bereiche existieren, von denen geschlossene Magnetfeldlinien zur Tagseite hin und offene Magnetfeldlinien zur Nachtseite hin ausgehen.

Wenn statt des im Vakuum erwarteten Dipolfeldes (Abb. 5) die in Abb. 6 gezeigte komplizierte Magnetfeldkonfiguration beobachtet wird, so kann das physikalisch nur dadurch erklärt werden, daß sich *der Dipolstruktur zusätzliche Magnetfelder überlagert haben.* Da zusätzliche Magnetfelder in erster Linie durch großräumige *Gleichstromsysteme* erzeugt werden, muß man davon ausgehen, daß sich derartige Stromsysteme als Folge der *Wechselwirkung mit dem Sonnenwind* ausbilden. In Abb. 8 ist versucht worden, den Verlauf der zu erwartenden Stromsysteme durch große Pfeile zu markieren. Auf der Magnetopause fließende Ströme sorgen für die räumliche Begrenzung des Erdmagnetfeldes. Die starken Stromsysteme auf der der Sonne zugewandten Seite erklären die Kompression des Erdmagnetfeldes in diesem Gebiet. Um die Ausbildung des Magnetschweifes erklären zu können, muß man ein Θ-förmiges Stromsystem annehmen, das auf der Magnetopause von der Abend- und Morgenseite fließt und sich durch die Neutralschicht hindurch schließt. Diese Ströme werden als Schweifströme bezeichnet.

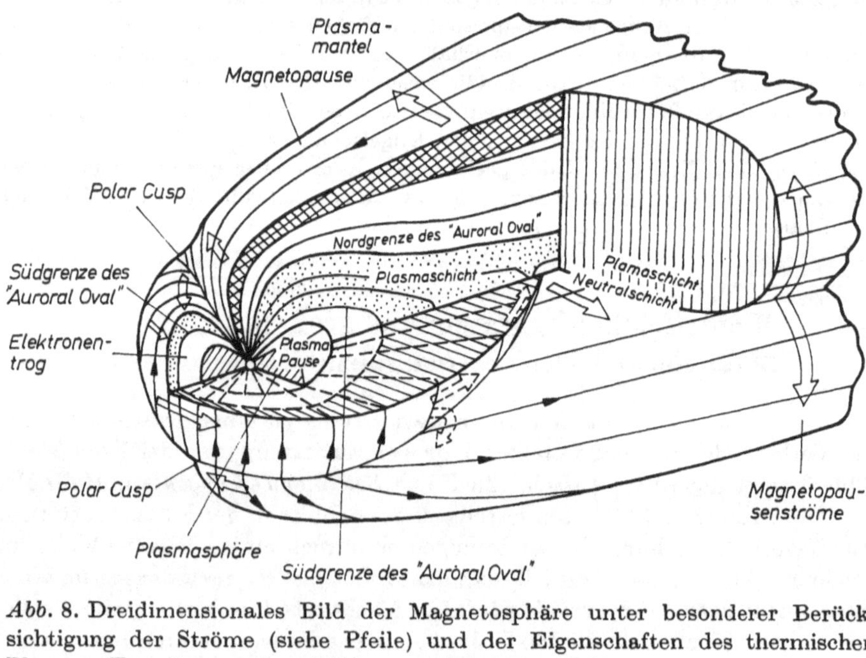

Abb. 8. Dreidimensionales Bild der Magnetosphäre unter besonderer Berücksichtigung der Ströme (siehe Pfeile) und der Eigenschaften des thermischen Plasmas (Erweiterung eines Bildes von Heikkila (1972)

Eine genauere Vermessung des Magnetfeldes, insbesondere im Inneren der Magnetosphäre, zeigt, daß es hier eine vorrangig auf die Äquatorebene konzentrierte, als geozentrische Scheibe darstellbare Magnetfeldquelle geben muß, den sogenannten *Ringstrom.* Das Magnetfeld des Ringstroms ist nur teilweise durch elektrische Ströme erzeugt, der andere Teil des zusätzlichen Magnetfeldes entsteht durch die diamagnetische Wirkung der angesammelten Ionenkonzentrationen.

Da das Magnetfeld alle wesentlichen Prozesse in der Magnetosphäre bestimmt, ist die Existenz *quantitativer Magnetfeldmodelle* unabdingbare Voraussetzung für die Deutung der beobachteten Vorgänge. Gemessene Felder, wie das in Abb. 6 dargestellte, sind im allgemeinen analytisch nicht einfach beschreibbar und daher schwer zu handhaben. Prinzipiell unterscheidet man *geometrische Modelle,* bei denen eine möglichst genaue Wiedergabe der gemessenen Strukturen des Magnetfeldes angestrebt wird, und *physikalische Modelle,* die versuchen, die Magnetfeldkonfiguration durch Berechnung der bei der Umströmung entstehenden Stromsysteme zu erklären. Geometrische Modelle für ungestörte Bedingungen liegen z. Z. mit ausreichender Genauigkeit vor. Dabei geht man meist so vor, daß auf der Verbindungslinie Erde-Sonne in geeignetem Abstand ein magnetischer Bilddipol geeigneter Stärke angeordnet wird, so daß durch sein Feld das Erdfeld auf der sonnenzugewandten Seite entsprechend komprimiert wird. Das *Schweiffeld* wird dadurch erzeugt, daß man in der Neutralschichtposition eine geeignet dimensionierte Stromschicht einfügt. Dieses geometrische Modell kann dann noch durch eine den Ringstrom approximierende Stromschicht in der inneren Magnetosphäre ergänzt werden. Die *geometrischen Modelle* berücksichtigen sowohl die Neigung des Dipols als auch die Tatsache, daß der Sonnenwind nicht längs der geraden Verbindung Sonne-Erde, sondern unter einem gewissen Winkel anströmt. Ein Weitertreiben der theoretischen Näherungen für die geometrischen Modelle erscheint nicht zweckmäßig, weil diese Modelle aufgrund der hohen Dynamik der magnetosphärischen Prozesse nur mittlere Verhältnisse beschreiben können. Vielmehr geht man zur Zeit dazu über, genauere Modelle der Magnetfeldkonfiguration für bestimmte Verhältnisse, z. B. für spezielle gestörte Verhältnisse, zu erarbeiten. — Schon aus der oben gegebenen Definition der physikalischen Modelle der Magnetfeldkonfiguration wird klar, daß eine mit der Natur übereinstimmende Beschreibung erst möglich ist, wenn das Gesamtproblem der Wechselwirkung Sonnenwind-Erdmagnetfeld gelöst ist. Von der Lösung dieser äußerst komplexen Aufgabe sind wir jedoch noch weit entfernt. Einen gut entwickelten Teilaspekt dieser Modelle stellen die Untersuchungen des *Umströmungsproblems im Kontinuumsbild* dar. Die Berechtigung, bei der Wechselwirkung eines stößefreien Magnetoplasmas mit dem Erdmagnetfeld im Kontinuumsbild arbeiten zu können, leitet man aus der Tatsache her, daß der Larmor-Radius für Protonen bei 800 km liegt (siehe Abb. 7b), d. h. wesentlich kleiner ist als die Dimension des umströmten Hindernisses. Untersuchungen mit Hilfe der Magnetohydrodynamik für ein völlig dissipationsfreies Gas, bei denen die Magnetopause als unendlich dünne Grenzschicht betrachtet wird (*Diskontinuitätentheorie*), ergab eine gute Annäherung für die Lage der Magnetopause in der Nähe des Subsolarpunktes, die jedoch zu den Flanken hin immer schlechter wird.

Zahlreiche morphologische Untersuchungen der letzten Jahre haben darüber hinaus gezeigt, daß die häufig gemachte Annahme, daß das interplanetare Magnetfeld einerseits und das Plasma innerhalb der Magnetosphäre andererseits vernachlässigt werden könnten, nicht richtig ist. Die *Energieeinspeisung* und damit die Lösung des gesamten

Wechselwirkungsproblems muß vom interplanetaren Raum her *sowohl den Sonnenwind als auch das interplanetare Magnetfeld* berücksichtigen; auf der Seite der Magnetosphäre muß neben der Wirkung des Erdmagnetfeldes auch das Magnetosphärenplasma bei den Untersuchungen berücksichtigt werden.

Wie oben bereits gezeigt wurde, führt die Wechselwirkung mit dem Sonnenwind zur Ausbildung *großräumiger magnetosphärischer Stromsysteme.* Für den Aufbau dieser Stromsysteme ist die Verteilung der Leitfähigkeit ebenso von Bedeutung wie die Raum-Zeit-Struktur der elektrischen Felder in der Magnetosphäre. Elektrodynamisch gesehen stellt die Magnetosphäre ein stark anisotropes Medium dar: Die Leitfähigkeit längs der magnetischen Kraftlinien ist so groß, daß man *häufig* in guter Näherung sogar mit *unendlich hoher Leitfähigkeit* rechnen, d. h. die magnetischen Feldlinien als Äquipotentiallinien betrachten kann. Senkrecht zu den magnetischen Feldlinien ist die Leitfähigkeit in der Magnetosphäre vernachlässigbar gering. Durch die Existenz der hohen Leitfähigkeit längs der magnetischen Kraftlinien sind die Magnetosphärenströme mit dem unteren Rande der Magnetosphäre, der Ionosphäre, fest verkoppelt. In der Ionosphäre (insbesondere im Bereich 90—150 km Höhe) sind die Leitfähigkeitskomponenten senkrecht zu den magnetischen Feldlinien wesentlich größer, d. h., hier können Ströme senkrecht zu den magnetischen Kraftlinien fließen. Aufgrund dieser Leitfähigkeitsverteilung besteht eine enge *elektrodynamische Kopplung zwischen Magnetosphäre und Ionosphäre.* Magnetosphärische Stromsysteme können sich über die Ionosphäre schließen; Änderungen der Leitfähigkeit in der Ionosphäre wirken über diese Kopplung zurück auf die magnetosphärischen Stromsysteme.

Das Bindeglied zwischen den magnetosphärischen Strömen, wie sie in Abb. 8 dargestellt sind, und den in der Ionosphäre fließenden Strömen wird durch sogenannte *feldliniengerichtete Ströme* repräsentiert. Dabei handelt es sich um Ströme bzw. Stromschichten, die den magnetischen Kraftlinien folgen. Kreuzt ein Satellit eine derartige großräumige Stromschicht endlicher Dicke, so mißt er eine plötzliche Änderung des magnetischen Feldvektors, deren Amplitude und Richtung von Amplitude und Richtung der fließenden Ströme abhängt. Nachdem die Existenz derartiger feldliniengerichteter Ströme viele Jahre hindurch hypothetisch war, konnte in letzter Zeit die Empfindlichkeit der Messung magnetischer Feldvektoren im Raum so weit gesteigert werden, daß Durchgänge durch feldliniengerichtete Stromschichten eindeutig erfaßt werden können. Abb. 9 erfaßt die Raum-Zeit-Verteilung der bisher *georteten Systeme feldliniengerichteter Ströme.* Abb. 9a zeigt die räumliche Verteilung in Abhängigkeit von der invarianten Breite und der magnetischen Ortszeit (Blick auf den Nordpol). Abb. 9b zeigt die Stromdichte in Abhängigkeit von der magnetischen Ortszeit für den polnahen Strombereich, Abb. 9c diese Abhängigkeit für den äquatorwärtigen Teil des Systems. Man erkennt, daß feldliniengerichtete Ströme in hohen Breiten eine *ständige Erscheinung* sind; sie treten zu allen Zeiten und bei jedem Störungsgrad auf. Die Ströme werden stets in Form von *Strompaaren* beobachtet, d. h., bei jedem meridionalen Satellitenflug beobachtet man wenigstens ein Paar in entgegengesetzte Richtung fließender Stromschichten. Feldliniengerichtete Ströme werden nur in einem schmalen Breitenbereich beobachtet. Im Abendsektor fließt der polwärtige Strom *aus der Ionosphäre heraus,* der zu niederen Breiten hin gelegene *Strom in die Ionosphäre hinein.* Auf der Morgenseite sind die Verhältnisse genau umgekehrt. Um Mitternacht herum beobachtet man ein sehr kompliziertes System von Stromschichten. Abb. 9b und 9c zeigen deutliche Unterschiede im Zeitverhalten der Stromdichte für den pol-

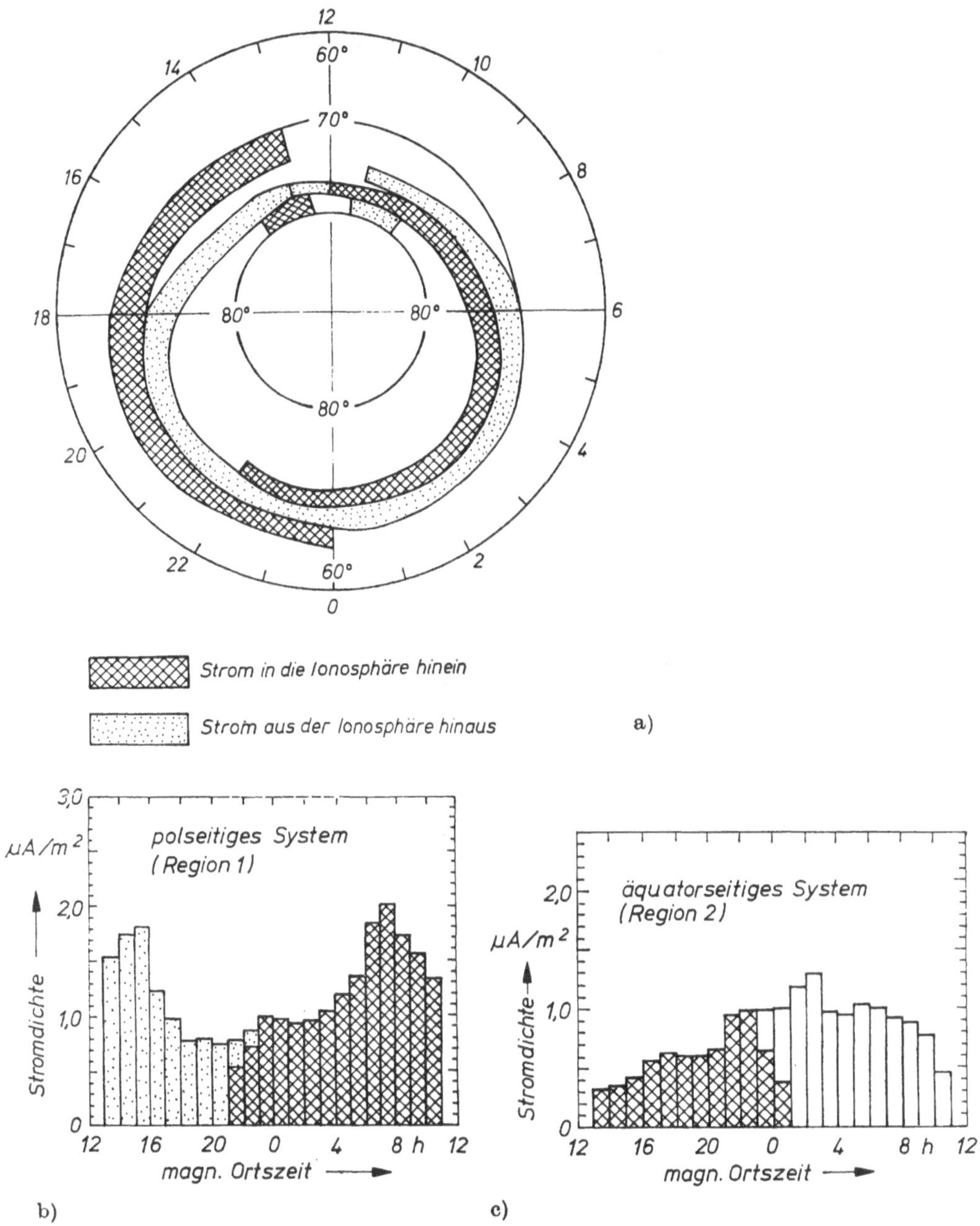

Abb. 9. Feldliniengerichtete Ströme nach IIJIMA, POTEMRA (1976)

a) Globale Verteilung der feldliniengerichteten Ströme (Blick auf den Nordpol, Darstellung der Abhängigkeit von invarianter Breite und magnetischer Ortszeit) Variation der Dichten der feldliniengerichteten Ströme mit der magnetischen Ortszeit,

b) für das polseitige System,

c) für das äquatorseitige System

wärtigen und den in niederen Breiten gelegenen Bereich. Der *polwärtige Strombereich* unterscheidet sich auch bezüglich der Abhängigkeit von der geomagnetischen Aktivität *von dem in niederen Breiten befindlichen Bereich.* Diese Unterschiede zwischen beiden Strombereichen sowie weitere Beobachtungstatsachen können als Hinweis darauf gewertet werden, daß die beiden Stromschichten nicht direkt miteinander verkoppelt sind. Leider ist bisher auch keine eindeutige Aussage darüber möglich, ob die feldliniengerichteten Ströme zum Bereich der offenen oder der geschlossenen Magnetfeldlinien gehören. Die Entdeckung der feldliniengerichteten Ströme in hohen Breiten hat zwar viele zusätzliche Erkenntnisse über magnetosphärische Stromsysteme gebracht, jedoch weder die Frage nach dem dreidimensionalen Verlauf der einzelnen Stromsysteme in der Magnetosphäre noch die Frage nach den die Ströme treibenden Dynamo-Mechanismen beantwortet.

Abb. 9a zeigt auf der Tagseite (ca. 9.30 bis 14.30 MLT) im Bereich von 77 bis 80 Grad invarianter Breite die Existenz eines zusätzlichen Systems feldliniengerichteter Ströme. Da dieses Gebiet mit den Fußpunkten der die „polaren Hörner" (cusp) bildenden Magnetfeldlinien koinzidiert, wurden diese feldliniengerichteten Ströme als Cusp-Ströme bezeichnet. Intensive Untersuchungen der letzten Jahre haben gezeigt, daß die Cusp-Ströme eine besonders große Variabilität besitzen und in besonders starkem Maße von der Richtung des interplanetaren Magnetfeldes und der Stärke des Sonnenwindes, d. h. von der Energieeinspeisungsrate abhängen.

Der *direkte Nachweis feldliniengerichteter Ströme* ist bisher nur *für hohe Breiten* gelungen, jedoch konnte auf indirektem Wege gezeigt werden, daß es derartige feldliniengerichtete Ströme *auch tief im Inneren der Magnetosphäre* geben muß. Abb. 10 zeigt ein Schema des innerhalb der Plasmasphäre (siehe Abb. 14a) für die Monate Juni/Juli zu erwartenden Systems der feldliniengerichteten Ströme. Um Ortsmittag herum existiert ein Gebiet konzentrierter feldliniengerichteter Ströme, die in die Sommer- (Nord-) Halbkugel hineinfließen. Außerhalb dieses zentralen Bereichs, d. h. zur Morgen- und Abendseite und zu anderen Breiten hin, werden diffusere feldliniengerichtete Ströme erwartet, die in der entgegengesetzten Richtung fließen. Die Stromdichte der feldliniengerichteten Ströme im zentralen Teil liegt bei 10^{-8} Am^{-2}, d. h. bei 1% der in hohen Breiten gefundenen Stromdichten (siehe Abb. 9b/c).

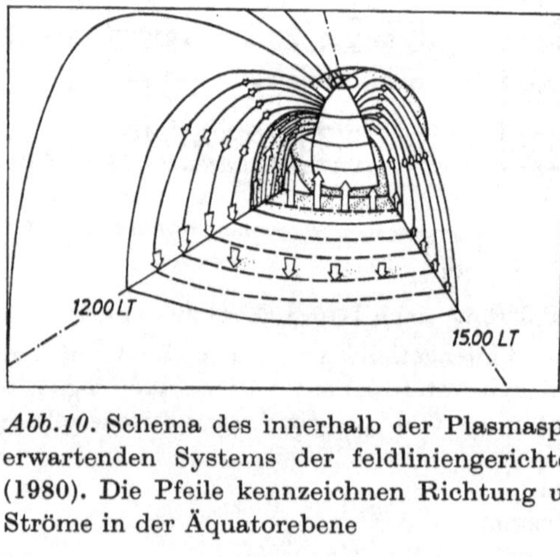

Abb.10. Schema des innerhalb der Plasmasphäre während des Nordsommers zu erwartenden Systems der feldliniengerichteten Ströme nach WAGNER et al. (1980). Die Pfeile kennzeichnen Richtung und Stärke der feldliniengerichteten Ströme in der Äquatorebene

4.4. Elektrische Felder in der Ionosphäre und der Magnetosphäre

Die Kenntnis der elektrischen Felder und ihrer Erzeugungsmechanismen stellt ein Hauptkettenglied für das Verständnis der elektrodynamischen Vorgänge in Ionosphäre und Magnetosphäre dar. Einen ersten Schritt in diese Richtung hat man in den letzten Jahren durch die Entwicklung von Meßverfahren gemacht, die wenigstens die Messung ionosphärischer Felder mit ziemlicher Sicherheit gestatten (Doppelsondenmessungen, Injektion von Ionen und Elektronen, Bariumwolkenexperimente, Messung von natürlichen Plasmadriften durch Erfassung der inkohärenten Streustrahlung). Eine Analyse der in verschiedenen Breiten erhaltenen Meßergebnisse zeigt, daß es einen *elektrische Felder erzeugenden Generatur (Dynamo) in der Ionosphäre* und *mehrere Dynamoprozesse in der Magnetosphäre* geben dürfte.

Abb. 11 zeigt die aus Messungen in mittleren Breiten (<65°) hergeleitete globale Verteilung des *elektrostatischen Potentials in der Ionosphäre*. Ausgezogene Linien bedeuten positive Potentiale, gestrichelte negative. Der Linienabstand entspricht einer

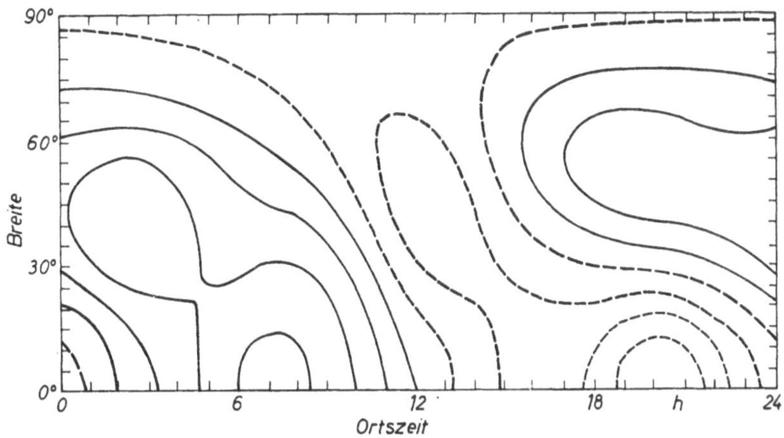

Abb. 11. Globale Verteilung des elektrostatischen Potentials in ionosphärischen Höhen mittlerer und niederer Breiten nach Richmond (1976) (Abstand der Isolinien 1 kV, gestrichelt – negatives Potential, durchgezogene Linien – positives Potential, erste durchgezogene Linie – Potential = 0)

Potentialdifferenz von 1 kV. Das durch Abb. 11 beschriebene elektrische Feld kann qualitativ und quantitativ auf den ionosphärischen Dynamoprozeß zurückgeführt werden. Dieser als *atmosphärischer Dynamo* bezeichnete Ladungstrennungsprozeß kann folgendermaßen verstanden werden: In ionosphärischen Höhen zwischen 90 und 200 km ist das Plasma nur teilweise ionisiert, und Stöße zwischen neutralen und geladenen Teilchen spielen eine bedeutende Rolle. In diesem Gebiet ist die Stoßfrequenz für Stöße zwischen Neutralteilchen und Elektronen, d. h., in diesem Gebiet werden die Elektronen schon wesentlich stärker durch das Magnetfeld geführt als die Ionen. Gibt es eine bevorzugte Richtung der Neutralgasbewegung, d. h. einen Wind, so werden die *Ionen wesentlich stärker durch die Neutralteilchen mitgeführt als die Elektronen*, und es kommt zu einem *Ladungstrennungsprozeß* und zum Aufbau elektrischer Felder. Kann man voraussetzen, daß die magnetischen Kraftlinien Äquipotentiallinien sind, so überträgt sich das elektrische Feld in die Magnetosphäre. Unterscheiden sich, wie z. B. während der Solstizien, die auf der Nord- und Südhalbkugel erzeugten elektrischen Felder, so kommt es zur Ausbildung von feldliniengerichteten Strömen. Elektrische Felder der in Abb. 11 beschriebenen Art sind die Ursache für die Ausbildung der in Abb. 10 gezeigten feldliniengerichteten Stromsysteme. Wie oben erwähnt, ist dieses Stromsystem auf das Gebiet innerhalb der Plasmasphäre, also auf mittlere Breiten, beschränkt.

In *auroralen und polaren Breiten* ist die meßtechnische Erfassung der elektrischen Felder wegen der höheren Feldwerte leichter als in mittleren Breiten, gleichzeitig aber ihre Deutung wegen der wesentlich höheren Variabilität erschwert. Mittelt man trotz der hohen Variabilität die während ruhiger Verhältnisse im Breitenbereich von 66–74°, d. h. in der *Polarlichtzone*, gemessenen Feldwerte, so ergibt sich der in Abb. 12 dargestellte zeitliche Verlauf. Im allgemeinen überwiegt die Nord-Süd-Kom-

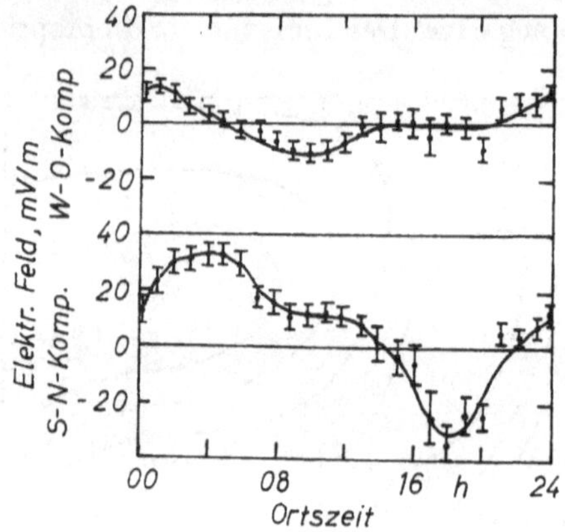

Abb. 12. Mittlere Amplitude des in der Polarlichtzone gemessenen elektrischen Feldes in Abhängigkeit von der magnetischen Ortszeit nach Mozer (1976)

ponente. Ein vorwiegend nordwärts gerichtetes Feld existiert um Sonnenuntergang herum, ein südwärts gerichtetes Feld um und nach Ortsmitternacht. Für noch höhere Breiten, d. h. in der Polkappe, zeigen die Messungen, daß zu allen Ortszeiten ein von der Morgen- zur Abendseite gerichtetes elektrisches Feld existiert, das das Plasma von der Mitternachts- zur Mittagsseite treibt.

Der *Verlauf elektrischer Felder* in der magnetosphärischen Äquatorebene kann durch *indirekte Verfahren* erschlossen werden. Abb. 13 zeigt einen auf diese Art und Weise erschlossenen Potentiallinienverlauf in der Äquatorebene. Für noch *größere Entfernungen von der Erde*, insbesondere innerhalb des *Magnetosphärenschweifes*, findet man ein von der Morgen- zur Abendseite gerichtetes elektrisches Feld. Da die elektrischen Felder innerhalb der Magnetosphäre noch wesentlich kleiner sind als die innerhalb der Ionosphäre, sind direkte Messungen erst in den letzten Jahren möglich geworden. Die mit den *GEOS-Satelliten* gewonnenen Meßergebnisse zeigen, daß das *magnetosphärische elektrische Feld* zwar meist von der Morgen- zur Abendseite gerichtet ist, jedoch eine *hohe Variabilität* aufweist. Insbesondere bei gestörten Verhältnissen wurden auch elektrische Felder gefunden, die zur Sonne hin oder von der Sonne weg gerichtet sind.

Unter der Voraussetzung, daß magnetische Kraftlinien stets Äquipotentiallinien sind, könnte man die in Abb. 12 dargestellten, in der Ionosphäre gemessenen elektrischen Felder leicht mit denen der Abb. 13 vergleichen, indem man sie in die magnetosphärische Äquatorebene projiziert. In letzter Zeit sind aber Meßergebnisse bekannt geworden, die es gerade für die Polarlichtzone fraglich erscheinen lassen, ob die Annahme richtig ist, daß magnetische Feldlinien Äquipotentiallinien sind. Längs einer magnetischen Kraftlinie dürfen dann definitionsgemäß keine elektrischen Felder auftreten. In *Höhen von 4000—10000 km über der Polarlichtzone* hat man jedoch *starke parallel zu den magnetischen Kraftlinien gerichtete elektrische Felder* beobachtet und festgestellt, daß es sich hierbei um eine sehr häufige, keineswegs sporadische Erscheinung handelt. Damit wird klar, daß das Bild der festen elektrodynamischen Verkopplung von Magnetosphäre und Ionosphäre höchstwahrscheinlich zu einfach ist. (Die Beobachtung derartiger paralleler elektrischer Felder wird mit der Entstehung von *Doppelschichten* bzw. mit dem Auftreten *anomaler Widerstände* längs der magnetischen Kraftlinien in Verbindung gebracht).

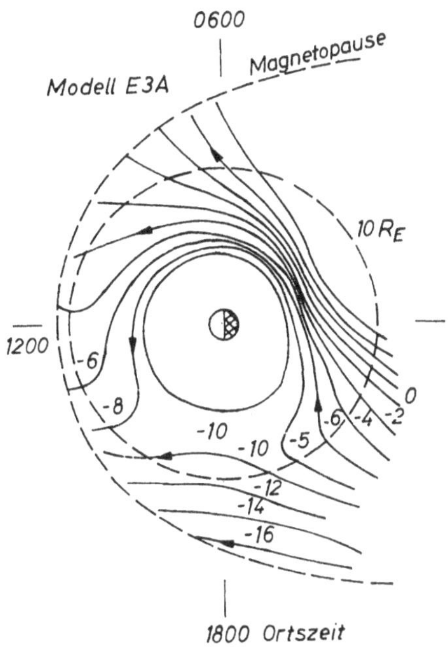

Abb. 13. Verteilung des elektrostatischen Potentials in der Äquatorebene der Magnetosphäre nach McIlwain (1972)

Über die Mechanismen, die zur Entstehung magnetosphärischer elektrischer Felder führen (*magnetosphärischer Dynamo*), existieren z. Z. nur erste qualitativ hypothetische Vorstellungen. Es ist klar, daß auch dieses Problem erst gelöst werden kann, wenn es gelungen ist, die Wechselwirkung des Sonnenwindes mit der Magnetosphäre zu verstehen und quantitativ zu erfassen.

4.5. Das magnetosphärische Plasma

Wenn schon bei der Behandlung der großräumigen Stromsysteme und elektrischen Felder festgestellt werden mußte, daß unsere Kenntnis der plasmaphysikalischen Vorgänge zum Verständnis der Beobachtungen bei weitem nicht ausreichen, so gilt das in verstärktem Maße für die in einzelnen Teilgebieten der Magnetosphäre beobachteten Erscheinungen. Messungen verschiedenster Parameter haben in den zurückliegenden Jahren eindeutig gezeigt, daß die *Magnetosphäre kein einheitliches Ganzes* ist. Vielmehr gibt es zahlreiche innere Strukturen und Gebiete, die voneinander durch mehr oder weniger klar ausgeprägte *Grenzflächen* getrennt sind. Innerhalb dieser Gebiete scheinen sehr verschiedene Prozesse die dominierende Rolle zu spielen, ohne daß man heutzutage diese Prozesse bereits identifiziert hätte oder gar qualitativ bzw. quantitativ beschreiben könnte. Alle diese Prozesse wirken jedoch auf die Raum-, Zeit- und Energieverteilung der Plasmakomponenten ein. Eines der wichtigsten Ergebnisse des großen Forschungsprogramms „Internationale Magnetosphärenstudie 1976–1979" besteht darin, durch Messung der Elektronen- und Ionenkomponente im Energiebereich von 0 bis einigen 10^4 eV sowohl innerhalb der Äquatorebene als insbesondere auch in hohen Breiten die Existenz verschiedener durch *unterschiedliche Plasmaparameter* charakterisierter Gebiete in der Magnetosphäre nachgewiesen zu haben. Abb. 14 gibt eine schematische Zusammenstellung dieser Gebiete und zeigt einen Schnitt durch die Äquatorebene, eine Darstellung in der Mittags-Mitternachtsebene und die Projektion der Gebiete auf eine die Ionosphäre annähernde Kugelfläche. Im folgenden sollen die wichtigsten Eigenschaften des Plasmas in den einzelnen Gebieten kurz dargestellt werden.

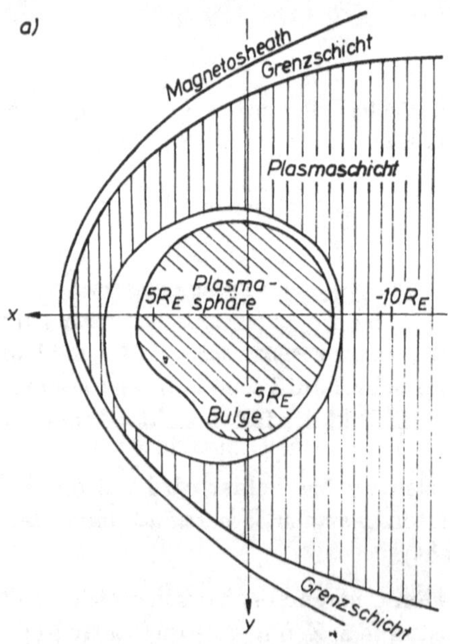

Abb. 14. Bereiche mit unterschiedlichen Plasmaeigenschaften in der Magnetosphäre nach Formisano (1981)

a) in der solar-magnetosphärischen Äquatorebene,

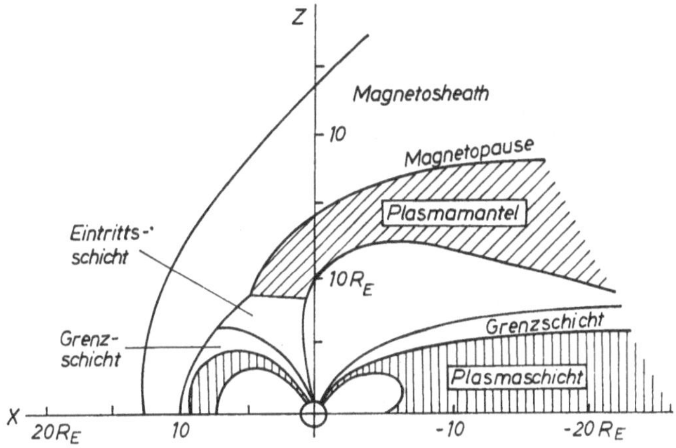

b)

c)

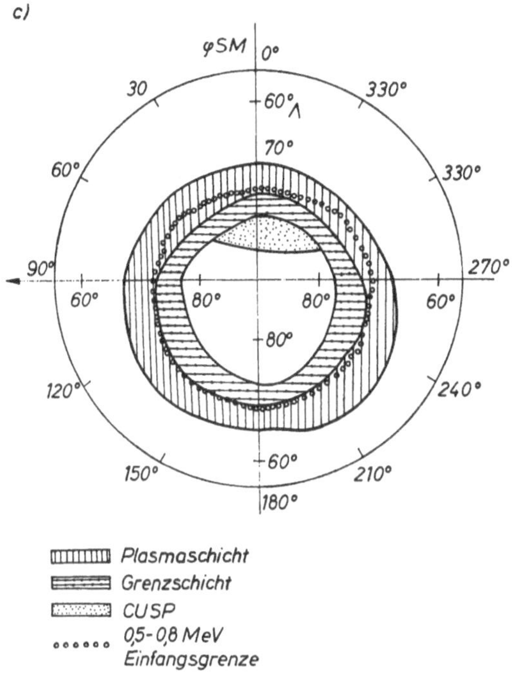

Abb. 14.

b) in der Mittags-Mitternachtsebene,

c) in der Projektion auf ionosphärische Höhen (dargestellt in Abhängigkeit von der solar-magnetosphärischen Länge φ_{SM} und der invarianten Breite Λ)

4.5.1. Der Stoßfrontbereich

Das Plasma wird selbst in gewissen Gebieten außerhalb der Stoßfront durch die Existenz der Erdmagnetosphäre beeinflußt. Abb. 15 zeigt dieses Gebiet, d. h. die Stoßfront, die Magnetopause, die Sonnenwindrichtung sowie einige gemessene Ionen-

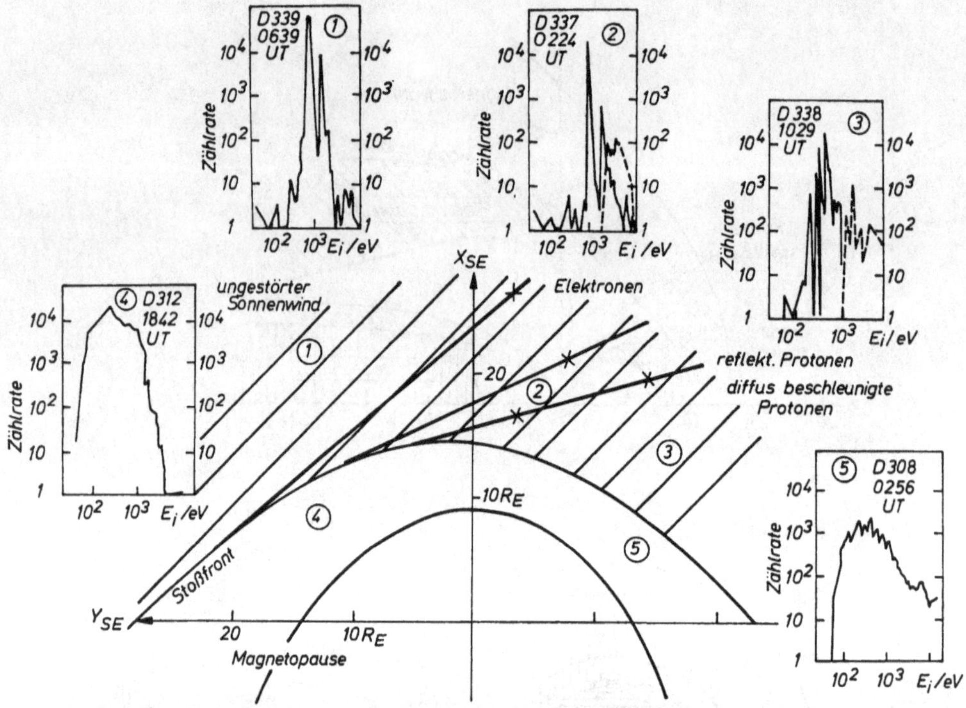

Abb. 15. Plasmaregime im Gebiet der Stoßfront und der Magnetosheath nach FORMISANO (1977, 1981). Als Einschübe sind typische Ionenspektren angegeben; dabei bezeichnen die Zahlen im Kreis die Satellitenposition, an der das Spektrum gemessen wurde

spektren nach FORMISANO (1981). *Ungestörter Sonnenwind wird nur auf Feldlinien beobachtet, die die Stoßfront nicht schneiden* (siehe Abb. 15, Spektrum 1). Längs aller magnetischer Feldlinien, die die Stoßfront oder die magnetische Hülle (magnetosheath) schneiden, werden beschleunigte Elektronen beobachtet. Man findet weiterhin ein enges Gebiet, in dem dem Sonnenwind ein Strahl von Teilchen mit nahezu *doppelter Sonnenwindgeschwindigkeit* überlagert ist. Diese Ionen strömen von der Erde weg und werden als *reflektierte zurückströmende beschleunigte Teilchen* bezeichnet (siehe Spektrum 2 in Abb. 15). Sie zeigen praktisch keine Wechselwirkung mit dem Sonnenwind.

An dieses Gebiet schließt sich ein weiteres an, in dem ebenfalls zurückströmende beschleunigte Ionen beobachtet werden, die aber nun in intensive Wechselwirkung mit dem Sonnenwind treten. Die in dieser *Region der diffusen zurückströmenden beschleunigten Ionen* beobachteten Spektren (siehe Spektrum 3 in Abb. 15) unterscheiden sich merklich von den in den anderen Regionen gemessenen. Durch die Wechselwirkung verliert der Sonnenwind 2 bis 3% seiner Geschwindigkeit und wird außerdem um 1 bis 2° aus seiner bisherigen Richtung abgelenkt. Man erkennt, daß schon im Stoßfrontbereich auf der Vormittags- und Nachmittagsseite verschiedene Verhältnisse herrschen und verschiedene Spektren gemessen werden.

4.5.2. Die magnetische Hülle (magnetosheath)

Die Asymmetrie zwischen Vormittags- und Nachmittagsseite der Stoßfront macht sich auch in der Magnetosheath bemerkbar (siehe Abb. 15, Spektren 4 und 5). Viele der an der Stoßfront beschleunigten Teilchen gelangen in die Magnetosheath, so daß auf der Morgenseite ein größerer Anteil hochenergetischer Teilchen vorhanden ist als im Sonnenwind. Auf der Abendseite dagegen beobachtet man als Folge der Beschleunigungsprozesse einen scharfen Abbruch bei hochenergetischen Teilchen. Abb. 16 zeigt ein mittleres *Elektronenspektrum aus der Magnetosheath*. Man erkennt, daß vorrangig Elektronen im Bereich von 10 bis 50 eV auftreten.

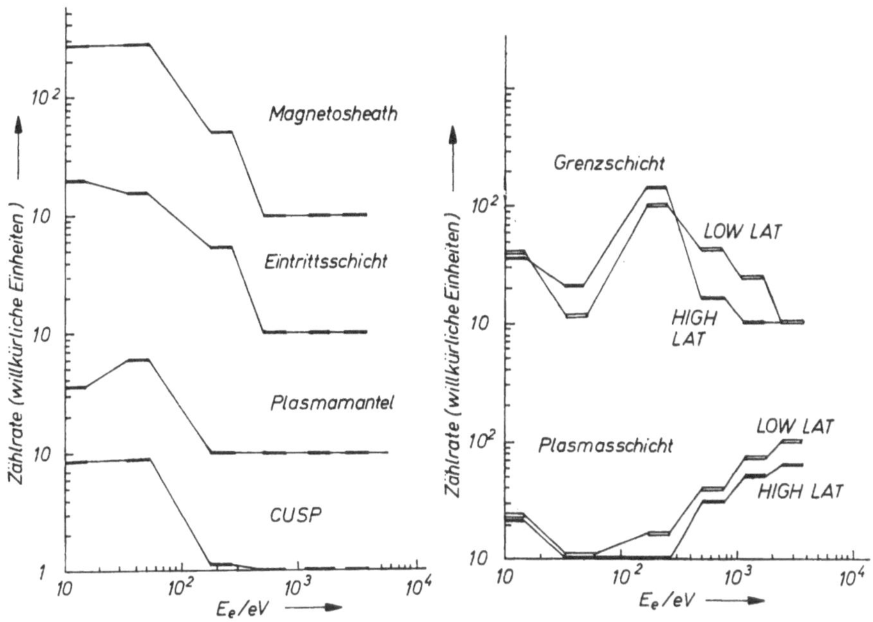

Abb. 16. Mittlere Elektronenspektren in verschiedenen Gebieten der Magnetosphäre nach FORMISANO (1981)

Innerhalb der Magnetosheath, aber unmittelbar vor der Magnetopause, treten zwei besondere Schichtstrukturen auf. Einmal beobachtet man in einer Schicht von 0,2 bis 0,4 R_E Dicke eine *Absenkung der Protonendichte* um 40%. Da sich gleichzeitig eine deutliche Anisotropie der Protonentemperatur einstellt ($T_\perp > T_\parallel$), führt man die Dichteabnahme auf den Abfluß von Protonen kleiner Pitch-Winkel längs des Magnetfeldes zurück. Die Schicht wird als Entleerungsschicht (engl. *depletion layer*) bezeichnet. Betrachtet man nicht die Ionen, sondern die Elektronen, so findet man vorwiegend in mittelhohen Breiten entlang der Magnetopause eine Schicht mit besonders vielen hochenergetischen ($E_e > 40$ keV) Elektronen, die sogenannte Schicht energetischer Elektronen (engl. *energetic electron layer*). Die Existenz dieser Ionen wird teilweise auf Beschleunigung an der Magnetopause zurückgeführt, teilweise sollen diese Elektronen jedoch auch aus dem magnetosphärischen Plasma stammen.

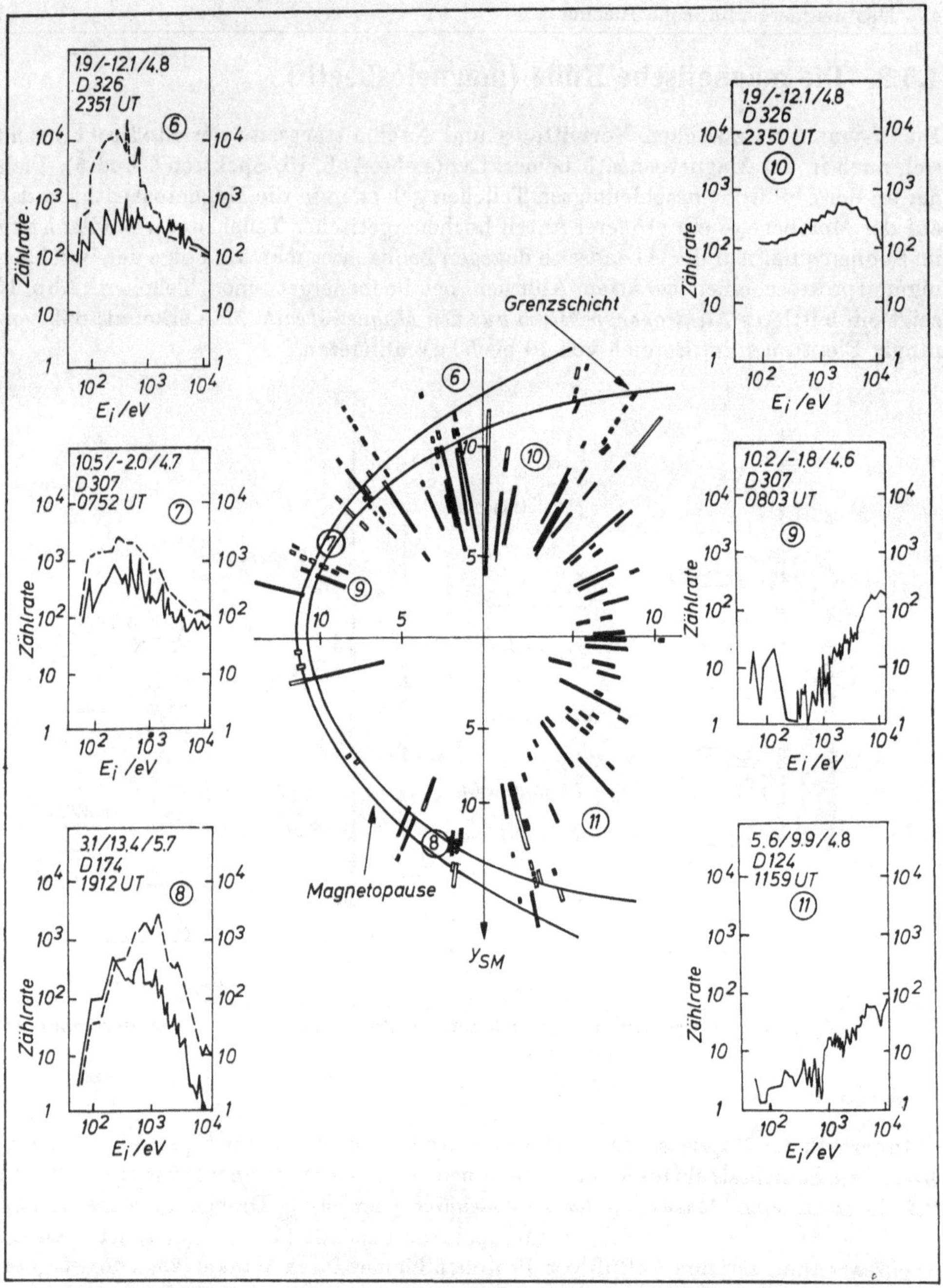

Abb. 17. Plasmaregime in Magnetopausennähe (boundary layer, Plasmaschicht, Magnetosheath) nach FORMISANO (1981) In der Mitte der Abb. ist die Lage der Magnetopause und der Boundary layer skizziert; gepunktete Linien zeigen die Bahnsegmente an, auf denen HEOS-2 durch Messung der Elektronenspektren die Boundary layer identifiziert hat, durchgezogene Linien entsprechen dem Auffinden von Plasmaschicht-Elektronenspektren. Ionenspektren werden als Einschübe gezeigt

4.5.3. Die Grenzschicht (boundary layer)

Durchquert man in der Äquatorebene oder in niederen Breiten auf der Tagseite die Magnetopause (siehe z. B. Abb. 6b oder Abb. 8), so gelangt man in die *Grenzschicht* (engl. boundary layer) (siehe Abb. 14a, b). Aus Abb. 14a wird deutlich, daß die Dicke der Grenzschicht um Ortsmittag nur 0,5 R_E beträgt, zu den Flanken hin aber auf 1 bis 2 R_E zunimmt. Abb. 17 zeigt die Lage der Boundary layer in der Äquatorebene, bezogen auf die mittlere aus Messungen ermittelte Magnetopausenlage nach FORMISANO (1981). Die Spektren 6, 7 und 8 zeigen einen Vergleich der positiven Ionen-Energiespektren auf der Morgen-, der Mittag- und der Abendseite für die Magnetosheath und die Boundary layer. Man erkennt, daß die Dichte der Ionen in der Boundary layer stets geringer ist als in der Magnetosheath. Das Ionenplasma ist auf der Morgenseite heißer als das Magnetosheathplasma, auf der Abendseite kälter. Dabei scheinen die hochenergetischen Ionen auf der Morgenseite von der Magnetopause keine Notitz zu nehmen. Aus Abb. 17 und Abb. 14a erkennt man, daß die Grenzschicht zwischen der Magnetopause und der Plasmaschicht (plasmasheet) liegt. Berücksichtigt man außerdem Abb. 14b, so stellt man fest, daß die *Boundary layer die Plasmaschicht ständig umschließt* und wie diese zu allen Ortszeiten beobachtet wird. Abb. 14b zeigt weiterhin, daß die Boundary layer die Magnetopause bei ca. 5 bis 7 R_E über der Äquatorebene verläßt und den Feldlinien bis in die Ionosphäre hinein folgt. Auch in diesem Bereich hat die Grenzschicht noch eine Dicke von ca. 1 R_E. Abb. 14b zeigt weiterhin, daß auch auf der Mitternachtsseite die Plasmaschicht von der Boundary layer eingehüllt wird. Anhand von Messungen der Energieverteilung positiver Ionen lassen sich Boundary layer und Plasmasheet sehr gut unterscheiden (siehe Spektren in Abb. 17). Eine Unterscheidung der Boundary layer von anderen Bereichen der Magnetosphäre ist aber auch aufgrund von Messungen der Elektronenenergiespektren möglich. Aus Abb. 16 erkennt man, daß die spektrale Verteilung der Elektronen in der Boundary layer eine ganz andere Form hat als die in der Magnetosheath oder in der Plasmaschicht. In der Boundary layer überwiegen Elektronen mit Energien von 100 bis 300 eV, d. h., diese Schicht ist heißer als die Magnetosheath. Im Zentrum der Abb. 16 sind aufgrund von HEOS-2-Messungen der Elektronenenergiespektren die Bereiche angedeutet, in denen die Grenzschicht beobachtet wurde.

4.5.4. Die Plasmaschicht (plasmasheet)

Während die Boundary layer sowohl in niederen als auch in hohen Breiten erst während der letzten Jahre entdeckt und untersucht wurde, ist die Existenz der Plasmaschicht schon seit mehr als einem Jahrzehnt bekannt. Die Plasmaschicht schließt sich sowohl auf der Tag- als auch auf der Nachtseite unmittelbar an die Boundary layer an (siehe Abb. 14a, b). Die Teilchendichte in der Plasmaschicht ist sehr gering (0,3 Teilchen/cm^3). Tabelle 4 zeigt typische Werte für Elektronen und Protonen in der Plasmasheet bei ruhigen und gestörten Bedingungen. Es muß jedoch betont werden, daß das Plasma in der Plasmasheet eine hohe Variabilität zeigt. Die Spektren 9, 10, und 11 in der Abb. 17 zeigen typische Verhältnisse für die Morgen-, Tag- und Abendseite. Ebenso illustrieren die Spektren 14, 15 und 16 die Energieverteilung der Ionenkomponente in mittleren Breiten und in größerer Entfernung von der Äquator-

Tabelle 4. Plasmaparameter in der Plasmaschicht

		Elektronen	Protonen
Fluß (pr./el. $cm^{-2} sec^{-1} ster^{-1}$)	ruhig	$5.9 \cdot 10^7$	$2.0 \cdot 10^6$
	gestört	$3.0 \cdot 10^7$	$1.6 \cdot 10^6$
Dichte (pr./el. $cm^{-3} ster^{-1}$)	ruhig	$5.3 \cdot 10^{-2}$	$5.0 \cdot 10^{-2}$
	gestört	$1.0 \cdot 10^{-2}$	$2.0 \cdot 10^{-2}$
mittlere Energie (eV)	ruhig	420	1325
	gestört	2600	5600
Energiedichte ($eV cm^{-3} ster^{-1}$)	ruhig	22	53
	gestört	27	98
Te, i (°K)		10^7	$3-5 \cdot 10^7$
E_{theom} (keV) im Zentrum der Plasmaschicht		1	6
Bulkgeschwindigkeit (km/s)		$9.8 \cdot 10^3$	$5.1 \cdot 10^2$

ebene. An all diesen Spektren erkennt man,daß das Maximum der Energieverteilung häufig bei hohen Energien, oftmals bei mehr als 10^4 eV liegt. Auf der Tagseite tritt dabei neben der *typischen Plasmasheetverteilung* eine *zweite Ionenpopulation* auf, die relativ niedrige Energien (ca. 100 eV) hat (siehe Spektrum 9 in Abb. 17 sowie Spektrum 14 bis 16 in Abb. 18). Beide Populationen stammen offenbar von unterschiedlichen Quellen; die Zeitskalen und Amplituden der Variationen der einen Verteilung sind mit der der anderen nicht korreliert.

Abb. 16 zeigt, daß auch die in der Plasmasheet gemessenen Elektronenspektren in niederen und hohen Breiten ein typisches Verhalten haben, das eine Unterscheidung von allen anderen Bereichen gestattet. Die mittleren Energien liegen hier ebenfalls sehr hoch, bei einigen 10^3 bis 10^4 eV. Anhand dieses Verhaltens wurde die Lage der Plasmasheet mit Hilfe des Satelliten HEOS-2 sowohl auf der Tagseite (siehe Abb. 17) als auch auf der Nachtseite (siehe Abb. 18) bestimmt.

Projiziert man die Lage der Boundary layer und die Lage der Plasmasheet längs der magnetischen Kraftlinien auf eine die Ionosphäre darstellende Kugeloberfläche so erhält man das in Abb. 14c unter Verwendung der invarianten Breite und solarmagnetosphärischen Länge gezeichnete Bild. Beide Bereiche können zu jeder beliebigen Ortszeit bzw. Länge beobachtet werden. *Die Boundary layer liegt stets polwärts von der Plasmasheet.* Mittags liegt sie zwischen 75 und 80° invarianter Breite, um Mitternacht zwischen 70 und 74°. Die Plasmasheet dagegen liegt mittags zwischen 70 und 75° invarianter Breite, um Mitternacht zwischen 65 und 70°. Vergleicht man die Abb. 14c mit Abb. 9, so stellt man fest, daß die *Boundary layer* der Lage des *polseitigen Systems* der feldliniengerichteten Ströme entspricht, die Lage der *Plasmasheet* dagegen dem *äquatorseitigen System* der feldliniengerichteten Ströme.

Die Plasmaschicht besitzt auch einen breiten, gut ausgeprägten erdnahen Rand. Dieser *innere Rand der Plasmaschicht* wird durch einen exponentiellen Abfall der Energiedichten über eine Skalenlänge von ungefähr 0,5 R_E charakterisiert. Die Lage des inneren Randes hängt von der Teilchenart und von der Energie ab. *Höher energetische Elektronen dringen weiter in die Magnetosphäre ein als niederenergetische*

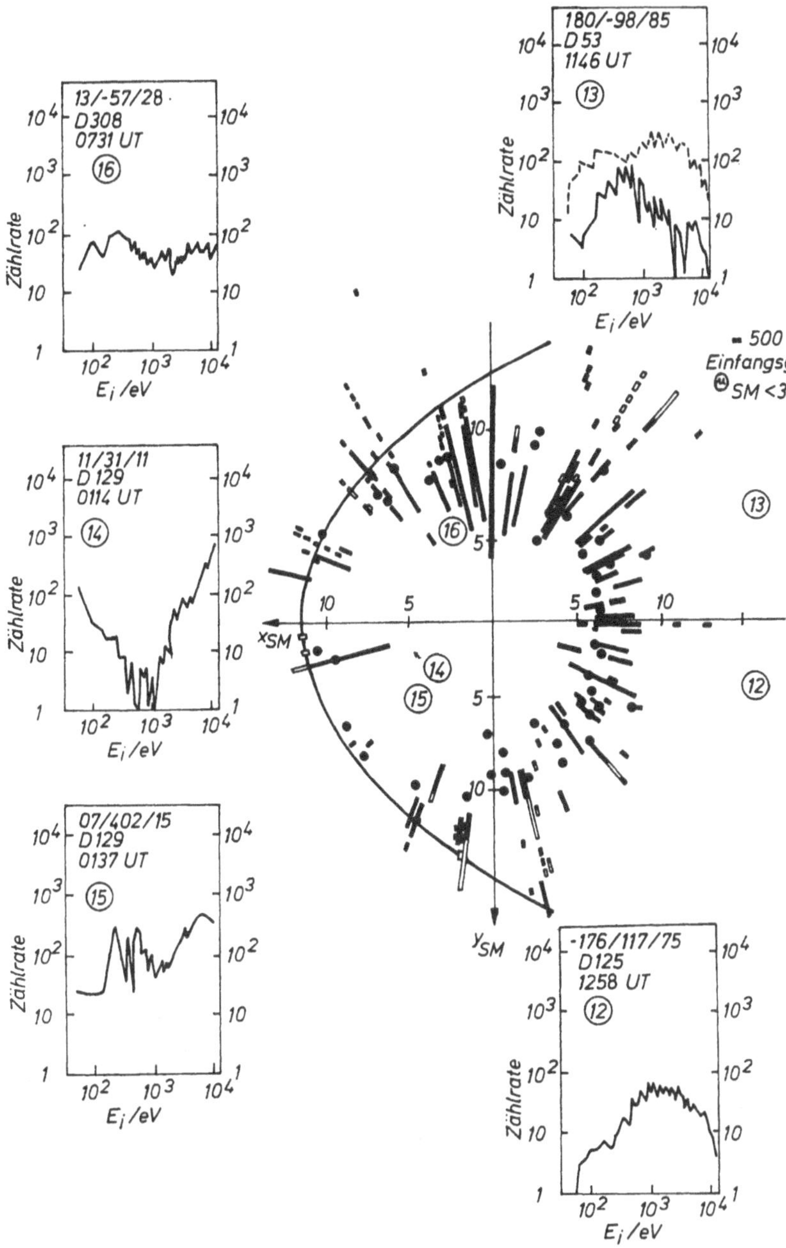

Abb. 18. Plasmaregime in der Magnetosphäre mittlerer Breiten (boundary layer) Plasmamantel, Plasmaschicht). Die Einschübe zeigen Ionenspektren in der Plasmaschicht (14, 15, 16), der Boundary layer (12 und gepunktete Linie in 13) und im Plasmamantel (volle Kurve in 13)

Elektronen und Protonen. Auf der Nachmitternachtsseite der Magnetosphäre tangiert der innere Rand der Plasmaschicht die Plasmapause. Auf der Vormitternachtsseite befindet sich zwischen beiden ein Gebiet geringer Flüsse sehr niederenergetischer Elektronen, der sogenannte *Elektronentrog.*

4.5.5. Die Einlaßschicht (entry layer), das Gebiet der polaren Hörner (cusp) und der Plasmamantel

Folgt man auf der Tagseite dem Verlauf der Magnetopause zu höheren Breiten hin (siehe Abb. 14b), so gelangt man, nachdem die Boundary layer die Magnetopause verlassen hat und den Feldlinien zur Ionosphäre hin gefolgt ist, in die *Einlaßschicht* (engl. entry layer). Dieses Gebiet wurde zunächst durch HAERENDEL und PASCHMANN (1975) untersucht. Es steht direkt mit dem Gebiet der *polaren Hörner* (engl. *cusp*) (siehe Abb. 6b und Abb. 8) in Verbindung und erhielt seinen Namen aufgrund der Annahme, daß hier *Magnetosheathplasma direkt in die Magnetosphäre einfließen* kann. Die Entry layer hat eine Dicke von ca. 2 R_E. Sie wird nur auf der Tagseite zwischen 8.00 und 16.00 MLT beobachtet. Aus Abb. 16 erkennt man, daß die in der Entry layer gemessenen Elektronenspektren denen in der Magnetosheath erhaltenen ähneln, jedoch geringere Intensität haben. Die *Entry layer ist über die Cusp direkt mit der polaren Ionosphäre verbunden.*

Das Gebiet der polaren Hörner, das Cusp-Gebiet, ist besonders unter plasmaphysikalischen Aspekten sehr interessant. Da auf diese Erscheinungen hier nicht eingegangen werden kann, soll an dieser Stelle nur erwähnt werden, daß die besonderen Eigenschaften im Gebiet der polaren Hörner vorwiegend auf Plasmaprozesse und nicht in erster Linie auf die besondere Magnetfeldstruktur zurückgeführt werden. Das Elektronenspektrum in der Cusp (siehe Abb. 16) ist energiemäßig noch stärker begrenzt als die Spektren in der Entry layer oder im Plasmamantel. Die *Cusp* wird *nur* auf der *Tagseite* zwischen 8.00 und 16.00 MLT um Mittag herum beobachtet. Das wird auch aus der in Abb. 14c gezeigten Projektion deutlich. Bei 12.00 MLT ($\varphi_{SM} = 0$) liegt die Cusp im Bereich von 80 bis 85° invarianter Breite. Ein Vergleich mit Abb. 9 verdeutlicht, warum die in diesem Bereich beobachteten feldliniengerichteten Ströme als *Cusp-Ströme* bezeichnet wurden.

Folgt man der Magnetopause von der Cusp aus weiter zur Nachtseite, so befindet man sich im Gebiet des *Plasmamantels.* Auf der gesamten Schweifseite stellt der Plasmamantel das äußerste magnetosphärische Plasmagebiet dar. In relativ erdnahen Entfernungen beträgt seine Dicke 0,5 bis 4 R_E, in einer dem Durchgang der Mondbahn entsprechenden Entfernung beträgt die Dicke bereits 12 R_E. Abb. 16 läßt erkennen, daß die im Plasmamantel gemessenen Elektronenspektren den in der Magnetosheath gemessenen ähneln, jedoch wesentlich geringere Dichten aufweisen. Auch der *Plasmamantel ist direkt mit dem Cusp-Gebiet verbunden,* die hier gefundenen Elektronenspektren ähneln denen in der Cusp gemessenen sogar mehr als den Magnetosheathspektren. Im Plasmamantel wurden feldlinienparallele von der Sonne weg verlaufende Protonenbulkgeschwindigkeiten von 100 bis 200 km/s gemessen, d. h. kleinere Werte als in der Magnetosheath. Die mittlere Ionentemperatur liegt bei 10^6 K. Es wird eine merkliche Temperaturanisotropie beobachtet ($T_{\parallel}/T_{\perp} = 0{,}5$). Das in Abb. 18 mitgezeigte Spektrum 13 zeigt den Vergleich eines Spektrums der positiven Ionen in der Grenzschicht (- - - -) und im Plasmamantel (———). Man erkennt, daß das gesamte Spektrum im Vergleich mit der Grenzschicht zu niedrigeren Energien hin verschoben ist. Das Maximum liegt für Spektren im Plasmamantel zwischen 30 bis 170 eV.

4.5.6. Plasmasphäre und Plasmapause

In der *inneren Magnetosphäre* gibt es ein weiteres Gebiet mit typischen Plasmaeigenschaften, die *Plasmasphäre* (siehe Abb. 8 und 14a). Das Plasmasphärenplasma ist ein relativ kaltes ($T = 5 \cdot 10^3$ K) und relativ dichtes Plasma. Die Dichte des Plasmas nimmt mit zunehmender Entfernung von der Erdoberfläche stark ab und zeigt an der äußeren Begrenzung der Plasmasphäre, der sogenannten *Plasmapause*, eine sprunghafte Abnahme um ein bis zwei Größenordnungen. Die Lage der Plasmapause ist deutlich ortszeitabhängig und hat auf der Abendseite eine typische Ausbuchtung, den sogenannten *Bulge*. Da es sich um ein sehr kaltes Plasma handelt, spielen elektrische Felder für die Bewegung des Plasmas eine besondere Rolle. Vergleicht man den Verlauf der Plasmapause in Abb. 14a mit dem Verlauf der geschlossenen Äquipotentiallinien in Abb. 13, so stellt man große prinzipielle Ähnlichkeiten fest. Ohne daß bisher ein echter direkter Beweis gelungen wäre, zieht man aus dieser Ähnlichkeit den Schluß, daß die *Plasmapause* die *Lage der äußersten geschlossenen Feldlinie repräsentiert* und daß der Dichteabfall an der Plasmapause auf das Wegdriften der Teilchen außerhalb der Plasmapause zurückzuführen ist. Eine Verstärkung des magnetosphärischen Konvektionsfeldes würde zu einer Einwärtsverschiebung der letzten geschlossenen Kraftlinie in Abb. 13 und damit in diesem Bild zu einer Einwärtswanderung der Plasmapause führen. Das stimmt mit den Beobachtungen bei Stürmen überein. Das *Plasma in der Magnetosphäre selbst ist ionosphärischen Ursprungs. Ionosphäre und Plasmasphäre bilden ein einheitliches verkoppeltes System*, in dem ständig ein Massen-, Impuls- und Energieaustausch stattfindet. Das gesamte *Plasma der Plasmasphäre rotiert mit der Erde mit*, während das *Plasma außerhalb der Plasmasphäre an dieser Rotationsbewegung nicht teilnimmt.*

4.5.7. Das Gebiet fest eingefangener hochenergetischer Teilchen, die Strahlungsgürtel

In der inneren Magnetosphäre gibt es noch ein zweites Gebiet mit besonderen Eigenschaften der Energieverteilung der Plasmakomponenten. In dem als *Strahlungsgürtel* bezeichneten Gebiet sind besonders viel hochenergetische Teilchen (Elektronen und Ionen) vorhanden. Diese *Teilchen* sind in den Strahlungsgürteln *fest eingefangen*. Um diese Aussage verstehen zu können, muß man sich vor Augen führen, daß die durch elektrische Felder hervorgerufene Bewegung der Teilchen mit zunehmender Energie mehr und mehr vernachlässigt werden kann, so daß die Driftbahnen hochenergetischer Teilchen praktisch mit den Linien konstanter Magnetfeldstärke zusammenfallen. Bilden die Linien konstanter Magnetfeldstärke geschlossene Kurven, die die Magnetopause nicht berühren, so können die hochenergetischen Teilchen um die ganze Erde herum driften. Sie sind in diesem Gebiet fest eingefangen. Befinden sich dagegen die

Teilchen auf Linien konstanter Magnetfeldstärke, die die Magnetopause berühren, so folgen sie dieser Linie nur bis zum Erreichen der Magnetopause, d. h., sie sind nur zeitweise eingefangen. Messungen zeigen, daß die äußere Begrenzung des Gebietes fest eingefangener Teilchen auf der Nachtseite bei 5 bis 6 R_E liegt. Das entspricht auch den in Abb. 18 mit eingetragenen Orten der Begrenzung des Einfanges von Elektronen mit 500 keV.

Innerhalb der *Strahlungsgürtel* sind die hochenergetischen Elektronen nicht gleichmäßig verteilt. Abb. 19 zeigt die Abhängigkeit der Flüsse festeingefangener Elektronen für vier Energiekanäle vom radialen Abstand (L). Man erkennt, daß insbesondere im Bereich $L = 3 - 4$ Ra die Flüsse stark abnehmen. Diese Abnahme ist

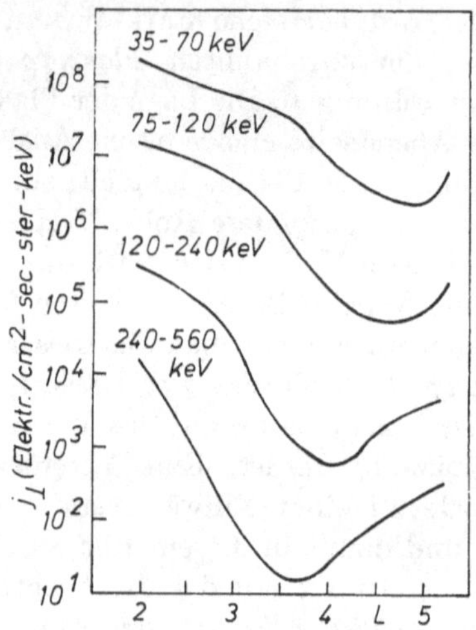

Abb. 19. Radiale Profile der Flüsse eingefangener Elektronen, gemessen an einem ruhigen Tag in der Äquatorebene (Um die Kurven zu trennen, wurden die Flüsse für 120—240 keV, 75—120 keV und 35—70 keV mit 10^1 bzw. 10^2 bzw. 10^3 multipliziert)

bei höheren Energien stärker ausgeprägt. Dieses spalten- oder *keilförmige Gebiet verringerter Dichte* und energetischer Elektronen bezeichnet man als *Slotregion.* Die Slotregion trennt den inneren vom äußeren Strahlungsgürtel. Während die Intensität des inneren Strahlungsgürtels nur sehr geringe zeitliche Schwankungen zeigt, kann sich die Intensität im äußeren Strahlungsgürtel und in der Slotregion sehr stark und schnell ändern. Die Entstehung der Slotregion innerhalb des Gebiets der fest eingefangenen Teilchen kann darauf zurückgeführt werden, daß in diesem Gebiet besonders intensive Verlustprozesse wirksam sind, die die hochenergetischen Elektronen zum *Abregnen in die Ionosphäre* hineinzwingen. Die daraus resultierenden Erscheinungen wurden zuerst 1948 in der DDR beobachtet, ohne daß damals eine Erklärung möglich war.

Die Bewegung und das dynamische Verhalten der hochenergetischen Teilchen im Strahlungsgürtel kann mit Hilfe der Orbittheorie gut verstanden werden. Eine kurze Darstellung findet sich in der ersten Ausgabe dieses Buches [Wagner (1975)], eine ausführliche Darstellung bei Roederer (1970).

Abschließend sei nur kurz erwähnt, daß die *Verteilung hochenergetischer Ionen im gleichen Bereich für die Deutung des Ringstroms eine große Rolle spielt.* Bei Betrachtung von Ionen spricht man deshalb häufig nicht von den Strahlungsgürteln, sondern vom *Ringstromgebiet.*

4.6. Zum Ursprung des Magnetosphärenplasmas

Während vor den umfangreichen Messungen während der Internationalen Magnetosphärenstudie 1976–1979 allgemein die Meinung vertreten wurde, daß das Plasma in der Magnetosphäre (mit Ausmahne der Plasmasphäre) aus dem *Sonnenwind* stamme und die Atmosphäre der Erde bzw. die Ionosphäre als Plasmaquelle nicht berücksichtigt werden müsse, ist man sich heute darüber im klaren, daß der ionosphärische Anteil nicht vernachlässigt werden kann. *Ionen terrestrischen Ursprungs* mit Energien bis 30 keV/Ladungseinheit wurden bisher eindeutig im Ringstromgebiet, im Plasmamantel, am inneren Rand der Plasmaschicht und zwischen Boundary layer und Plasmamantel im Schweif beobachtet. Der *innere Teil des Ringstromgebietes* ($L < 4$) *besteht zu 82% aus Sauerstoff-Ionen* gegenüber 15% Protonen. Bei magnetischen Störungen verschiebt sich dieser Anteil noch zugunsten der Sauerstoff-Ionen. *Für* $L > 4$ *überwiegen Protonen,* jedoch ist der Fluß insgesamt hier bereits wesentlich kleiner. Während *geomagnetischer Stürme* steigt auch hier der Anteil der Sauerstoff-Ionen, d. h. der ionosphärisch bedingte Anteil, weiter an.

Auch im *Plasmamantel* wurden beträchtliche Mengen von *Sauerstoff-Ionen* gefunden, die häufig energiereicher sind und mehrstrukturierte Verteilungen zeigen als *Protonen.* Das Plasma in diesem Bereich muß also als eine *Mischung aus Sonnenwindplasma und terrestrischen Ionen* betrachtet werden. Dabei dürften die terrestrischen Ionen über das Cusp-Gebiet in den Mantel gekommen sein. – Bei ruhigen Verhältnissen überwiegt in der Plasmasheet klar das aus dem Sonnenwind kommende Plasma, d. h. Protonen und doppelt geladene Helium-Ionen. Hier gibt es nur einen geringen Anteil von Sauerstoff-Ionen, der jedoch bei Stürmen ebenfalls ansteigt.

Interessant an diesen Messungen ist aber auch, daß es sich um hochenergetische terrestrische Ionen handelt. Das kalte Ionosphärenplasma muß also auf seinem Weg in die Magnetosphäre noch beschleunigt worden sein. Es wäre denkbar, daß diese Beschleunigung in auroralen Breiten im Zusammenhang mit der Entstehung paralleler elektrischer Felder und der Doppelschichten erfolgt.

Das detaillierte Studium der möglichen Quellen des magnetosphärischen Plasmas hat gerade erst begonnen. Zur Zeit ist man noch dabei, quellentypische Eigenschaften zu suchen, die auch im Verlauf der weiteren physikalischen Prozeßketten erhalten bleiben, um so den Weg des Plasmas von den einzelnen Quellen in das durch die Messungen erfaßte Gebiet verfolgen zu können. Auch das ist ein Beweis dafür, daß man von einer manchmal sogar statischen isolierten Betrachtung der einzelnen Teilgebiete abgeht und zur Berücksichtigung der ständig vorhandenen engen Verkopplung der verschiedenen Gebiete und Prozeßketten miteinander zu kommen versucht. *Der lange Marsch zu diesem Ziel hat aber gerade erst begonnen.*

4.7. Literatur

FAIRFIELD, D. H.: The configuration of the geomagnetic field. GSFC X-692-70-163, 1970.

FORMISANO, V.: Journal de Physique 38 C6, 65, 1977.

FORMISANO, V.: Magnetospheric boundary shapes and internal structures. Advances in Space Res. (COSPAR), 1, 1981.

HAERENDEL, G. und PASCHMANN, G.: Physics of the hot plasma in the magnetosphere. New York, 23, 1975.

HEIKKILA, W. J.: The morphology of auroral particle precipitation. Space Res. (COSPAR) 12, 1972.

IIJIMA, T. und POTEMRA, T. A.: The amplitude distribution of field-aligned currents at northern high latitudes observed by Triad. J. Geophys. Res. **81** (1976a), 2165.

IIJIMA, T. und POTEMRA, T. A.: Field-aligned currents in the dayside cusp. J. Geophys. Res. **81** (1976b), 5971.

MCILWAIN, C. E.: Plasma convection in the vicinity of the geosynchronous orbit. In: Earth's magnetospheric processes. 268, 1972.

MOZER, F. S.: Magnetospheric DC electric fields: Present knowledge and outstanding problems to be solved during the IMS. In: The Scientific Satellite Program during the IMS. 100, 1976.

NESS, N. F., SCEARCE, C. S., SEEK, J. B., WILCOX, J. M.: A summary of results from the IMP 1 magnetic field experiment. Space Res. (COSPAR) 6, 1966.

RICHMOND, A. D.: Electric field in the ionosphere and plasmasphere on quiet days. J. Geophys. Res. **81** (1976), 1447.

ROEDERER, J. G.: Dynamics of geomagnetically trapped radiation. Springer Verlag, 1970.

WAGNER, C.-U.: Forschritte der Magnetosphärenphysik. In: Physik des Planeten Erde (Herausg. R. LAUTERBACH). Akademie-Verlag Berlin, 1975.

WAGNER, C.-U.: Large-scale field-aligned currents as one link between the magnetosphere and ionosphere. Physica Solariterr., Potsdam, **5** (1977), 3.

WAGNER, C.-U.: Satellite measurements concerning ionospheric-magnetospheric current systems. HHI-STP-Report 11 (1978).

WAGNER, C.-U., MÖHLMANN, D., SCHÄFER, K., MISHIN, V. M., MATVEEV, M. I.: Large-scale fields and currents and related geomagnetic variations in the quiet plasmasphere. Space Sci. Rev. **26** (1980), 391.

5. Physik der Hochatmosphäre[1])

5.1. Einleitung

Die Atmosphäre — als die von der Gravitation in hydrostatischem Gleichgewicht festgehaltene Gashülle eines Planeten — ist in erster Näherung kugelsymmetrisch aufgebaut, so daß ihre Zustandsgrößen primär Funktionen der Höhe über der Planetenoberfläche sind. Diese vertikale Struktur der Atmosphärenparameter wird bestimmt durch den Energieumsatz, der das Gleichgewicht zwischen der in die Atmosphäre eingespeisten und der von ihr abgegebenen Energie herstellt. Dabei besteht der *Energiezufluß* zum weitaus überwiegenden Teil aus der *elektromagnetischen Strahlung* der Sonne im sichtbaren, infraroten und ultravioletten Spektralbereich. Der außerdem vom *Sonnenwind* des interplanetaren Raumes an die Atmosphäre bzw. Magnetosphäre übertragene Zufluß an kinetischer Energie ist demgegenüber um etwa 7 Größenordnungen geringer, so daß er für die Energiebilanz keine Rolle spielt. Die Abgabe von Energie aus der Atmosphäre erfolgt im wesentlichen durch ihre Wärmestrahlung im Infrarot.

Diese *Strahlungsbilanz* bedingt von vornherein eine Differenzierung in der vertikalen Struktur der Atmosphäre, denn der ultraviolette Spektralbereich der Sonnenstrahlung (mit Ausnahme seines langwelligen Endes) wird von den Gasmolekülen bereits in mehr oder weniger großer Höhe über dem Erdboden vollständig absorbiert, wogegen der sichtbare und der infrarote Spektralbereich von den Gasen der Atmosphäre nur in geringem Maße absorbiert werden, so daß sie praktisch unvermindert bis zur Planetenoberfläche durchdringen und sie aufheizen. Daher erhält die *untere Atmosphäre* ihre Energiezufuhr im wesentlichen von der Erdoberfläche her durch *Konvektion*, wobei sich eine mit wachsender Höhe abnehmende Temperatur einstellt und die vielgestaltigen Wetterprozesse in Gang gesetzt werden (*Troposphäre*). Die *obere Atmosphäre* dagegen, wo die Gasmoleküle unmittelbar Energie aus der eindringenden solaren *Ultraviolettstrahlung* aufnehmen, hat gegenüber der unteren Atmosphäre eine weitgehend autonome Energiebilanz. Je nach ihrer (der Wellenlänge umgekehrt proportionalen) Energie werden die absorbierten Lichtquanten in die Anregung höherer Energiezustände der Gasteilchen, in die Photodissoziation von Gasmolekülen (bei der Erde vor allem des O_2-Moleküls) oder in die Ionisation der Moleküle oder Atome umgesetzt. Die obere Atmosphäre ist deshalb in der Regel auch die *Ionosphäre* eines Planeten, in der zumindest ein Teil des Gases in Form von positiven Ionen und Elektronen vorhanden ist. Am Ende der primären Absorptionswirkungen und ihrer mehr oder weniger komplizierte Zwischenstufen durchlaufenden Folgepro-

---

[1]) Von J. TAUBENHEIM.

zesse steht zum weitaus überwiegenden Teil die Umwandlung der absorbierten Energie in die Erwärmung des atmosphärischen Gases.

Obwohl einerseits der *ultraviolette Spektralbereich* nur einen *geringen Bruchteil der Gesamtenergie* der Sonnenstrahlung ausmacht, stellt andererseits die *obere Atmosphäre auch nur einen kleinen Bruchteil der Gesamtmasse der Atmosphäre* dar, so daß dort durch den Strahlungsumsatz Temperaturen erreicht werden, die weit höher sind als in der unteren Atmosphäre. Da das Absorptionsvermögen im Ultraviolett zu den Grundeigenschaften der Gase gehört, finden wir die Differenzierung in eine untere Atmosphäre (*Troposphäre*) und eine warme, ionisierte obere Atmosphäre (*Thermosphäre* bzw. *Ionosphäre*) bei allen uns bisher bekannten Planetenatmosphären.

Eine Besonderheit der Atmosphäre der Erde besteht aber in ihrem großen Gehalt an freiem Sauerstoff, dessen Photodissoziation zu atomarem Sauerstoff die Bildung des Moleküls O_3 (*Ozon*) ermöglicht. Obwohl die geringere Gesamtmenge des Ozons in der Erdatmosphäre nur auf einen Höhenbereich zwischen etwa 15 und 90 km konzentriert ist, reicht sie doch aus, um einen Spektralbereich praktisch vollständig zu absorbieren, in dem etwa 99 Prozent der in der Erdatmosphäre steckenbleibenden UV-Strahlungsenergie der Sonne enthalten sind. Das führt zu einem sehr erheblichen Wärmeumsatz in diesem Höhenintervall, wodurch sich bei unserem Planeten zwischen die Troposphäre und die Thermosphäre ein zusätzlicher, energetisch eigenständiger Höhenbereich einschiebt, den man heute allgemein als die *mittlere Atmosphäre* bezeichnet. Sie weist in etwa 50 km Höhe ein Maximum der Temperatur auf (*Stratopause*), das zwei etwa gleich große Höhenabschnitte mit $\mathrm{d}T/\mathrm{d}h \geqq 0$ unterhalb 50 km (*Stratosphäre*) und mit $\mathrm{d}T/\mathrm{d}h < 0$ oberhalb 50 km (*Mesosphäre*) voneinander scheidet. Die eigentliche obere Atmosphäre (*Thermosphäre*) beginnt erst oberhalb eines in etwa 85–90 km Höhe liegenden Temperaturminimums (*Mesopause*), während die Troposphäre nur bis zum in etwa 10–15 km Höhe gelegenen Temperaturminimum (*Tropopause*) reicht. *Der Begriff ‚Hochatmosphäre' soll im folgenden die mittlere Atmosphäre (Strato- und Mesosphäre) und die Thermosphäre zusammenfassen.*

In der *Thermosphäre* wächst in dem Maße, wie die Luftdichte ab- und die Temperatur zunimmt, die mittlere freie Weglänge, die ein Gasteilchen zwischen zwei Zusammenstößen mit anderen Teilchen zurücklegen kann, stark an. Mit zunehmender Höhe wird die freie Weglänge schließlich so groß, daß ein Gasteilchen bis zu seinem nächsten Zusammenstoß eine Strecke vom Ausmaß der ganzen Atmosphäre zurücklegen oder sogar ohne einen weiteren Zusammenstoß die Atmosphäre ganz verlassen kann. Unter diesen Bedingungen kann sich eine MAXWELLsche Geschwindigkeitsverteilung nicht mehr einstellen. Der Höhenbereich, wo das der Fall ist, wird *Exosphäre* genannt und beginnt in Höhen von etwa 500 bis 600 km über der Erdoberfläche. Eine generelle *Obergrenze der Hochatmosphäre* wäre dort zu definieren, wo für die Bewegungen der Hauptmasse der Luftteilchen die Gravitation ihre vorherrschende Rolle verliert und durch das Überwiegen der Wirkungen der magnetischen und elektrischen Felder der Magnetosphäre abgelöst wird; jedoch dürfte dieses Übergangsniveau je nach der Teilchenenergie und den zeitlich und räumlich sehr variablen magnetosphärischen Bedingungen in unterschiedlichen Höhen zwischen mehreren Hundert und einigen Tausend km anzutreffen sein.

Während das wissenschaftlich-technische Interesse ursprünglich vor allem auf die Eigenschaften der Hochatmosphäre als Trägermedium der Ionosphäre und auf deren praktische Bedeutung für die mit *Funkwellen* arbeitenden Kommunikationssysteme gerichtet war, wurde mit Beginn des *Raumfahrtzeitalters* die Wichtigkeit der genauen Kenntnis der hochatmosphärischen Struktur und ihrer Variationen für die Dynamik von Raumflugkörpern mit allen ihren Anwendungsaspekten und für die Sicherheit bemannter Raumfahrtunternehmen deutlich. Entsprechende Anforderungen an die Physik der mittleren Atmosphäre erwuchsen aus dem Vordringen des *Luftverkehrs* in immer größere Höhen. Die Dynamik der mittleren Atmosphäre ist einerseits mit den Zirkulations- und Wellenvorgängen der Troposhäre noch merklich verbunden, andererseits greifen äußere, beispielsweise mit der Sonnenaktivität verbundene Einwirkungen schon genügend weit in den Energieumsatz der mittleren Atmosphäre ein. Mechanismen einer möglichen äußeren Wetter- und Klimabeeinflussung, nach denen gegenwärtig wieder verstärkt gefragt wird, müßten daher ihr Wirkungsfeld wesentlich in diesem Höhenbereich haben. Die weiterhin aufgeworfene Frage, ob durch menschliche Aktivitäten Stoffe in die mittlere Atmosphäre eingebracht werden, die einen Abbau der Ozonschicht hervorrufen und damit die von ihr gewährleistete *Abschirmung der biologisch schädlichen UV-Strahlung* beeinträchtigen können, hat in jüngster Zeit ein verstärktes Interesse an der Erforschung der mittleren Atmosphäre wachgerufen, das seinen Ausdruck in einer wissenschaftlichen Zusammenarbeit zahlreicher Länder im Rahmen des *Middle Atmosphere Program* (*MAP*) 1983—85 findet.

Die Erforschung der strukturellen, stofflichen, energetischen und dynamischen Eigenschaften und Prozesse der Hochatmosphäre, als Wissenschaftsdisziplin unter der Bezeichnung *Aeronomie* zusammengefaßt, bildet heute einen integrierenden Bestandteil der Physik der Atmosphäre als Gesamtsystem mit den gesellschaftlich relevanten Aspekten der Stabilität der physikalischen Bedingungen des Lebensraumes auf unserem Planeten und der wachsenden wissenschaftlich-technischen Aktivitäten des Menschen im erdumgebenden Raum.

Während es früher häufig die Meßmethoden waren, die die Problemstellungen konstituierten, verlangt die Entwicklung schon seit längerer Zeit die Durchführung problemorientierter, komplexer experimenteller und theoretischer Programme. Die folgende Darstellung muß jedoch auf eine Beschreibung der großen Vielfalt experimenteller Verfahren verzichten, um die grundlegenden physikalischen Fragestellungen um so deutlicher hervortreten zu lassen.

5.2. Physikalische Grundlagen der Struktur der Hochatmosphäre

5.2.1. Statik und Zusammensetzung des Gasgemisches

Die Luftdichte in einer Planetenatmosphäre nimmt mit wachsender Höhe stetig ab, und zwar um so rascher, je größer die Masse des Luftmoleküls und je niedriger die Temperatur ist, Die Erdatmosphäre ist bekanntlich ein Gemisch aus 78% Stickstoff und 21% Sauerstoff, wobei das restliche 1 Prozent aus einigen Edelgasen und Spurenmengen anderer Gase (darunter z. B. 0,03% CO_2) besteht. Bei einer in absoluter Ruhe befindlichen Atmosphäre würde sich durch die Diffusion für jede Komponente des Gasgemisches ihre jeweils „eigene" *Dichteabnahme mit der Höhe* gemäß ihrer Molekülmasse einstellen, so daß der Anteil der schwereren Gase an der Luftzusammensetzung mit wachsender Höhe immer geringer wird und in großen Höhen die leichtesten Gaskomponenten überwiegen. Die Wirksamkeit dieser *diffusiven Entmischung* hängt vom (molekularen) Diffusionskoeffizienten ab, der in der Atmosphäre etwa exponentiell mit der Höhe zunimmt, in dem Maße, wie (vor allem wegen der abnehmenden Luftdichte) die Zusammenstoßwahrscheinlichkeit der Luftmoleküle abnimmt.

Tatsächlich aber befindet sich eine Planetenatmosphäre keineswegs in Ruhe, sondern hat infolge der unterschiedlichen Strahlungsheizung von Tag- und Nachtseite, Tropen und Polargebieten eine mehr oder wenige heftige *Luftzirkulation*, die zur Entstehung von Turbulenz und damit einer vollständigen *Durchmischung* der Luft führt. Daher bleibt die am Erdboden vorgefundene prozentuale Luftzusammensetzung auch mit wachsender Höhe zunächst konstant (*Homosphäre*). Der mit der Höhe rasch zunehmende molekulare Diffusionskoeffizient, der mit zunehmender kinematischer Zähigkeit der Luft verbunden ist, sorgt jedoch dafür, daß in einer gewissen Höhe die turbulente Durchmischung zum Erliegen kommt und im darüberliegenden Höhenbereich die diffusive Entmischung nicht mehr verhindern kann, so daß sich dort die Luftzusammensetzung mit zunehmender Höhe stetig zugunsten der leichteren Gase ändert (*Heterosphäre*).

Das Höhenintervall, in dem der Übergang von der turbulenten Homosphäre zur diffusiven Heterosphäre stattfindet, heißt *Turbopause*, liegt in etwa 108–110 km Höhe und ist nur wenige km dick. Darüber tritt der Anteil von N_2 und O_2 (sowie CO_2) rasch zurück, zunächst zugunsten des durch *Photodissoziation* entstandenen atomaren

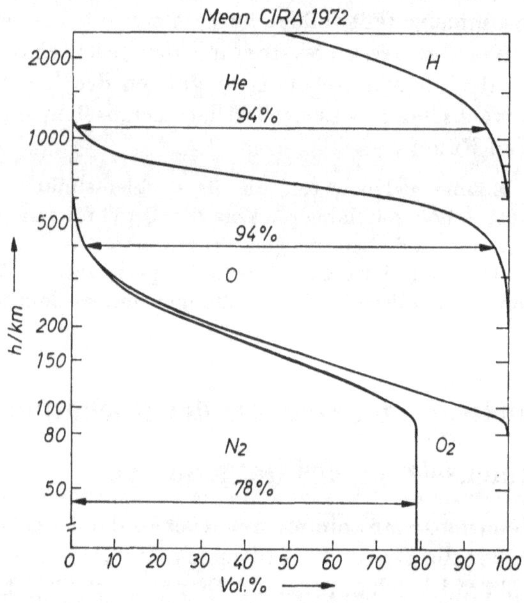

Abb. 20. Prozentuale Zusammensetzung des atmosphärischen Gasgemisches als Funktion der Höhe, nach CIRA 1972

Sauerstoffs (O), der dadurch in etwa 400 km Höhe schon 94% des gesamten Gasgemisches bildet (siehe Abb. 20). In noch größeren Höhen überwiegen dann Helium und Wasserstoff, die zwar nur verschwindend geringe Bruchteile ($5 \cdot 10^{-6}$ bzw. 10^{-7}) der Gesamtzahl der atmosphärischen Gasmoleküle ausmachen, deren Konzentration (Molekülzahl pro Volumeneinheit) aber wegen ihrer kleinen Molekülmasse nur außerordentlich langsam mit der Höhe abnimmt.

5.2.2. Vertikale Verteilung und Variabilität des Strahlungsumsatzes

Die beherrschende Energiequelle der Hochatmosphäre ist die *ultraviolette Sonnenstrahlung,* deren Spektralbereich unterhalb von etwa 295 nm Wellenlänge praktisch vollständig in der Hochatmosphäre (h $>$ 20 km) absorbiert wird. Der Anteil dieses Spektralbereiches am gesamten Strahlungszufluß (Solarkonstante) ist nur etwa 1 Prozent. Da aber oberhalb von 20 km Höhe auch nur etwa 5% der Gesamtmasse der Atmosphäre liegen, reicht er aus, um dort die Energiebilanz entscheidend zu bestimmen. Abb. 21 zeigt die spektrale Verteilung des an der Obergrenze der Atmosphäre ankommenden solaren ultravioletten Strahlungsflusses (in W/m² bezogen auf 1 nm spektraler Bandbreite).

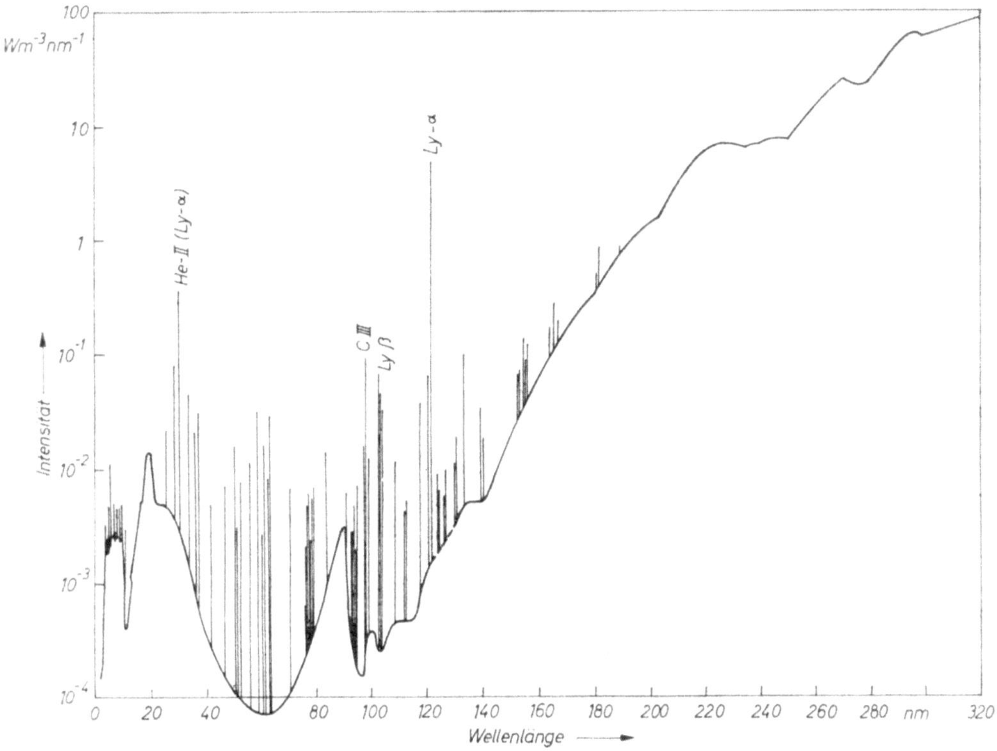

Abb. 21. Spektraler Energiefluß der ultravioletten Sonnenstrahlung an der Obergrenze der Erdatmosphäre, bei mittlerer Sonnenaktivität

Charakteristisch ist im Bereich unterhalb 190 nm das Hervortreten zahlreicher Spektrallinien, die einem Kontinuum aufgesetzt sind, das bei $\lambda > 100$ nm noch gut einer Schwarzkörperstrahlung von der Temperatur der Sonnenphotosphäre entspricht. Die auffallendste und stärkste Linie ist die *Lyman-α-Linie* des neutralen Wasserstoffatoms (121,6 nm). Bei $\lambda < 100$ nm liegen dagegen alle Strahlungsflüsse weit über der PLANCK-Funktion der Photosphärentemperatur, da diese Spektralbereiche aus den heißeren Schichten der Sonnenatmosphäre stammen.

Im Gegensatz zu dem die Erdoberfläche erreichenden Spektralbereich, in dem der solare Fluß höchstens im Rahmen von einigen Zehntel Prozent veränderlich ist (daher: Solarkonstante), ist der *Fluß im Ultraviolett in Abhängigkeit von der Sonnenaktivität variabel*, und zwar (als Faustregel) um so stärker, je kürzer die Wellenlänge ist. Das bedeutet, daß der Energiezustrom in die Hochatmosphäre im Rhythmus des *etwa 11jährigen Sonnenfleckenzyklus* und der *27tägigen Rotationsperiode der Sonne*, aber auch mit plötzlichen Strahlungsausbrüchen (*Sonneneruption*) veränderlich ist. Schon seit langem ist indirekt aus der Ionisation der Erdatmosphäre ebenso wie direkt aus raketengetragenen Strahlungsmessungen bekannt, daß im Bereich der Röntgenstrahlung (um 1 nm und darunter) der Strahlungsfluß um 2–3 Größenordnungen und im fernen Ultraviolett (unter 100 nm) um Faktoren bis 10 schwanken kann. Erst in neuester Zeit ist es gelungen, die wesentlich geringere Variabilität auch im Bereich des längerwelligen UV zu messen, wobei die Ergebnisse verschiedener Autoren, die in Tabelle 5 zusammengestellt sind, noch nicht völlig miteinander übereinstimmen.

Tabelle 5. Variationsfaktoren (Verhältnis Max/Min) des Strahlungsflusses der Sonne im längerwelligen Ultraviolett im quasi-11jährigen Sonnenfleckenzyklus, nach verschiedenen Autoren

Autoren	Wellenlänge (in nm)		
	121,6 (Lα)	180	300
Heath und Thekaekara (1977)	–	1,8	1,2
Hinteregger (1979)	2,5	1,3	1,00
Cook et al. (1980)	1,4	1,15	1,00
Brasseur und Simon (1981)	–	1,3	1,00

Die verschiedenen Gaskomponenten der Atmosphäre absorbieren das UV-Licht in unterschiedlichem Maße, wobei die Absorptionskoeffizienten eine komplizierte Abhängigkeit von der Wellenlänge aufweisen. Wichtigster Absorber in der Erdatmosphäre ist der molekulare Sauerstoff (O_2), der am stärksten in den Bereichen $<102{,}7$ nm (*Ionisationskontinuum*) und etwa 130–170 nm (Schumann-Runge-*Dissoziationskontinuum*) absorbiert. Solare Strahlung dieser beiden Wellenlängenbereiche wird dadurch bereits in Höhen oberhalb 100 km praktisch völlig verbraucht. Dazwischen liegt ein „Fenster" mit kleineren Werten des Absorptionskoeffizienten des O_2-Moleküls, durch das die Strahlung bis in die Mesosphäre eindringen kann. Bei $\lambda > 170$ nm schließt sich der Bereich der *Schumann-Runge-Banden* des O_2 an, in denen sich die Absorption über den ganzen Höhenbereich der mittleren Atmosphäre verteilt. Die beiden anderen Hauptbestandteile der Luft, N_2 und O, tragen nur durch ihre Ionisationskontinua in den Bereichen $\lambda < 79{,}6$ nm (N_2) bzw. $\lambda < 91{,}0$ nm (O) zur Absorption bei, womit sie im wesentlichen für die Ionisation des Höhenbereiches oberhalb von etwa 130 km verantwortlich sind. Die Absorption des UV zwischen etwa 195 und 295 nm wird dagegen überwiegend vom *Ozon* (Hartley-Kontinuum) bewirkt, mit nur einem sehr geringen Beitrag des sog. Herzberg-Kontinuums des O_2 Abb. 22 zeigt die Höhenverteilung der absorbierten Energie (in Watt pro Volumeneinheit), wie sie sich aus den bekannten Dichteverteilungen und Absorptionskoeffi-

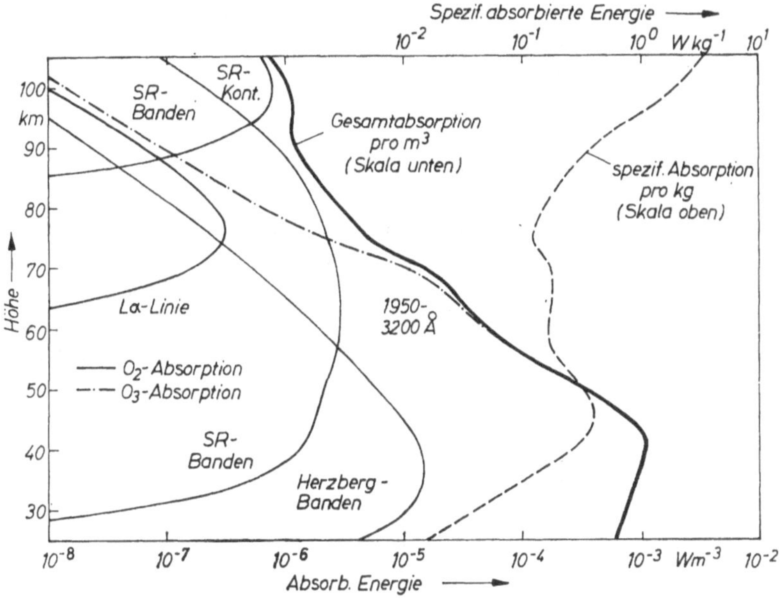

Abb. 22. Höhenverteilung der absorbierten Sonnenstrahlungsenergie pro Volumeneinheit (ausgezogene und strichpunktierte Kurven, untere Skala) und pro Masseneinheit der Luft (gestrichelte Kurve, obere Skala) (TAUBENHEIM, 1972)

zienten des O_2 und O_3 ergibt, wenn die Sonnenstrahlung senkrecht von oben in die mittlere Atmosphäre einfällt, und zwar aufgegliedert in die verschiedenen Absorptionsbereiche, Man erkennt, daß die Strahlungseinnahme in der gesamten Stratosphäre und bis hinauf zu etwa 70 km Höhe praktisch ausschließlich der Absorption durch das Ozon (strichpunktierte Kurve) zuzuschreiben ist.

Dividiert man die pro Volumeneinheit absorbierte Energie durch die Luftdichte, dann erhält man die spezifische absorbierte Energie pro Masseneinheit (gestrichelte Kurve in Abb. 22), die zusammen mit der spezifischen Wärme c_p der Luft eine Vorstellung über die Wärmeproduktion und ihre Verteilung mit der Höhe vermittelt. In der gestrichelten Kurve deuten sich dementsprechend bereits das *Temperaturmaximum der Stratopause* und das *Temperaturminimum der Mesopause* näherungsweise an.

Die letztendliche Verteilung der Temperatur stellt sich dadurch ein, daß die (der spezifischen absorbierten Energie proportionalen) Erwärmungsraten global mit den Energieverlustprozessen der Atmosphäre im Gleichgewicht sein müssen. In der Stratosphäre und unteren Mesosphäre geschieht die *Energieabgabe* praktisch ausschließlich durch Abstrahlung im *infraroten Bereich.* Auch hierbei ist es wieder ein Spurenbestandteil, nämlich das CO_2, das für den überwiegenden Teil der Abstrahlung verantwortlich ist; lediglich im Niveau um 50 km leisten Ozon und Wasserdampf noch einen gewissen Beitrag (von zusammen weniger als 50%) zur infraroten Energieabgabe. Im Höhenbereich über 70 km ist die Energiebilanz komplizierter und quantitativ noch nicht vollständig geklärt. Hier kommen als Wärmequellen die exotherme Rekombination des in größeren Höhen photodissoziierten und dann durch Wirbeldiffusion nach unten transportierten atomaren Sauerstoffs hinzu, wie auch möglicherweise die Dissipation von Turbulenzenergie (CHANDRA), während zum Abtransport von Energie die turbulente Wärmeleitung und (in thermosphärischen Höhen) die molekulare Wärmeleitung beitragen.

5.2.3. Dynamik der Hochatmosphäre

Das bisher Gesagte erfaßt aber noch nicht alle bei der Modellierung der Temperaturverteilung der Erdatmosphäre benötigten Gesetzmäßigkeiten. Die Einstrahlung findet nur auf der der Sonne zugewandten Tagesseite der Erde statt, und ist dort weiterhin noch stark abhängig vom Einfallswinkel, während die (temperaturabhängige) Abstrahlung aus der ganzen Atmosphäre erfolgt. Die linke Seite (a) der Abb. 23 zeigt die Abhängigkeit der Strahlungsflüsse von der geographischen Breite im Jahresmittel für die untere Atmosphäre (abgeleitet aus Satellitenmessungen; VON DER HAAR und SUOMI 1971), wobei die Symbole + und − eine positive bzw. negative Strahlungsbilanz kennzeichnen. Das Diagramm macht deutlich, daß die Energiebilanz nur ausgeglichen werden kann, wenn ständig Wärmeenergie aus niederen Breiten in hohe Breiten transportiert wird. Die rechte Hälfte (b) der Abb. 23 zeigt die entsprechenden

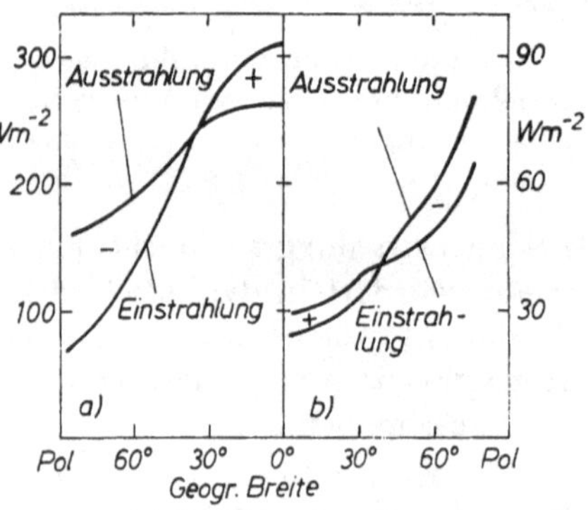

Abb. 23. Flüsse der Ein- und Ausstrahlung als Funktion der geographischen Breite im Jahresmittel (a) für die untere Atmosphäre, (b) für die Stratosphäre

Strahlungsflüsse für die Stratosphäre (nach RAMANATHAN und DICKINSON 1979). Bedingt durch die starke Zunahme sowohl des O_3-Gehalts als auch der Temperatur der unteren Stratosphäre in Richtung vom Äquator zum Pol ist hier der Kurvenverlauf ganz anders, aber er erfordert auch hier ebenso wie in der unteren Atmosphäre einen Wärmetransport von niederen zu hohen Breiten. Nur ein von Null verschiedenes Luftbewegungsfeld kann solche Transporte ermöglichen. Systematische Temperaturdifferenzen zwischen hohen und niederen Breiten führen zunächst zum Aufbau von *meridionalen* (nord-südlichen) *Luftdruckgradienten,* die ihrerseits eine Luftzirkulation in Gang setzen. Ebenso wie in der höheren Troposphäre sind auch in der mittleren Atmosphäre die Windbewegungen praktisch reibungsfrei, so daß die Coriolisbeschleunigung ein *geostrophisches Windfeld* herstellt, bei dem der Windvektor rechtwinklig zum Druckgradientenvektor steht. Stationäre Nord-Süd-Druckgradienten können daher zunächst nur eine stationäre zonale (ost-westliche) Windströmung aufbauen, die weder meridionale noch vertikale Transporte hervorruft. Solche Transporte werden aber möglich durch Wellenvorgänge, deren wichtigste die (zumeist von der Troposphäre aus angeregten) *planetaren Wellen* sind, bei denen der Windvektor periodisch um seine vom Gleichgewicht zwischen (meridionalem) Druckgradient und Coriolisbeschleunigung geforderte zonale Gleichgewichtslage pendelt. Diese Wellen können sowohl fühlbare Wärme als auch Bewegungsgröße (Impuls) in meridionaler Richtung verfrachten und sind daher entscheidend für die Ausbildung einer in Meridianebene verlaufenden Zirkulation der Atmosphäre, die vor allem das oben beschriebene Problem der breitenabhängigen Wärmebilanz lösen hilft. Ferner können sich diese Wellen auch in vertikaler Richtung ausbreiten und dadurch zu einer später zu behandelnden Kopplung zwischen den verschiedenen „Stockwerken" der Atmosphäre beitragen.

Eine merkliche *Energieausbreitung in vertikaler Richtung* ist weiterhin möglich durch Wellenbewegungen, bei denen die Schwerkraft bzw. hydrostatische Auftriebskraft als Rückstellkraft wirksam wird (hierzu gehören *interne Schwerewellen* und die *Gezeitenschwingungen*). In der oberen Atmosphäre (Thermosphäre) wächst in den Bewegungsgleichungen einerseits der Viskositätsterm, andererseits wird eine innere Reibung (*Ionenreibung*) wirksam, die von den durch das Erdmagnetfeld auf die ionisierte Gaskomponente ausgeübten LORENTZ-Kräften verursacht wird, so daß dort die Luftbewegung nicht mehr geostrophisch ist. Die Luftzirkulation der Thermosphäre hat daher einen anderen Charakter als die der mittleren Atmosphäre (siehe 5.4.4.). So besitzen die anfangs von uns anhand ihrer Energiebilanz unterschiedenen drei „Stockwerke" *untere, mittlere und obere Atmosphäre auch jeweils ihre eigenständigen Zirkulationssysteme.*

5.3. Die mittlere Atmosphäre

5.3.1. Temperatur und Zirkulation in Strato- und Mesosphäre

Abb. 24 zeigt die aus zahlreichen Meßdaten abgeleitete und in der *Standard-Atmosphäre* CIRA 1972 niedergelegte Verteilung der Temperatur in Abhängigkeit von der Höhe und der geographischen Breite, d. h. als Isothermen in einem Schnitt entlang der Meridianebene, für die Solstitien (links Sommer-, rechts Winterhalbkugel der Erde). Das von der Aufheizung der Ozonschicht herrührende *Temperaturmaximum* (*Stratopause*) liegt über der ganzen Erde in einer *fast konstanten Höhe von 50 km* und ist erwartungsgemäß (vor allem wegen der Tagesdauer der Einstrahlung) über der Sommerhalbkugel wärmer als über der Winterhalbkugel. Die Temperaturverteilung in der oberen Mesosphäre und vor allem an der Mesopause (85—90 km Höhe) steht jedoch im Widerspruch zu dem, was man bei einer reinen Strahlungsbilanz erwarten würde. Hier ist die Winterhemisphäre am wärmsten, während wir über hohen Breiten der Sommerhemisphäre die niedrigste Temperatur finden (unter 140 K), die überhaupt in der Atmosphäre anzutreffen ist. Die Abnahme der Temperatur mit der Höhe in der sommerlichen Mesosphäre ist dementsprechend erheblich steiler als im Winter. Es ist seit langem klar, daß diese Temperaturverteilung weder qualitativ noch quantitativ durch das Modell eines Gleichgewichts zwischen Ein- und Ausstrahlung erklärt werden kann, denn danach müßte nicht nur die winterliche Mesopause kälter als die sommerliche, sondern auch in der Stratopausenhöhe die Temperaturdifferenz

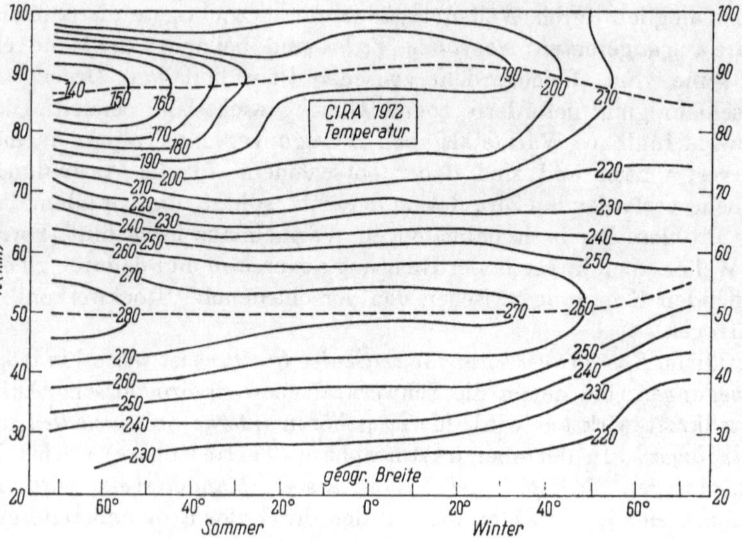

Abb. 24. Isothermen der mittleren Atmosphäre im vertikalen Meridianschnitt zum Solstitium (Sommerhalbkugel links, Winterhalbkugel rechts) nach CIRA 1972

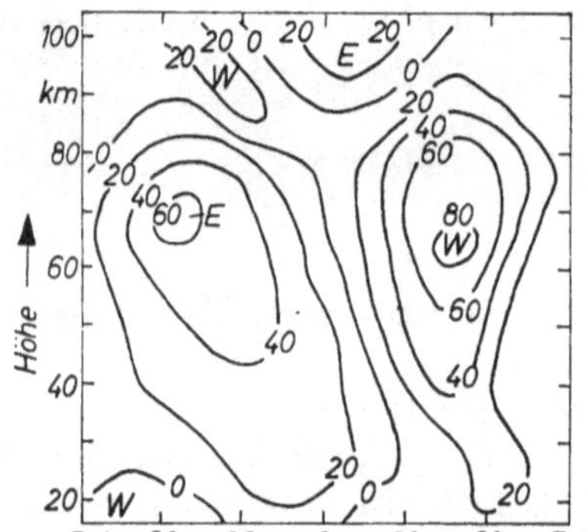

Abb. 25. Zonale (Ost-West-)Windgeschwindigkeiten im Meridianschnitt (Sommerhalbkugel links), unterhalb 75 km nach Murgatroyd (1969), oberhalb 75 km nach CIRA 1972. E bedeutet Ostwind (nach Westen gerichtet), W bedeutet Westwind (nach Osten gerichtet)

zwischen Sommer- und Winterhalbkugel wesentlich größer sein. Die tatsächliche Verteilung der Temperatur muß also durch die Dynamik der mittleren Atmosphäre hergestellt werden, die nicht einfach als Wärmekraftmaschine, sondern in weiten Teilen als „Kühlschrank" arbeiten muß.

Das ebenfalls aus zahlreichen Messungen abgeleitete Windsystem der mittleren Atmosphäre (Murgatroyd, 1969; CIRA 1972), dessen zonale (Ost-West)-Komponente im Meridianschnitt in Abb. 25 dargestellt ist, entspricht zunächst der Temperaturverteilung: Der in der Stratosphäre vom Winter- zum Sommerpol gerichtete Temperaturgradient erzeugt einen in gleicher Richtung liegenden Druckgradienten, der (wegen der entgegengesetzten Coriolisbeschleunigung der beiden Hemisphären) auf der Sommerhalbkugel zu einem Ostwind (nach Westen gerichteten Wind) und auf der Winterhalbkugel zu einer Westwindströmung führt. Beide erreichen Maxima der Windgeschwindigkeiten (die sogenannten „*Strahlströme*") in höheren geographischen Breiten in etwa 60—70 km Höhe; oberhalb 70 km, wo der Temperaturgradient seine Richtung umkehrt; nimmt die Windgeschwindigkeit mit wachsender Höhe ab.

Diese einfache Interpretation eines zonalen geostrophischen Zirkulationssystems kann jedoch weder den für die oben geforderte „Kältemaschine" benötigten meridionalen Wärmetransport erklären, noch kommen die Windgeschwindigkeiten und die Lage der Windmaxima bei einem Strahlungsgleichgewichtsmodell quantitativ richtig heraus. Um diese Forderungen zu erfüllen, muß in die Bewegungsgleichungen des Modells zuerst ein Abbremsungs-Term eingeführt werden, dessen Größe mit zunehmender Höhe wächst. Er sorgt dafür, daß neben der rein zonalen geostrophischen Windströmung eine meridionale Strömungskomponente auftritt, die vom Sommerpol zum Winterpol hin gerichtet ist. Aus Gründen der Kontinuität ist das mit einem Aufsteigen der Luft in der sommerlichen Mesosphäre und einem Absinken in der winterlichen Mesosphäre verbunden. Die entsprechende Expansions-Abkühlung auf der Sommerseite und Kompressions-Erwärmung auf der Winterseite sind die primären Ursachen für die Abweichung der tatsächlichen Temperaturverteilung von der bei reinem Strahlungsgleichgewicht erwarteten.

5.3.2. Die Rolle von Wellenprozessen

Das bisher beschriebene Bild ist jedoch sehr vereinfacht und unvollständig. Die entscheidende Rolle für das gesamte dynamische System und seine „Kältemaschinen"-Wirkung spielen die bereits in 5.2.3. genannten *planetaren Wellen,* die in der unteren Atmosphäre z. B. durch die unterschiedliche Bodenreibung des Windes über Land- und Meeresflächen und dem orographischen Profil erzwungen werden und sich in und durch die Stratosphäre ausbreiten. Die mit ihnen verbundenen periodischen Strukturen des Strömungsfeldes sorgen zumindest auf der Winterhemisphäre für einen Transport von Bewegungsgröße (Impuls) in Richtung zum Pol, wodurch die erwähnte Abbremsung der zonalen Strömung in niederen Breiten und Beschleunigung in höheren Breiten herbeigeführt werden. Sie sorgen aber auch für einen beträchtlichen *Transport fühlbarer Wärme aus niederen in hohe Breiten.*

Da sich solche stationären planetaren Wellen nur in einem (winterlichen) Westwind-Feld in der Stratosphäre ausbreiten können, wird für die Sommerhalbkugel ein anderer Mechanismus zur Impuls-Dissipation benötigt, dessen Charakter noch nicht so eindeutig sicher ist. Der aussichtsreichste Kandidat hierfür sind die ebenfalls schon in 5.2.3. erwähnten *Schwerewellen,* von denen bereits hinreichend gut nachgewiesen wurde, daß sie sich von der Troposphäre aus in die mittlere Atmosphäre ausbreiten können. Dabei nimmt mit wachsender Höhe ihre Amplitude zu, bis schließlich ihre Schwingungsform nichtlinear wird, so daß sie in größeren Höhen „brechen" und in Turbulenzstrukturen auseinanderfallen, die zu einer „Abbremsung" der dortigen Strömung führen. (Geller, 1983).

Das in Abb. 25 gezeigte Bild repräsentiert nur das durchschnittliche, mittlere Windfeld. Dieses ist, vor allem im oberen Teil der mittleren Atmosphäre, überlagert von periodischen und quasiperiodischen Variationen verschiedener Art und unterschiedlicher Periode. Die hervorstechendsten davon sind die ganz- und halbtägigen *Gezeitenschwingungen*, die weniger von der Anziehungskraft von Sonne und Mond als vielmehr von der tagesperiodischen *Aufheizung der Stratosphäre* entsprechend dem *Tag-Nacht-Rhythmus* der Sonneneinstrahlung angeregt werden und sich nach oben ausbreiten, wobei ihre Amplitude mit der Höhe zunimmt. Im Höhenbereich der Mesopause erreicht die Amplitude der Gezeitenkomponente des Windvektors bereits etwa die Größenordnung des mittleren Windvektors, so daß dort Betrag und Richtung des Windes erheblich variieren. Dabei herrscht in niederen Breiten (bis etwa 30°) und niedrigeren Höhen die ganztags- und in höheren Breiten und größeren Höhen die halbtags-periodische Schwingung vor.

Große Aufmerksamkeit wird *langperiodischen Windvariationen im Bereich des Äquators* gewidmet. In Abb. 25 ist zu erkennen, daß die Ostwindströmung der sommerlichen mittleren Atmosphäre jeweils etwa auf die Winterhalbkugel hinüber reicht, so daß in äquatorialen Breiten sowohl im Sommer als auch im Winter Ostwind herrscht. In den (in der Abb. 25 nicht gezeigten) Äquinoktialmonaten dagegen findet sich in der äquatorialen Stratosphäre eine Westströmung, so daß die *Windrichtung mit einer halbjährlichen Periode schwankt*. Diese regelmäßig vorhandene Variation ist korreliert mit der Aktivität planetarer Wellen in der winterlichen mittleren Atmosphäre, was auf eine dynamische Kopplung zwischen hohen und niederen Breiten als Ursache dieser Halbjahresschwingung hinweist. Vor etwa 20 Jahren entdeckte Reed, daß der in der unteren Stratosphäre (20 bis 30 km) über der Station Canton Island (Geogr. Breite 2°46′ S) gemessene mittlere Wind im Rhythmus von etwa 2 Jahren zwischen einer vorherrschend östlichen und einer vorherrschend westlichen Richtung wechselt. Diese als *quasi-biennale Oszillation* (*QBO*) bekannt gewordene Erscheinung ist seither zwar am deutlichsten in der äquatorialen Stratosphäre, aber auch in den verschiedensten meteorologischen Parametern in mittleren Breiten (dort verdeckt durch die stärkeren Variationen mit anderen Zeitskalen) aufgefunden worden. Eine Theorie von Lindzen und Holton führt die Entstehung der QBO auf eine dynamische Wechselwirkung der mittleren Zonalströmung mit kürzerperiodischen äquatorialen Wellen zurück, jedoch finden sich in der Literatur auch immer wieder Versuche, eine näherungsweise zweijährige Periodizität in Erscheinungen der Sonnenaktivität zu finden und damit äußere Anregung für die QBO verantwortlich zu machen.

Die vertikale Ausbreitung der planetaren Wellen hängt von der Temperatur und vom Windfeld im Ausbreitungsmedium ab. Der in der sommerlichen mittleren Atmosphäre herrschende Ostwind verhindert z. B. die Ausbreitung der troposphärischen planetaren Wellen in die Stratosphäre. Andererseits tritt eine Reflexion der planetaren Wellen ein, wenn sie ein Gebiet mit starkem Westwind erreichen, wie es der in Abb. 25 erkennbare „Strahlstrom" der winterlichen Mesosphäre darstellt. Die von unten kommenden planetaren Wellen, die an diesem Strahlstrom reflektiert werden, interferieren dann mit der Phasenstruktur der aufwärts gehenden Wellen und verändern dadurch die Struktur des Wellenfeldes in allen Höhenniveaus bis hinab in die Troposphäre. *So üben die stratosphärischen Zustandsgrößen* (Temperatur, Wind) *eine Rückwirkung auf die Dynamik der Troposphäre aus*, so daß Veränderungen in der Stratosphäre (durch den variablen solaren Strahlungsfluß oder auch durch anthropogene Einwirkungen) zu Konsequenzen in der Troposphäre und damit für Wetter und Klima führen können. Die grundsätzliche Richtigkeit dieser Vorstellung ist in den letzten Jahren sowohl durch Modellrechnungen als auch durch die Analyse der in der Atmosphäre beobachteten tatsächlichen Wellenstrukturen bestätigt worden (Bates, Schmitz und Grieger, Geller und Alpert) und unterstreicht damit nachdrücklich die Notwendigkeit, in die Untersuchung großräumiger Wetter- und Klimavorgänge auch die Hochatmosphäre einzubeziehen.

5.3.3. Ozonschicht und Spurenstoffe

Ozon entsteht in der Erdatmosphäre dank des Vorhandenseins von freien Sauerstoffatomen, die in größerer Höhe durch *UV-Photodissoziation der O_2-Moleküle* erzeugt werden und durch Diffusion bis hinunter in die Stratosphäre gelangen. Die Bildung des Ozonmoleküls erfordert eine chemische Dreierstoß-Reaktion

$$O + O_2 + M \rightarrow O_3 + M\,, \tag{I}$$

deren Wahrscheinlichkeit etwa dem Quadrat der Luftdichte proportional ist und daher rasch mit der Höhe abnimmt. Die Absorption ultravioletter Lichtquanten durch das O_3-Molekül führt zu seiner Zerstörung durch Photodissoziation:

$$O_3 + \text{Lichtquant} \rightarrow O_2 + O\,. \tag{II}$$

Ein Aufbrechen des O_3-Moleküls geschieht aber auch bei seiner chemischen Reaktion mit atomarem Sauerstoff:

$$O_3 + O \rightarrow O_2 + O_2\,. \tag{III}$$

Die durch Luftdichte und Strahlungsabsorption bedingte Höhenabhängigkeit aller vorgenannten Reaktionen führt dazu, daß in mittleren Breiten das Mischungsverhältnis des Ozons (zahlenmäßiger Anteil der O_3-Moleküle an der Gesamtzahl der Luftmoleküle je m^3) ein ausgeprägtes Maximum von etwa $8 \cdot 10^{-6}$ in einer Höhe von etwa 36 km aufweist, von wo es sowohl nach oben als auch nach unten relativ rasch abnimmt. Die *maximale Ozonschicht* (Anzahl der Ozonmeloküle pro m^3) findet sich dementsprechend in einer Höhe von etwa 21—22 km. Die Abnahme des Mischungsverhältnisses mit der Höhe in der Mesosphäre wird lediglich in etwa 90 km Höhe noch einmal durch ein sekundäres Maximum unterbrochen, das von dem dort befindlichen Konzentrationsmaximum des atomaren Sauerstoffs herrührt.

Der Gesamt-Ozongehalt in einer vertikalen Luftsäule, gemessen in sog. *Dobson-Einheiten* (10^{-3} atm-cm) zeigt eine Abhängigkeit von der geografischen Breite und einen Jahresgang, die in Tab. 6 charakterisiert sind. Diese Variationen sind nur dann

Tabelle 6. Jahresgang und geographische Breitenabhängigkeit des Gesamtozongehaltes der Atmosphäre (in Dobson-Einheiten = 10^{-3} atm-cm) aus UV-Rückstreumessungen auf dem Satelliten Nimbus-4, April 1970 bis Mai 1972 (nach Hilsenrath et al., 1979).

Geogr. Breite	Jahresgang			
	Maximum	Monat	Minimum	Monat
75°N	440	März/April	300	Sept./Okt.
8°N	260	Juni/Juli	230	Januar
60°S	385	Okt./Nov.	300	März/Apr.

verständlich, wenn die den obengenannten photochemischen Prozessen unterliegenden O_3-Moleküle während ihrer „Lebensdauer" (d. h. zwischen ihrer Bildung und Zerstörung) über große Strecken transportiert werden können, und zwar auf jeder Erdhalbkugel jeweils von niederen zu hohen geographischen Breiten, am stärksten im Winter. Das Vorhandensein einer solchen sogenannten BREWER-DOBSON-*Zirkulation* des Ozons läßt sich tatsächlich mit den heutigen Modellen der Dynamik der mittleren Atmosphäre in Einklang bringen, und zwar für den Höhenbereich unterhalb 40 km, während in größeren Höhen die „Lebensdauer" der O_3-Moleküle wegen der stärkeren UV-Einstrahlung und des höheren O-Gehaltes zu kurz ist.

Der *Abbau des Ozonmoleküls* durch die chemische Reaktion (III) kann durch das Vorhandensein anderer *Spurenstoffe* beschleunigt werden, die dabei wie Katalysatoren wirken. Ein solcher ist z. B. das in der Stratosphäre durch Photolyse des Wasserdampfes entstehende Molekül-Radikal OH. Die Reaktionsfolge

$$\begin{aligned} O_3 + OH &\rightarrow HO_2 + O_2 \,, \\ O + HO_2 &\rightarrow OH + O_2 \,, \end{aligned} \tag{IIIa}$$

bei der zwei O_2-Moleküle entstehen und das OH am Ende wieder in seiner ursprünglichen Form vorhanden ist (Katalysator!), ist völlig äquivalent der Reaktion (III). Aktuell wurde in diesem Zusammenhang die Frage, wie weit auch *Spurenstoffe*, die erst durch die *technisch-industriellen Aktivitäten des Menschen* zunehmend stärker in die Atmosphäre gelangen, für den chemischen Abbau des Ozons bedeutsam werden können. Das sind vor allem die aus *Flugzeugabgasen* und *Düngemitteln* herrührenden (aber auch als natürliche Beimengung der Atmosphäre vorhandenen) *Stickoxide* und das mit *Spray-Treibmitteln* (*Chlor-Fluor-Methanen, CFM*) verbreitete Chlor. Ihre Reaktionsfolgen

$$\begin{aligned} O_3 + NO &\rightarrow NO_2 + O_2 \quad \text{bzw.} \quad O_3 + Cl \rightarrow ClO + O_2 \,, \\ O + NO_2 &\rightarrow NO + O_2 \quad \text{bzw.} \quad O + ClO \rightarrow Cl + O_2 \end{aligned}$$

sind ganz analog der obigen katalytischen Reaktion (IIIa). In jüngster Zeit in umfangreichen, von ökonomischen Interessen zugespitzten Diskussionen aufgestellte Modell-Voraussagen eines daraus folgenden *anthropogenen Abbaus der Ozonschicht*, mit seinen schädlichen Folgen für die Strahlungsexposition der Biosphäre, haben sich zwar in den weltweiten Messungen des Ozongehaltes bisher *nicht bestätigt*, bedürfen aber zweifellos einer aufmerksamen *kritischen Einschätzung* und weiteren messenden Verfolgung.

Ein weiterer zu berücksichtigender Spurenstoff dürfte das (biogene) Methan CH_4 sein, das in der Stratosphäre durch Photodissoziation und Reaktion mit atomarem Sauerstoff an der Bildung der oben erwähnten OH-Radikale beteiligt ist. Die nachgewiesene industriell bedingte Zunahme des atmosphärischen CO_2-Gehaltes muß, wenn sie sich bis in die Stratosphäre durchsetzt, einen Einfluß auf die Strahlungsbilanz haben, in der — wie bereits in 5.2.2. erwähnt — das CO_2 für den überwiegenden Teil der Infrarot-Strahlungsabkühlung der mittleren Atmosphäre sorgt.

Von nicht unwesentlicher Bedeutung für den Strahlungshaushalt der Atmosphäre ist auch die in der unteren Stratosphäre angesammelte Schicht von sulfatischen *Aerosolteilchen*, die sowohl durch Streuung und Absorption des einkommenden Sonnenlichts als auch durch Absorption, Streuung und Abstrahlung im Infrarot am globalen Strahlungsbudget teilnehmen. Ihre Existenz wurde schon 1927 aus Dämmerungsbeobachtungen erkannt und vor etwa 25 Jahren von JUNGE mittels Luftprobenentnahmen aus der Stratosphäre direkt nachgewiesen. Sie stammt wahrscheinlich teilweise aus natürlichen Ausgangsstoffen (hauptsächlich biogenem Karbonylsulfid OCS), zum anderen sorgt die plötzliche SO_2-Zufuhr bei *Vulkanausbrüchen* für eine hinreichend häufige, aber zeitlich unregelmäßige Auffüllung der Aerosolschicht, wodurch eine entsprechende Veränderlichkeit des planetaren Strahlungshaushaltes zu erwarten ist. Statistische Untersuchungen an *langzeitigen Klimadaten* lassen einschätzen, daß tatsächlich die *Vulkanaktivität* auf der Erde einen Faktor darstellt, der mit den beobachteten Klimavariationen *besser korreliert* ist als andere mögliche Einflußfaktoren (z. B. auch die Sonnenaktivität). Der naheliegende Gedanke einer anthropogenen Klimaeinwirkung durch aerosolbildende (schwefelhaltige) Gase aus industriellen Prozessen wird jedoch für die nächste Zukunft als quantitativ vernachlässigbar angesehen.

Das in Abb. 26 dargestellte Schema soll einen (vereinfachten) Eindruck vermitteln, in welcher Weise die Spurenbestandteile der Atmosphäre am Stoff- und Strahlungshaushalt beteiligt sind.

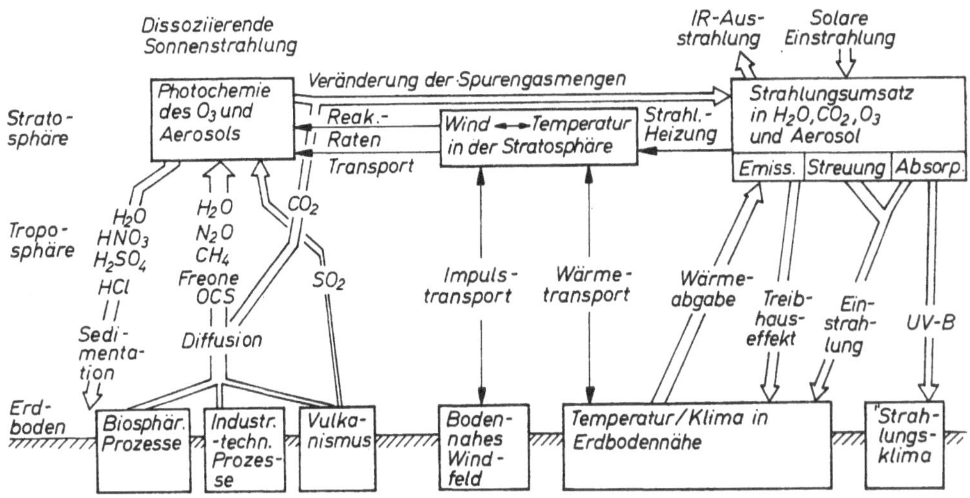

Abb. 26. Rolle der Spurengasbestandteile im Stoff- und Strahlungshaushalt der mittleren Atmosphäre

5.3.4. Die mittlere Atmosphäre im Winter

Die ständige Messung und *Überwachung der globalen Temperaturverteilung in Strato- und Mesosphäre* mit Hilfe von Infrarot-Radiometern und -Spektrometern auf Satelliten (insbesondere den *Nimbus-Satelliten*), die die (temperaturabhängige) Ausstrahlung des CO_2 aus zahlreichen Höhenniveaus aufnehmen können, hat in den letzten Jahren die Kenntnisse über die Variabilität des Temperatur- und Windfeldes, insbesondere über die zuerst 1952 von SCHERHAG entdeckten, vorwiegend auf der Nordhalbkugel höchstens zwei- bis dreimal pro Winter auftretenden *plötzlichen*

Stratosphärenerwärmungen, in beträchtlichem Maße erweitert. Diese in der Regel im Stratopausenniveau beginnenden Erwärmungseffekte, die mit einem plötzlichen starken Anwachsen des von den planetaren Wellen hervorgerufenen Wärmetransports aus niederen in hohe Breiten der Stratosphäre zusammenhängen und in ihren ausgeprägtesten Fällen zu einer Richtungsumkehr der meridionalen Temperaturdifferenz Pol-Äquator mit der Konsequenz eines völligen Zusammenbruchs der winterlichen Westwindströmung führen, sind ein Vorgang, der schließlich die gesamte mittlere Atmosphäre erfaßt. Abb. 27 zeigt die entlang des Breitenkreises 80° N (ausgezogene

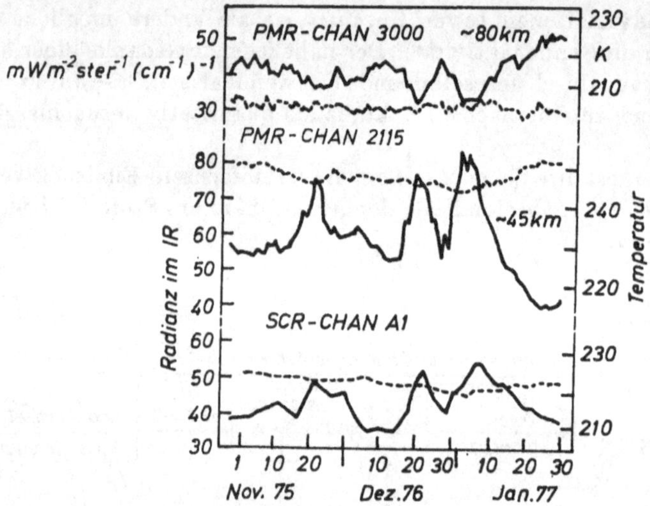

Abb. 27. Mittlere infrarote Radianzen in 80° Breite (ausgezogen) und am Äquator (gestrichelt) nach Messungen des Satelliten Nimbus-6 im Winter 1976/77 (Houghton 1978), für etwa 80 km Höhe (obere Kurven), 45 km (mittlere Kurven) und 20 km Höhe (untere Kurven)

Kurven) und entlang des Äquators (punktierte Kurven) gemittelten IR-Strahlungswerte (bzw. Temperaturen) für das Stratopausenniveau (mittlere Kurve) und ein Niveau um 80 km Höhe (obere Kurve) im Winter 1976/77. Man erkennt eine klare Antikorrelation der Temperaturen der beiden Höhenniveaus: Die drei Stratosphärenerwärmungen dieses Winters sind jeweils von einer Abkühlung der oberen Mesosphäre begleitet. Diese Antikorrelation tritt nicht nur bei diesen um die Nordhalbkugel herum gemittelten Satellitendaten (Houghton 1978), sondern auch lokal bei den in hohen Breiten der Sowjetunion regelmäßig durchgeführten Temperatursondierungen mit Raketen in Erscheinung. Sie ist im Einklang mit der Vorstellung, daß die plötzliche Erwärmung in der Stratosphäre hoher Breiten zu einem Aufsteigen der Luft mit adiabatischer (Expansions-)Abkühlung führt, und mit der bei Konstruktion von Geopotentialkarten der Mesosphäre augenfällig werdenden Tatsache, daß sie die planetare Wellenstruktur aus der Stratosphäre bis mindestens in das Mesopausenniveau durchsetzt. So wird auch die schon seit langem bei Messungen der Ionosphärendrift und des Meteorspuren-Windes in etwa 90 km Höhe (Portnjagin u. a. 1978) gemachte Beobachtung verständlich, daß der auch in diesem Höhenniveau normalerweise im Winter vorherrschende Westwind in der Zeit stratosphärischer Erwärmungseffekte deutlich schwächer wird oder sogar auch seine Richtung in einen Ostwind umkehrt. Abb. 28 zeigt solche Beispiele für den Winter 1978/79: Der untere Teil (b) gibt die Infrarot-Radianzen bzw. Temperaturen der Stratosphäre in Polnähe, der obere Teil (a) die zonale Windgeschwindigkeit (positiv nach Osten) in 90–100 km aus Messungen in der DDR. Die Ende Januar 1979 beginnende Serie von stratosphärischen Erwärmungen wird von starken Änderungen des Mesopausen-Windes begleitet, die mit dem Einsatz der ersten Stratosphärenerwärmung beginnen.

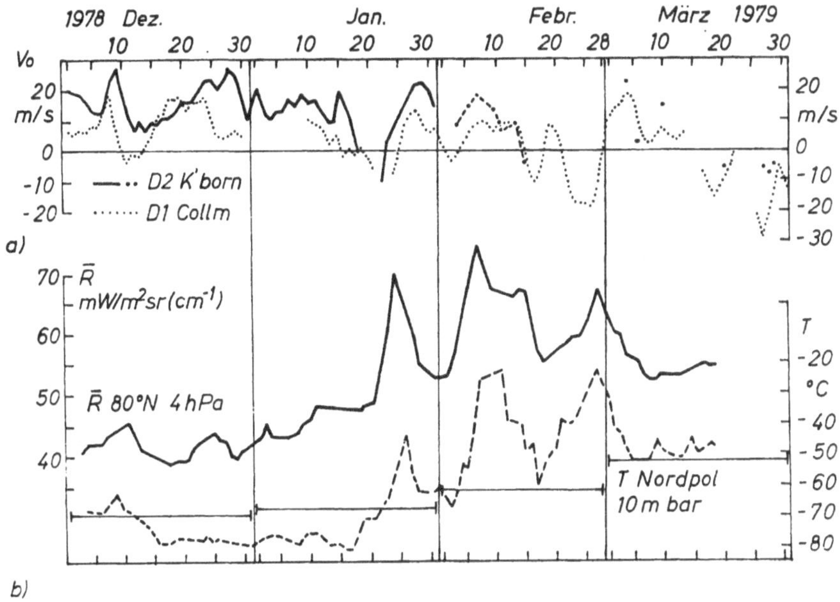

Abb. 28. Infrarot-Radianzen in 80° Breite (mittlere Kurve) bzw. Temperatur am Nordpol (gestrichelte untere Kurve) in der Stratosphäre, sowie Tagesmittel der zonalen Windgeschwindigkeit in etwa 90–100 km Höhe (obere Kurven)

5.3.5. Meteorologische Steuerung der unteren Ionosphäre (D-Region)

Während der Hauptteil der Ionosphäre im Höhenbereich der Thermosphäre liegt, findet man auch in der oberen Mesosphäre eine zwar schwache (nur eines von 10^{11} bis 10^{12} Luftmolekülen ist ionisiert!), aber beständige und aus ihrer Wirkung auf die Funkwellenausbreitung gut experimentell belegte Ionisation vor, die sogenannte *D-Region* der Ionosphäre. Der UV-Spektralbereich, der die Hauptkomponenten der Atmosphäre (O_2, N_2, O) ionisiert, dringt gar nicht in diese Höhen ein. Statt dessen wird hier das als Spurenbeimengung vorhandene Stickoxid-Molekül NO ionisiert, und zwar durch einen Spektralbereich, der in dem in 5.2.2. erwähnten „Fenster" der O_2-Absorption eindringen kann, vor allem die *Lyman-α-Linie* der Sonne bei 121,6 nm. Neben dieser wichtigsten Ionisationsquelle sind in Abb. 29 noch einige weitere Ionisationsquellen (*Lyman-β-Linie*, weiche Röntgenstrahlung, galaktische kosmische Strahlung und Ionisation des metastabilen angeregten O_2-Moleküls) durch ihre je-

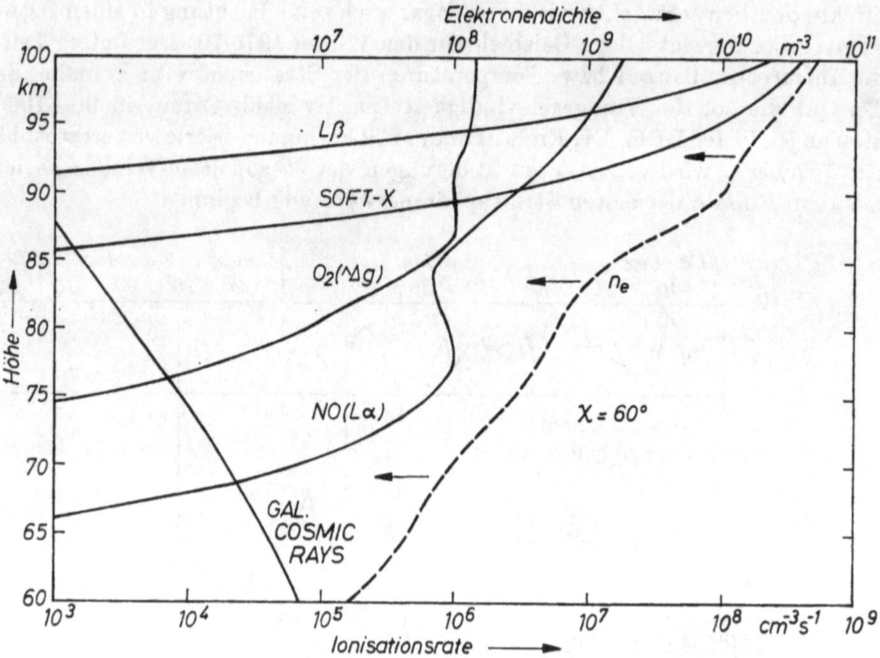

Abb. 29. Ionisationsraten (Anzahl der pro Volumen- und Zeiteinheit gebildeten Elektron-Ion-Paare) in der D-Region infolge verschiedener Ionisationsquellen (ausgezogene Kurven) bei 60° Zenitabstand der Sonne. Gestrichelte Kurve: Aus Messungen ermittelte Elektronenkonzentration (nach W. Singer 1976)

weiligen Ionisationsraten (Anzahl der pro Zeit- und Volumeneinheit erzeugten Ion-Elektron-Paare) in Abhängigkeit von der Höhe angegeben.

Die *NO-Moleküle* stammen im unteren Höhenbereich ($<$80 km) aus der Tropo- und Stratosphäre – hinaufgebracht durch die turbulente Durchmischung –, oberhalb 80 km aber aus ionenchemischen Reaktionen in der Thermosphäre, von wo aus sie ebenfalls durch Wirbeldiffusion nach unten gelangen. Die Verteilung der NO-Konzentration mit der Höhe weist daher ein Minimum in einer Höhe zwischen 80 und 85 km auf, von wo aus die NO-Konzentration sowohl nach unten als auch nach oben zunimmt. Dieses Minimum findet sich auch in der Ionisationsrate (Abb. 29), und die Verteilung der Elektronendichte mit der Höhe in der D-Region (gestrichelte Kurve in Abb. 29) spiegelt das aufsummierte Höhenprofil der Ionisationsraten auch im Detail gut wider.

Die in der beschriebenen Weise in den Höhenbereich der D-Region hinein transportierten *NO-Moleküle* werden dort unter der solaren *UV-Bestrahlung durch Photodissoziation zerstört.* Ihre mittlere „Lebendauer" beträgt in mittleren bis höheren geographischen Breiten im Sommer etwa 3 Tage, im Winter aber bis zu 7 Tagen und länger, weil sie von der Dauer des Tageslichtes abhängt. Innerhalb einer solchen Lebensdauer können die NO-Moleküle von den Luftbewegungen der Atmosphäre über beträchtliche Strecken horizontal oder auch vertikal transportiert, „umverteilt" werden. Das kann zur Veränderung des Höhenprofils der NO-Konzentration wie auch zur Verfrachtung des (wegen fehlender Photodissoziation) im Bereich der winterlichen Polarnacht angesammelten NO-Gehaltes nach niederen Breiten hin Anlaß geben. Tatsächlich sieht man heute in solchen „*Umverteilungen*" *des NO* den wichtigsten — wenn auch nicht den einzigen — Mechanismus, durch den die *Ionisation der D-Region* von den meteorologischen Vorgängen im Bereich der oberen Mesosphäre und der Mesopause beeinflußt, „*gesteuert*" wird.

Das am besten bekannte, schon vor fast fünf Jahrzehnten aus Beobachtungen der Funkwellenausbreitung von APPLETON entdeckte Symptom einer meteorologischen Beeinflussung der D-Region ist die sogenannte *Winteranomalie*, eine exzessive Erhöhung sowohl der mittleren Elektronenkonzentration (vor allem oberhalb 80 km Höhe) als auch ihrer kurzperiodischen Variabilität, die auf der Nord- wie auf der Südhalbkugel jeweils im Frühwinter einsetzt und im Frühling endet, und zwar zu Zeitpunkten, die eng mit denen, des Übergangs von der sommerlichen Ost- zur winterlichen Westströmung (und umgekehrt) in der mittleren Atmosphäre gekoppelt sind (LAUTER und ENTZIAN 1982).

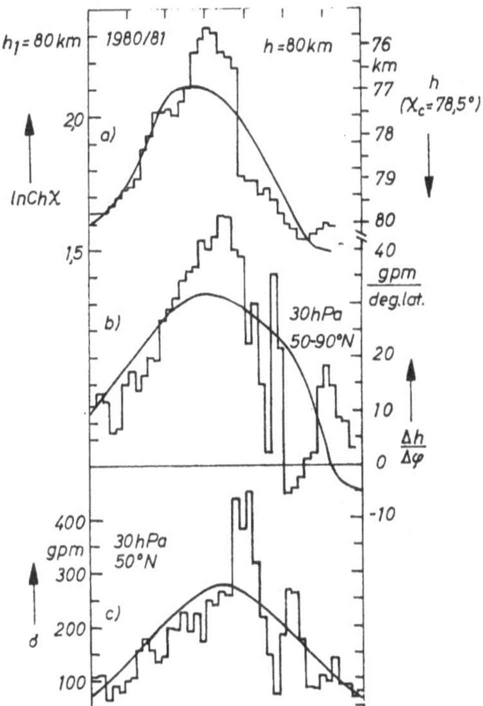

Abb. 30. D-Schicht-Ionisation (oben), mittlere meridionale Neigung der 30 hPa-Fläche der Stratosphäre (Mitte) und rms-Amplitude der planetaren Wellen (unten): Pentadenwerte im Winter 1980/81 (Treppenkurven) und mehrjährig gemittelter Verlauf (glatte Kurven), nach LAUTER und ENTZIAN (1982)

Die seit vielen Jahren mit Hilfe von *Funkwellenausbreitungsmessungen in der DDR* vorgenommene ununterbrochene *Überwachung des Ionisationszustandes der D-Region* zeigte folgende markanteste Zusammenhänge auf (LAUTER u. a.), die in Abb. 30 am Beispiel des Winters 1980/81 illustriert sind: Die in der oberen Treppenkurve dargestellte Kenngröße der D-Region-Ionisierung (Reflexionshöhe langer Funkwellen) wächst von Mitte Oktober an im Einklang mit der mittleren Treppenkurve (meridionaler Gradient der Höhe der 30 mbar-Isobarenfläche), die eine Kenngröße für die typisch winterliche Temperaturdifferenz zwischen Nordpol und mittleren Breiten in der Stratosphäre ist. Beide Treppenkurven zeigen im Vergleich zur langjährigen Durchschnittskurve (glatte Kurven) zunächst übernormal hohe Werte im Mittwinter, die mit dem Auftreten ungewöhnlich niedriger Stratopausentemperaturen in hohen Breiten in diesem Winter zusammenhängen. Die untersten Kurven in Abb. 30 geben die Schwankungsbreite der Höhe der 30-hPa-Isobarenfläche entlang des Breitenkreises 50°N an und sind daher ein Indikator für die Amplituden der planetaren Wellen. Diese Amplituden wachsen Ende Januar 1981 plötzlich stark an und lösen einen stratosphärischen Erwärmungseffekt aus, der in der mittleren Kurve als plötzliche Verminderung des Nord-Süd-Temperaturgradienten sichtbar wird und Ende Februar sogar zur Richtungsumkehr des Gradienten (mit Zusammenbruch der Weströmung) führt. Bemerkenswert ist nun, daß mit dem Zeitpunkt der Stratosphärenerwärmung Ende Januar auch die Winteranomalie in der Ionisation der D-Region (obere Treppenkurve in Abb. 30) abrupt zusammenbricht — ein Effekt, der sich mehr oder weniger ausgeprägt bei allen Stratosphärenerwärmungseffekten in anderen Wintern im gleichen Sinne ereignet. Das muß ohne Zweifel primär auf eine abrupte Verminderung des NO-Gehaltes in der beobachteten Höhe (um 80 km) zurückgeführt werden, die eine entsprechende Verringerung der Ionisationsrate zur Folge hat.

Da die beobachtete Elektronenkonzentration der D-Region nicht nur durch die Ionisationsrate, sondern auch durch die Ionenverlustrate (Rekombination) bestimmt wird, in der eine starke Temperaturabhängigkeit und Abhängigkeit vom Wasserdampfgehalt enthalten ist (Bildung von *Wasser-Cluster-Ionen*), ist der Mechanismus der Einwirkung der meteorologischen Prozesse auf den Ionisationszustand der D-Region natürlich sehr komplex und gegenwärtig noch nicht vollständig theoretisch nachvollziehbar, jedoch bietet sich ein plausibles „Szenarium“ an: Die winterliche Dynamik der oberen Mesosphäre und der Mesopausenregion wird vor allem beherrscht durch den in mittleren Breiten *um den Nordpol kreisenden Westwind-Strahlstrom*, der bis in die untere Thermosphäre hinauf reicht. Er ist gekoppelt mit „warmen“ Temperaturen der Mesopause und (wegen reibungsbedingter Abweichung von der geostrophischen Näherung) mit einer abwärts gerichteten vertikalen Windkomponente, die entscheidend für eine ständige „Nachfüllung“ von NO-Molekülen aus der Thermosphäre in die Mesopausenregion sorgt. Sobald dieser Westwind-Polarwirbel global oder auch nur lokal gestört wird (z. B. durch einen stratosphärischen Erwärmungseffekt oder andere Wellenprozesse), bricht infolge Drosselung des NO-Nachschubs und Abkühlung der Mesopause (mit Erhöhung der Rekombinationsgeschwindigkeit der Ionen) die exzessive Winteranomalie der D-Region-Ionisation zusammen (Taubenheim 1983). Das Fehlen einer solchen offensichtlichen meteorologischen Steuerung der D-Region in den Sommermonaten ist relativ zwanglos zu verstehen, wenn man sich erinnert (siehe 5.3.1.), daß durch die sommerliche Ostwindströmung der mittleren Atmosphäre keine planetaren Wellen nach oben durchdringen können.

5.3.6. Durchgriff der Sonnenaktivität in die mittlere Atmosphäre

Eine quasi-11-jährige Sonnenzyklusperiode in der Ionisation der D-Region und die kurzzeitige Verstärkung der Ionisation in diesem Gebiet infolge der Röntgenstrahlung von Sonneneruptionen (Mögel-Dellinger-Effekt) sind schon seit der Frühzeit der

Funknachrichtentechnik bekannt, fallen jedoch für die Energieumsatzbilanz der mittleren Atmosphäre quantitativ nicht ins Gewicht. Ein größerer Einfluß der Sonnenaktivitätsvariation des UV-Spektrums erscheint über die Photodissoziation des Sauerstoffs auf den Ozongehalt möglich, ist jedoch experimentell bisher nur in der oberen Stratosphäre (40—45 km) mit einer Schwankung um 20—30% zwischen Sonnenfleckenminimum und -maximum hinreichend signifikant nachweisbar geworden (Dütsch). Auch bei konstantem Ozongehalt müßte jedoch eine Variation des solaren Strahlungsstroms in dem vom O_3 absorbierten Spektralbereich durch eine entsprechende Temperaturvariation der mittleren Atmosphäre zum Ausdruck kommen, die meßbar sein sollte, wenn die in 5.2.2. genannten Schwankungsfaktoren richtig sind. Direkte Raketenmessungen der Stratosphärentemperaturen in mittleren Breiten während des Sonnenzyklus 1965—1976 (Quiroz) erschienen quantitativ vereinbar mit den von Heath und Thekaekara (1977) beobachteten UV-Variationen, jedoch trat der konsequenterweise mit der Anstiegsphase des neuen Zyklus seit 1976 fällige Wiederanstieg der Stratosphärentemperaturen nicht in dem erwarteten Maß ein (Heath). Aus den von Satelliten gemessenen Stratosphärentemperaturen über dem Nordpol läßt sich eine dem Sonnenzyklusgang ähnliche Variation herausfiltern, die aber statistisch noch nicht ausreichend gesichert ist (Naujokat). Eine zuerst von Sprenger und Schminder gefundene Sonnenzyklusvariation in der Geschwindigkeit des mittleren Windes und der Gezeitenwindkomponente in 90—100 km Höhe im Winter bestätigte sich inzwischen auch in Windmessungen mit der Meteor-Radar-Methode im gleichen Höhenbereich (Portnjagin u. a. 1977), wie in Abb. 31 dargestellt. Sie ist zweifellos ein signifikanter Hinweis auf eine Sonnenzyklusvariation im Wärmeumsatz der darunterliegenden mittleren Atmosphäre.

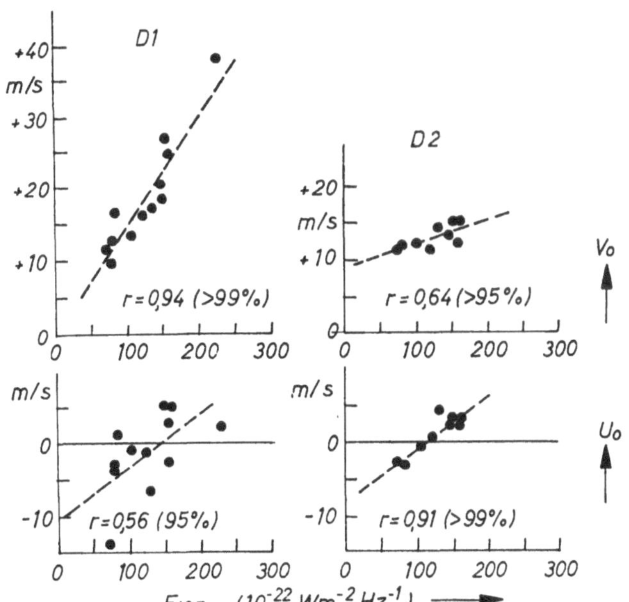

Abb. 31. Korrelogramm zwischen den winterlichen Mittelwerten der zonalen (V_0) bzw. meridionalen (U_0) Windkomponente in etwa 90—100 km Höhe und der Sonnenaktivität (ausgedrückt durch den 10,7 cm-Radiostrahlungsfluß)

Nicht vernachlässigt werden darf ein mit der Sonnenaktivität zusammenhängender Erscheinungskomplex, der in unseren bisherigen Betrachtungen noch nicht erwähnt wurde: *Protonen und Elektronen*, die bei starken Sonneneruptionen *aus der Sonne ausgeschleudert* werden, können entweder unmittelbar oder nach einer zusätzlichen Beschleunigung im Raum der Magnetosphäre (vgl. Kap. 4.) schließlich in die Erdatmosphäre eindringen und bei genügend großer kinetischer Energie bis in die Mesosphäre gelangen, wo sie analoge Wirkungen hervorrufen wie die Lichtquanten der Sonnenstrahlung. Nach starken Protoneneruptionen der Sonne wurde im Höhenbereich oberhalb etwa 40 km eine sprunghafte Abnahme des Ozongehaltes registriert (bei der Eruption vom 4. August 1972 betrug diese Abnahme etwa 20%), was erklärt werden kann durch eine Stoß-Dissoziation der Luftmoleküle durch die hochenergetischen Protonen mit nachfolgender Bildung einer hinreichend großen zusätzlichen Menge von NO-Molekülen in der oberen Stratosphäre, die über die in 5.3.3. erwähnten katalytischen chemischen Reaktionen zum Abbau von Ozonmolekülen führen.

Die von LAUTER 1950 entdeckten Nachwirkungseffekte in der D-Region-Ionisation mittlerer Breiten nach geomagnetischen Stürmen (*Post-Storm-Events*, PSE), bei

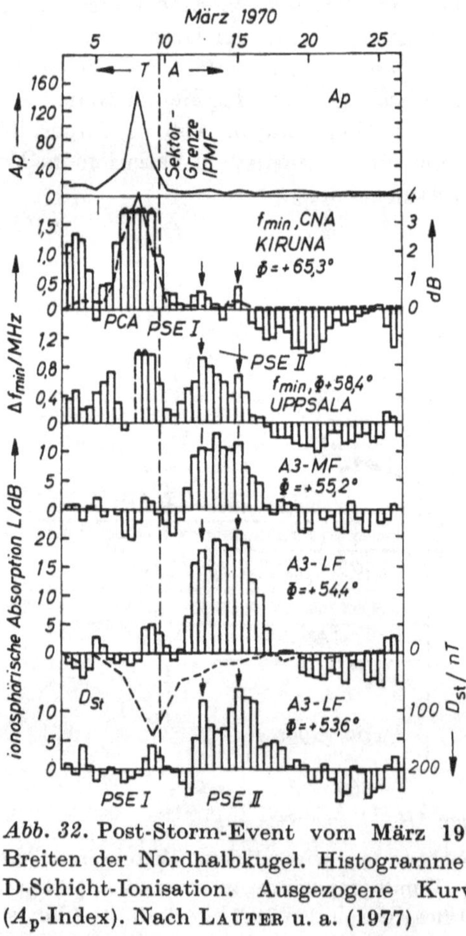

Abb. 32. Post-Storm-Event vom März 1970 in verschiedenen geographischen Breiten der Nordhalbkugel. Histogramme: Funkwellenabsorption als Maß der D-Schicht-Ionisation. Ausgezogene Kurve oben: Erdmagnetische Unruhe (A_p-Index). Nach LAUTER u. a. (1977)

denen eine erhöhte Ionisation im Höhenbereich 80—95 km während einer Periode von mehreren (bis zu 15)Tagen nach dem Sturm anhält, während die magnetische Aktivität und die Ionosphäre höherer Breiten bereits zum Normalzustand zurückgekehrt sind, beruhen auf einem anhaltenden „Abregnen" (*Präzipitation*) von hochenergetischen Teilchen aus dem Strahlungsgürtel der Erde, wo sie sich während des magnetischen Sturms akkumulierten. Ein typischer Ablauf des Effektes ist in Abb. 32 wiedergegeben. Die Ursache der Verzögerung des Effektes in mittleren Breiten ist in komplexen Vorgängen in der erdnahen Magnetosphäre zu suchen, derer restlose Klärung noch aussteht (LAUTER u. a.). Auch bei diesen Effekten ist es möglich, daß die erhöhte D-Region-Ionisation nicht nur von einer direkten Stoßionisation durch die eindringenden Partikel herrührt, sondern auch über den Weg einer erhöhten Bildung von NO-Molekülen mit ihrer nachfolgenden UV-Ionisation führen kann.

5.4. Die obere Atmosphäre

5.4.1. Die Ionosphäre oberhalb 100 km

Der am längsten bekannte und theoretisch wie experimentell untersuchte Teil der Hochatmosphäre ist die Ionosphäre, deren Existenz bereits im 19. Jahrhundert zur Erklärung der erdmagnetischen Variationen und am Anfang unseres Jahrhunderts zur Erklärung der Fernausbreitung von Funkwellen postuliert wurde.

Im Höhenbereich oberhalb 100 km werden durch das solare Ultraviolett- und Röntgenspektrum (Wellenlängen $\lambda < 102{,}7$ nm) die Hauptkomponenten der Luft (N_2, O_2, O) ionisiert, wobei sich infolge der unterschiedlichen Dichteverteilung der molekularen und atomaren Gasbestandteile zwei Maxima der resultierenden Elektronenkonzentration herausbilden: Die (aus der primären Ionisation von O_2 und N_2 entstehende) *E-Region in etwa 100 bis 120 km Höhe* und die (aus der primären Ionisation des atomaren O stammende) *F-Region in etwa 200 bis 350 km Höhe.* Beide Regionen sind durch ein schwach ausgeprägtes, aber anscheinend stets vorhandenes Minimum der Elektronendichte bei 120—125 km Höhe voneinander getrennt. Abb. 33 zeigt die Verteilung der Elektronenkonzentration mit der Höhe über einem Ort in mittleren Breiten (43° N) im Sommer und Winter zum Ortsmittag (ausgezogene Kurven) und zu Mitternacht (gestrichelte Kurven), nach Angaben der in den letzten Jahren erarbeiteten Internationalen Referenz-Ionosphäre IRI-79.

Während sich die tageszeitlichen, jahreszeitlichen und Breitenvariationen der E-Schicht durch ein relativ einfaches Modell in guter Näherung als Funktion des Winkelabstandes χ der Sonne vom Zenit beschreiben lassen (in der Form $\cos^n \chi$), ist die räumliche und zeitliche Struktur der F-Region wesentlich komplizierter. Das Vorhandensein des Erdmagnetfeldes erzwingt durch die LORENTZ-Kraft, daß die Beweglichkeit der Ionen und Elektronen in Richtung der magnetischen Kraftlinien erheblich besser ist als quer zu den Kraftlinien. Das erzeugt einerseits die bereits in 5.2.3. erwähnte Ionenreibung der Luftbewegungen, andererseits kann die Mitnahme der Ladungsträger durch eine horizontale Windströmung des Neutralgases zu vertikalen Verschiebungen der Ionen und Elektronen führen. Infolge der leichten Ionenbeweglichkeit (und damit hohen elektrischen Leitfähigkeit) entlang der erdmagnetischen Kraftlinien ist das *Plasma der Thermosphäre eng mit dem sog. ‚kalten' Plasma des erd-*

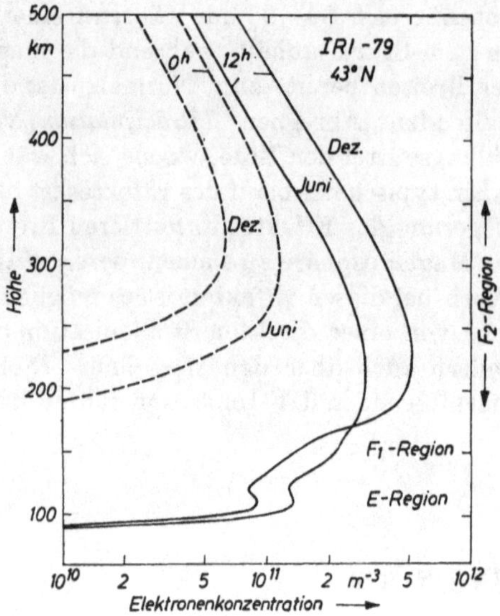

Abb. 33. Elektronenkonzentrationsprofile in der Thermosphäre mittlerer Breiten (43° N) nach Angaben der Internationalen Referenz-Ionosphäre IRI-79

nahen Raumes (*Plasmasphäre*) *gekoppelt*, und Strukturen der magnetischen und elektrischen Feldverteilung in der Magnetosphäre werden in die obere Ionosphäre hinein ‚projiziert'. So wird beispielsweise die polwärtige Begrenzung der (von geschlossenen magnetischen Kraftlinien gehaltenen) Plasmasphäre in Form eines Gürtels geringer Elektronenkonzentration (sog. *ionosphärischer Trog*) in hohen Breiten der Thermosphäre abgebildet. Auf die Vielfalt weiterer Phänomene, die auf solchem Verhalten beruhen und von denen einige (Sporadische E-Schicht, F-Schicht-Tagesgang) in der 1. Auflage dieses Buches (1975) beschrieben wurden, kann hier aus Raumgründen nicht umfassend eingegangen werden, zumal die Literatur sehr zahlreich ist. Abb. 33 zeigt, daß die Ionisation der F-Region in größeren Höhen auch in der langen Winternacht nicht völlig durch Rekombination zwischen Ionen und Elektronen abgebaut wird und daß die Elektronenkonzentrationen am Sommertag generell geringer sind als am Wintertag. In der oberen Thermosphäre werden primär vor allem Ionen des atomaren Sauerstoffs (O^+) produziert, die aus quantenmechanischen Gründen nicht unmittelbar mit den freien Elektronen rekombinieren können. Sie geben ihre positive Ladung zunächst durch Ionenreaktionen an Moleküle ab,

$$O^+ + O_2 \rightarrow O + O_2^+ ,$$

$$O^+ + N_2 \rightarrow N + NO^+ ,$$

und bilden auf diese Weise molekulare Ionen, die sich durch dissoziative Rekombination mit Elektronen neutralisieren. Daher ist die Elektronenkonzentration, die sich im Gleichgewicht zwischen Ionisations- und Rekombinationsprozessen einstellt, von der Geschwindigkeit der obigen Ladungsaustauschreaktion abhängig, die ihrerseits durch den Gehalt der Luft an molekularen Neutralgasteilchen bestimmt wird. Dieser Gehalt nimmt mit wachsender Höhe rasch ab, ist aber außerdem auch zeitlich veränderlich (siehe unten in 5.4.3.).

Die elektrische Leitfähigkeit des thermosphärischen Plasmas ermöglicht die Ausbildung von elektrischen Stromsystemen, wie z. B. die aus dem Dynamoeffekt der tageszeitlich expandierenden und kontrahierenden Atmosphäre resultierenden Sq-Ströme, die für die regelmäßigen Tagesgänge des Erdmagnetfeldes an ruhigen Tagen verantwortlich sind, aber auch die durch magnetosphärische elektrische Felder induzierten Elektrojets in höheren Breiten (siehe unten in 5.4.4.).

5.4.2. Dichte-, Temperatur- und Windfeld der Thermosphäre

Über Dichte und Temperatur der Thermosphäre waren vor 1957 nur spärliche und unzuverlässige Daten aus der Beobachtung des *Verglühens von Meteoren* und aus seltenen Hochaufstiegen von Raketen bekannt. Das *Zeitalter der künstlichen Erdsatelliten* erschloß die Möglichkeit, die aus der Reibungsabbremsung der Satelliten in der Atmosphäre resultierende stetige Veränderung des mittleren Bahnradius auszunutzen. Seither hat sich ein außerordentlich umfangreiches Datenmaterial über die Luftdichte in allen Höhen und geographischen Breiten der Thermosphäre für alle Tages- und Jahreszeiten angesammelt.

Bereits aus Beobachtungen der ersten sowjetischen Sputniks konnte L. G. Jacchia die Grundzüge der Struktur und der zeitlichen Variationen der thermosphärischen Luftdichte ableiten, wie sie später u. a. in den Tabellen der internationelen Standard-Atmosphäre CIRA 1972 systematisch niedergelegt wurden; Die Flächen konstanter Luftdichte (Isopyknenflächen), die bei ruhiger Atmosphäre konzentrische Kugelflächen wären, werden infolge der *Wärmeausdehnung über der sonnenbeschienenen Seite* der Erde angehoben. Dadurch entsteht auf der Tagesseite eine Ausbeulung (engl. *diurnal bulge*) der Isopyknenflächen, die ihren höchsten Punkt über derjenigen geographischen Breite annimmt, wo zu der betreffenden Jahreszeit die Sonne mittags im Zenit steht (subsolare Breite). Wegen der zeitlichen Trägheit des Erwärmungsvorganges wird das Maximum erst etwa zwei Stunden nach dem wahren Mittag erreicht. Diese tageszeitliche Beule erzeugt über jedem Ort einen (nicht ganz symmetrischen) Tagesgang der thermosphärischen Luftdichte mit einem Maximum um 14^h und einem Minimum um 03^h wahrer Ortszeit.

Gibt man Luftdichte und chemische Zusammensetzung an der Untergrenze der Thermosphäre als Randbedingung vor und nimmt eine rein radiale Wärmeexpansion bei Diffusionsgleichgewicht an, dann kann aus der gemessenen Dichteverteilung eindeutig die entsprechende vertikale Temperaturverteilung in der Thermosphäre abgeleitet werden. Sie ergibt eine von der Mesopause an monoton nach oben zunehmende Temperatur, die von etwa 300—400 km Höhe an asymptotisch in eine Isothermie übergeht.

Diese asymptotische sog. Exosphärentemperatur (typische Werte sind etwa 1300 K für das Tagesmaximum, 1000 K für das Nachtminimum) hat eine tageszeitliche und geographische Verteilung von der gleichen Form wie die Luftdichte. Die Exosphärentemperatur stellt daher in den Standard-Atmosphären den Modellparameter dar, mit dem die Verteilung aller atmosphärischen Zustandsgrößen jeweils entlang der gesamten vertikalen Achse in der Thermosphäre eindeutig festgelegt ist.

Ein solches *rein statisches Modell entspricht jedoch nicht den realen Verhältnissen.* Als es um 1969 gelang, mit Hilfe der elektromagnetischen Rückstreusondierung der Ionosphäre (Incoherent-Backscatter) unmittelbar Temperaturen in der Thermosphäre zu bestimmen, stellte sich heraus, daß zwar die Form der vertikalen Temperaturverteilung dem statischen Modell entspricht, daß aber das tageszeitliche Maximum der Exosphärentemperatur erst etwa 2 bis 3 Stunden später eintritt als das Maximum der Luftdichte. Abb. 34 zeigt eine aus Messungen in Frankreich und Peru

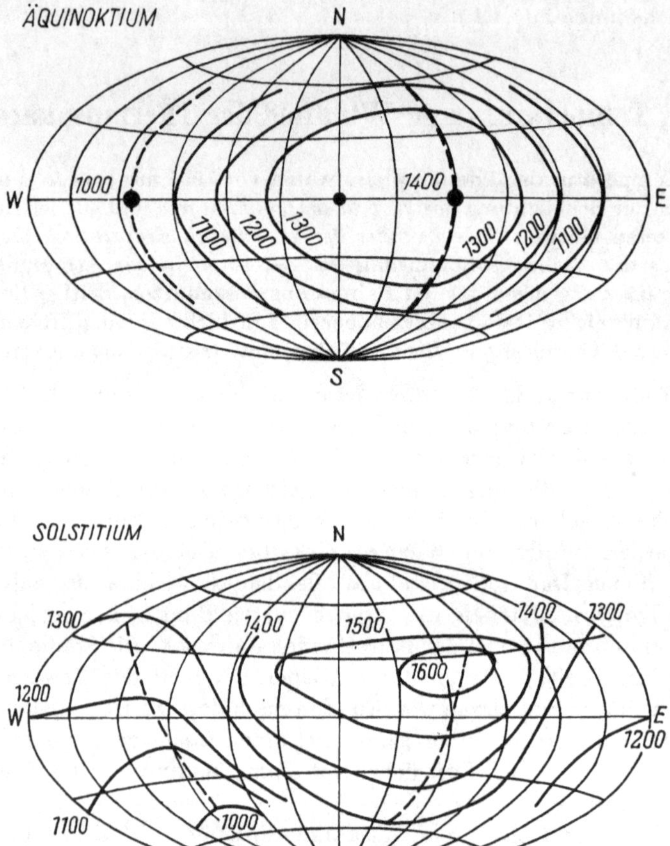

Abb. 34. Verteilung der tatsächlichen Exosphärentemperatur über dem Globus für Äquinoktium (oben) und Sommersolstitium (unten) nach WALDTEUFEL und McCLURE (1969). Äquator und Mittagsmeridian kreuzen sich in der Mitte, der Mitternachtsmeridian bildet den Rand der Darstellung

bestimmte Verteilung der tatsächlichen Exosphärentemperatur. Die Phasendifferenz zwischen Dichte- und Temperaturvariation kann nur durch ein dreidimensionales dynamisches Modell erklärt werden: Die thermische Ausdehnung im ,diurnal bulge' baut ein Druckgefälle auf, das die Luft von der Tagesseite zur Nachtseite abfließen läßt. Das tageszeitliche Dichtemaximum tritt dann ein, wenn der Abfluß den Dichteanstieg zu überwiegen beginnt, so daß danach trotz weiterhin ansteigender Temperatur die Dichte bereits abnimmt. Hieraus folgt ein Modell der Luftzirkulation der Thermosphäre, das durch eine Lösung der Bewegungsgleichungen, unter Berücksichtigung der in 5.2.3. erwähnten Ionenreibung und kinematischen Viskosität, bei Vorgabe der thermisch erzeugten Druckgradienten zu berechnen ist. Das wurde erstmals 1967 von Kohl und King und von Geisler durchgeführt. Abb. 35 zeigt in einer Mercatorprojektion (Mittagsmeridian in der Mitte) die Windvektoren in 300 km Höhe nach einem neueren Modell von Blum und Harris (1975) für das Sommersolstitium der Nordhalbkugel.

Bei räumlicher Integration über das ganze in Abb. 35 dargestellte Windfeld resultiert eine mittlere (Netto-)Strömung, die von Westen nach Osten gerichtet ist. Sie war als sog. *Superrotation der Thermosphäre* bereits Anfang der 1960er Jahre von King-Hele unmittelbar aus Beobachtungen der Abnahme des Bahnneigungswinkels künstlicher Erdsatelliten nachgewiesen worden und wurde inzwischen bei den Atmosphären fast aller Planeten unseres Sonnensystems gefunden. Ihre Erklärung, die bisher noch nicht allgemein akzeptiert ist, muß wahrscheinlich von einem äußeren Drehmoment ausgehen, das von der kombinierten thermisch-gravitativen Gezeitenwirkung der Sonne auf die komplizierte Massenverteilung der oberen Atmosphäre ausgeübt wird.

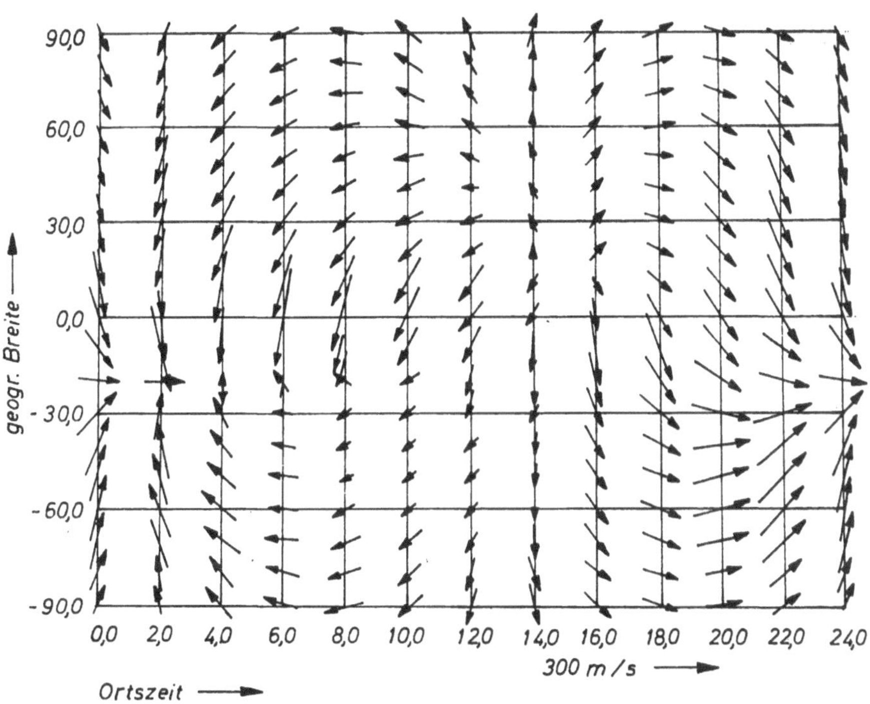

Abb. 35. Windvektoren in 300 km Höhe nach dem Modell von Blum und Harris (1975) für das Sommersolstitium

5.4.3. Zusammensetzungsvariationen der Thermosphäre

Die eingangs dargestellte *chemische Zusammensetzung der Atmosphäre* (Abb. 20) ist nur ein gemitteltes Bild. Aus Beobachtungen der in etwa 1000 km Höhe fliegenden Satelliten Explorer 19 und 24 entdeckten Keating und Prior, daß in diesen Höhen das tageszeitliche Dichtemaximum nicht auf der Sommer-, sondern auf der Winterhalbkugel liegt. Das muß einer entsprechenden jahreszeitlichen Variation des in diesen Höhen vorherrschenden Heliums zugeschrieben werden, dessen Konzentration über dem Winter-Pol mindestens um den Faktor 2—4 größer sein muß als über dem Sommer-Pol (*Winter-Helium-Bulge*). Hierfür können jahreszeitlich-geographische Variationen sowohl des Wirbeldiffusionskoeffizienten als auch der verfügbaren Heliummenge im Höhenbereich der Turbopause verantwortlich sein, die sich dann durch Diffusion in die Exosphäre hinaufprojizieren.

Aus dem in Abb. 33 auffallenden Sommer-Winter-Unterschied der Ionisation der F2-Region folgt, daß die zur Rekombination führenden Umwandlungsreaktionen von O^+ in molekulare Ionen (siehe 5.4.1.) im Sommer rascher als im Winter ablaufen müssen. Daraus ist ein *Jahresgang des Konzentrationsverhältnisses von atomarem Sauerstoff* zu molekularen Gaskomponenten zu erschließen, wie er im unteren Teil der Abb. 36 anhand von ionosphärischen Meßergebnissen dargestellt ist. Die bei Satellitenmessungen festgestellten Jahresgänge der Konzentration des neutralen O und N_2 (oberer Teil der Abb. 36) haben zwar qualitativ die erwartete Form, jedoch muß zur quantitativen Erklärung der beobachteten ionosphärischen Variationen angenom-

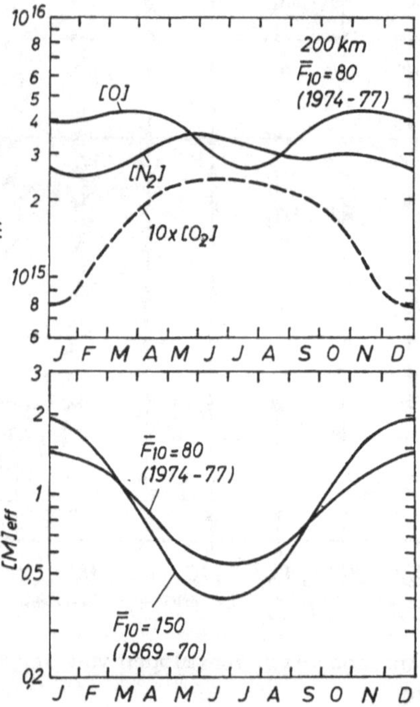

Abb. 36. Unterer Teil: Jahresgang des Konzentrationsverhältnisses von atomarem Sauerstoff zu molekularen Gaskomponenten, abgeleitet aus Ionosphärenmessungen

Oberer Teil: Satellitendaten der Jahresgänge der Konzentrationen von O und N_2 in 200 km Höhe (ausgezogene Kurven), und mit Hilfe der Ionsophärendaten abgeleiteter Jahresgang der O_2-Konzentration (mit 10 multipliziert). Nach Fontanari, Alcaydé und Bauer in Geophys. Res. Lett. *9*, 551 (1982)

men werden, daß die O_2-Konzentration im Sommer etwa um den Faktor 3 größer ist als im Winter (gestrichelte Kurve in Abb. 36). *Das erfordert dynamische Vorgänge,* die dafür sorgen, daß *im Sommer molekularer Sauerstoff in verstärktem Maße in größere Höhen gepumpt wird.*

5.4.4. Effekte der Sonnenaktivität in der Thermosphäre

Da der Sonnenfleckenzyklus Nr. 19 mit seinem Maximum 1957/58 eine ungewöhnlich große Amplitude erreichte, enthüllten die Satellitenbeobachtungen schon nach wenigen Jahren eine starke Abhängigkeit der thermosphärischen Luftdichte von der Sonnenaktivität. Der die Luftdichte charakterisierende Modellparameter ‚Exosphärentemperatur' schwankt dabei systematisch zwischen 600 K (Nachtminimum) bzw. 800 K (Tagmaximum) in Jahren minimaler Sonnenfleckenrelativzahlen und 1100 K (Nachtminimum) bzw. 1450 K (Tagmaximum) in Jahren sehr hoher Sonnenfleckentätigkeit. Die *Luftdichte* folgt jedoch nicht nur solchen langfristigen Trends, sondern *spiegelt auch kürzerfristige Schwankungen der Sonnenaktivität* (z. B. die häufige 27tägige Periode der synodischen Eigenrotation der Sonne) *wider.*

Bereits 1963 wurde von Jacchia und Slowey nachgewiesen, daß *Perioden geomagnetischer Unruhe* nach einer gewissen zeitlichen Verzögerung (in niederen Breiten um einige Stunden, in hohen Breiten praktisch verzögerungslos) von einer *Erhöhung der Luftdichte gefolgt* werden. Empfindliche Akzelerometer in Satelliten zeigten später, daß geomagnetische Stürme auch mit beträchtlich erhöhten, vorwiegend äquatorwärts gerichteten Windgeschwindigkeiten in der Thermosphäre hoher Breiten verbunden sind (de Vries). Ursache dieses Erscheinungskomplexes ist der von einer solar-interplanetaren Störung ausgelöste Einschuß von hochenergetischen Elektronen und Protonen aus der Magnetosphäre in die Atmosphäre hoher Breiten. Dort führen die eingeschleuderten Teilchen teils durch unmittelbare Stoßprozesse, teils durch Stoßionisation und über die Induzierung großräumiger elektrischer Stromsysteme (Elektrojets) mit entsprechender Entwicklung Joulescher Wärme zur Aufheizung im Höhenbereich von etwa 250 bis 260 km (Roble), wodurch entsprechende meridionale Druckgradienten aufgebaut werden.

Die gleichzeitig auftretende, in hohen Breiten meist von sichtbaren Polarlichtern begleitete Störung des Ionisationszustandes der F-Region (*Ionosphärensturm*), deren vielgestaltige Morphologie hier nicht im Detail behandelt werden kann, besteht in mittleren Breiten in der Regel aus einer anfänglichen „positiven Phase" erhöhter Elektronenkonzentration mit einer nachfolgenden längeren „negativen Phase", in der der Elektroneninhalt der F-Region stark vermindert ist. Der bislang *keineswegs vollständig geklärte Mechanismus dieser Ionosphärenstürme* besteht zweifellos aus einem komplizierten Zusammenspiel zwischen elektrodynamisch gesteuerten Plasmadriften und anomalen Ionisations-Rekombinationsprozessen. Die oft mehrere Tage betragende Dauer der Rückbildung der „negativen Phase" weist darüber hinaus auf eine Störung der chemischen Zusammensetzung des Neutralgases (zeitweilige Anreicherung molekularer Gaskomponenten in Höhen) hin.

5.5. Literatur

Die folgende Aufstellung enthält vorwiegend Bücher und Übersichtsartikel, die seit 1972 erschienen sind und ausführliche weitere Literaturangaben bieten. Die Nennung von

Einzelarbeiten muß sich aus Raumgründen auf den Nachweis der Quellen von Abbildungen und Tabellen dieses Kapitels beschränken.

Akasofu, S.-I. and Chapman, S.: Solar-Terrestrial Physics. Oxford 1972.

Banks. P. M., and Kockarts, G.: Aeronomy, Part A and B. New York/London 1973.

Blum, P. W., and Harris, I.: Full non-linear treatment of the global thermospheric wind system. J. atmosph. terr. Phys. **37** (1975) 193–236.

Brasseur, G., and Simon, P. C.: Stratospheric Chemical and Thermal Response to Long-Term Variability in Solar UV Irradiation. J. geophys. Res. **86** (1981) 7343–7362.

Chamberlain, J. W.: Theory of Planetary Atmospheres. New York/London 1978.

Chrgian, A. Ch.: Fizika atmosfernogo ozona. Leningrad 1973. CIRA 1972: COSPAR International Reference Atmosphere. Berlin 1973.

Cook, J. W., Brueckner, G. E., and Van Hoosier, M. E.: Variability of the Solar Flux in the Far Ultraviolet. J. geophys. Res. **85** (1980) 2257–2268.

Danilov, A. D., u. Vlasov, M. N.: Fotochimija ionizovannych i vozbuždennych častic v nižnej ionosfere. Leningrad 1973. Dynamical and Chemical Coupling Between the Neutral and Ionized Atmosphere (Hrsg.: B. Grandal u. J. A. Holtet). Dordrecht (Holland) 1977.

Geller, M. A.: Dynamics of the Middle Atmosphere. Space Sci. Reviews **34** (1983) 359–376.

Handbuch der Physik (Hrsg. S. Flügge). Band **49**: Geophysik III (Bd.-Hrsg. K. Rawer). Berlin/Heidelberg/New York, Teilband 5: 1976. Teilband 6: 1982. Teilband 7: 1982.

Heath, D. F., and Thekaekara, M. P.: The Solar Spectrum Between 1200 and 3000 Å. In: The Solar Output and its Variations (Hrsg. O. R. White). Boulder (USA) 1977.

Hilsenrath, E., Heath, D. F., and Schlesinger, B. M.: Seasonal and Interannual Variations in Total Ozone Revealed by the Nimbus 4 Backscattered Ultraviolet Experiment. J. geophys. Res. **84** (1979) 6969–6979.

Hinteregger, H. E.: Representation of Solar EUV Fluxes for Aeronomic Purposes. Adv. Space Res. **1** (1981) 39–52.

Houghton, J. T.: The Physics of Atmospheres. Cambridge 1977.

Houghton, J. T.: The Stratosphere and Mesosphere. Qu. J. Roy. Meteor. Soc. **104** (1978) 1–29.

International Reference Ionosphere IRI-79 (Hrsg. K. Rawer, J. V. Lincoln u. R. O. Conkright). World Data Center A Report UAG-82, Boulder, Colorado (USA) 1981.

Kazimirovskij, E. S., u. Kokourov, V. D.: Dviženija v ionosfere. Novosibirsk 1979.

Labitzke, K.: Climatology of the Stratosphere and Mesosphere. Phil. Trans. Roy. Soc. London **296** (1980) 7–18.

Lauter, E. A., and Entzian, G.: Winter Anomaly 1980/81 as an Example of Strato-Mesospheric Coupling. Phys. Solariterr., Potsdam, No. 18 (1982) 83–90.

Lauter, E. A., Bremer, J., Grafe, A., Deters, I., Evers, K.: The Post-Storm Ionization Enhancements in the Mid-Latitude D-Region and Related Electron Precipitation from the Magnetosphere. HHI-STP Report No. 9 (1977), Berlin.

Methods of Measurements and Results of Lower Ionosphere Structure (Hrsg.: K. Rawer). Berlin 1974.

Murgatroyd, R. J.: The Structure and Dynamics of the Stratosphere. In: The Global Circulation of the Atmosphere (Hrsg.: G. A. Corby), Roy. Meteor. Soc. London (1969).

Murgatroyd, R. J.: Recent Progress in Studies of the Stratosphere. Qu. J. Roy. Meteor. Soc. **108** (1982) 271–312.

Offermann, D., Brückelmann, H. G. K., Barnett, J. J., Labitzke, K., Torkar, K. M., and Widdel, H. U.: A Scale Analysis of the D Region Winter Anomaly. J. geophys. Res. **87** (1982) 8286–8306.

PORTNJAGIN, JU. I., KAIDALOV, O. V., GREISIGER, K. M. u. SPRENGER, K.: Zur Abhängigkeit der Windparameter der Mesopausenregion vom 11-jährigen Zyklus der Sonnenaktivität. Phys. Solariterr., Potsdam, No. 5 (1977) 91–96.

PORTNJAGIN, JU. I., SPRENGER, K., LYSENKO, I. A., SCHMINDER, R., ORLJANSKIJ, A. D., GREISIGER, K. M., IL'IČEV, JU. D., KÜRSCHNER, D., u. SCHÄNING, B.: Izmerenie vetra na vysotach 90–100 km nazemnymi metodami. Leningrad 1978.

RAMANATHAN, V., and DICKINSON, R. E.: The Role of Stratospheric Ozone in the Zonal and Seasonal Radiative Energy Balance of the Earth-Troposphere System. J. Atm. Sci. **36** (1979) 1084–1104.

SIMON, P. C.: Solar Irradiance Between 120 and 400 nm and its Variations. Solar Phys. **74** (1981) 273–291.

TAUBENHEIM, J.: Meteorological Control of the D Region. Space Sci. Reviews **34** (1983) 397–411.

The Middle Atmosphere (Hrsg.: S. V. VENKATESVARAN u. N. SUNDARARAMAN). Pure and Applied Geophysics Vol. 118. Basel 1980.

The Stratospheric Aerosol Layer (Hrsg.: R. C. WHITTEN). Berlin/Heidelberg/New York 1982.

VON DER HAAR, T. H., and SUOMI, V. E.: Measurements of the Earth's Radiation Budget from Satellites During a 5-year Period. J. Atm. Sci. **28** (1971) 305–314.

WALDTEUFEL, P., and MCCLURE, J. P.: Preliminary Comparison of Middle and Low Latitude Thomson Scatter Data. Ann. Geophys. **25** (1969) 786–793.

6. Physik der unteren Atmosphäre[1])

6.1. Hauptmerkmale der unteren Atmosphäre

Der *Begriff „untere Atmosphäre“* ist durch die WMO 1966 definiert worden. In Übereinstimmung mit Kapitel 5 soll hier, in geringer Abweichung von dieser Definition, als „untere Atmosphäre“ der Raum der *Troposphäre einschließlich der unteren Stratosphäre* verstanden werden bis zur Höhe des stratosphärischen Windminimums, die etwa der Höhe der maximalen relativen Ozonkonzentration entspricht und außerdem die Obergrenze des unmittelbar zusammenhängenden troposphärisch-stratosphärischen Zirkulationssystems bildet. Somit umfaßt die untere Atmosphäre den der Erdoberfläche aufliegenden Atmosphärenteil, der bis etwa 25 km Höhe reicht und der (mit $p \approx 25$ hPa bei $z = 25$ km) $>97\%$ *der Gesamtmasse der Erdatmosphäre* einschließt.

Diese untere Atmosphäre ist Teil der bis ca. 80 km hochreichenden *„Homosphäre“* mit höhenunabhängiger relativer Stoffzusammensetzung (Tab. 7). Die in variablen Konzentrationen auftretenden Spurenstoffe haben teils natürliche, teils anthropogene

Tabelle 7. Stoffzusammensetzung der unteren Atmosphäre

Atmosphärenbestandteile (Vol.-%)			
höhenunabhängige, konstante Konzentrationen		örtlich und zeitlich veränderliche Konzentrationen	
N_2	78,084	H_2O-Dampf	<4
O_2	20,946	O_3	$<1 \cdot 10^{-6}$
Ar	0,93	SO_2	$<2 \cdot 10^{-6}$
CO_2	$3{,}2 \cdot 10^{-2}$ (×)	H_2S	$<2 \cdot 10^{-6}$
Ne	$1{,}82 \cdot 10^{-3}$	N_2O	$<6 \cdot 10^{-5}$
He	$5{,}24 \cdot 10^{-4}$	NO_2	$<3 \cdot 10^{-7}$
Kr	$1{,}14 \cdot 10^{-4}$	NH_3	$<2 \cdot 10^{-6}$
H_2	$5{,}0 \cdot 10^{-5}$	CH_4	$<2 \cdot 10^{-4}$
Xe	$8{,}7 \cdot 10^{-6}$	CO	$<2 \cdot 10^{-6}$
Rn	$6{,}0 \cdot 10^{-18}$ (××)	Cl_2	$<2 \cdot 10^{-7}$
(×) globaler Mittelwert mit ansteigender Tendenz		J_2	$<4 \cdot 10^{-9}$
(××) mit der Höhe abnehmend		Salze	$\approx 10^{-10}$ g · cm^{-3}

[1]) Von Chr. Hänsel.

Quellen. Die untere Atmosphäre steht in stofflicher und energetischer Wechselwirkung mit der Erdoberfläche und der Hochatmosphäre und ist der *Raum der wetter- und klimabildenden Prozesse.*

Erdgeschichtlich ist die Atmosphäre ein sekundäres Produkt der *Planetenentgasung.* Durch geochemische Prozesse und unter den thermischen Bedingungen der Oberfläche des Planeten Erde führte diese Entgasung zur Bildung einer *Hydrosphäre* und zu einer zu $>90\%$ aus CO_2 bestehenden *Uratmosphäre,* einer mit den Atmosphären der Nachbarplaneten Venus und Mars vergleichbaren chemischen Zusammensetzung. Die Bildung der sauerstoffhaltigen Erdatmosphäre ist das Ergebnis einer vielseitig verzweigten Kette von Wechselwirkungen der biologischen Evolution mit der irdischen chemischen und physikalischen Umwelt, die zur *Photosynthese*fähigkeit der grünen Pflanzen und über diese zur Bildung des atmosphärischen freien Sauerstoffes geführt hat (s. Kap. 12). Der andere denkbare Prozeß der Sauerstofffreisetzung durch die *Photodissoziation* des Wasserdampfes unter der Wirkung des kurzwelligen Anteils der Sonnenstrahlung (Schwerpunkt bei $\lambda = 165$ nm) kommt für die Bildung des freien atmosphärischen Sauerstoffes deshalb nicht in Frage, weil Sauerstoff in diesem Wellenlängenbereich stark absorbiert und damit seinen eigenen Bildungsprozeß selbst unterbindet.

Die physikalischen Vorgänge in der unteren Atmosphäre werden, neben unmittelbarer selektiver Absorption der solaren Einstrahlung und der terrestrischen Ausstrahlung durch Bestandteile der Atmosphäre, wesentlich durch die unterschiedlichen physikalischen Eigenschaften (besonders durch das wellenlängenabhängige Absorptionsvermögen und die Wärmeleitungs- und Speicherfähigkeit) der verschiedenartigen Oberfläche des Planeten Erde ausgelöst. Die *atmosphärischen Prozesse* aller Scale-Größen der unteren Atmosphäre können deshalb als *Glieder im Regulationssystem des Wärmehaushaltes über der Erdoberfläche* aufgefaßt werden, die über die Erdrotation, die Land-Meer-Verteilung und die Topographie der Erdoberfläche zusätzlich modifiziert werden und deren Erscheinungsformen als Wetter, Witterung oder Klima, je nach betrachtetem Zeitraum, auftreten.

Die *vertikale Struktur* der unteren Atmosphäre ist in erster Linie gekennzeichnet durch eine *Temperaturabnahme* mit der Höhe (im Mittel $6{,}5\,\mathrm{K} \cdot \mathrm{km}^{-1}$). Sie ist die Folge der starken Transformation von Sonnenstrahlung in Wärme an der Erdoberfläche, der von dort ausgehenden turbulenten (konvektiven) Wärmezufuhr in die Atmosphäre und der atmosphärischen Strahlungsabkühlung. Die Obergrenze dieser „*Troposphäre*“, die durch einen Übergang („*Tropopause*“) in eine darüberliegende isotherme Schichtung („*Stratosphäre*“) markiert ist, entsteht durch die tiefen Temperaturen selbst, die nur noch sehr geringen Wasserdampfgehalt zulassen und somit die wesentlichen von den Emissionseigenschaften des Wasserdampfes bestimmte Strahlungsabkühlung selbst verringern. Die Tropopause ist gleichzeitig die Obergrenze der „Wasserdampfsphäre“. Dieser „*Kältefalle*“ *für den Wasserdampf* verdankt die Erde die Beständigkeit ihrer Hydrosphäre. Die mit der quasi-isothermen Schichtung der unteren Stratosphäre verbundene hohe Schichtungsstabilität führt zusammen mit fehlenden Austauschvorgängen zu den gegenüber der Troposphäre wesentlich längeren Verweilzeiten natürlich oder anthropogen eingebrachter *Aerosole.* Im oberen Bereich der Stratosphäre (oberhalb ca. 25 km bis zu etwa 50 km Höhe), der hier schon nicht mehr zur unteren Atmosphäre gezählt werden soll, steigt die Temperatur wieder an, vor allem infolge der Sonnenstrahlungsabsorption durch das Ozon.

Die *Höhenlage der Tropopause* ist variabel. Sie nimmt bei mittlerer Höhe von 18 km am Äquator auf <10 km über den Polargebieten ab. Dabei existiert in mittleren Breiten häufig eine multiple Tropopausenstruktur; dieser Bereich ist im Zusammenhang mit dem Stoffaustausch zwischen Tropo- und Stratosphäre von besonderem Interesse. Es bestehen auch zirkulationsabhängige Höhenvariationen in der Weise, daß über Gebieten tiefen Luftdruckes die Tropopause tiefer liegt als über Hochdruckgebieten.

Über den Zusammenhang tiefere Tropopausenlage – höhere Temperatur der darüberliegenden Stratosphäre und umgekehrt ergibt sich nach dem Grundgesetz der Statik zwischen Hoch- und Tiefdruckgebieten ein innerhalb der Troposphäre mit der Höhe zunehmender horizontaler Luftdruckgradient, der in der Stratosphäre wieder abnimmt und schließlich in größerer Höhe der Stratosphäre seine Richtung umkehren kann. Daraus entsteht ein *Windmaximum* mit oft $>100\ \mathrm{m \cdot s^{-1}}$ Windgeschwindigkeit *in der oberen Troposphäre* (s. Abschn. 6.3.1), in dessen Bereich in der Vertikalen und Horizontalen starke Windänderungen auftreten, deren Dynamik im Zusammenhang mit Wetterprozessen ein weiterhin bedeutungsvolles Forschungsgebiet der Meteorologie ist.

Die *planetare Grenzschicht der Atmosphäre* bildet wegen spezieller Eigenschaften ihres Aufbaues und ihrer dynamischen Prozesse einen besonderen Forschungsschwerpunkt. In dieser Schicht wirken sich die Rauhigkeit und die thermisch-hygrischen Zustände der Erdoberfläche auf die Schichtungsstruktur und auf das Windfeld aus. Kennzeichnend ist die große Variationsbreite des vertikalen Temperaturverlaufes, der oft, besonders unter Hochdruckeinfluß, *Temperaturinversion* aufweist, die hohe Schichtungsstabilität verkörpert und auf die vertikale Durchmischung eine *Sperrschichtwirkung* hat, so daß die Höhenlage und die Stärke einer solchen Temperaturinversion sowohl mit typischen Wettererscheinungen als auch mit unterschiedlicher Trübung verbunden sind. Die Strukturen der vertikalen Temperatur- und Windprofile der planetaren Grenzschicht bestimmen in hohem Maße die von der Erdoberfläche ausgehenden Energie- und Stofftransporte, sie sind als Eigenschaften des unmittelbaren Lebensraumes ein *wirkungsvoller Umweltfaktor*.

6.2. Strahlungs- und Wärmehaushalt der Atmosphäre

6.2.1. Einflüsse auf die solare und die terrestrische Strahlung

Die nach Ort und Zeit variablen optischen Eigenschaften der Atmosphäre und der Oberfläche des Planeten Erde bestimmen den Strahlungshaushalt, der zusammen mit dem Wärmespeichervermögen der oberen Schichten von Litho- und Hydrosphäre und mit hydrosphärischen und atmosphärischen Wärmetransporten wesentlich zum Wärmehaushalt beiträgt.

Die an der Obergrenze der Erdatmosphäre zur Verfügung stehende solare Strahlungsleistung, die „*Solarkonstante*", steht in bezug auf ihre genaue Bestimmung und auf ihre (spektralen) Veränderlichkeiten weiterhin im Blickpunkt der Forschung. In jüngster Vergangenheit sind unter Nutzung von Ballonen, Flugzeugen und Satelliten zahlreiche Messungen durchgeführt worden, nach denen der genaue Wert der Solarkonstanten im Intervall $S_0 = 1368 \ldots 1377\ \mathrm{W\,m^{-2}}$ liegt (Fröhlich 1976). (Nach früheren Festlegungen gilt gegenwärtig noch der standardisierte Wert für mittleren Abstand Erde-Sonne $S_0 = 1396 \text{ W m}^{-2}$.)

Durch die *selektive Filterwirkung der Atmosphäre* ist das solare Strahlungsspektrum an der Erdoberfläche gegenüber dem extraterrestrischen modifiziert. Die Absorptionsbanden der Atmosphärenbestandteile Stickstoff und Sauerstoff absorbieren den Wellenlängenbereich $\lambda < 220$ nm, die sehr stark wirkende „HARTLEY-Bande" ($\lambda = 230 \dots 290$ nm) des Ozons trotz dessen relativ geringer Konzentration den anschließenden Wellenlängenbereich so stark, daß Strahlung mit kürzerer Wellenlänge als $\lambda = 290$ nm nicht bis zur Erdoberfläche vordringt. Neben schwächeren Absorptionsbanden in der sichtbaren und infraroten Solarstrahlung, die im wesentlichen durch Stickstoff, Sauerstoff, Ozon und Wasserdampf gebildet werden, ist für den Strahlungshaushalt die starke *Absorption durch Wasserdampf und Kohlendioxid* im Gebiet der langwelligen terrestrischen Wärmestrahlung von Bedeutung.

In Form der *Streuung* wirken Luftmoleküle, Kondensationsprodukte und das Aerosol auf den Strahlungsdurchgang durch die Atmosphäre ein. Im Mittel setzt sich nach gegenwärtiger Kenntnis der Strahlungshaushalt in der Form des Schemas der Abb. 37 zusammen. Die bessere Kenntnis der Komponenten des Strahlungshaushaltes und der sie beeinflussenden Faktoren, wie das spektrale optische Verhalten der realen atmosphärischen Bestandteile einschließlich anthropogener Beimengungen, besonders die selektiven Absorptionen der atmosphärischen Gase und der komplexe Brechungsindex realer atmosphärischer Partikelkollektive, dessen Imaginärteil die *Absorptionseigenschaft des Aerosols* repräsentiert, die optischen Eigenschaften der stark variablen *Bewölkung* und nicht zuletzt die variable *Albedo* der Erdoberfläche, sind wichtige Ziele der modernen Forschung. Genauere Kenntnisse sind nicht nur für Fragen des *Energietransportes* und der *Energieumsetzungen* in der Atmosphäre erforderlich, sie dienen in Umkehr der Problemstellung auch der optischen Analyse der atmosphärischen Zusammenstellung und sind für die *Geofernerkundung* notwendig, sowohl für die Fernerkundung atmosphärischer Zustände selbst als auch für die Eliminierung atmosphärischer Störeinflüsse auf die Fernerkundung der Erdoberfläche

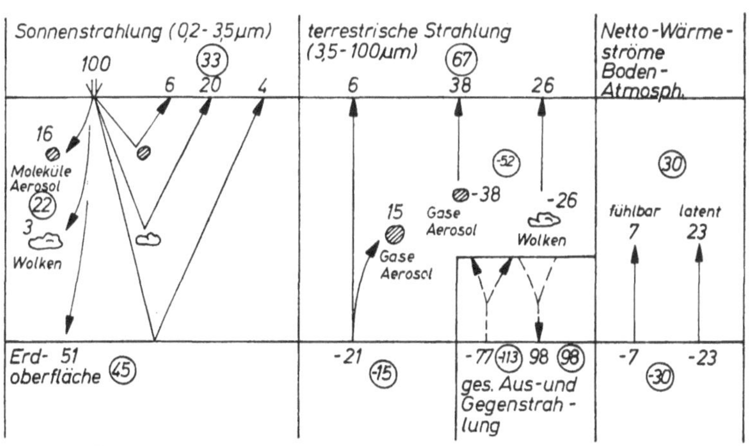

Abb. 37. Schema der Komponenten des globalen Strahlungs- und Wärmehaushaltes (nach RASCHKE, 1978; Zahlenwerte in den Kreisen nach LONDON und SASAMORI 1971)

[Fymat u. Zuev (1978), Kondrat'ev (1980), Kondrat'ev und Timofeev (1978), Schanda 1976)].

Die der Erdoberfläche insgesamt dargebotene „*Globalstrahlung*' (Summe aus direkter Sonnenstrahlung und diffuser Himmelsstrahlung) wird abhängig von der Art der Erdoberfläche unterschiedlich absorbiert. Die *Albedo* der Erdoberfläche ist sehr differenziert, auch abhängig von Wellenlänge und Einfallswinkel der Strahlung. Sie reicht von Werten 0,8 ... 0,9 über frischem Schnee, 0,25 ... 0,35 über Sand, ~0,25 über Rasen, ~0,15 über Äckern, 0,05 ... 0,20 über Wald bis zu den niedrigen Werten von 0,03 ... 0,07 über Ozeanen. Für die terrestrische Strahlung liegt das Reflexionsvermögen oft ganz anders: Schnee reflektiert hier nur mit dem Faktor 0,005, ist also für *terrestrische Wärmestrahlung* fast „schwarz", ebenso Wolken (>0 ... 0,1), während polierte Metalle (0,98) fast ideal reflektieren.

6.2.2. Der Wärmehaushalt

Wie die Abb. 37 zum Ausdruck bringt, ist notwendig die Strahlungsbilanz an der Obergrenze der Atmosphäre im globalen Mittel ausgeglichen. Der Anteil der Wärmestrahlung an dieser Bilanz entspricht einer Strahlungstemperatur des Planeten Erde von ca. 253 K, die etwa in der Höhe des 500-hPa-Niveaus der Atmosphäre herrscht.

Der *Wärmehaushalt der Erdoberfläche* und mit ihm das dortige thermische Regime wird wesentlich bestimmt durch die Bilanz der Strahlungsströme und durch den Austausch von Wärmeenergie zwischen Atmosphäre und Unterlage, der „fühlbar" über die Turbulenzelemente verschiedener Größenordnung der Luft (L) und „latent" über den turbulenten Transport des Wasserdampfes (V) und dessen Phasenumwandlung erfolgt. Der Quotient aus beiden Wärmeströmen, das „Bowen-Verhältnis" L/V ist eine wichtige Klimakenngröße. Im Mittel über die gesamte Erdoberfläche ist $L/V \approx$ $\approx 1:3,5$.

Unter Vernachlässigung von Wärmeströmen kleinerer Größenordnung, z. B. des geothermischen Wärmestromes, setzt sich der Wärmehaushalt der festen Erdoberfläche nach folgender Summenformel zusammen: $Q + B + L + V = 0$
(Q — Strahlungsbilanz, Differenz aus absorbierter Globalstrahlung und langwelliger effektiver Ausstrahlung; letztere ist die Differenz zwischen Ausstrahlung der Erdoberfläche und atmosphärischer Gegenstrahlung. B — Wärmeaufnahme des Bodens. L — turbulenter Strom fühlbarer Wärme. V — turbulenter Strom latenter Wärme). Die Abbildungen 38a und b zeigen einen für Mitteleuropa charakteristischen Tages- und einen Jahresgang dieser Komponenten. Über Wasseroberflächen kommt zusätzlich der Wärmetransport über hydrosphärische Strömungen in die Summenformel.

Die Wärmebilanz der Oberfläche des Planeten Erde, die hauptsächliche aktive Wärmequelle und -senke für den Wärmehaushalt der Atmosphäre, ist in Form zonaler Mittelwerte in der Tabelle 8 wiedergegeben. Die Tabellen 9a und b enthalten entsprechende zonale Mittelwerte der Wärmehaushaltskomponenten des Gesamtsystems Erdoberfläche — Atmosphäre und der Atmosphäre allein.

Die *Temperatur der untersten Atmosphärenschicht* wird hauptsächlich durch die Divergenz der terrestrischen Strahlungsströme und durch den turbulenten fühlbaren Wärmetransport bestimmt, da der latente Wärmestrom sich erst im Niveau der Wasserdampfkondensation auswirkt. Zum Wärmehaushalt an ortsfesten Punkten

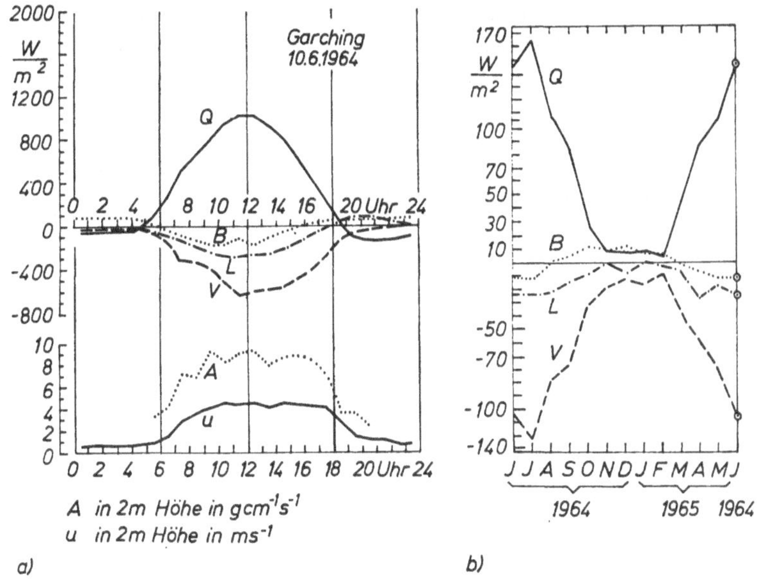

Abb. 38. Charakteristischer Tages- (a) und Jahresgang (b) des Wärmehaushaltes am Erdboden für Mitteleuropa (nach Möller, 1973).
Q — Strahlungsbilanz; B — Bodenwärmestrom;
L — fühlbarer Wärmestrom; V — latenter Wärmestrom;
A — Austauschkoeffizient; u — Windgeschwindigkeit

Tabelle 8. Zonenmittelwerte der Wärmehaushaltskomponenten der Erdoberfläche (10^{-3} W · m^{-2}) nach Budyko, 1974
(Q — Strahlungsbilanz; V — latenter Wärmestrom; L — fühlbarer Wärmestrom; A — Wärmeadvektion durch Meeresströmungen. V, L, $A < 0$ bei Wärmeabtransport)

Breite	Ozean				Land			gesamte Erde			
	Q	V	L	A	Q	V	L	Q	V	L	A
70—60°N	31	44	21	−34	27	19	8	28	27	12	−11
60—50	39	52	21	−34	40	25	15	40	37	18	−15
50—40	68	70	19	−21	60	32	28	64	50	23	− 9
40—30	110	114	17	−21	80	31	49	97	78	31	−12
30—20	150	139	12	− 1	92	27	65	128	97	32	− 1
20—10	158	131	8	19	94	39	55	141	108	20	13
10— 0	153	106	5	42	96	64	32	139	96	12	31
0—10°S	153	112	5	36	96	66	30	139	101	11	27
10—20	150	138	7	5	97	54	43	138	119	15	4
20—30	134	133	9	− 8	93	37	56	125	110	20	− 5
30—40	109	106	12	− 9	82	37	45	106	98	16	− 8
40—50	76	73	12	− 9	55	28	27	74	70	12	− 8
50—60	37	41	11	−15	41	27	14	37	41	11	−15
Erde insgesamt	109	98	11	0	65	33	32	96	80	16	0

Tabelle 9. Zonenmittelwerte der Wärmehaushaltskomponenten des Gesamtsystems Erdoberfläche/Atmosphäre (a) und der Atmosphäre (b) (10^{-3} W · m^{-2}) nach BUDYKO, 1974
(Q_p, Q_a — Strahlungsbilanz des Gesamtsystems bzw. der Atmosphäre; V_n — Wärmebilanz aus der Phasenumwandlung des Wassers; V_k — latenter konvektiver Wärmetransport; A_a; A_o — advektive Wärmetransporte durch atmosphärische bzw. ozeanische Zirkulationen. V_n, V_k, L, A_a, $A_o > 0$ bei Wärmeabtransport bzw. -verlust)

Breite	(a) Gesamtsystem Erdoberfläche/Atmosphäre				(b) Atmosphäre			
	Q_p	V_n	A_a	A_0	Q_a	V_k	L	A_a
70—60° N	−65	−11	−43	−11	− 93	− 37	−12	−44
60—50	−40	−20	− 5	−15	− 80	− 57	−18	− 5
50—40	−16	−12	5	− 9	− 80	− 62	−23	5
40—30	5	17	0	−12	− 92	− 61	−31	0
30—20	19	41	−21	− 1	−109	− 56	−32	−21
20—10	31	15	3	13	−110	− 93	−20	3
10— 0	38	−57	63	32	−101	−153	−12	64
0—10° S	41	−19	32	28	− 98	−119	−11	32
10—20	37	21	12	4	−101	− 98	−15	12
20—30	27	43	−11	− 5	− 98	− 67	−20	−11
30—40	12	25	− 5	− 8	− 94	− 73	−16	− 5
40—50	−11	−11	8	− 8	− 85	− 81	−12	8
50—60	−38	−35	12	−15	− 76	− 77	−11	12
	Erde insgesamt:				− 96	− 80	−16	0

innerhalb der Atmosphäre gehört noch die horizontale Wärmeübertragung (*Advektion*), die, wie auch die Meeresströmungen, im globalen Maßstab zu einem meridionalen Wärmeaustausch führt, der das starke meridionale Temperaturgefälle eines fiktiven reinen solaren Strahlungsklimas abschwächt.

Die jährlichen Zonenmittelwerte der Komponenten des Wärmehaushaltes der Erdoberfläche, der Atmosphäre sowie des Gesamtsystems Erdoberfläche/Atmosphäre der Tabellen 8 und 9 zeigen eine Reihe bemerkenswerter Besonderheiten, die vorwiegend durch die Land-Meer-Verteilung entstehen. Über Land hat der von der Erdoberfläche ausgehende latente Wärmestrom sein Maximum am Äquator, über den Ozeanen in den ariden subtropischen Zonen. Bei vergleichbaren Werten der Strahlungsbilanz über Land und Meer in den Breitenzonen 50—70° ist der von der Meeresoberfläche ausgehende latente Wärmestrom wesentlich größer über den Ozeanen infolge des meridionalen Wärmetransportes durch Meeresströmungen. Die *Ozeane geben ca.* 90% *ihrer Strahlungsbilanz über den latenten Wärmestrom an die Atmosphäre ab*; über Land sind die beiden turbulenten Wärmeströme im Mittel gleichstark wirksam.

Auch die *Wärmebilanz* des Gesamtsystems Erdoberfläche/Atmosphäre ist *zonal sehr unterschiedlich.* In niedrigeren Breiten wird die positive Strahlungsbilanz ergänzt durch Wärmegewinn über den latenten Energiestrom. Dies wird durch wärmeabführende ozeanische und atmosphärische Zirkulationen kompensiert, so daß die Äquatorzone eine besonders wichtige Energiequelle für höhere Breiten darstellt. Das Defizit der Strahlungsbilanz in Breiten $>40°$ wird im wesentlichen durch die Wärmezufuhr über Meeresströmungen und atmosphärische Zirkulationen ausgeglichen. Für die *Polarzonen* wird der *atmosphärische Wärmetransport* besonders wichtig, da der Einfluß der Meeresströmungen fehlt oder wegen Eisbedeckung abgeschwächt ist und außerdem der Gewinn aus Wasserdampfkondensation nur gering ist.

6.3. Dynamik der Atmosphäre

Die Luftbewegung der „freien Atmosphäre" oberhalb des spürbaren Reibungseinflusses der Unterlage (der im Mittel bis in Höhen <1 km reicht) folgt mit hoher Genauigkeit dem *Gradientwindgesetz*, nach dem zwischen der Beschleunigung und durch den horizontalen Luftdruckgradienten, der Coriolis- und der Zentrifugalbeschleunigung eines Luftteilchens Gleichgewicht besteht. Dadurch *repräsentiert eine Druckfeldkarte gleichzeitig das zugehörige Stromfeld*, wobei die Windgeschwindigkeit dem jeweiligen horizontalen Druckgradienten senkrecht zu den Isobaren proportional ist.

In Erdbodennähe enthält diese Gleichgewichtsbeziehung zusätzlich den *Reibungsterm*, der in Abhängigkeit von der Rauhigkeit der Unterlage und vom Turbulenzzustand der Atmosphäre zu unterschiedlich starker Abweichung vom Gradientwind und zu deren Variabilität über die Höhe der planetarischen Grenzschicht führt.

Obwohl naturgemäß der Wind als Vektor auch eine vertikale Komponente besitzt, beschränken sich Darstellungen der atmosphärischen Zirkulation vorwiegend auf die *horizontale Strömungskomponente*. Die in der Größenordnung $mm \cdot s^{-1}$ ablaufenden *Vertikalbewegungen* des großräumigen Stromfeldes sind wegen der begleitenden *adiabatischen Temperaturänderungen* für das atmosphärische Temperaturregime und für die *Wetterdynamik* aber dennoch sehr *bedeutungsvoll*. Sie sind nicht direkt meßbar und müssen aus den horizontalen Stromfeldern übereinanderliegender Niveaus bestimmt werden.

6.3.1. Die allgemeine Zirkulation

Die allgemeine Zirkulation, das mittlere, dominierende Stromfeld der Atmosphäre, erhält ihren Antrieb durch die unterschiedliche Strahlungsbilanz der Erdoberfläche, und sie bildet den Transportmechanismus für den Wärmeausgleich über der Erdoberfläche, der zu einem mittleren beständigen Temperaturfeld und Klima führt. Die Ströme fühlbarer und latenter Wärme sind sowohl Ursache als auch Folge dieser allgemeinen Zirkulation.

Der Vertikalschnitt von Pol zu Pol mit der mittleren Zonalkomponente des Windes zeigt die Hauptglieder der allgemeinen Zirkulation (Abb. 39): Zwischen den *subtropischen Hochdruckzellen* beider Hemisphären liegt das tropische Zirkulationsglied mit der *äquatorialen Tiefdruckzone* und vorherrschender Strömung aus Ost, die in Richtung zu den Zentren der Hochdruckzellen in die *Passatzonen* übergeht. Diese sind (in der unteren Troposphäre) die beständigsten Glieder der allgemeinen Zirkulation überhaupt. Infolge der großräumig nach unten gerichteten Vertikalkomponente der Strömung im Bereich der Hochdruckzellen mit ihrer adiabatischen Erwärmung und

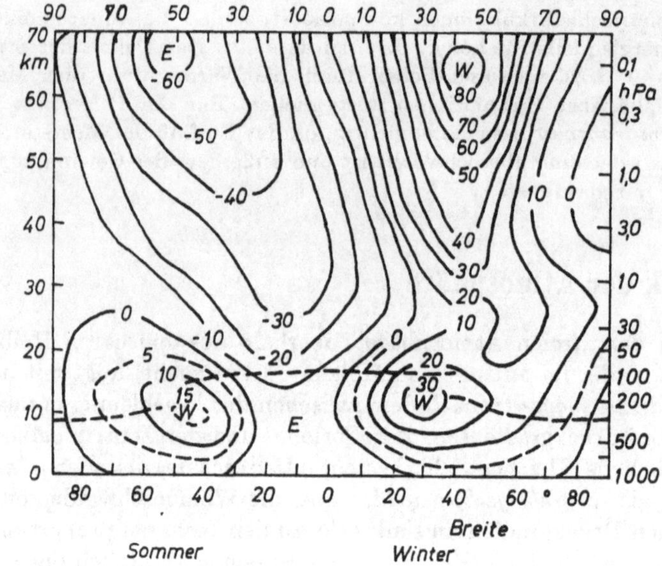

Abb. 39. Meridianschnitt der mittleren zonalen Windkomponente (Angaben in m · s^{-1}) (nach MÖLLER, 1973). ----: mittlere Tropopausenlage

Austrocknung markieren diese Druckfelder die *ausgeprägten Trockenzonen* der Erde. Die *äquatoriale Konvergenzzone* ist dagegen ein wenig stabiles, über hochreichende Konvektion zu starker zellularer Wolken- und Niederschlagsbildung neigendes Gebiet. *Tropische Wirbelstürme* sind ebenso charakteristische Erscheinungen innerhalb der allgemeinen Zirkulation wie die verschiedenen Formen der *Monsune*.

Die zwischen den polaren Tiefdruckgebieten liegenden *Westwindzonen* der mittleren und hohen Breiten sind gekennzeichnet durch den Wechsel von wandernden *Hoch- und Tiefdruckgebieten*, die als *Makroturbulenzkörper* aufgefaßt werden können und auf Vorder- und Rückseite den meridionalen Luftmassen- und Energieaustausch vollziehen. Diese Hoch- und Tiefdruckgebiete der mittleren Breiten sind unterschiedlich hochreichende Druckgebilde mit sehr variabler Verlagerungsgeschwindigkeit. Wenig hochreichende Hochdruckgebiete sind für den Winter über Land typisch und identisch mit Kaltluft in der unteren Troposphäre; im Sommer bringen flache Zyklonen oft stürmisch-regnerisches Wetter mit rascher Veränderlichkeit.

Die *Zirkulation der unteren Stratosphäre steht in engem Zusammenhang mit der troposphärischen Zirkulation*. Das zeigt sich unter anderem an der abnorm tiefen Tropopausenlage über intensiven Zyklonen. Zu den auffallenden Besonderheiten der stratosphärischen Zirkulation gehört der Übergang des zyklonalen Polarwirbels während des Sommers in einen antizyklonalen oberhalb etwa 20 km Höhe (mit Ostwinden) infolge der Einstrahlungsabsorption. Als besonderes Phänomen sind quasiperiodische Wechsel von etwa 26 Monaten in der Windrichtung der tropischen unteren Stratosphäre bekannt geworden, deren Ursachen noch keine befriedigende Erklärung gefunden haben, aber wohl in einem komplizierten System von *Eigenschwingungen der Atmosphäre* zu suchen sind.

6.3.2. Die planetarische Grenzschicht

Die der Erdoberfläche aufliegende Atmosphärenschicht ist der Raum der unmittelbaren Wechselwirkung zwischen Erdoberfläche und Atmosphäre für die thermische Energie (in Form der Ströme fühlbarer und latenter Wärme) wie für die kinetische Energie. Durch die Erdoberfläche wird die darüberströmende Luft abgebremst; die Luft übt eine Schubspannung $\tau = \mu\, \mathrm{d}v/\mathrm{d}z$ aus, wobei μ eine bei laminarer Strömung wirkende Stoffkonstante, die „*dynamische Zähigkeit*" ist, die durch Molekularbewegung bewirkt wird. Diese Bedingung gilt nur in einer sehr dünnen, der Unterlage unmittelbar aufliegenden Luftschicht. Darüber tritt an die Stelle von μ der „*Austauschkoeffizient*" A, der aber eine variable Größe ist und von der Windgeschwindigkeit, der Rauhigkeit der Unterlage und der Schichtungsstabilität abhängt.

Die *Schubspannung* τ kann auch als vertikaler Fluß von Bewegungsgröße (pro Zeit- und Flächeneinheit) betrachtet werden. Geht man von der Vorstellung aus, daß sich die *turbulente Luftströmung* $\mathfrak{v}$ aus einer mittleren Grundströmung $\bar{\mathfrak{v}}$ und einer überlagernden Windfluktuation $\mathfrak{v}'$ zusammengesetzt, daß sich der vertikale Fluß von Bewegungsgröße in der Form $\tau = \overline{\varrho w' u} = \varrho \overline{w' u'}$ darstellen läßt (weil er zu einem bestimmten Zeitpunkt die Größe $\varrho w u$ hat, im Durchschnitt aber $\bar{w} = 0$ ist) und daß die turbulenten Windschwankungen aller Komponenten $(u,\ v,\ w)$ gleichgroß und durch einen „Mischungsweg" l gekennzeichnet sind $(\overline{|u'|} = \overline{|w'|} = l\, \mathrm{d}\bar{u}/\mathrm{d}z)$, dann ergibt sich $\tau = \varrho l^2\, (\mathrm{d}\bar{u}/\mathrm{d}z)^2$.

Nach den Beobachtungen existiert eine einige 10 m bis maximal wenig über 100 m hoch reichende *bodennahe Luftschicht* mit (annähernd) höhenkonstanter Schubspannung und fehlender Winddrehung. Wenn in dieser Schicht die Schubspannung konstant bleibt, stellt letztere auch die Reibung an der Erdoberfläche dar. Unter diesen Bedingungen und auf der Grundlage experimenteller Ergebnisse, wonach für die Länge des PRANDTLschen Mischungsweges gilt: $l = k \cdot z$ (k — v. KÁRMÁN-Konstante $\approx 0{,}4$), herrscht in dieser Schicht eine Windgeschwindigkeit in Abhängigkeit von der Höhe z, die mit $l\, \mathrm{d}u/\mathrm{d}z = \sqrt{\tau/\varrho} = u_*$ (u_* — „Reibungsgeschwindigkeit") der Gleichung genügt: $\bar{u} = u_* \cdot k^{-1} \ln z/z_0$. Dabei ist z_0 die „*Rauhigkeitshöhe*", die Höhe, in der die Windgeschwindigkeit zu Null wird. Die Werte für z_0 liegen im Bereich 0,01 ... 0,1 cm über Wasser- und Schneeflächen, 0,1 ... 1 cm über Sand, 0,1 ... 10 cm über Wiesen und erreichen 3 ... 5 m über Großstädten.

Das logarithmische *vertikale Windprofil* gilt für die bodennahe Luftschicht weniger Dekameter Höhe und für schwachstabile oder indifferente Schichtungszustände. In der darüberliegenden Schicht ändert sich die Windgeschwindigkeit mit der Höhe nach einem Potenzgesetz, $u_2/u_1 = (z_2/z_1)^{\mathrm{n}}$, wobei der Exponent je nach Schichtungsstabilität Werte zwischen 0,5 ... 0,1 annimmt. Gleichzeitig verändert sich die *Windrichtung*. Oberhalb der bodennahen Bodenschicht mit höhenkonstanter Schubspannung liegt somit eine Schicht, innerhalb derer mit zunehmender Höhe sich Windrichtung und Windstärke allmählich dem Gradienwind der freien Atmosphäre anpassen. Unter Einbeziehung der höhenabhängigen Schubspannung in die Bewegungsgleichung ergeben sich Vektoren $\boldsymbol{v}(z)$, deren Spitzen auf einer Spirale liegen („*Ekman-Schicht*"). Mit diesen Besonderheiten läßt sich die planetarische Grenzschicht entsprechend der Abb. 40 untergliedern.

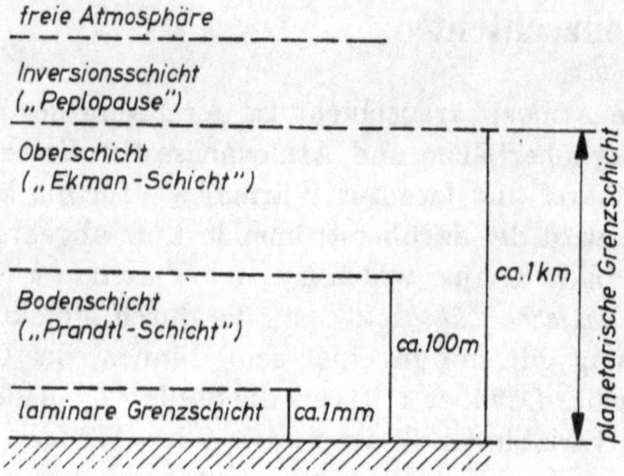

Abb. 40. **Schematische Vertikalstruktur der planetarischen Grenzschicht**

In vergleichbarer Weise wie die Impulsübertragung vollzieht sich in der *planetarischen Grenzschicht* auch der *turbulente Vertikaltransport von Stoff und Energie von der Erdoberfläche in die Atmosphäre.* Über diese Prozesse sind zeitabhängige Veränderungen meteorologischer Erscheinungen erklärbar. Besondere Bedeutung erhalten diese Prozesse für die „Transformation" einer Luftmasse, den Anpassungsprozeß an die neue Gegebenheit der Unterlage bei horizontaler Verlagerung. Hierin liegt ein zentrales Problem der *Wettervorausbestimmung.*

Von zunehmender Bedeutung sind außerdem die Verteilungsprozesse *anthropogener Emissionen* besonders über Städten und Industriegebieten geworden, die sich in der atmosphärischen Bodenschicht abspielen. Somit ist die *Physik der planetaren Grenzschicht* ein Schwerpunkt sowohl der Grundlagenforschung als auch der angewandten Forschung für Aufgaben des Wetterdienstes und des Umweltschutzes. (Mc Bean 1979, Dubova 1980, Liljequist 1974, Longhetto 1980, WMO 1978.)

6.3.3. Wetterprozesse und Wettervorhersage

Als Folge der Durchführung internationaler Beobachtungs- und Forschungsprogramme, wie die „*Welt-Wetter-Wacht*" und das Programm GARP (*global atmospheric research programme*), werden zur Verbesserung der Genauigkeit und zur Verlängerung des Vorhersagezeitraumes Voraussetzungen für die notwendige globale Erfassung des atmosphärischen Zustandes und für bessere Kenntnis der Zusammenhänge dominierender Prozesse geschaffen. Dazu tragen die Erweiterung des Beobachtungsnetzes (besonders auf den Ozeanen, in der Tropenzone und auf der Südhalbkugel) und die atmosphärische Fernerkundung mittels Satelliten wesentlich bei. Mit Hilfe der *geostationären Satelliten* besteht die Möglichkeit, atmosphärische Prozesse über die Veränderung der Bewölkungsverhältnisse zu verfolgen und diese der Forschung und den Wetterdiensten zugänglich zu machen.

Der Schwerpunkt der Forschungsarbeit liegt in der Erarbeitung verbesserter *Modelle für die numerische Vorausbestimmung der Druck- bzw. Stromfelder* und praktikabler Methoden zu ihrer objektiven Interpretation in bezug auf zugehörige Wettererscheinungen. Die differenzierten Wettererscheinungen des „*Mesobereiches*", der Gebietsgrößen innerhalb der Maschenweite des Beobachtungsnetzes, bilden dabei eine wichtige spezielle Problematik in der Wetteranalyse und -prognose.

6.4. Physikalische Klimatologie

Die Genese des Klimas, die Wirkungen und Wechselwirkungen der klimabildenden Zustände und Prozesse, die „*Klimafaktoren*", sind in der zweiten Hälfte dieses Jahrhunderts nicht zuletzt wegen ihrer ökonomischen und sozialpolitischen Relevanz und wegen der Möglichkeit anthropogener Klimaveränderungen zu einem Forschungsschwerpunkt der Physik der Atmosphäre geworden. Im Rahmen dieser Problematik nimmt auch die *Paläoklimatologie* eine neue Stellung ein mit dem Versuch, Erkenntnisse erdhistorischer Veränderungen des Klimas auf rezente und zukünftige Entwicklungen zu übertragen.

6.4.1. Die Hauptklimafaktoren

Die wesentlichen klimabildenden Zustände und Prozesse sind dieselben wie für das Wetter: Die *solare Einstrahlung* mit ihrer Orts- und Zeitabhängigkeit, die *Albedo* der der Erde, die Eigenschaften der *Erdoberfläche* und der Atmosphäre (mit der Bewölkung) einschließt, die *Land-Meer-Verteilung* (einschließlich der durch sie geformten Meeresströmungen), Höhenlage und Topographie des Geländes.

Das Hauptproblem der Klimatologie ist die Erarbeitung eines „*Klimamodelles*", eines möglichst vollständigen Systems der vielseitigen Ursachen, Wechsel- und Rückwirkungen, das es gestattet, das Klima eines Ortes unter den jeweiligen Bedingungen hinreichend genau zu beschreiben, und das bei Veränderung eines oder mehrerer Klimafaktoren die resultierende Klimaänderung bestimmen läßt. Simulationen der Systems Gletscher-Ozean-Atmosphäre haben z. B. unter Einbeziehung externer Störungen zu offensichtlich realistischen Aussagen des *Klimaablaufs im Pleistozän* geführt, wobei sich *Eigenschwingungen* als charakteristisches Regime des Systems zeigten. (Sergin 1980).

Die notwendige Begrenzung auf nur eine überschaubare Anzahl (dominierender) Prozesse eines praktikablen Modells führt zur „Parametrisierung" weiterer Einflüsse, die auf diese Weise mit ihren statischen Effekten in das Modell einbezogen werden. Die folgenden 8 Prozesse müssen nach gegenwärtiger Kenntnis in das Klimamodell einbezogen werden:

1. *Strahlungsprozesse* mit ihren thermischen Konsequenzen an der Erdoberfläche und in der Atmosphäre. Sie enthalten auch eventuelle extraterrestrische Einflüsse auf die totale Intensität oder auf die spektrale Verteilung der Sonnenstrahlung.
2. *Prozesse der Landoberfläche,* die als Senke für atmosphärische kinetische Energie wirken und die über (meist variable) Albedo, über Feuchteverhältnisse und über andere physikalische Eigenschaften den Energieaustausch Unterlage/Atmosphäre beeinflussen.
3. *Ozeanische Prozesse* mit der sehr großen Vielfalt ihrer Dynamik (horizontale Meeresströmungen, Durchmischungen, Aufstiege von Tiefenwässern usw.), über die der thermische Zustand der Oberfläche und weiter der Wärmeaustausch mit der Atmosphäre mitbestimmt wird.
4. *Bewölkung* und *Niederschlag* mit ihren thermischen Wirkungen bei Phasenumwandlungen des Wassers, ihrem Einfluß auf den Strahlungshaushalt und ihrer Veränderung des kontinentalen Oberflächenzustandes durch Niederschlag.
5. *Prozesse der Kryosphäre,* vom Seeeis bis zu den Gletschern der Polargebiete und der Hochgebirge. (Nahezu 4/5 des irdischen Süßwassers ist in Eis festgelegt, etwa 10%

der Weltozeane sind eisbedeckt!) Wegen der hohen Albedo eis- und schneebedeckter Flächen wirken sich Veränderungen der Kryosphäre besonders im Strahlungshaushalt aus.

6. Prozesse in Verbindung mit dem *atmosphärischen Kohlendioxid*: Wegen der starken Absorption des CO_2 im Wellenlängengebiet der terrestischen Ausstrahlung und der nachgewiesenen Veränderung des atmosphärischen CO_2-Pegels gilt dem „Klimafaktor CO_2" besonderes Interesse. Neben der Einbeziehung veränderter CO_2-Konzentrationen in Modelle des atmosphärischen Strahlungshaushaltes besteht als aktuelles Problem der Stoffhaushalt des CO_2 zwischen Atmosphäre, Ozeanen und Biosystemen.
7. *Luftchemische Prozesse*: Außer der bekannten Wirkung des Ozons im Strahlungshaushalt kommen weitere natürliche, in zunehmendem Maße auch anthropogene atmosphärische Spurengase als Klimafaktoren in Betracht. Deshalb sind genauere Ergebnisse über Konzentrationen, Verweilzeiten und Stoffumwandlungen dieser Spurengase von ebensolchem Interesse wie deren spektrale Absorptionseingenschaften.
8. *Aerosolprozesse*: Das atmosphärische Aerosol beeinflußt die kurz- und die langwellige Einstrahlung, da der größte Teil der Masse des Aerosols im optisch wirksamen Größenbereich von $r = 0{,}1 \ldots 1{,}0\ \mu m$ liegt. Aber auch im für die terrestrische Ausstrahlung transparenten „Fensterbereich" der Atmosphäre emittiert Aerosol relativ stark und ist deshalb auch hier von nicht vernachlässigbarem Einfluß. (WMO 1975).

6.4.2. Klimaänderungen

Unbeständigkeiten des Klimas im Verlaufe der Erdgeschichte sind mit Hilfe geologischer und paläontologischer Zeugen, in historischer Zeit durch Niederschriften und exakte Messungen nachweisbar (vgl. Kap. 3.6.). Neben Klimaänderungen, die in Form einer „*Klimaverwerfung*", relativ schneller Änderung mit beständigem Wechsel in einen anderen Klimazustand, oder in Form eines „*Klimatrends*", einer allmählichen Änderung mit gleichbleibender Tendenz, auftreten, existieren „*Klimaschwankungen*". Darunter sind Fluktuationen zu verstehen, die sich in signifikanten, oft quasiperiodischen Veränderungen von Klimamerkmalen ausdrücken. Als Folge der Dynamik und Thermodynamik der Atmosphäre hängt eine *Klimaänderung* von Veränderungen jener Faktoren ab, die direkt oder indirekt in den natürlichen Wärmehaushalt eingreifen; diese können astronomische, extraterrestrische oder terrestrische Zustandsveränderungen sein (Tab. 10).

Es liegen sehr viele Hypothesen über Ursachen und Wirkmechanismen vor, die zu erdhistorischen Klimaänderungen geführt haben könnten (Budyko 1974, Frakes 1979, Hänsel 1975). Ohne daß die Möglichkeit extraterrestrischer oder astronomischer Ursachen in Zweifel gezogen wird, nehmen die Diskussionen *terrestrischer Ursachen* zunehmend breiteren Raum ein, hier neben der Atmosphärenzusammensetzung und ihrer Beeinflussung durch den *Vulkanismus* auch Veränderungen der *Land-Meer-Verteilung* durch Kontinentaldriften (Flohn 1969, Monin und Šiškov 1979).

Als Beispiel einer *instrumentell nachgewiesenen Klimaschwankung* ist die wohl längste verfügbare Meßwertreihe der Lufttemperatur Mittelenglands in der Abb. 41 dargestellt. Als besonders bemerkenswerte Erscheinungen zeigt dieser aus 10jährig übergreifender Mittelwertsbildung bestehende Verlauf der Jahresmitteltemperaturen die bis in das 17. Jahrhundert reichende negative Temperaturanomalie des späten Mittelalters und den am Ende des 19. Jahrhunderts einsetzenden Übergang zu einer

Tabelle 10. Übersicht möglicher Ursachen für Klimaänderungen

Extraterrestrische Ursachen

Änderung von Intensität und Art der Solarstrahlung
Extinktion der Solarstrahlung zwischen Sonne und Erde

Astronomische Ursachen

Veränderung der Exzentrizität der Erdbahn
Veränderung der Erdachsenneigung zur Bahnebene
Präzesion der Tag- und Nachtgleichen

Terrestrische Ursachen

Veränderung der Topographie der Erdoberfläche

- Land-Meer-Verteilung
- Gebirgsbildungen und Festlandsabsenkungen
- Kontinentaldriften
- Polwanderungen
- Verwitterungen und Abtragungen

Veränderungen der Bodenbedeckung

- Schnee- und Eisflächen
- Vegetationen
- Wasser

Prozesse des Erdinneren

- Vulkanismus
- Erdwärmestrom

Stoffliche Veränderungen

- Bestandteile der Atmosphäre
- Aerosolkonzentrationen und -verteilungen
- Salzgehalt der Ozeane

wärmenden Periode. Die erste Hälfte des 20. Jahrhunderts ist ein Zeitabschnitt sehr geringer globaler vulkanischer Aktivität, mit erhöhter atmosphärischer Transparenz (Abb. 42), so daß die *Vermutung eines maßgeblichen Einflusses vulkanischer Exhalationen auf das Klima naheliegt.*

Abb. 41. Temperaturverlauf in Mittelengland; 10jährig übergreifende Mittelbildung (nach MASON, 1976)

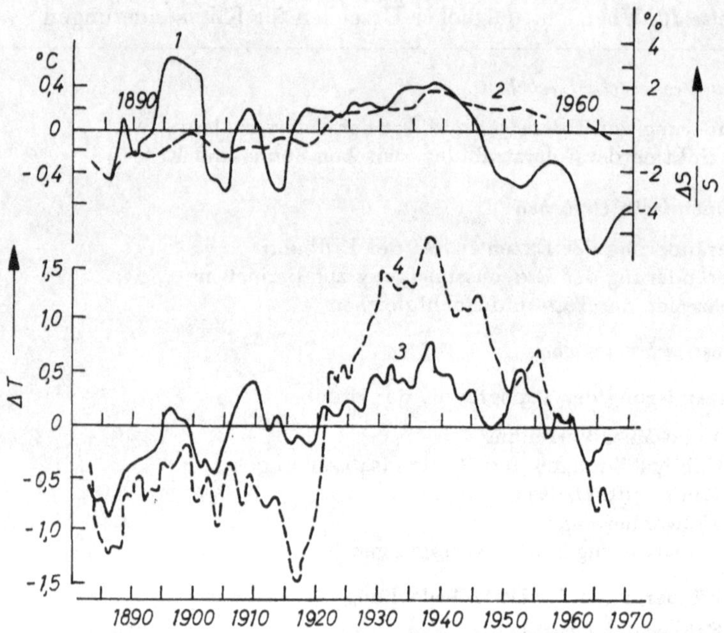

Abb. 42. Abweichungen von langjährigen Mittelwerten der direkten Sonnenstrahlung nach Messungen an mehreren Stationen der Nordhalbkugel (*1*), der Jahresmitteltemperaturn der Nordhalbkugel (*2*), der Sommertemperaturen (*3*) und der Wintertemperaturen (*4*) der Zone 70–85° N (nach Budyko, 1977)

6.4.3. Anthropogene Einflüsse auf das Klima

Anthropogene Klimaänderungen – gezielt oder ungewollt – sind regional nachweisbar. Das *Stadtklima* mit positiver Temperaturabweichung von der Umgebung, stärkerer Trübung und weiteren Besonderheiten, bildet eine *Klimaanomalie*, die auf Veränderungen im Wärmehaushalt zurückgeht: Veränderter Strahlungshaushalt durch Luftverunreinigungen, größere Wärmekapazität und größere Rauhigkeit durch die Bebauung und verändertes Verhältnis zwischen den Strömen fühlbarer und latenter Wärme sind die wesentlichen Ursachen (Oke 1979).

Neben diesen nachweisbaren regionalen Klimaanomalien und auch anderen, kleinräumig im Rahmen von Klimameliorationsmaßnahmen gezielt geschaffenen Klimaveränderungen fehlt gegenwärtig der Nachweis einer im Prinzip nicht auszuschließenden *globalen Klimabeeinflussung* durch menschliche Aktivitäten. Die dieser Möglichkeit zugrundeliegende Veränderung des natürlichen Wärmehaushaltes kann über die direkte Wärmezufuhr erfolgen und über die physikalischen Eigenschaften anthropogener Spurengase und Aerosole (Twomey 1977, Versino und Ott 1980).

Der sich aus der Solarkonstanten und der Albedo der Erdoberfläche ergebende *Energiegewinn aus der Sonnenstrahlung* beträgt mit ca. 10^{17} W gegenwärtig noch das 10^4-fache der Welt-Energieerzeugung. Dieser Anteil kann global als vernachlässigbar gelten, nicht aber regional, wo über Industriegebieten und Großstädten die anthropogene Wärmeabgabe an die Atmosphäre in der Größe des natürlichen Energiestromes liegt, auch nicht zukünftig, sofern die Weltenergieproduktion um eine Größenordnung anwächst.

Zur Beurteilung der Wirksamkeit *anthropogener atmosphärischer Immissionen* sind sowohl Kenntnisse deren physikalischer Eigenschaften wie auch der Verteilungen und Konzentrationen erforderlich. Das *Kohlendioxid* ist seit langem und relativ sicher untersucht; der globale Mittelwert der präindustriellen Konzentration (um 1860) wird mit 292 ppm angesetzt. Gegenwärtig liegt der repräsentative Wert bei 330 ppm. Eine Auswirkung auf das Klima, die über die Verstärkung des *Glashauseffektes* erwartet werden kann und für deren Abschätzung verschiedene Modellrechnungen durchgeführt wurden, ist bisher nicht nachweisbar. Möglicherweise sind sie durch natürliche Vorgänge, etwa Reduzierung der Globalstrahlung durch erhöhte Trübung, die mit dem wieder verstärkten Vulkanismus seit Mitte dieses Jahrhunderts in Verbindung steht, kompensiert worden (s. Abb. 42). Zur Abschätzung eventueller zukünftiger Auswirkungen einer mit der Energieproduktion aus fossilen Energieträgern gekoppelten *Freisetzung von* CO_2 ist die Kenntnis von dessen Stoffkreislauf erforderlich. Atmosphäre, Hydrosphäre und die Landvegetation sind die drei wesentlichen Senken für das Kohlendioxid; Angaben über die Aufnahme des anthropogen freigesetzten CO_2 in den Ozeanen liegen in weiten Grenzen zwischen 20 und 50% der produzierten Menge.

Neben dem Kohlendioxid sind zahlreiche *Spurengase* in die Diskussion gekommen wegen des mittelbaren oder unmittelbaren Einflusses auf den Strahlungshaushalt. Ein unmittelbarer Einfluß (vgl. Kap. 5.3.3.) ist vor allem von den *Freonen* (Chlorfluormethanen) zu erwarten, die katalytisch das stratosphärische Ozon abbauen, somit die Durchlässigkeit der Atmosphäre für kurzwelliges UV vergrößern und die vertikale Temperaturstruktur der Atmosphäre verändern können. Daneben sind eine Reihe weiterer Spurengase von Interesse, die wie auch die Freone, Absorptionsbanden im Bereich des Wasserdampf- und CO_2-Fensters haben (Tab. 11), so daß von ihnen eine Verstärkung des Glashauseffektes ausgehen kann (Bach, Pankrath, Kellog (1979), Kellogg (1977)).

Ein besonderes Problem bildet die *Wirkung des Aerosols.* Der *thermische Effekt,* dessen Vorzeichen grundsätzlich verschieden sein kann, wird bestimmt durch das Verhältnis von Rückstreuung und Absorption. Damit wird die genaue Kenntnis des komplexen Brechungsindex realer Partikelkollektive erforderlich, dessen Imaginärteil die Absorptionsfähigkeit darstellt. Außerdem entscheidet über das Vorzeichen der Aerosolwirkung im Strahlungshaushalt noch die Albedo der Unterlage. Abb. 43a zeigt die Veränderungen der *planetaren Albedo* unter der Wirkung gegenüber dem gegenwärtigen Zustand erhöhter Aerosolimmission, einmal durch nur streuendes, zum anderen durch auch absorbierendes Aerosol (Eiden, 1979).

Die Berechnung erfolgte auf der Grundlage mittlerer Wolkenbedeckung von 50%, einer Albedo der Wolkenoberfläche von 0,46 sowie einem mittleren atmosphärischen Wasserdampfgehalt von 2,28 cm Wassersäule und einer optischen Dicke $d = 0,3$ für $\lambda = 550$ nm. Für das absorbierende Aerosol wird ein Brechungsindex $m = 1,5 - i \cdot 0,02$ angesetzt. Mit wachsendem Reflexionsvermögen der Erdoberfläche nimmt der Strahlungsverlust durch Rückstreuung in den Raum zu. Bei absorbierendem Aerosol liefert die vom Boden reflektierte Sonnenstrahlung nochmals einen Anteil zur Absorption. Mit zunehmenden Albedowerten der Erdoberfläche steigt die planetare kurzwellige Strahlungsbilanz an. Die Abb. 43b zeigt die auf diese Weise veränderten Energiebilanzen für den gesamten

Tabelle 11. Hauptabsorptionsbanden atmosphärischer Spurengase und berechnete Erwärmungseffekte bei Erhöhung der Konzentration (nach WANG et al. 1976)

Stoff	Zentrum der Absorptionsbanden (nm)	Gegenwärtige atm. Konzentration (ppm)	Angenommener Vervielfachungsfaktor	Errechneter Temperaturanstieg (K)
N_2O	7780	0,28	2	0,68 – 0,44
	17000			
	4500			
CH_4	7660	1,6	2	0,28 – 0,20
NH_3	10530	$6 \cdot 10^{-3}$	2	0,12 – 0,09
HNO_3	5900	10^{-4} (?)	2	0,08 – 0,06
	7500			
	11300			
	21800			
C_2H_4	10500	$2 \cdot 10^{-4}$	2	0,01 – 0,001
SO_2	8690	$2 \cdot 10^{-3}$	2	0,03 – 0,02
	7350			
$C\,Cl_2F_2$	9130	$1 \cdot 10^{-4}$	20	}
	8680			}
	10930			} 0,54 – 0,36
$C\,Cl_3F$	9220	$1 \cdot 10^{-4}$	20	}
	11820			}
CO_2	15000	330	1,25	0,79 – 0,53

Planeten Erde und getrennt für Atmosphäre und Erdoberfläche. Die gegenwärtige mittlere Erdoberflächenalbedo beträgt $A_0 = 0{,}15$. Gemäß Abb. 37 adsorbiert dabei die Atmosphäre 20% der Solarstrahlung, der Planet insgesamt 70%. Unter Bedingungen des hier angesetzten verdoppelten Partikelgehaltes entsteht im Falle nicht absorbierender Partikeln ein erhöhter Strahlungsverlust des Planeten. Im Falle absorbierenden Aerosols geht bei $A_0 > 0{,}35$ der Energieverlust in einen Gewinn über. Für die kurzwellige Strahlungsbilanz der Atmosphäre allein führt absorbierendes Aerosol stets zu einem Energiegewinn, für die Erdoberfläche stets zu einem Verlust.

Natürlich sind bei genauen Modellrechnungen die spektralen Verteilungen des Reflexionsvermögens an der Erdoberfläche und des Absorptionsvermögens der Luftbeimengungen zu berücksichtigen. *Atmosphärisches Aerosol verändert auch das Spektrum der Kondensationskerne und damit das Tropfengrößenspektrum der Wolken.* Innerhalb der Wolken wirkt das Aerosol über seine Absorptionsfähigkeit und über die durch das Aerosol mitbestimmte Streufunktion und optische Dicke. Durch Kombination dieser Faktoren *erhöht Aerosol im Prinzip die Albedo dünner Wolken und setzt die Albedo dicker Wolken herab.* Prinzipiell darf bei solchen Modellrechnungen der dominierende Einfluß der Bewölkung auf den Strahlungshaushalt nicht unterbewertet bleiben, wie in zahlreichen Untersuchungen, z. B. von LIOU, FREEMAN und SASAMORI (1978), gezeigt wird. Diese Rechnungen ergeben einen spürbaren Einfluß des Aerosols auf die Erwärmungsrate der Atmosphäre durch Sonnenstrahlung, wenn die Atmosphäre klar ist, nicht aber im Falle bewölkter Atmosphäre.

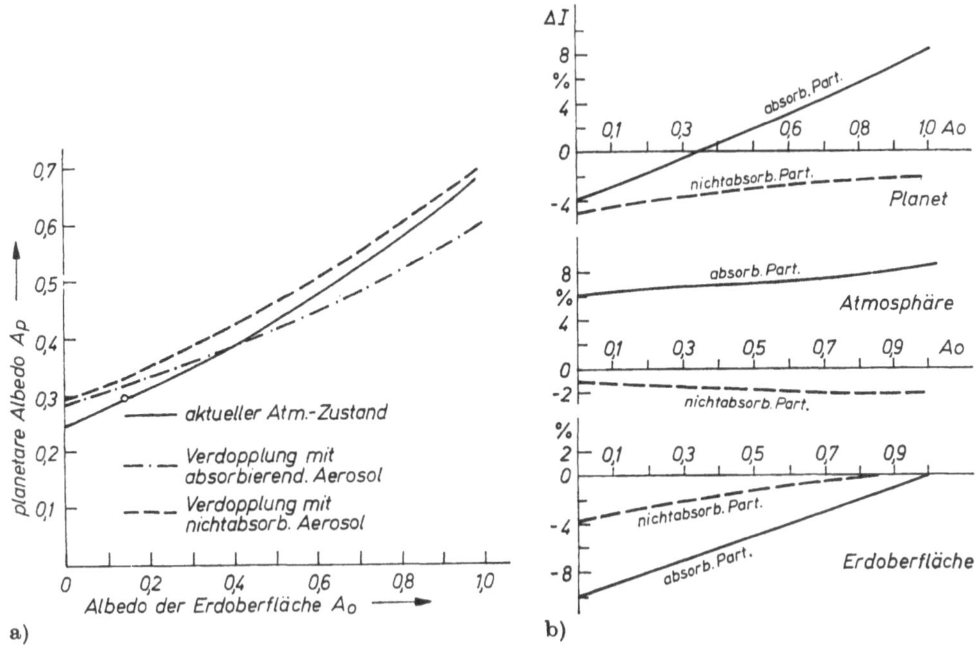

Abb. 43. Die mittlere planetare Albedo in Abhängigkeit von der Albedo der Erdoberfläche (bei 50% Wolkenbedeckung mit 46% Albedo der Wolken und bei einem atmosphärischen Wassergehalt von 2,28 cm (a) und die relativen Veränderungen der Absorption von Sonnenstrahlung im Falle einer Verdopplung der gegenwärtigen atmosphärischen Partikelimmision (b) (nach EIDEN, 1979)

6.5. Forschungsschwerpunkte

Eingeleitet durch die Aktivitäten und Ergebnisse des Geophysikalischen Jahres 1957/58, gestützt auf die Entwicklung der Beobachtungsmethoden einschließlich der Geofernerkundung, der Nachrichten- und der Rechentechnik und in der Erkenntnis, daß für eine Verbesserung der Aussagesicherheit numerischer Vorausbestimmungen des Wetters eine globale Datenerfassung und eine globale Betrachtung der atmosphärischen Prozesse erforderlich ist, wird seit dem Jahr 1967 das „*Global Atmospheric Research Programme*" (GARP) vorbereitet und durchgeführt. Dieses von der Meteorologischen Weltorganisation (WMO) und dem Internationalen Konzil wissenschaftlicher Unionen (ICSU) entworfene und geleitete Projekt ist die bisher größte internationale Wissenschaftskooperation. Grundlage der Durchführung des GARP ist die Realisierung eines umfangreichen Programmes der „*Welt-Wetter-Überwachung*" (WWW). Diese umfaßt ein vielseitiges, über den gesamten Planeten Erde verteiltes Beobachtungsnetz zur Überwachung der großräumigen atmosphärischen Strukturen und Prozesse und ein System meteorologischer Welt- und Regionalzentren, die durch leistungsfähige Kommunikationseinrichtungen verbunden sind.

Das Programm der Atmosphärenforschung GARP dient der Untersuchung solcher physikalischer Prozesse in der Troposphäre und der Stratosphäre, die notwendig sind zum Verständnis

- des wechselhaften *Verhaltens der Atmosphäre*, wie es sich in den großräumigen Fluktuationen widerspiegelt; dies würde zu höherer Genauigkeit der Vorhersagen im Zeitraum von einem Tag bis zu mehreren Wochen führen; und
- der Faktoren, die die statistischen Eigenschaften der *allgemeinen Zirkulation der Atmosphäre* bestimmen, die zum besseren Verständnis der physikalischen Grundlagen des Klimas führen (WMO-ICSU 1975).

Diese Hauptzielstellungen werden über zwei unterschiedliche Programmteile verfolgt, die allerdings in enger Beziehung zueinander stehen:

- Der Entwurf und die Prüfung von numerischen Methoden einer Reihe *theoretischer Modelle* relevanter Erscheinungen des atmosphärischen Verhaltens, um eine zunehmend genauere Beschreibung signifikanter physikalischer Prozesse und ihrer Wechselwirkungen zu erreichen.
- *Beobachtungen* und *experimentelle Untersuchungen* der Atmosphäre, um Daten für den Entwurf solcher theoretischer Modelle und die Prüfung ihrer Güte zu liefern.

Im Rahmen des GARP wurden und werden zahlreiche Unterprogramme durchgeführt, die sich auf spezielle atmosphärische Prozesse (z. B. Atmosphäre-Ozean-Wechselwirkungen, Luftmassentransformationen, atmosphärische Energieströme) oder auf bestimmte Regionen (z. B. das tropische atlantische Experiment, das westafrikanische Monsunexperiment, das alpine Feldexperiment) konzentrieren. Zu Ende des Jahres 1978 wurde das erste globale Experiment begonnen.

In enger Verbindung mit dem GARP steht das im Jahre 1979 auf der Weltklimakonferenz beschlossene *Weltklimaprogramm* (WCP). Vor dem praktischen Hintergrund der Sicherung der Nahrungsmittelbasis der wachsenden Weltbevölkerung, die in hohem Maße mit Eigenschaften und Variationen der Klimate zusammenhängt, wegen der Möglichkeit anthropogener Einflüsse auf das Klima und in der Erkenntnis, daß der effektive Weg der Forschung nur über ein internationales Programm zum Studium des gesamten Systems der Klimafaktoren führt, wird im Rahmen des WCP Forschungsarbeit in mehreren Zielrichtungen geleistet. Im Vordergrund steht der *Prozeß der Klimabildung*, dazu die Rolle natürlicher und *anthropogener Einflüsse*, und die Weiterentwicklung der Simulation und der *Vorausbestimmung der Klimate*. Hinzu kommt die Anwendung von Erkenntnissen über das Klima in der Planung und Realisierung von Maßnahmen zur Verbesserung der Ernährungslage, der Wasser- und der Energieversorgung und der Gesundheit. Grundlage der Forschung ist ein erweitertes Datenprogramm, das die erforderlichen meteorologischen, hydrologischen, ozeanologischen und die anderen notwendigen geophysikalischen Daten verfügbar macht. Nach einem Beschluß des Exekutivkomitees enthält das WCP vier *Unterprogramme*:

The World Climate Research Programme (WCRP),
the World Climate Applications Programme (WCAP),
the World Climate Impact Studies Programme (WCIP) and
the World Climate Data Programme (WCDP).

Innerhalb der Programme GARP und WCP spielen die atmosphärischen Prozesse der planetarischen Grenzschicht besonders im Hinblick auf den Energieaustausch mit der Erd- und der Wasseroberfläche und auf die Verteilung von Luftbeimengungen eine wichtige Rolle. Nicht zuletzt bilden Forschungen der Luftchemie in Verbindung mit denen der Atmosphärenphysik einen Schwerpunkt. Für viele Fragen der *Umweltphysik* bzw.- *geophysik* führt die wechselseitige Bedingtheit chemischer und physikalischer Prozesse zu einer notwendig komplexen Behandlung.

6.6. Literatur

BACH, W., J. PANKRATH u. W. KELLOGG (Hrsg.): Man's impact on climate. Amsterdam 1979.

BUDYKO, M. I.: Izmenenija klimata. Leningrad 1974.

BUDYKO, M. I.: Climate and life. New York/London 1974.

BUDYKO, M. I.: On present-day climatic changes. Tellus **29** (1977), 193–204.

DUBOVA, A. C. (Hrsg.): Fizika progranične go sloja atmosfery. Trudy GGO Nr. **444** (1980).

EIDEN, R.: The influence of trace substances on the atmospheric energy budget. In: BACH, PANKRATH, KELLOGG (Hrsg.): Man's impact on climate. Amsterdam **1979**.

FLOHN, H.: Ein geophysikalisches Eiszeitmodell. Eiszeitalter u. Gegenwart **20** (1969), 204–231.

FRAKES, L. A.: Climates throughout geologic time. Amsterdam 1979.

FRÖHLICH, C.: The solar constant: a critical review. Preprint Symp. on Radiation, Garm.-Partenkirchen, Aug. 19.–28. 1976.

FYMAT, A. L. und V. E. ZUEV (Herausg.): Remote sensing of the atmosphere: Inversion methodes and application. Amsterdam 1978.

HÄNSEL, CHR.: Klimaänderungen – Erscheinungsformen und Ursachen. Leipzig 1975.

MC BEAN, G. A. (Hrsg.): The planetary boundary layer. WMO, Techn. Note Nr. 165 (1979).

KELLOGG, W. W.: Effects of human activities on global climate. WMO, Techn. Note Nr. 156 (1977).

KONDRAT'EV, K. JA.: Radiacionnye faktory sovremennych izmenenii global'nogo klimata. Leningrad 1980.

KONDRAT'EV, K. JA. und JU. M. TIMOFEEV: Meteorologiceskoe zondirovanie atmosfery iz kosmosa. Leningrad 1978.

LILJEQUIST, G. H.: Allgemeine Meteorologie. Braunschweig 1974.

LIOU, K.-N., K. P. FREEMAN und T. SASAMORI: Cloud and aerosol effects on the solar heating rate of the atmosphere. Tellus **30** (1978), 62–70.

LONDON, J. u. F. SASAMORI: Radiative energy budget of the atmosphere. In: KONDRAT'EV, RYCROFT, SAGAN: Space Research XI, Berlin 1971, 639–649.

LONGHETTO, A. (Hrsg.). Atmospheric planetary boundary layer physics. Amsterdam 1980.

MASON, B. J.: Towards the understanding and prediction of climate variations. Quart. J. Roy. Meteor. Soc. **102** (1976), 433–473.

MÖLLER, F.: Einführung in die Meteorologie. 2 Bände. Mannheim, Wien, Zürich (1973).

MONIN, A. S, und JU. A. ŠIŠKOV: Istorija klimata. Leningrad 1979.

OKE, T. R.: Review of urban climatology, 1973–1976. WMO, Tech. Note Nr. 169, (1979).

RASCHKE, E. et al.: Energiehaushalt und Zirkulation der Atmosphäre. Forsch.-Ber., Dt. Forschungsgemeinschaft Boppard, 1978.

SCHANDA, E. (Hrsg.): Remote sensing for environmental sciences. Berlin, 1976.

SERGIN, V. JA.: Origin and mechanism of large scale climatic oscillations. Science **209** (1980), 1477–1482.

TWOMEY, S.: Atmospheric aerosols. Amsterdam 1977.

VERSINO, B. und H. OTT (Hrsg.): Physico-chemical behaviour of atmospheric pollutants Proc. First European Sympos., Commision of the Europ. Communities ECSC-EEC-EAEC Brussels–Luxembourg 1980.

WANG, W. C., Y. L. YUNG, A. A. LACIS, T. MO und J. E. HANSEN: Greenhouse effects due to man-made perturbation of trace gases Science **194** (1976), 685–690.

WMO-ICSU: The physical basis of climate and climate modelling. GARP Publ. Ser. Nr. 16 (1975), 265 S.

WMO: WMO-Symposium on boundary layer physics applied to specific problems of air pollution (Norrköping, 19–23 June 1978). WMO Rep. Nr. 510 (1978), 322 S.

7. Physikalische Ozeanologie [1]

7.1. Gegenstand und Aufgaben

Die physikalische Ozeanologie oder Ozeanographie ist Teil der Geophysik und bildet zusammen mit weiteren Spezialrichtungen naturwissenschaftlicher (so Meereschemie, marine Geophysik und Meeresgeologie, Meeres- und Fischereibiologie, maritime Meteorologie) sowie anderer, namentlich technischer Richtungen das *Ensemble der Meereswissenschaften. Allgemeines Ziel ist das umfassende Verständnis der Weltmeere als Substanz physikalisch-chemischer und biologischer Prozesse* unter Einschluß der oberen (Atmosphäre), seitlichen (Küste) und unteren (Meeresboden) Grenzflächen im Hinblick auf eine *optimale Nutzung der Meere und Ozeane für die Gesellschaft.*

Die physikalische Ozeanologie untersucht dabei als „Physik des Meeres" (Teil der Physik der Hydrosphäre) modellmäßig-theoretisch und experimentell durch gezielte Messungen im Meer wie in der Nähe seiner Grenzflächen Gesetzmäßigkeiten, denen die maritimen Vorgänge unterschiedlichen räumlichen und zeitlichen Maßstabes unterliegen. Eine enge Zusammenarbeit mit anderen Zweigen der Geo- und Meereswissenschaften ist charakteristisch.

Motive für die beeindruckende Entwicklung der Meeresforschung liegen einerseits in der Schaffung von Voraussetzungen für eine sinnvolle Nutzung der biologischen, mineralischen und anderen Ressourcen sowie für eine effektive Seeverkehrswirtschaft, andererseits in der Herausforderung, wichtige Beiträge zur Lösung globaler Probleme wie der Erforschung des Wasserkreislaufes, der langfristigen Wettervorhersage oder des Auftretens von Klimaschwankungen in Atmosphäre und Meer zu leisten.

Für die Gegenwart charakteristisch ist die rasche Entwicklung von Forschungsmethoden und -anlagen. Unter Einbeziehung der *Paläo- und Mikroozeanographie* können nun Erscheinungen im Zeitbereich von *Milliarden Jahren bis zu Bruchteilen von Sekunden* untersucht werden, deren räumliche Abmessungen vom *globalen Maßstab bis in den Mikrometerbereich* reichen. Die im Meer immer und überall vorhandene Veränderlichkeit der Strömung, der Temperatur, des Salzgehaltes und anderer Grössen — das ist die wichtigste und auch methodisch weittragendste Erkenntnis der letzten Jahrzehnte. Die Darstellung der marinen Prozesse bedarf der Kenntnis des breiten raum-zeitlichen Schwankungsspektrums der Größen. Mit der klassischen Erkundungsmethodik (Schnitte mit „Stationen in See") sind nur Grundstrukturen erkennbar. Die bedeutendsten *neuen Erkenntnisse* wurden dort erzielt, wo hochentwickelte Meßtechnik *im Rahmen von „Experimenten"* in begrenzten Gebieten starker Dynamik konzentriert wurde. Herausragendes Beispiel ist das 1978/79 im Nordatlantik durchgeführte UdSSR-USA-Experiment POLYMODE zur Erkundung von

---

[1]) Von P. Hupfer

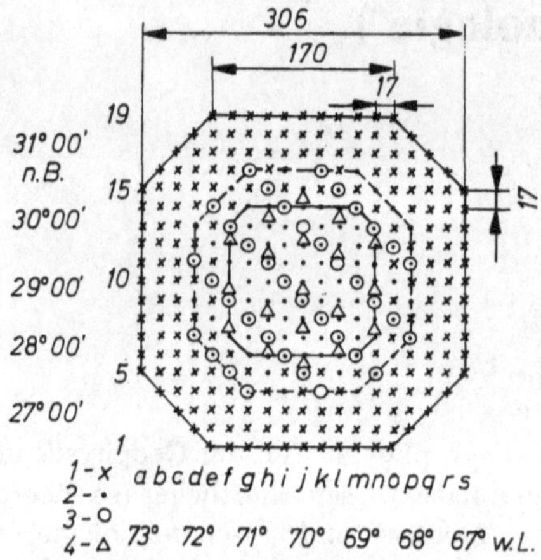

Abb. 44. Schema der Anordnung von Meßpunkten im Meßgebiet POLYMODE (nach B. A. Nelepo et al. 1980)

1 — Sondierungen der vertikalen Temperatur- und *2* — der vertikelen Temperatur- und Salzgehaltsverteilung, *3* — Stationen mit ozeanologischem Standardprogramm, *4* — autonome Bojenstationen. Die Abstände sind in Seemeilen angegeben

klein- und mittelmaßstäblichen Effekten der Zirkulation. Ozeanologische Unternehmen mehr herkömmlicher Art der Erkundung von Seegebieten und Erforschung von Spezialproblemen spielen jedoch auch heute noch eine wesentliche Rolle.

Wichtige Schwerpunkte der gegenwärtigen Ozeanologie bilden die Untersuchungen in der oberen Schicht des Ozeans einschließlich der Grenzfläche Meer-Atmosphäre. Zusammen mit Meteorologen werden die wesentlichen Wechselwirkungen in dem gekoppelten *System Meer-Atmosphäre* untersucht, neben den Grundprozessen auch die Bedeutung des Meeres für das Klima. Gerade dieser Richtung kommt im Rahmen des *Weltklimaprogramms* (seit 1980) eine hohe Priorität zu. Fragen der *ozeanischen Turbulenz und Vermischung* einschließlich der Problematik der *Meeresverunreinigungen* spielen ebenfals eine bedeutende Rolle. In enger Verbindung mit den genannten Schwerpunkten steht jedoch die Erforschung der ozeanischen Dynamik in den verschiedenen Maßstäben im Mittelpunkt der modernen Ozeanologie. Die neuen Erkenntnisse machten eine Revision der Ansichten über die Natur der *allgemeinen ozeanischen Zirkulation* nötig: als entscheidender Wesenszug hat sich die *mesoskale Wirbeldynamik* herausgestellt.

Die in der Meeresforschung unerläßliche und daher breit entwickelte internationale Zusammenarbeit trägt sowohl der Notwendigkeit einer koordinierten Forschung Rechnung als auch der Befriedigung des Bedarfes an ozeanographischen Kenntnissen für einzelne Regionen. Am wichtigsten ist die „Intergovernmental Oceanographic Commission" (IOC) der UNESCO, der über 100 Länder angehören. Beratendes Gremium ist das „Scientific Committee on Oceanic Research" (SCOR) für alle Zweige der Meeresforschung. Die internationale Kooperation im UN-Rahmen ist eingebettet in das langfristige Ozeanforschungsprogramm LEPOR (seit 1969). Hervorzuheben sind die ozeanographischen Programme im Rahmen der großen GARP (Global Atmospheric Programme)-Experimente, vor allem GATE (Tropischer Atlantik) 1974 und FGGE 1978/79. Von großer Bedeutung sind der internationale ozeanographische Datenaustausch (IODE) und die vielfältigen Bemühungen um mehr und operativ verfügbare Daten von den Ozeanen im Rahmen von IGOSS (Intergrated Global Oceanographic Station System). Außerdem wurden und werden zahlreiche regionale internationale Programme durchgeführt.

Sozialistische Länder arbeiten im Rahmen des RGW-Problems „Weltozean“ eng zusammen. Genannt seien hier nur die seit 1973 durchgeführte „Küstenexperimente“ mit Untersuchungen zur Wechselwirkung Meer-Atmosphäre und zur Hydro-Lithodynamik in dem volkswirtschaftlich wichtigen Küstenbereich.

7.2. Technische Hilfsmittel und Geräte

Die ozeanische Forschung erhält ständig neue instrumentelle und technische Hilfsmittel in dem Maße, wie sich der allgemeine Stand der Technik entwickelt. Neben die traditionellen *Forschungsschiffe*, die ihre grundlegende Rolle beibehalten, sind neue, den modernen Erfordernissen angepaßte *Datengewinnungssysteme* getreten. Dabei handelte es sich vor allem um *Bojenstationen* mannigfaltiger Art, die mit ihrer autonomen Geräteausstattung Zeitreihen der interessierenden Größen zu erfassen gestatten und auch für die operative Datenübermittlung geeignet sind. Die sehr stabilen, bemannten Laboratoriumsbojen bleiben Spezialuntersuchungen vorbehalten. Das Eindringen von Ozeanologen in das Meer selbst vollzieht sich über den Einsatz von *Unterwasserfahrzeugen und -stationen*. Bemannte *Forschungs-U-Boote*, die vor allem für ein detailliertes Studium des Meeresbodens in Zusammenhang mit Forschungsschiffen sowie für biologische Untersuchungen eingesetzt werden, haben sich als effektiv und ökonomisch erwiesen.

Bedeutsam ist die Entwicklung auf dem Gebiet der *Fernerkundung des Meeres* mittels berührungsloser Meßverfahren (*remote sensing*). Die Anwendung ist von Luftfahrzeugen oder Satelliten („*Satellitenozeanographie*“) aus möglich. Mittels einfacher und multispektraler Aufnahmen im sichtbaren und infraroten Spektralbereich sowie der Mikrowellen (cm-Gebiet) einschließlich spezieller Radarverfahren können vom Weltraum aus marine Ressourcen, Besonderheiten von See- und Küstengebieten. Parameter der Wasserqualität und Züge der ozeanischen Zirkulation erkundet werden. Folgende Größen können mit den verschiedenen Systemen wie die Kosmos-Satelliten, Sojus-Raumschiffe, Landsat und dem 1978 für nur wenige Monate in Betrieb gewesenen speziellen ozeanologischen Satelliten Seasat mit einem Auflösungsvermögen von etwa 10^2 m erfaßt werden:

Sichtbarer Bereich und nahes Infrarot	Untermeerische Strukturen Kontakte zwischen Land und Meer Sedimentkonzentration und -verteilung Trübung und Verunreinigungsquellen Phytoplanktonblüte Chlorophyll Temperatur und Zirkulation Eis Weitere Oberflächenphänomene
Thermisches Infrarot	Temperatur Molekulare Temperaturgrenzschicht des Ozeans Mesomaßstäbliche Wirbel Konvektionserscheinungen in der Atmosphäre

Mikrowellen	Oberflächentemperatur Windgeschwindigkeit und -richtung Salzgehalt Eis Wasserdampf, Wolken, Niederschläge Seegang
Radarverfahren	Rauhigkeit der Meeresoberfläche Signifikante Wellenhöhe, Dünung Richtungsspektrum der Wellen Geoid Oberflächenströmung Gezeiten, Tsunamis u. a. lange Wellen Sturmfluten, Windstau Topographie von Eisflächen

Die Genauigkeit der erfaßten Größen bedarf der weiteren Verbesserung. Gegenwärtig ist es zum vollenVerständnis und der richtigen Interpretation der Messungen zweckmäßig, Fernerkundungsexperimente in Zusammenhang mit Schiffen und Bojen vorzunehmen. Die für GARP eingesetzten *geostationären Satelliten* erlauben auch die Beurteilung des zeitlichen Ablaufes bestimmter ozeanischer Prozesse. Für das Ziel einer Ozeanüberwachung ist es als besonders bedeutsam einzuschätzen, daß mittels *Radaraltimetrie* nunmehr die Struktur des physikalischen Meeresniveaus mit schon sinnvoller Genauigkeit ($\pm$10 cm) ermittelt werden kann.

Für den Einsatz von Forschungsschiffen aus wurden Feinstruktur-Meßgeräte entwickelt, die auch fortgeschrittenen Ansprüchen genügen. Beispiel für eine moderne *Bathysonde* ist die Ozeanologische Meßkette OM 75 des Instituts für Meereskunde (Warnemünde) der AdW der DDR. Sie enthält eine Anzahl tauchender Meßwandler (Temperatur, Leitfähigkeit, Druck, Schallgeschwindigkeit, O_2-Gehalt u. a.) mit frequenzanalogem Ausgang, die eine Datengewinnung in hoher räumlicher und zeitlicher Auflösung erlauben. Das Gerät ist mittels eines Seilkabels bis 2000 m Tiefe einsetzbar und kann zusätzlich auch Wasserproben entnehmen. Zur unmittelbaren Bearbeitung der Meßsignale ist ein Rechner angeschlossen. Interessante Geräteentwicklungen zur Feinstrukturerfassung betreffen auch sog. Isothermen- und Isosterenfolger.

Erhebliche Fortschritte sind in der *Strömungsmeßtechnik* eingetreten. Durchgesetzt haben sich *elektromagnetische Strömungsmesser*, die — in der Regel an verankerten Bojen eingesetzt — die horizontalen Strömungskomponenten (N- und E-Komponente) direkt messen und über das entsprechende Meßintervall mitteln (VACM = Vector Averaging Current Meter). Das schnelle Ansprechen solcher Geräte hat Aufnahmen von quasi-momentanen Vertikalprofilen der Strömungskomponenten ermöglicht. Zur Beurteilung der von verschiedenen Geräten und Bojenverankerungssystemen erhaltenen Daten werden *internationale Strömungsmesservergleiche* durchgeführt.

In breitem Umfang finden für dynamische Experimente (z. B. POLYMODE) *Driftverfahren* in allen Tiefen Anwendung, wobei die Ortung akustisch erfolgt. Flach an der Oberfläche schwimmende Driftkarten werden zur Bestimmung der Ausbreitungsverhältnisse in der unmittelbaren Oberflächenschicht eingesetzt, so das DDR-Driftkartenexperiment in der westlichen Ostsee in der zweiten Hälfte der siebziger Jahre.

Abb. 45. Die ozeanologische Meßkette OM 75 des Instituts für Meereskunde der AdW der DDR im Einsatz von FS „Professor Albrecht Penck" aus (Foto: Institut für Meereskunde Warnemünde)

Zur Bestimmung der wichtigen ozeanologischen Zustandsgröße *Salzgehalt* wurde 1982 eine neue Definition international eingeführt. Der praktische Salzgehalt S einer Probe ist gegeben durch das Verhältnis

$$K_{15} = \frac{\text{Elektrische Leitfähigkeit einer Probe bei 15 °C und Normaldruck}}{\text{Elektrische Leitfähigkeit einer KCl-Lösung mit einem KCl-Massenanteil von } 32{,}4356 \cdot 10^{-3} \text{ bei 15 °C und Normaldruck}}$$

Für $S = 35$ nimmt K_{15} den Wert 1 an. Die Beziehungsgleichung lautet

$$S = 0{,}0080 - 0{,}1692\, K_{15}^{0,5} + 25{,}3851\, K_{15} + 14{,}0941\, K_{15}^{1,5} - 7{,}0261\, K_{15}^{2} + 2{,}7081\, K_{15}^{2,5}$$

für $2 \leqq S \leqq 42$. Zur praktischen Nutzung liegen Internationale Ozeanographische Tabellen vor.

7.3. Wechselwirkungen zwischen Meer und Atmosphäre

Untersuchungen zu diesem Problemkreis haben eine zunehmende Bedeutung für die *Meeres-* und *Klimaforschung.* Innerhalb des gekoppelten Systems wirkt die Atmosphäre (einschließlich der diese durchdringenden Sonnenstrahlung) über die Erzeugung von

Wellen und *Driftströmungen*, die Entwicklung der *Turbulenz* und der Hauptzüge der *allgemeinen ozeanischen Zirkulation*, aber auch auf die Herausbildung des *thermischen Aufbaus* und der *Dichteschichtung* nachhaltig auf das Meer ein. Andererseits bildet die Meeresoberfläche (einschließlich des Meereises) die hauptsächliche *Unterlage für die Atmosphäre* (71%), und die *vom Meer zur Atmosphäre gerichteten Energieströme*, wirken sich wesentlich auf die atmosphärischen Zustände und Prozesse in verschiedenen Maßstabsbereichen aus. Ausdruck der Wechselwirkung sind auch der Wasser-, Gas- und Substanzaustausch. Die *globalen Kreisläufe des Wassers, des Sauerstoffs, des Stickstoffs* und des Kohlenstoffs vollziehen sich zum Teil in der Atmosphäre und im Meer.

Die Bestimmung der Komponenten des *marinen Wasserhaushaltes* ist eine Aufgabe von gesamtgeophysikalischem Rang. Die Erweiterung der Abflußmeßnetze, die Verbesserung der Methoden zur Bestimmung von Niederschlag und Verdunstung über den Ozeanen sowie die Gewinnung diesbezüglicher Daten erbrachte folgende Werte im globalen Mittel für den Zeitraum 1894—1975 (Klige 1982):

Verdunstung — (Niederschlag) + Zuflüsse) = Änderung des Ozeanvolumens.

Damit also:

$$507{,}7 \quad - \quad (457{,}2 \quad + \quad 50{,}2) \quad = \quad 0{,}3 \qquad 10^3\,\mathrm{km^3/Jahr.}$$

Die *Zuflüsse* verteilen sich auf den Anteil der Flüsse (44,2), des Grundwassers (2,5) und der Gletscher (3,5). Im Zeitraum 1894—1975 ergab sich eine Zunahme des Wasservolumens der Ozeane von ca. $26 \cdot 10^3\,\mathrm{km^3}$, was einem mittleren *Wasserstandsanstieg* von ca. 7 cm entspricht.

Die experimentelle und theoretische Forschung konzentriert sich in erster Linie auf die Erfassung der sich unmittelbar an der *Grenzfläche* zwischen beiden Medien abspielenden Prozesse („kleinmaßstäbliche Wechselwirkung"), aber auch auf das Herausfinden sicherer und begründbarer Beziehungen zwischen dem großräumigeren Verhalten der Energieströme (meist durch die Oberflächenwassertemperatur approximiert) und korrespondierenden Effekten in der atmosphärischen Zirkulation.

Die Erfassung des *turbulenten Austausches* von Bewegungsgröße, Wärme und Wasserdampf (aus letzterem erfolgt die Bestimmung der Verdunstung) in der wassernahen Luftschicht bei unterschiedlichen Stabilitätsbedingungen erfolgt experimentell hauptsächlich durch die Fluktuationsmethode (Bestimmung der Kovarianz zwischen den turbulenten Fluktuationen der Vertikalkomponente des Windes und entsprechenden Fluktuationen der Größe, deren turbulenter Transport untersucht wird). Die verwendeten Sensoren gestatten eine Auflösung von Schwankungen bis in den Bereich von etwa 10^1 Hz. Die Auswertung und Interpretation solcher Messungen erfolgt im allgemeinen auf der Grundlage der Ähnlichkeitstheorie von Monin und Obuchov mit dem Ziel, für die genannten Energieströme Bestimmungsformeln zu finden, in die nur noch routinemäßig zur Verfügung stehende Größen eingehen (Parametrisierung). Spezielle Untersuchungen gelten dem *Einfluß der bewegten Meeresoberfläche*, ihrer möglichen Verunreinigung sowie von horizontalen Temperatur- und Windgradienten auf die *Energieströme*. Zunehmende Aufmerksamkeit findet die Frage nach dem Verhalten dieser Ströme bei hohen Windgeschwindigkeiten. Unter *Sturmbedingungen* wird ein wesentlicher Beitrag zum Gesamtaustausch zwischen Meer und Atmosphäre realisiert. Erste, experimentell schwierig zu erhaltene Ergebnisse zeigen,

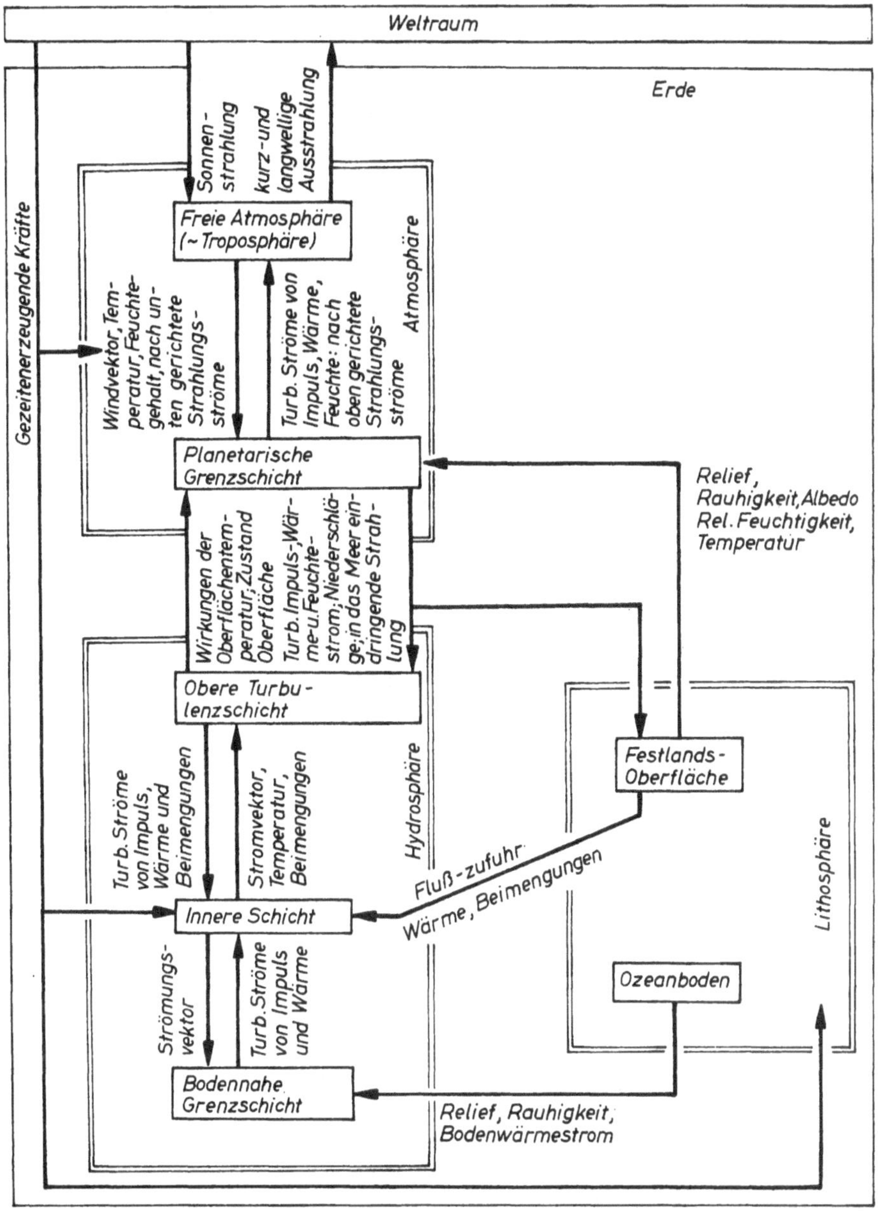

Abb. 46. Hauptelemente und Parameter im System Atmosphäre-Ozean-Kontinente (nach S. S. ZILITINKEVIČ 1969)

daß der für den Impulsaustausch wichtige *Spannungskoeffizient* mit der Windgeschwindigkeit graduell ansteigt, während der entsprechende Koeffizient für den fühlbaren Wärmestrom konstant bleibt.

Während der *Austausch* in der wassernahen Schicht, wo die Messungen gewöhnlich erfolgen, *turbulenzbedingt* ist, vollzieht er sich unmittelbar an der Meeresoberfläche in einer ca. 1 mm dicken Schicht *molekular*. Dort kann der vertikale Transport aus der Kenntnis der in dieser Schicht auftretenden Gradienten und der quasi-konstanten entsprechenden molekularen Koeffizienten bestimmt werden. Es ist gelungen, Existenz und Struktur der *molekularen Temperaturgrenzschicht* zu beiden Seiten der Grenzfläche mittels hochempfindlicher Meßgeräte nachzuweisen. Untersuchungen der thermischen und dynamischen Eigenschaften der molekularen Temperaturgrenzschicht der Atmosphäre über dem Meer ergaben für die Dicke der Schicht eine Abhängigkeit von der Schubspannungsgeschwindigkeit und der Wellenphase. Die Dicke dieser Schicht hängt von der gegenseitigen Einwirkung der turbulenten Grenzschicht und der bewegten Wasseroberfläche. Die Ergebnisse wurden in *Energieaustauschmodelle* eingearbeitet, die mit Routinedaten realistischere Angaben als bisher liefern.

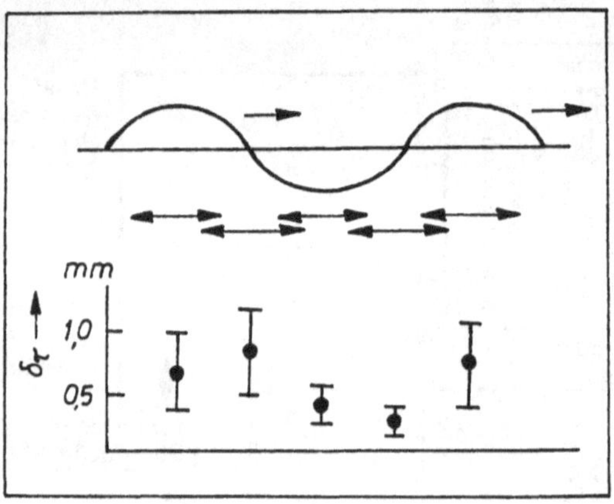

Abb. 47. Dicke der molekularen Temperaturgrenzschicht δ_T über dem Meer in Abhängigkeit von der Wellenphase (nach Th. Foken 1976 auf der Grundlage von Messungen im Kaspischen Meer). Die gemessenen Unterschiede sind signifikant von Null verschieden

Aufmerksamkeit finden auch die Besonderheiten der *Wechselwirkung* zwischen *Meer und Atmosphäre in Küstennähe.* Im Gegensatz zu offenen Seegebieten treten dort beachtliche *horizontale Temperatur-, Luftfeuchtigkeits- und Windgradienten* auf. Infolge resultierender advektiver Störungen und Instationaritäten der Felder kann die von der Theorie her begründete und im offenen Meer auch angenommene Voraussetzung der vertikalen Konstanz der Energieströme nicht erfüllt sein, es kommt vielmehr zu *vertikalen Divergenzen im Impuls-, Wärme- und Feuchtefluß.* Die besonderen Verhältnisse in Küstennähe können theoretisch und experimentell durch die Ausbildung interner Grenzschichten erfaßt werden. Diese Grenzschichten sind Ausdruck der Transformation meteorologischer Felder, die eintritt, wenn die Luftströmung entweder vom Land (aerodynamisch rauh) zum Meer (aerodynamisch glatt) oder umgekehrt verläuft. Innerhalb der Grenzschicht entsprechen die Charakteristiken, vor allem die vertikalen Gradienten, der Größen bereits der neuen Unterlage, während darüber die Verhältnisse noch denen der „alten" Unterlage entsprechen. Vorkommen und Eigenschaften solcher *internen Grenzschichten* wurden in Küstennähe erforscht.

Die großmaßstäblichen Wechselwirkungsprozesse werden empirisch-diagnostisch durch die Herstellung von Beziehungen zwischen der Intensität, Größe, Lage und Andauer von Oberflächenwassertemperaturanomalien und korrespondierenden Änderungen der allgemeinen atmosphärischen Zirkulation untersucht. Bedeutsam ist auch die Ableitung von Schlußfolgerungen aus *Ozean-Atmosphäre-Modellen* unterschiedlichen Grades. Es geht einmal um die Reaktion des Ozeans auf Schwankungen der atmosphärischen Zirkulation. Wegen seiner *großen Wärmekapazität* kann der Ozean kürzerperiodische Einflüsse „integrieren" und darauffolgend längerperiodische Anomalien hervorbringen, die ihrerseits Witterung und Klima über Perioden von Monaten oder Jahren beeinflussen können. Effekte in der Atmosphäre können mehr lokaler Art sein, aber auch sehr weit vom Ort der auslösenden Anomalie des Energieaustausches entfernt auftreten. Es gibt viele Arbeiten, die solche Zusammenhänge nachweisen und unter Ausnutzung der Phasenunterschiede zwischen den Abläufen im Ozean und der Atmosphäre auch prognostisch nutzen. *Modellrechnungen* zeigen, daß das *Ansprechen der Atmosphäre* auf Anomalien der Oberflächenwassertemperaturverteilung von der *geographischen Breite* (in den Tropen bedeutend stärkeres Ansprechen als in den gemäßigten und höheren Breiten) und *Jahreszeit* (in den gemäßigten Breiten im Sommer stärkeres Ansprechen als im Winter) abhängt.

Vieluntersuchtes Beispiel komplexer großräumiger Wechselwirkungsprozesse mit Fernwirkeffekten ist das Vorkommen von warmem und nährstoffarmem Wasser anstelle des kalten und nährstoffreichen Auftriebswassers vor der Küste von Peru (El-niño-Effekt). Diese Erscheinung ist verbunden mit Fluktuationen in der Intensität der allgemeinen tropischen atmosphärischen und ozeanischen Zirkulation im ganzen indo-pazifischen Raum. Etwa 2 Monate nach einer charakteristischen Abschwächung der Passatwinde können sich El-niño-Bedingungen entwickeln, wobei eine deutliche Periodizität nicht feststellbar ist. Die verstärkte Energieabgabe in die Atmosphäre führt zu Zirkulationsanomalien in den mittleren Breiten. Vorhersageversuche sind nicht immer erfolgreich, da die zu El-niño-Bedingungen führende Kausalkette noch nicht voll aufgeklärt ist. Es gibt Hinweise, daß auch an der afrikanischen Küste El-niño-Bedingungen ähnliche Erscheinungen vorkommen.

Ein wichtiges Problem bildet die Rolle des Ozeans im *Wärmetransport zwischen niederen und höheren Breiten,* ist doch die Wärmespeicherung im Ozean innerhalb des gesamten Atmosphäre-Ozean-Land-Kryosphäre-Systems dominierend. Abschätzungen sind nach verschiedenen Methoden möglich und wurden besonders für die durch Daten besser belegten Verhältnisse der Nordhalbkugel durchgeführt. Wenngleich die Ergebnisse noch ziemlich unsicher sind, dürfte als erwiesen gelten, daß der ozeanische *Wärmetransport* besonders in den Tropen großen *jahreszeitlichen Schwankungen* unterliegt. Der maximale polwärtige Transport im Nordatlantik liegt mit $4 \ldots 5 \cdot 10^{15}$ W im Frühjahr und Spätherbst. Diese Werte sind gleich oder größer als der entsprechende Transport in der Atmosphäre. Weiter nördlich dominiert der Anteil der Atmosphäre am Gesamtwärmetransport.

Ausdruck der Wechselwirkung zwischen Meer und Atmosphäre ist auch das Auftreten von *Meereis.* Das Meereis reagiert sehr empfindlich auf Änderungen der klimatischen Verhältnisse im Ozean und in der Atmosphäre. So können schon *geringere Variationen im Wärmetransport zwischen Äquator und Polen* zu *Änderungen der Eisbedeckung* führen, was wiederum den Selbstverstärkungseffekt (positive Rückkopplung) anregt. Eine Eisdecke modifiziert stark den Wärmeaustausch zwischen At-

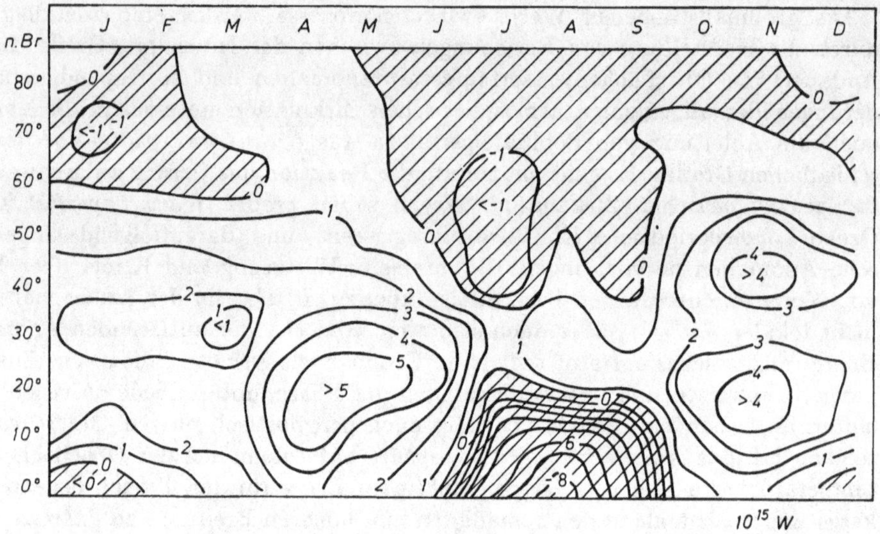

Abb. 48. Isoplethen des mittleren monatlichen meridionalen Wärmetransportes in 10^{15} W im Meer auf der Nordhalbkugel (nach Daten von A. H. Oort und T. H. Van der Haar (1974). Positive Werte bedeuten Wärmetransport nach Norden.

mosphäre und Meer, wichtig ist das Ansteigen des reflektierten Strahlungsanteils (*Albedo*).

Die Untersuchungen zur großmaßstäblichen Wechselwirkung Meer-Atmosphäre werden gegenwärtig rasch vorangetrieben durch die Entwicklung gekoppelter *Ozean-Atmosphäre Modelle*. Die Modellaussagen erlauben grundlegende Zusammenhänge zu erkennen, die aktiven Zonen des Ozeans zu identifizieren und experimentelle wie auch statistische Untersuchungen zweckmäßig anzusetzen. So ergaben Modellrechnungen unter anderem, daß in mittleren Breiten zwischen dem Bodenluftdruck und der Oberflächenwassertemperatur bei Schwankungen ein Antwort/Erregungs-Verhältnis von 1 hPa/K besteht, wobei die Effekte nicht phasengleich sind. Da die *Trägheitszeit des gesamten Ozeans* mit ca. 200 Jahren sehr groß ist, sind allerdings Aussagen stationärer Modelle von begrenztem Wert, während stochastische Analyse- und Vorhersageverfahren günstige Ergebnisse versprechen.

7.4. Turbulenz und Vermischung

Kennzeichnende Eigenschaft aller Bewegungen im Ozean ist die *Turbulenz*. Die einzelnen Schichten im Meer haben unterschiedliche Turbulenzeigenschaften, wobei eine *Mischungszone* (in dieser obersten Schicht ist die Hauptenergie in den mikroturbulenten Fluktuationen konzentriert), eine im Meer den größten Teil einnehmende *Innere Zone* (mit intermittierenden Turbulenzeigenschaften) und eine ziemlich *flache Bodenzone* (Dissipation der kinetischen Energie der Strömungen, zusammen mit dem Bodenrelief entscheidend für die Ausbildung der Tiefseeturbulenz) unterschieden werden können. Der Stand der ozeanischen Turbulenzforschung ist dadurch gekennzeichnet, daß jetzt die Einzelheiten, die die Vermischungsprozesse im Ozean bestimmen, besser verstanden sind und auch modellmäßig dargestellt werden können. Die für die Turbulenzerzeugung ursächlichen individuellen Mischungselemente können nicht isoliert betrachtet werden, da starke Wechselwirkungen zwischen den auftretenden Größenordnungen solcher Prozesse existieren. Im *Gesamtturbulenzspektrum* spielen die erst zu Beginn der siebziger Jahre entdeckten und in ihrer Bedeutung erkannten sog. *mesomaßstäblichen Wirbel* (s. 7.5.) eine bedeutende Rolle. Während die mit ihnen verbundene frontale Baroklinität der Schichtung die Entstehung kleinermaßstäblicher Erscheinungen fördert, wirken die mesomaßstäblichen Wirbel in der anderen Richtung als Energielieferanten für großmaßstäbliche turbulente Erscheinungen, wie sie in den großen *Stromringen der ozeanischen Zirkulation* zum Ausdruck kommen. Die Einflüsse der Erdrotation, des Bodenreliefs, der Schichtung und der mittleren Verteilungen von Temperatur und Salzgehalt rufen hinsichtlich der ozeanischen Turbulenz komplizierte Verhältnisse hervor.

Vom Turbulenzzustand hängt die potentielle Vermischungsfähigkeit physikalischer und chemischer Eigenschaften und damit die Ausbildung entsprechender Feldverteilungen ab. Die Erforschung der *turbulenten Diffusion* im Meer und in den Küstengebieten ist daher nach wie vor eine wichtige Aufgabe der modernen Meeresforschung. Der mittlere horizontale Diffusionsprozeß kann mit Hilfe der halbempirischen Theorie der turbulenten Diffusion näherungsweise beschrieben werden. Die Theorie beruht auf der Annahme, daß der turbulente Massenstrom aus dem Gradienten der mittleren Dichte bestimmt werden kann (oder der Fluß einer Beimengung aus dem Gradienten der mittleren Konzentration dieser Beimengung). Die Wirksamkeit der horizontalen turbulenten Diffusion ist um Größenordnungen höher als der entsprechende vertikale Prozeß, was auf die Anisotropie der Gradienten der interessierenden Größen zurückzuführen ist. Für die vertikale Diffusion gibt es unter Berücksichtigung der Schichtung eine Reihe von Berechnungsverfahren, die auf den vereinfachten Transportgleichungen beruhen. Im Meer vielfach durchgeführte *Experimente* zur Kenntnis vor allem der horizontalen turbulenten Diffusion, bei denen in der Regel passive und nahezu konservative *Tracer* (wie der Farbstoff Rhodamin A) benutzt werden, ergeben, daß die Dispersionen der sich bildenden „Beimengungswolke" deutlich von der Zeit abhängen. Die zeitlichen Ableitungen dieser Dispersionen werden als effektive *Austauschkoeffizienten* definiert, die ebenfalls von der *Diffusionszeit* abhängen. Diese Erscheinung wird als Maßstabsabhängigkeit der turbulenten Diffusion bezeichnet, wonach die Koeffizienten mit der 4/3-Potenz des Maßstabes eines Diffusionsprozesses zunehmen. Allerdings streuen die gefundenen Ergebnisse erheblich in Abhängigkeit von den äußeren Bedingungen. Die ermittelten Austauschkoeffizienten sind ein Ausdruck für die Vermischungsfähigkeit eines turbulenten Strömungsfeldes. Unter Berücksichtigung des charakteristischen *Spektrums der Stromgeschwindigkeitsschwankungen* in der oberen Schicht des Ozeans kann man zwischen lokalen und effektiven Austauschkoeffizienten unterscheiden. Während durch die lokalen Größen der Einfluß der höherfrequenten Strömungsschwankungen berücksichtigt wird, entwickeln sich die effektiven Größen in Abhängigkeit von der Zeit und der konkreten Struktur des Strömungsfeldes. Zur Interpretation von Versuchsergebnissen ist es erforderlich, die Eigenschaften des *großräumigen Strömungsfeldes* zu kennen.

Turbulenter Austausch und Vermischung sind zusammen mit der mittleren Strömung für das *Selbstreinigungsvermögen des Meeres* wichtig. Deren Kenntnis bildet eine Grundlage zur Beurteilung der Ausbreitung von Verunreinigungen in der marinen

Umwelt. Unter Meeresverunreinigungen versteht man die direkte oder indirekte Einleitung von Substanzen oder Energie durch den Menschen in die marine Umwelt (einschließlich der Küstengewässer), die zu schädlichen Auswirkungen führen oder führen können. Dazu zählen Schäden für lebende und nichtlebende Ressourcen, Gefahren für die menschliche Gesundheit, Hindernisse für die Entfaltung maritimer Aktivitäten einschließlich der Fischerei und anderer rechtmäßiger Nutzungen des Ozeans, Qualitätsbeeinträchtigungen für die Nutzung des Meerwassers und Herabsetzung der Annehmlichkeiten, die das Meer für den Menschen bietet. Die *Erforschung der Meeresverunreinigungen erfolgt interdisziplinär*; die Verhinderung ihrer weiteren Ausbreitung hängt von Abschluß und Durchsetzung entsprechender internationaler Konventionen ab.

7.5. Dynamik des Meeres

Die *allgemeine ozeanische Zirkulation* ist mit ihren horizontalen und vertikalen Bewegungskomponenten der *entscheidende Vorgang für die ständige Neuverteilung von Energie und Stoff* zwischen den verschiedenen Breiten und Tiefen des Weltmeeres. Die älteren Vorstellungen von einer in weiten Teilen des Ozeans *quasistationären Zirkulation* mit nur langsamen und im wesentlichen auf die Oberflächennähe beschränkten Variationen muß als *überholt* angesehen werden, wenngleich die detaillierten Kenntnisse über das Verhalten der mittleren Strömung von Bedeutung bleiben. Die Auffassung, daß der grundlegende Zug der allgemeinen ozeanischen Zirkulation die *raum-zeitliche Veränderlichkeit* ist und deren Erklärung das Studium der zeitabhängigen Prozesse und der diesen innewohnenden Mechanismen verlangt, wurde aus zahlreichen experimentellen Untersuchungen in Gebieten unterschiedlich starker Dynamik vor allem mit Hilfe von Dauerregistrierungen von Strömung, Wasserstand u. a. Größen gewonnen.

Die Analyse von Zeitreihen der Strömungskomponenten mündet in der Aufstellung von *Energiespektren der Strömungsschwankungen im Periodenbereich von Sekunden bis Tage*. In den Spektren treten die ein- und halbtägigen *Gezeiten* sowie die *Trägheitsschwingung* als besonders energiereich in Erscheinung. Letztere ist überall als Folge der Veränderlichkeit der stromerzeugenden Kräfte auf der rotierenden Erde vorhanden. Ihre Periode entspricht annähernd $12/\sin\varphi$, d. h., sie variiert mit der geographischen Breite φ. Im anschließenden höherfrequenten Bereich ist die Energie des Gesamtprozesses im Periodenbereich von Stunden und Minuten zunächst ziemlich gering. Das ist das Feld der sog. *internen Wellen*, die *im geschichteten Meer* auftreten und ihre Anregung atmosphärischen Einflüssen verdanken. Im Sekundenbereich steigt die spektrale Energie wieder stark an als Folge der *kleinmaßstäblichen Turbulenz*, die an der Oberfläche durch den *Seegang* wesentlich bestimmt wird. Mit der Tiefe geht diese Energiekonzentration im Bewegungsfeld zurück, während gleichzeitig die Effekte der internen Wellen stärker hervortreten. Von außerordentlich aktuellem Interesse sind die Eigenschaften der Strömung im *langperiodischen Bereich des Spektrums*. Ab Perioden von einigen Tagen kommt es im Spektrum zu einer Zunahme der Energie. Die *spektralen Effekte* werden als Folge *langer Wellen* gedeutet. Im Ozean handelt es sich dabei vor allem um ROSSBY-*Wellen*, bei denen die Breitenabhängigkeit des Coriolisparameters nicht zu vernachlässigen ist. Sie zeichnen sich

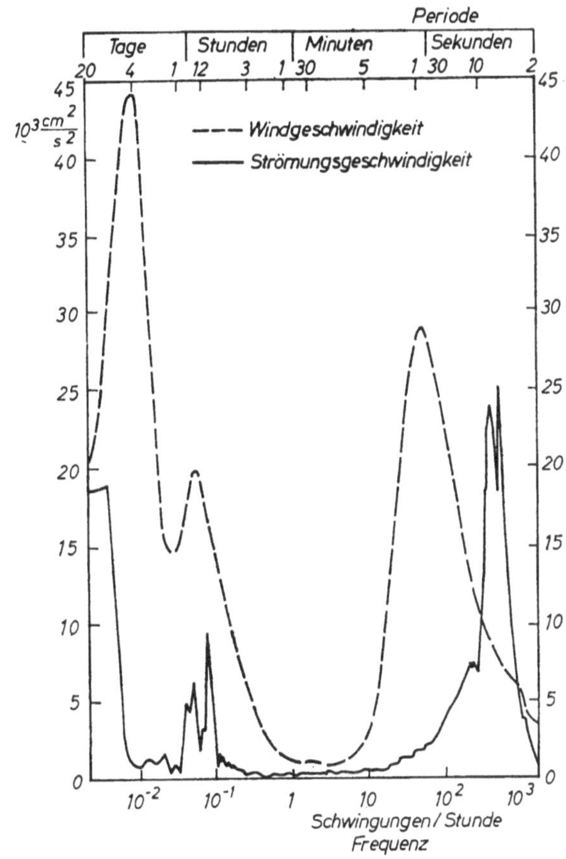

Abb. 49. Generalisierte Energiespektren der Wind- und Strömungsgeschwindigkeit im Periodenbereich von Sekunden bis Tage (nach verschiedenen Unterlagen)

durch eine große räumliche Ausdehnung und entsprechende Periode aus, wobei zwischen den induzierten Strömungsfluktuationen und der mittleren Strömung eine Wechselwirkung existiert. Von den langperiodischen Stromgeschwindigkeitsschwankungen her erfolgt offenbar ein Energietransport zur mittleren Strömung, der zu deren Verstärkung führt. Die Erscheinungen sind sehr vielgestaltig, da sie auf Schwankungen im Wind- und Luftdruckfeld, auf Besonderheiten im Bodenrelief, aber auch auf Variabilitäten in der mittleren Strömung selbst zurückgeführt werden können. So werden durch äußere Einflüsse von Luftdruck und Wind in Verbindung mit dem Relief des Schelfmeeres *Kontinentalschelfwellen* angeregt, wobei verschiedene Wellenlängen-Periodenkombinationen vorkommen. Die Kontinentalschelfwellen wandern auf der Nordhalbkugel in der Regel so, daß die Küste rechts bleibt. Als ein sehr effektiver Wellenleiter hat sich der Äquator erwiesen. Neben den ostwärts wandernden nichtdispersiven KELVIN-*Wellen* gibt es westwärts fortschreitende äquatorgeführte ROSSBY-Wellen. Während GATE wurden beispielsweise Phasengeschwindigkeiten von 1,9 m/s und Wellenlängen von 2600 km festgestellt. Diese Wellen stehen auch in Wechselwirkung mit der mittleren Strömung und werden wahrscheinlich *durch*

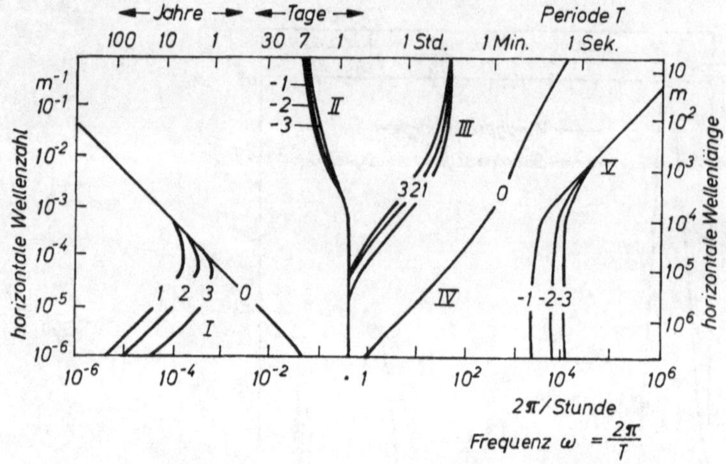

Abb. 50. Dispersionsrelationen für verschiedene Arten ozeanischer Wellen (vereinfacht nach A. S. Monin und V. M. Kamenkovič 1974)
I — Rossby-Wellen, *II* — Yanai-Wellen, *III* — Interne Schwerewellen, *IV* — Oberflächen-Schwerewellen, *V* — Akustische Wellen
Die arabischen Ziffern geben den Wellenarten zugehörige Modes an

tropische Wetterstörungen erzeugt, die mit der Ausbildung meridionaler Windkomponenten verbunden sind. Für solche Wellen wurden *Periodizitäten* von etwa 36, 9 und 3 ... 5 Tage ermittelt.

Für die ozeanischen Wellenerscheinungen können folgende über die Tiefe gemittelte Energiedichtewerte angegeben werden:

Oberflächenwellen	$10^3 \dots 10^5$ J/m²
Interne Wellen	$4 \cdot 10^3$ J/m²
Gezeiten	$4 \cdot 10^3$ J/m²
Langperiodische Wellen	$10^3 \dots 10^5$ J/m².

In enger Beziehung zu diesen Erscheinungen stehen die erst zu Beginn der siebziger Jahre (UdSSR-Experiment POLYGON 1970 auf 16°30′ n. Br., 33°30′ w. L.) als allgemeine Erscheinung erkannten *mittelmaßstäblichen Wirbel im Ozean.* Ähnliche Erscheinungen waren früher nur aus den Gebieten mit westlichen Randströmungen wie *Golfstrom* oder *Kuroshio* bekannt, wo sich Strommäander vom Hauptstrom abspalten und als zyklonale oder antizyklonale Wirbel an den Flanken des Stromgebietes existieren können. Jetzt sind solche Wirbel überall im Weltmeer gefunden und als charakteristische Erscheinungsform der ozeanischen Zirkulation bewertet worden. Hydrodynamisch sind sie *mit den Hoch- und Tiefdruckgebieten der mittleren Breiten vergleichbar*, sie sind jedoch viel kleiner (70 bis 200 *km Durchmesser*) und können bis zu einigen Monaten existieren. Sie können bis 1500 m und mehr in die Tiefe reichen. Diese Wirbel bewegen sich mit einigen cm/s in der mittleren Strömung. Innerhalb des Wirbels ist die *Geschwindigkeit* mit 20 ... 25 cm/s selbst in größeren Tiefen wesentlich höher als die Eigenbewegung. Ihre *Entstehung* ist in sehr komplexer Weise von der Bodentopographie, internen Wellen und vor allem von den Eigenschaften des Windes über dem Meer abhängig. So kann ein solches Wirbelfeld durch windinduzierte Rossby-Wellen mit Bodenreibung entstehen. Diese neuen, vorwiegend experimentell gewonnenen Erkenntnisse haben die Entwicklung theoretischer Vorstellungen und numerischer Modelle wesentlich stimuliert. *Globale Ozean-Modelle*, die für die

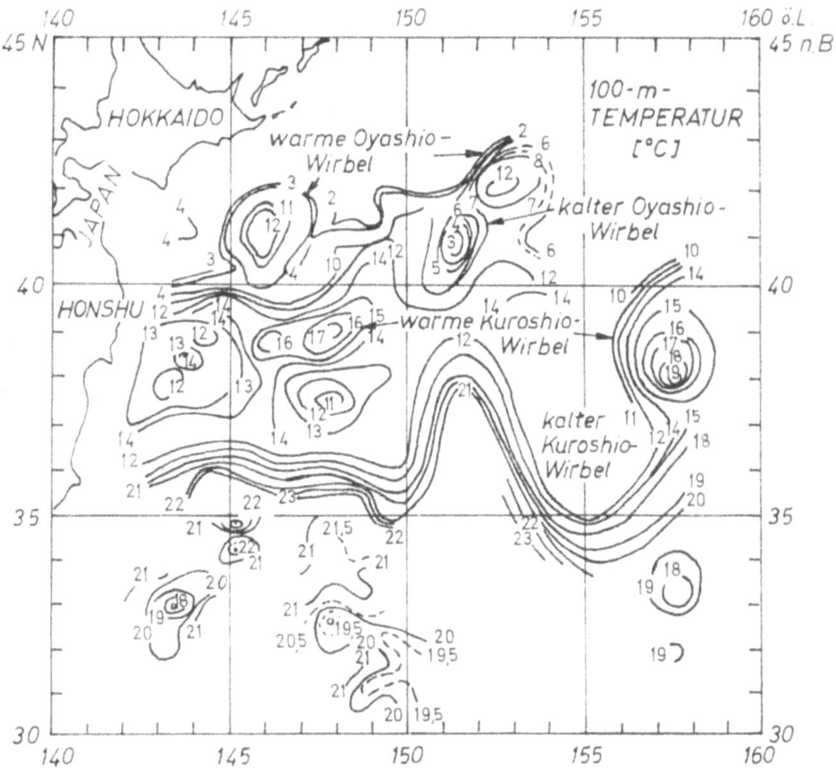

Abb. 51. Temperaturverteilung in 100 m Tiefe östlich Japans als Indikator für die mesoskale Wirbelstruktur der Oyashio- und Kuroshio-Stromsysteme (nach R. E. Cheney 1977)

Ankopplung an entsprechende Klimamodelle sehr wichtig sind, zeigen im stationären Endzustand die realen Verhältnisse im Meer qualitativ und in der richtigen Größenordnung. Es zeigte sich auch, daß während des Überganges zum stationären Zustand die Modelle lange Wellen vom Rossby-Typ und mesomaßstäbliche Wirbel, die in Verbindung mit den westlichen Randströmungen stehen, liefern. Vieles bleibt in solchen Modellen problematisch und kann nicht zuverlässig ,,parametrisiert" werden, so auch die richtige Berücksichtigung der Vertikalkonvektion in den höheren Breiten. Dieser Vorgang ist für die Bildung der *Kaltwassersphäre des Ozeans* von großer Bedeutung und geht insbesondere in den südlichen Meeren vor sich. Die Bildungsrate des antarktischen Bodenwassers erweist sich mit ca. $6 \cdot 10^6$ m³/s wesentlich geringer als bisher angenommen.

Von großer Bedeutung für die Erforschung der ozeanischen Dynamik ist die Möglichkeit, mittels *Satelliten-Radaraltimetern* mit einer Genauigkeit von ± 10 cm die *Abweichungen* des Reliefs der Meeresoberfläche von der *Geoidfläche* zu erfassen. Dadurch eröffnet sich die Möglichkeit mittel- und großmaßstäbliche Erscheinungen der Strömung, von Gezeitenphänomenen und Sturmfluten zu erfassen. Durchgeführte Vergleichanalysen zwischen SEASAT-Daten und herkömmlichen Methoden erbrachten gute Resultate. Viele bedeutende Ergebnisse wurden auch in den verschiedenen Regionen erzielt. So konnte der jährliche Zirkulationswechsel im Indischen Ozean als Folge der Monsune näher aufgeklärt werden. Die Sommer- und Winterzirkulation kann modellmäßig erfaßt werden.

Darin wird auch das alternierende Somalistromsystem gut wiedergegeben. Zwischen Somalistrom und Windfeld besteht eine Phasenverschiebung von $^1/_2$ Monat. Windfeldinduzierte ROSSBY-Wellen wandern nach Westen. An der Küste werden sie reflektiert und überlagern sich mit neuankommenden Wellen zu einer Strömung, die sich innerhalb von 2 Wochen zum Somalistrom von etwa 100 km Breite entwickelt. Schwerpunkt der ozeanologischen Forschung ist nach wie vor auch die äquatoriale Zone. Besonders wurden die mäanderartigen Schwankungen des Äquatorialen Unterstromes mit Perioden von 2 ... 3 Wochen näher untersucht. Der Volumentransport dieser Strömung liegt in der Größenordnung 10^7 m^3/s (relativ zu 300 m Tiefe). Er zeigt neben dem Kern in ca. 100 m Tiefe weitere Maxima in Tiefen bis über 500 m und ist in seiner Struktur komplizierter als bisher angenommen. Der Hauptstrom liegt um so tiefer, je südlicher gerade seine Lage ist. Das Mäandrieren des Stromes kann entstehen, wenn äquatorüberquerende Winde den Stromkern verlagern. Kommt es zu einem plötzlichen Windwechsel, können Schwingungen in Zusammenhang mit dem Auftreten von Instabilitäten bei starker horizontaler Stromscherung zur Anpassung an das neue Windfeld führen.

Theoretische und praktische Arbeiten zur Untersuchung des *Kaltwasserauftriebs an den Osträndern der Ozeane* ergaben, daß man zwischen einem quasistationären Auftriebsprozeß mit charakteristischen jahreszeitlichen Variationen einerseits und ausgeprägten mittelmaßstäblichen Variationen andererseits unterscheiden muß. Die mesoskale Variabilität wird durch *freie Kontinentalschelfwellen* wesentlich mitgeprägt. An den Osträndern der Ozeane findet man einen äquatorwärts setzenden oberflächennahen Hauptstrom und einen polwärts gerichteten Unterstrom. Die charakteristischen Formen der Kontinentalschelfwellen erzeugen räumliche Besonderheiten der Topographie der Meeresoberfläche, was mit *Auftriebs- und Absinkerscheinungen* verbunden ist, die hinsichtlich ihrer Auswirkung dem stationären Prozeß vergleichbar sind. Diese Verhältnisse spiegeln sich in den Feldverteilungen ozeanologischer und biologischer Größen, ja sogar in der Lage der *Fischkonzentrationen* wider.

7.6. Probleme der Ostseeforschung

Die traditionsreiche, von allen Anliegerstaaten getragene Ostseeforschung hat durch ihre Ergebnisse dazu beigetragen, daß mit den ratifizierten internationalen Konventionen über Fischfang und Erhaltung der lebenden Ressourcen (Gdansk 1973) wie auch über den Schutz der marinen Umwelt des Ostseegebietes (Helsinki 1974) wesentliche Schritte zur *Minderung der anthropogenen Belastungen* dieses Meeres eingeleitet wurden. Die Beckenstruktur der Ostsee führt zusammen mit den Besonderheiten des Wasserhaushaltes und der resultierenden permanenten Dichteschichtung bei nur episodisch möglichen seitlichen Wassererneuerungen und -umschichtungen in der Tiefe ohnehin zu einer ständigen Neigung zu *Sauerstoffarmut* und *Stagnation* in den *unteren Schichten*. Die Schwerpunkte der Ostseeforschung liegen in der Erkundung und Modellierung des Wasser- und Wärmehaushaltes, der Transport- und Mischungsprozesse einschließlich der *Struktur der Wasserbewegungen*, der stark ausgeprägten raum-zeitlichen Veränderlichkeit der Parameter, der Verunreinigungseffekte sowie der geologischen Geschichte des Meeres. Die meisten Probleme werden in internationaler Kooperation bearbeitet, ein Beispiel ist BOSEX-77 (Baltic Open Sea Experiment 1977).

Unter Beteiligung aller Anliegerstaaten wurde im Zeitraum 1971/80 im Rahmen des *Internationalen Hydrologischen Programms* der UNESCO eine Untersuchung zur Neubestimmung der Wasserhaushaltskomponenten der Ostsee vorgenommen. Außer der kritischen Bearbeitung aller verfügbaren vieljährigen Beobachtungsreihen wurde für den Beobachtungszeitraum 1975/76 („Pilot Study Year") eine methodische Studie zur Erfassung des Niederschlages, der Verdunstung, der Flußzufuhr, des Wasseraustausches durch Belte und Sund sowie des Wasserstandes, aber auch des Eintrages von suspendierten, festen und gelösten Stoffen in das Meer durchgeführt. Für den Zeitraum 1931/60 wurden folgende Wasserhaushaltshauptgrößen in km^3/Jahr neubetimmt:

	Zufluß +	Niederschlag −	Verdunstung =	Ausstrom-Einstrom , d. h.
also:	435 +	243 −	209 =	469
	−8	+33	+14	−2 %.

Die *Prozentzahlen* geben die *Abweichungen* gegenüber bisherigen Standardwerten an.

Untersuchungen zur *Dynamik der Wassermassen der Ostsee* erbrachten die Erkenntnis, daß auch hier die *Struktur des Strömungsfeldes* durch *mittelmaßstäbliche Wirbel* gekennzeichnet ist. Sie treten mit Durchmessern zwischen 5 und 70 km und Geschwindigkeiten von etwa 10 cm/s bei Eigenbewegungen von rund 10 km/Tag auf. Diese auch mit Mitteln der *Geofernerkundung* erfaßbaren Erscheinungen können in Abhängigkeit vom Bodenrelief bei speziellen Strömungsbedingungen und aktuellem Windeinfluß in Zusammenhang mit der Formierung topographischer *langer Wellen* entstehen, möglicherweise aber auch bei starker Schichtung infolge des Brechens von *internen Wellen.* Insgesamt zeigen die dynamische Prozesse ein *breites Schwankungsspektrum.* So erzeugen Windvariationen im Periodenbereich von Tagen in der Ostsee *erzwungene stehende Wellen.* Die Existenz *küstengeführter Wellen* ist wahrscheinlich. Diese komplexen dynamischen Erscheinungen beeinflussen erheblich die Ausbreitung der verschiedenartigen Wasserinhaltsstoffe. Für die Beurteilung des ozeanologischen Zustandes der Ostsee ist die Aufklärung des Mechanismus der starken *Salzeinbrüche,* die zu einer wirksamen Erneuerung des Bodenwassers in den zentralen Teilen des Meeres führen, sehr wichtig. Diese Salzeinbrüche sind im wesentlichen an 3 Bedingungen geknüpft:

1. Bereitstellung einer entsprechenden Menge Wasser hinreichend hohen Salzgehaltes in den Übergangsgewässern zwischen Nord- und Ostsee,
2. Einstellung solcher Wasserstands- und Windverhältnisse, die ein breites Überfließen der Eingangsschwellen zur Ostsee gewährleisten und
3. Abnahme des Salzgehaltes in den Bodenschichten der Ostseebecken durch vertikale Diffusion in der Zeit zwischen den Salzeinbrüchen.

Es scheint erwiesen, daß solche *Einbrüche quasiperiodisch* im Abstand von etwa 3 Jahren auftreten. Die Erfüllung der Bedingung (1) ist an eine 1,5 bis 2 Jahre vorher vor sich gehende Verstärkung der Südkomponente der atmosphärischen Zirkulation über dem Nordatlantik gebunden. In der Folge dieser Zirkulationsanomalie wird Wasser hohen Salzgehaltes an die westeuropäischen Küsten geführt. Die Bedingung (2) hat mehr lokalen Charakter und ist häufiger erfüllt. Die Bedingung (3) ist, wie gezeigt wurde, auch nach etwa 3 Jahren soweit erfüllt. daß einströmendes Wasser das stagnierende Altwasser verdrängen kann. So vollzieht sich die *Erneuerung des Tiefen-*

wassers der Ostsee im Sinne einer *Fernwirkung* in Abhängigkeit von der *atmosphärischen Zirkulation* so, daß die Intensität der Wassererneuerung um so größer ist, je stärker die Zirkulationsanomalie der Atmosphäre etwa 2 Jahre vorher ist. Die Prozesse sind jedoch nicht streng determiniert, so daß auch Störungen in dem Mechanismus auftreten können, was zur Folge hat, daß Prognosen über Termin und Grad einer Wassererneuerung in den tiefen Teilen der Ostsee noch relativ unsicher sind.

Die ozeanologischen Parameter wie auch der *thermohaline Aufbau der Ostsee* zeigen in der Oberflächenschicht, besonders aber auch im Tiefenwasser, *vieljährige Trends.* Salzgehalt und Temperatur haben in diesem Jahrhundert im Mittel im gesamten Meer zugenommen. Letztlich stehen diese Änderungen mit korrespondierenden *Schwankungen der allgemeinen atmosphärischen Zirkulation* in ursächlicher Verbindung. Im Mittel zunehmend *verschlechtert* haben sich die *Sauerstoffverhältnisse im Tiefenwasser.* Diese Entwicklung wird durch die anthropogene Belastung zwar begünstigt, kann aber nicht allein auf diese zurückgeführt werden.

7.7. Literatur

Beiträge zur Meereskunde (Berlin) Heft 43 (Artikelsammlung zur ozeanologischen Gerätetechnik), 1980.

Börngen, M., Hupfer, P., Olberg, M., On the principal causes of the strong salt influxes into the Baltic Sea. In Vorbereitung.

Bortkovskij, R. S. et al: Übergangsprozesse nahe der Grenzfläche Ozean-Atmosphäre (russ.). Leningrad 1974.

Brosin, H.-J (Hrsg.): Das Meer. Leizpig-Jena-Berlin 1983.

Brosin, H.-J., Voigt, K.: Ozeanologische Erkundungen aus der Erdumlaufbahn. In: Raumfahrt für die Erde, Bd. 1. Berlin 1975.

Bryan, K.: Models of the World Ocean. Dyn. Atmos. Oceans (Amsterdam) **3**, 327–338.

Bulgarische Akademie der Wissenschaften, Institut für Meeresforschung und Ozeanologie (Varna), Wechselwirkung der Atmosphäre, der Hydrosphäre und der Lithosphäre in der ufernahen Zone des Meeres. Ergebnisses des Internationalen Experimentes „Kamcija-77“ (russ.). Sofija 1980.

Burkov, V. A.: Allgemeine Zirkulation des Weltmeeres (russ.). Leningrad 1980.

Akademie der Wissenschaften der UdSSR, P. P. Schirschov-Institut für Ozeanologie. Die Zirkulation der Atmosphäre und ihre Wechselwirkung mit dem Ozean. Hrsg.: (russ.). Moskva 1981.

Cheney, R. E., The Synoptic Observation of the Oceanic Frontal Systems East of Japan. J. Geophys. Res. (Oceans and Atmosphere) **82** (1977) 34, 5459–5468.

Druet, Cz., Hupfer, P., Kuznecov, O. A. (Hrg.). Die Wechselwirkung Meer-Atmosphäre in der ufernahen Zone (russ. und englisch). Raporty MIR (Gdynia) Ser. R. Nr. 1 u. 1a, 1975.

Düing, W.; GATE II. Equatorial and A-Scale Oceanography. Suppl. II to Deep-Sey Research, Part A, Vol. 26, Oxford-New York usw. 1980.

Fedorov, K. N.: Die thermohaline Feinstruktur des Ozeans (russ.). Leningrad 1976.

Fennel, W.: Zur halbempirischen Theorie der turbulenten Diffusion. Dissertation (B), Akad. der Wiss. der DDR, 1980.

Foken, Th.: Vorschlag eines verbesserten Energieaustauschmodells mit Berücksichtigung der molekularen Grenzschicht der Atmosphäre. Z. Meteor. (Berlin) **29**, (1979) 1, 32–39.

FOKEN, TH., KUZNECOV, O. A.: Beitrag zur Struktur der molekularen Temperaturgrenzschicht der Atmosphäre über dem Meer. Gerlands Beitr. Geophys. (Leipzig) **86** (1977) 3, 191—203.

GERLACH, S. A.: Meeresverschmutzung. Diagnose und Therapie. Berlin-Heidelberg-New York 1976.

HAGEN, E.: Zur Dynamik charakteristischer Variationen mit barotropem Charakter in mesoskalen ozeanologischen Feldverteilungen küstennaher Auftriebsgebiete. Dissertation (B), Akademie der Wiss. der DDR, 1979.

HOLLAND, W. R.: The general circulation of the ocean and its modelling. Dyn. Atmos. Oceans (Amsterdam) **3**, (1979) 111—142.

HUPFER, P.: Die Ostsee — kleines Meer mit großen Problemen. 3. Auflage, BSB B. G. Teubner Verlagsgesellschaft, Leizpig 1981.

HUPFER, P.: Zur anthropogenen Beeinflussung der marinen Umwelt. Wiss. Z. Karl-Marx-Univ. Leipzig, Math. Nat. R. **30** (1981) 1, 18—26.

HUPFER, P.: Wechselwirkungen zwischen Ozean und Atmosphäre — ein fundamentales Problem von Meteorologie und Ozeanologie. Wiss. Z. Humboldt-Universität Berlin, Math.-Nat. R., im Druck; 1983.

HUPFER, P. et al.: Fragen der Wechselwirkung Meer-Atmosphäre im Ostseegebiet. Geodät. geophys. Veröff. (Berlin), Reihe IV, H. 38 (1983) (im Druck).

International Oceanographical Tables. Vol. 3. UNESCO technical papers in marine science No. 39, UNESCO, Paris 1981.

IVANOFF, A.: Introduction a l'Oceanographie. Tom 1,2, Libraire Vuibert. Paris 1972, 1975 (russ.) 1978.

JACOBSEN, T. S.: Sea water exchange of the Baltic. Measurements and methods. The National Agency of Environmental Protection, Denmark. Copenhagen 1980.

KAMENKOVICH, V. M.: Fundamentals of Ocean Dynamics. Elsevier Oceanography Series, 16, Elsevier Scientific Publ. Company, Amsterdam-Oxford-New York 1977.

KITAJGORODSKIJ, S. A., KUZNECOV, O. A., PANIN, G. N.: Über die Widerstands-, Wärmeaustausch- und Verdunstungskoeffizienten über der Meeresoberfläche in Bezug auf die Atmosphäre (russ.). Izv. Akad. Nauk SSSR, Fizika atm. i okeana (Moskva) **9** (1973) 11.

KLIGE, R. K.: Veränderungen des globalen Wasseraustausches (russ.), Met. i Gidr. (Moskva) No. 5, (1982) 19—30.

KREMSER, U.: Kritische Betrachtung einiger theoretischer und experimenteller Möglichkeiten zur Beschreibung der turbulenten Diffusion im Meer unter besonderer Berücksichtigung des Vergleiches von Theorie und Praxis. Dissertation (B), Akademie der Wiss. der DDR, 1980.

KUZNECOV, O. A.: Die Rolle der hochfrequenten Gravitationswellen im aerodynamischen Widerstand der Meeresoberfläche (russ.). Okeanologija (Moskva) **18** (1978) 2, 203—207.

LASS, H. U. et al.: Vorläufige Ergebnisse der Expedition des Forschungsschiffes „Alexander v. Humboldt" in den nordäquatorialen Atlantik während des globalen Wetterexperimentes (FGGE) SOP II 1979. Beitr. Meereskd. (Berlin) H. 44/45 (1980), 89—107.

MAGAARD, L., RHEINHEIMER, G.: Meereskunde der Ostsee. Berlin-Heidelberg-New York, 1974.

Materialien des RGW-Symposiums zur Turbulenz und turbulenten Diffusion im Meer. Geod. Geophys. Veröff. (Berlin), R. IV, H. 30 (1979).

MATTHÄUS, W.: Grundzüge der Hydrographie der Ostsee. Acta hydrochim. hydrobiol. (Berlin) **6** (1078) 1, 3—14.

MODE-Group, The Mid-Ocean Dynamics Experiment. Deep-Sea Research **25** (1978), 859—910.

MONIN, A. S. (Hrg.),: Ozeanologie. Physik des Meeres (russ.). Bd. 1 Hydrophysik des Ozeans; Bd. 2 Hydrodynamik des Ozeans. Moskva, 1978.

MONIN, A. S., KAMENKOVIČ, V. M., KORT, V. G.: Veränderlichkeit des Weltozeans (russ.). Leningrad, 1974.

NEHRING, D., FRANCKE, E.: Hydrographisch-chemische Veränderungen in der Ostsee im Jahre 1978. Fischerei-Forschung. Wiss. Schriftenreihe (Rostock) **18** (1980) 1, 61–60. Ebenda analoge Berichte seit 1969/70).

NELEPO, B. A. et al.: Synoptische Wirbel im Ozean (russ.). Leningrad, 1978.

NOVOBRUSKI, B. V. et al.: Ozeanforschung aus dem Kosmos (russ.). Leningrad, 1978.

OORT, A. H., VAN DER HAAR, T. H.: On the Observed Annual Cycle in the Ocean-Atmosphere Heat Balance Over the Northern Hemisphere. J. Phys. Oc. **6** (1976) 6, 781–800.

PANIN, G. N. et al.: Einige Fragen der energetischen Wechselwirkung der Gewässer mit der Atmosphäre (russ.). Acta Hydrophys. (Berlin) **25** (1980) 1/2, 151–177.

PEDLOVSKY, J.: Geophysical Fluid Dynamics. New York-Heidelberg-Berlin, 1979.

PERRY, A. H., WALKER, J. M.: The Ocean-Atmosphere System. London-New York, 1977, (russ. 1979).

PHILIPS, O. M.: The Dynamics of the Upper Ocean 2. ed., Cambridge, Oxford, New York usw., 1979.

PICKARD, G. L.: Descriptive Physical Oceanography. 3th ed., Oxford, New York usw., 1979.

ROBINSON, A. R. et al.: Mesoscale eddies and general circulation models. Dyn. Atmos. Oceans (Amsterdam) **3** (1979), 143–180.

ROLL, H. U.: A Focus for Ocean Research. Intergovernmental Oceanographic Commission. History, Functions, Achievments. IOC Techn. Ser. No. 20, UNESCO, Paris, 1979.

SCHARNOW, U. (Hrg.), Grundlagen der Ozeanologie. Berlin, 1978.

SERJAKOV, E. I.: Langfristprognosen der Wärmeprozesse im Nordatlantik (russ.). Leningrad, 1979.

SIEDLER, G., WOODS, J. D.: GATE I. Oceanography and Surface Layer Meteorology in the B/C-Scale. Suppl. I. Deep-Sea Research, Part A, Vol. 26, Oxford-New York usw., 1980.

SOROKIN, A. I.: Hydrographische Erforschung des Weltmeeres (russ.). Leningrad, 1980.

SZEKIELDA, K.-H.: Use of Satellite Data in Coastal Zone Programmes. Ocean Management (Amsterdam) **3** (1976), 31–56.

The Importance and Application of Satellite and Remotely Sensed Data to Oceanography. IOC, Tech. Ser. No. 19, UNESCO, Paris 1978.

VOIGT, K.: Plenarvortrag AdW der DDR 1981 (wird präzisiert)

VOIPIO, A.: The Baltic Sea. Oceanography Series, 30, Amsterdam-Oxford-New York, 1981.

WALDICHUK, M.: Global Marine Pollution. An Overview. IOC Techn. Series No. 18 UNESCO, Paris, 1977.

WEBSTER, P. J.: Mechanismus Determining the Atmospheric Response to Sea Surface Temperatur Anomalies. Journ. Atm. Sc. **38** (1981) 3, 554–571.

Weltwasserbilanz und Wasserressourcen der Erde (russ.). Herg. v. Nationalkomitee IHD der UdSSR, Textband und Atlas, Leningrad, 1974.

WYRTKI, K.: El niño – The Dynamic Response of the Equatorial Pacific Ocean to Atmospheric Forcing. J. Phys. Oc. **5** (1975), 572–584.

8. Physikalische Geohydrologie[1])

8.1. Einführung und Begriffe

Üblicherweise versteht man unter *Hydrologie* diejenige Wissenschaft, die sich mit dem *Wasser der Erde* befaßt. Da die physikalische *Ozeanologie* im vorangegangenen Kapitel besonders behandelt wurde, bleibt sie hier logischerweise ausgeklammert. Schließlich muß beachtet werden, daß nach Ansicht vieler Hydrologen diese ihre Disziplin wegen ihrer Verflechtung mit ökologischen, technischen und ökonomischen Randbedingungen nicht mehr als ausschließlich geophysikalische Teildisziplin angesehen werden kann.

Deshalb wird hier eine Einschränkung auf die *Geohydrologie* vorgenommen, die nach MEINZER (1942) das Studium des Grundwassers zum bevorzugten Gegenstand hat. Da nicht die chemischen, biologischen oder geologisch-bodenkundlichen Aspekte im Vordergrund einer *geophysikalischen Betrachtung* stehen sollen, erfolgt eine Beschränkung auf einige wichtige *physikalische Aspekte der Geohydrologie.*

Hauptgegenstand hydrologischer Forschung sind der *Wasserkreislauf* und der *Wasserhaushalt* als Resultat desselben. Er hat selbstverständlich auch für geohydrologische Teilsysteme grundlegende Bedeutung.

Weitere hydrologische Teildisziplinen sind die *Potamologie* als Wissenschaft von den Flüssen, den oberflächlich fließenden Gewässern, die Seenkunde oder *Limnologie* und die Gletscherkunde oder *Glaziologie.* Sie berühren unser Gebiet, die physikalische Geohydrologie, randlich.

Da das Grundwasser in geologischen Wasserleitern bzw. -speichern vorkommt, hat zwangsläufig die Geohydrologie enge Beziehungen zur *Hydrogeologie.*

8.2. Die Hydrosphäre

Unter der *Hydrosphäre* versteht man die Gesamtheit des Wassers auf der Erde, die Wasser- (und Eis-) hülle. Mit einer Gesamtmenge von 1359 Millionen km³ ist der Wasserinhalt der Hydrosphäre gewaltig. Allerdings machen die *Süßwässer* (Binnengewässer, Grundwasser, Eis und Schnee) nur etwa 0,3% der Hydrosphäre aus. Die Dicke der Hydrosphäre, als Schale gedacht, beläuft sich auf etwa 4 km, maximal 11 km.

Die Wassermenge, die sich in der Atmosphäre befindet, wird zu etwa 0,001% (= ca. 0,013 Millionen km³) der gesamten Wassermenge geschätzt. Man kann aus Vergleichen ferner schließen, daß das *atmosphärische Wasser* sich rund *alle 8 Tage*

---

[1]) Von R. LAUTERBACH.

erneuern muß. Dies ist ein Teilglied des *Wasserkreislaufes*, auf den wir noch zu sprechen kommen. Dieser Tatsache kann man ferner entnehmen, warum das Wasser als Transportmittel eine so große geologisch-geochemische Rolle innerhalb der exogenen Dynamik spielt.

Fließendes Wasser muß auf der Erde in geologisch sehr früher Zeit bereits ausreichend vorhanden gewesen sein. Dies beweisen die reichlich unter Mitwirkung von Wasser gebildeten Sedimente. Man nimmt daher an, daß die Hydrosphäre wie auch die Atmosphäre der Erde durch deren *Entgasung* in jener Zeit vor allem entstanden ist, die durch die allmähliche Bildung des Erdkernes ausgezeichnet war. Hierfür gibt es auch isotopenphysikalische Hinweise.

Auch die frühe *Entstehung des Lebens* auf der Erde bedarf einer bereits ausreichend herausgebildeten Hydrosphäre.
Man schätzt z. Z. vorsichtig, daß die gegenwärtig *in Lebewesen* eingebaute (fluktuierende) Wassermenge $10^{-4}\%$ des irdischen Gesamtwassers ausmacht ($= 100\%$), das wäre die Hälfte des Wassers in Flußläufen ($2 \cdot 10^{-4}\%$).

Doch sind alle diese Abschätzungen mit einer erheblichen Unsicherheit behaftet. Diese wird in letzter Zeit eher noch größer, seit in Zusammenhang mit der *Plattentektonik* und der Dynamik von Erdkruste und Erdmantel das benötigte *Wasser in Kruste und Mantel* abgeschätzt wurde. Fyfe, Price und Thompson (1978) kommen zu dem Ergebnis, daß die *Erdkruste* etwa die Hälfte der in den Weltmeeren enthaltenen Wassermenge für die in ihr ablaufenden Prozesse mit Sicherheit benötigt und daß der *Mantel* der Erde einen Wassergehalt von 0,03% (der Masse des Mantels, $4 \cdot 10^{27}$ g) unbedingt benötigt, wenn die in ihm ablaufenden tektonischen Prozesse, darunter vor allem *Zirkulationen*, möglich sein sollen. Diese Autoren stellen fest, daß die Grössenordnungen der *Wassermengen in der Hydrosphäre im klassischen Sinn, in der Erdkruste und schließlich im Erdmantel etwa ähnlich* sein müssen.

Heute erfährt die Hydrosphäre eine Zufuhr von Wasser aus der festen Erde durch *vulkanische*, darunter *hydrothermale* (auch submarine) *Prozesse*. Die Zufuhr aus dem Weltraum vor allem durch an *Kometenmaterial gebundenes Eis* ist sicher sehr geringfügig und spielt keine Rolle. Völlig unsicher und stark diskutiert ist hingegen die Frage, ob an *Subduktionszonen* im Rahmen plattentektonischer Prozesse Wasser in größeren Mengen aus den Ozeanen mit in die Tiefe von mehreren Hundert Kilometern geführt wird und ob es hier eine Art Kreislauf gibt.

8.3. Der Wasserkreislauf

Der irdische Wasserkreislauf ist ein hydrologischer Grundprozeß. Er wird als ein *geschlossenes System* angesehen, angetrieben durch die zur Verfügung stehende *Sonnenenergie*. In diesem System spielt die *Atmosphäre* eine besonders wichtige Rolle. Sie bewirkt z. B., daß bei der Verdunstung des Wassers das Salzwasser der Ozeane wieder in Süßwasser umgewandelt wird und daß die *Destillation* eine völlige Reinigung des Wassers bewirkt. Daneben sind die *meteorologischen* und *klimatologischen Auswirkungen des Wassers* in der Atmosphäre außerordentlich bedeutend. Die wichtigste Tatsache ist aber, daß die Atmosphäre — wie oben schon erwähnt — eine bestimmte Menge Wasser aufzunehmen und zu transportieren vermag. Dieses Wasser wird durch den *Niederschlag* wieder zur Erdoberfläche (bzw. in die Meere) zurückgeführt, jedoch stets wieder ergänzt.

Die drei *Hauptphasen des Wasserkreislaufs* sind somit die *Verdunstung* (Übergang in die atmosphärische Phase), der *Niederschlag* und der ober- wie unterirdische *Abfluß* des Wassers. Sie werden in Gestalt einer einfachen Kontinuitätsgleichung miteinander verknüpft, die man als die *Wasserhaushaltsgleichung* bezeichnet:

$$N = A + V + S,$$

wobei N den Niederschlag bedeutet, A den Abfluß, V die Verdunstung und S die Änderung des Wasservorrates. Die Wasserbilanzgrößen werden im allgemeinen in mm Wasserhöhe angegeben, bezogen auf einen definierten Zeitraum und eine bestimmte Fläche. So einfach diese Bilanzgleichung aussieht, so kompliziert sind die ablaufenden Prozesse im einzelnen. Dies gilt ganz besonders, wenn man *kürzere Zeiträume* und *begrenzte Gebiete* (mit u. U. sehr verschiedenen Eigenschaften) in Betracht zieht. In die Wasserbilanz gehen jene Niederschläge ein, die den Erdboden erreichen und dort gemessen werden können. Dies ist in stark bewaldeten Gebieten durch das Abfangen von Niederschlag in den Baumkronen (*Interzeption*) bis zu 20% weniger, als tatsächlich fällt. Dieser Teil der Niederschläge verdunstet in mehr oder weniger großem Umfang.

Bei der *Verdunstung* V muß man die *Evaporation* (Verdampfung) von der *Transpiration* der Pflanzen trennen, die je nach Pflanzenbestand und -dichte nicht unerhebliche Werte annehmen kann. Die Gesamtverdunstung wird daher auch als *Evapotranspiration* bezeichnet. Sie wird am besten mit Hilfe von *Lysimetern* gemessen, wägbaren Behältern, in denen der bewachsene Versuchsboden sich in solcher Weise befindet, daß die verdunstende Oberfläche den jeweils typischen Witterungsbedingungen frei ausgesetzt ist. Die Wägung erfolgt automatisch. Man kann auf diese Weise auch verschiedene Bodenprofile und unterschiedlichen Bewuchs systematisch untersuchen.

Beim *Abfluß* muß der *oberirdische* von dem *unterirdischen* unterschieden werden. Die Versickerung oder *Infiltration* entzieht dem oberflächlichen Abfluß Wasser, das teils über die Bodenfeuchte in das *Grundwasser* übergehen kann und die Rücklage erhöht, teils aber auch als *hypodermischer Abfluß* dem Gefälle folgend dem Gewässernetz an den jeweils tiefsten Stellen zuströmt. *Oberirdischer und unterirdischer (hypodermischer) Abfluß erfolgen unter dem Einfluß der Erdschwere.* Dabei ist es nicht gleichgültig, ob der Abfluß im gesättigten oder ungesättigten Untergrund erfolgt.

Die Änderung des *Wasservorrates* stellt sich dar als

$$S = R - B,$$

wobei R die *Rücklage* bedeutet und B den *Aufbrauch* dieser Rücklage. Für längere Zeiträume gleichen sich in größeren Flußgebieten Rücklage und Aufbrauch aus. Die *Wasserhaushaltsgleichung* reduziert sich dann auf

$$N = A + V \quad \text{(Niederschlag = Abfluß + Verdunstung)}.$$

Die größere Zahl der Einzelprozesse im Verlauf des Wasserkreislaufes sind sowohl *periodische* als auch *stochastische Vorgänge*. Die Periodizität ist die Folge regelmäßigen Ablaufes astronomischer bzw. allgemein geodätischer Zyklen (z. B. Erdrotation). Der stochastische Charakter ergibt sich aus der Art der im wesentlichen zufälligen Prozesse innerhalb der Geosphären, und zwar sowohl *zeitlich* als auch *räumlich* (regional). Zweifellos spielt das stark wechselnde atmosphärische Geschehen hierbei eine Hauptrolle. Es wird jedoch durch das Meer- und Grundwasser sowie durch Modellierung und Ausbildung der Landoberflächen gedämpft.

Die *Wasserhaushaltsgrößen* für ein mittleres Jahr sind nach DYCK (1980) auf Grund sowjetischer Resultate folgende:

Niederschlag (mittlerer Wert für ein mittleres Jahr)

800 mm bei 149 · 10^6 km^2 Fläche entspricht 119000 km^3

Verdunstung (mittlerer Wert für ein mittleres Jahr)

485 mm bei 149 · 10^6 km^2 Fläche entspricht 72000 km^3

Abfluß zum Meer (mittlerer Wert für eine mittleres Jahr)

a) oberirdisch: 300 mm entsprechend 44700 km^3
b) unterirdisch: 15 mm entsprechend 2200 km^3
c) insgesamt: 315 mm entsprechend 47000 km^3

Interessant sind schließlich nach der gleichen Quelle die mittleren *Verweilzeiten* der Wassermassen in den einzelnen Teilsystemen der Erde:

Teil der Hydrosphäre	Periode der Erneuerung
Ozeane	2500 Jahre
Unterirdisches Wasser	1400 Jahre
Bodenfeuchte	1 Jahr
Flußwasser	16 Tage
Seen	17 Jahre
Sümpfe	5 Jahre
Wasser in der Atmosphäre	8 Tage
Wasser in biologischen Systemen	einige Stunden
Gletscher der Gebirge	1600 Jahre
Polare Eiskappen und Dauerschnee	9700 Jahre
Eis in Dauerfrostböden	10000 Jahre

Wie man sieht, ist — abgesehen von den vereisten Gebieten — die größte *Verweilzeit* des Wassers der Hydrosphäre in den Ozeanen und die zweitgrößte im unterirdischen Wasser zu registrieren.

Daß das Wasser in der Atmosphäre nur eine Verweildauer von rund 9 Tagen aufweist, hängt mit der *Intensität des irdischen Wasserkreislaufes*, speziell im System Atmosphäre, zusammen. Der Zugang erfolgt durch die *Verdunstung*. Von der irdischen Gesamtverdunstung stammen *88% von den Meeresflächen* und nur *12% aus dem Bereich der Kontinente*. Dabei versteht man unter Verdunstung sowohl den *Transportvorgang* das Wassers und der mit ihm verbundenen *Wärmeenergie*, die für die Verdunstung nötig ist, als auch die transportierte *Wassermenge*. Die Verdunstung ist regional auch großräumig unterschiedlich: in den nördlichen Subtropen findet man Maxima (bis über 3000 mm/Jahr), in der Antarktis hingegen liegt sie nahe Null, was an der etwa gleichen Größenordnung von Verdunstung und Kondensation liegt. Der mittlere *Wassergehalt der Atmosphäre* liegt etwa um 25 mm, schwankt aber von rund 50 mm im Äquatorgebiet bis zu weniger als 2 mm an den Polen.

8.4. Die Infiltration

Die *Neubildung von Grundwasser* aus Niederschlägen erfolgt über das Durchgangsstadium der *Infiltration,* d. h. den Eintritt des Wassers in den Untergrund durch dessen Oberfläche hindurch. Neben dem Wasserangebot spielen dabei die Aufnahme- und Transporteigenschaften des Bodens eine wichtige Rolle. Die *Infiltrationsintensität* bedeutet die Durchflußmenge pro Zeiteinheit durch eine horizontale Flächeneinheit. Sie führt zu einer Veränderung des bereits vorhandenen Infiltrates (kumulative Infiltration F):

$$\text{Infiltrationsintensität} \quad f = \frac{dF}{dt} .$$

Die sich einstellende *reale Infiltrationsintensität* f_i muß nicht dem *Infiltrationsvermögen* f_v eines Bodenprofils genau entsprechen. Wenn die Regenintensität bzw. jener Teil des Regens, der die Bodenoberfläche tatsächlich erreicht, kleiner ist als das Infiltrationsvermögen f_v, dann ist

$$f_i = RI \quad (\textit{Regenintensität}) \text{ bei } RI < f_v .$$

Wenn aber die Intensität des Wasserdargebotes größer ist als das Infiltrationsvermögen, dann begrenzt dieses die Infiltrationsintensität:

$$f_i = f_v .$$

Die beim Infiltrationsvorgang wirkenden Kräfte sind vor allem die *Schwerkraft* und die *Kapillarkräfte.* Damit spielt also auch die *Kornstruktur des Bodens* eine äußerst wichtige Rolle.

Wegen ihrer hydrologischen Gesamtbedeutung hat die Infiltration eine starke Beachtung gefunden und wurde einer praktischen wie theoretischen Untersuchung unterzogen.

Mit Hilfe sog. *Infiltrometer* konnten für Wald- und Grünlandbedingungen drei Phasen der Infiltrationsintensität festgestellt werden:

1. *Sättigungsphase,* wobei die Infiltrationsintensität konstant bleibt und gleich der Niederschlagsintensität ist;
2. *Rückgangsphase* mit Absinken der Infiltrationsintensität auf einen stationären Wert;
3. *Endphase* mit stationärer Infiltrationsintensität.

Theoretisch sollte die dritte Phase unabhängig von der Niederschlagsintensität sein und sich nur dem Wert der *hydraulischen Leitfähigkeit* nähern. Er hängt von der durchströmten Schichttiefe ab, nicht aber vom Regenangebot (Dyck, 1980). Dies zeigt aber deutlich, wie sehr der Infiltrationsprozeß durch massiv wasserleitende Kanäle beeinflußt wird wie z. B. Wurzellöcher, Grabegänge von Tieren, offene Risse oder Klüfte (sog. Sinkwasser).

Die Modelle hingegen betrachten den *Boden als ein poröses Medium,* dessen Poren bzw. Teilchen eine definierte Streubreite aufweisen. Dieses *ideale Modell* wird aber durch mehrere Umstände *gestört:* Aus den einzelnen Bodenteilchen können sich Aggregate bilden. Tonige Bestandteile, die immer vorhanden sind, quellen mit zunehmender Durchfeuchtung, und schließlich werden von der infiltrierenden Feuchtigkeit Sedimentpartikel – vor allem solche geringeren Durchmessers – mit nach unten gerissen. Ferner ist nicht zu übersehen, daß auch nach längerer Trockenheit sich in vielen Böden noch Porenwinkelwasser oder an den einzelnen Teilchen haftendes Häutchenwasser befinden kann. In welchem Umfang der offene Kapillarsaum tatsächlich noch mit Wasser besetzt ist, beeinflußt ebenfalls das *Infiltrationsvermögen.*

Unter dem Bodenbereich des *offenen Kapillarsaumes* findet sich der *geschlossene Kapillarsaum,* der mit dem Grundwasser direkt kommuniziert.

8.5. Grundwasser

Ohne hier auf die zahlreichen Modelle des Infiltrationsprozesses im einzelnen einzugehen, steht doch fest, daß das *infiltrierte Niederschlagswasser* nach Durchqueren des Bodenbereiches zur Grundwasserneubildung beiträgt. Zuvor wird im durchwurzelten Bodenbereich durch die Tätigkeit der Pflanzen die versickernde Menge noch etwas reduziert (*Evapotranspiration*).

Die Messungen der *Versickerung* und damit der Grundwasserneubildung erfolgt mit *Lysimetern,* die so tief konstruiert sein müssen, daß der über der Zone der Bodensättigung entstehende Kapillarsaum nicht in die verdunstungsbeeinflußte obere Zone hinaufreicht. Der jährliche Gang der *Grundwasserneubildung* hängt nicht allein vom Niederschlag ab, sondern auch von der Verdunstung sowie von den *Bodenfaktoren* (Struktur, Körnigkeit, Speicher- und Leitfähigkeit), dazu kommen vegetationskundliche Einflüsse (vor allem Durchwurzelung und damit auch Tiefe des Grundwassers).

Nach einer neueren Begriffsfestlegung wird als *unterirdisches Wasser* alles „Wasser unterhalb der Erdoberfläche" bezeichnet (s. u.). *Grundwasser* ist hingegen jenes Wasser, das die Hohlräume in der obersten Erdkruste zusammenhängend ausfüllt und *nur der Schwerkraft unterliegt.*

Vom gesamten *Weltvorrat an Wasser* macht das *unterirdische Wasser* rund 1,7% aus, das *unterirdische Süßwasser* 0,76%. Von den *Süßwasservorräten* auf der Erde beträgt das *unterirdische Wasser* jedoch rund ein Drittel, die restlichen zwei Drittel entfallen auf die *Schnee-* und *Eisvorräte. Seen und Flüsse* spielen demgegenüber eine *geringfügige Rolle* (Promille-Bereich und weniger).

Die Einteilung des unterirdischen Wassers ist nach verschiedenen Normen und Festlegungen im internationalen Bereich recht unterschiedlich. Hierauf soll im einzelnen nicht weiter eingegangen werden. Hingegen sollen folgende *Erscheinungsweisen des unterirdischen Wassers* aufgezählt werden:

1. Sickerwasser

Es handelt sich um Wasser, das sich in erster Linie durch natürliche oder künstliche *Infiltration* unter der Wirkung der *Erdschwere* und der *Kapillarkräfte* zur Grundwasseroberfläche hin abwärts bewegt.

2. Hygroskopisches Wasser

Dieser Teil des unterirdischen Wassers ist an die Mineralfragmente und Gesteinspartikel hygroskopisch gebunden („festgesaugt", sog. *Saugwasser*). In einem nur *teilweise durchfeuchteten Boden* läßt es sich nicht freisetzen, sondern *haftet fest,* be-

sonders an Tonteilchen, wie folgende Übersicht nach Bogomolow (1958) zeigt; bezogen auf das Trockengebiet des jeweiligen Gesteins ergeben sich folgende mittlere %-Sätze hygroskopischen Wassers:

Sand	0,36	Lehm	6,5	toniger Sandstein	10,3
Stausand	4,6	Löß	7,0	tertiärer Ton	17,6

3. Adhäsionswasser

Hierzu rechnet man vor allem das *Haftwasser* in den Porenwinkeln (*Porenwinkelwasser*) und die Gesteinspartikel überziehenden Wasserfilme (*Häutchenwasser*). Außerdem kann man in dem Gebiet, wo sich Schwerkraft und Kapillarkraft etwa gleichen, das hängende und das aufsitzende Haftwasser unterscheiden.

4. Kapillarwasser

Das Kapillarwasser besteht aus *Grundwasser,* das durch die *Kapillarkraft* angehoben wird. Infolgedessen herrscht im Gegensatz zum Bereich des Adhäsionswassers ein *Unterdruck in den Poren.* Man spricht auch von dem Kapillarsaum oder besser von dem *Kapillar-Saugraum,* der je nach dem Grad der Porenfüllung offen oder geschlossen sein kann.

5. Grundwasser

Das eigentliche Grundwasser *füllt die unterirdischen Hohlräume* (Poren, Risse, Spalten, Klüfte) *vollständig aus* und unterliegt in erster Linie der Schwerkraft (*hydrostatischer Druck*), daneben den *Druck- und Reibungskräften,* die bei seiner Bewegung mit einwirken.

Im *Festgestein* ist im Gegensatz zu den *porösen Sedimenten* nur das *Sickerwasser* zu finden, während Haft- und Kapillarwasser keine oder nur eine geringe Bedeutung aufweisen.

Nun einige weitere Bemerkungen zum *Grundwasser*: Ein Raum im Untergrund, der mit Grundwasser gefüllt ist, wird als *Grundwasserspeicher* bezeichnet, seine Untergrenze als *Grundwassersohle.* Die *Grundwasseroberfläche* stellt sich dann ein, wenn die obere Grenze des Vorratsraumes nicht von schwer oder undurchlässigen Gesteinen gebildet wird, das Grundwasser also ungespannt ist. Der *Grundwasserspiegel* stellt sich — wie schon erwähnt — *in Bohrungen* in der Höhe der Grundwasseroberfläche ein.

Wenn der Grundwasserleiter oder *Aquifer* nach oben von nahezu undurchlässigen Schichten abgedeckt ist, spricht man von der *Grundwasserdeckfläche* (statt Grundwasseroberfläche). Unter solchen Bedingungen ist das *Grundwasser* sehr oft *gespannt* und steigt entsprechend in Bohrungen u. U. weit über die Grundwasserdeckfläche, bis der Druckausgleich erzielt ist. Wenn das Nährgebiet für einen derartigen Grundwasserleiter höher liegt als eine Bohrstelle, so kommt es zum zeitweiligen oder dauernden Austritt von *artesischem Grundwasser.*

Ein *Aquifer* mit sehr geringer Durchlässigkeit und damit trotz bestehenden Wasseraufnahmevermögens geringer Wasserleitfähigkeit wird als *Aquiclude* bezeichnet. Wenn eine Aquiclude so große flächenhafte Ausdehnung besitzt, daß sie für den Wasserkreislauf von Bedeutung ist, spricht man von *Aquitarde.*

In einem Aquifer fließt das Grundwasser entsprechend dem Gefälle bzw. den Druckunterschieden (z. B. durch Abpumpen). Die *Fließgeschwindigkeit* hängt dabei von der

Gesteinsdurchlässigkeit ab und ist infolgedessen sehr unterschiedlich. Pro Tag beträgt z. B. die *Grundwassergeschwindigkeit* in *Sand* und *Kies* zwischen 1 ... 10 m, in sehr groben *Schottern* bis zu 20 m pro Tag. Noch höhere Geschwindigkeiten werden in Spalten und Klüften von Festgesteinen beobachtet, hier betragen die Werte sogar bis über 30 m pro Minute, das sind mehr als 40 km/d. Dagegen bewegt sich das in *Dünensanden* gespeicherte Wasser nur sehr langsam, hier kommen Werte von mm bis cm pro Tag vor, also z. B. um 1 ... 10 m im Jahr.

Stets bestehen *Beziehungen zwischen dem Grundwasser und den oberflächlichen Gewässern.* In einem Flußtal bestimmt diesen Zusammenhang sehr wesentlich die Tatsache, ob das Mittelwasser des Flusses höher oder niedriger liegt als der Grundwasserspiegel bzw. die Grundwasseroberfläche in der Talaue. Liegt die Grundwasseroberfläche der Talaue niedriger als der Wasserspiegel eines Flusses, der sich in die Kiese und Sande der Aue eingeschnitten hat, so gibt der Fluß Wasser in den Grundwasserbereich hinein ab. Man bezeichnet dieses Wasser als uferfiltriert (Uferfiltrat, auch Seihwasser). Liegen die Verhältnisse umgekehrt, so gibt das Grundwasser aus seinem Bestand an den Fluß ab. *Uferfiltriertes Flußwasser* wird auch für die *Wasserversorgung* genutzt. Man erhöht die abgegebene Menge durch Senken des Grundwasserspiegels in der Flußaue (durch Abpumpen).

Einfluß auf die *Strömungsrichtung und -geschwindigkeit* des Grundwassers haben nicht etwa die Lage und die Neigung der Grundwassersohle, sondern das *Gefälle der Grundwasseroberfläche.* Man muß deshalb auch trennen zwischen den *Einzugsgebieten* des Oberflächen- und des Grundwassers. Das oberflächliche Einzugsgebiet hängt von der Lage der *oberirdischen Wasserscheiden* ab. Demgegenüber werden die *unterirdischen Wasserscheiden* durch die geologischen Verhältnisse im Untergrund und damit auch durch die hydraulischen Gegebenheiten festgelegt. Unter günstigen Verhältnissen können beide Einzugsgebiete ungefähr deckungsgleich sein. Um die unterirdischen Wasserscheiden festlegen zu können, muß man die Grundwasseroberfläche einigermaßen gut kennen. Mit Hilfe mehrerer Brunnen, Bohrungen, aber auch an Quellen lassen sich Beobachtungen hierzu anstellen.

Für kleinere Gebiete ist die *Methode des hydrologischen Dreiecks* üblich. Drei *Grundwassermeßstellen* befinden sich — im Idealfall — nahe den Eckpunkten eines etwa gleichseitigen Dreiecks. Damit erhält man an diesen Stellen Informationen über die Tiefenlage des Grundwasserspiegels. Daraus lassen sich dann *Hydroisohypsen* konstruieren, aus denen sich wiederum die *Grundwasserfließrichtung* entnehmen läßt. Stehen mehrere Brunnen, Bohrungen (bzw. Pegel) zur Verfügung, so läßt sich ein flächenhafter Überblick gewinnen, dem die Strömungsrichtung, das Gefälle und damit die allgemeine geohydrologische Situation zu entnehmen sind. Dies gilt vor allem auch für die Beziehungen zwischen Grund- und Oberflächenwässern.

Von Bedeutung ist aber auch die *Durchlässigkeit der Schichten,* denn das Wasser strömt stets längs des Bereiches des geringsten Reibungswiderstandes. In porösen Grundwasserleitern ist nicht die Fließgeschwindigkeit des Wassers von Bedeutung wie in klüftigen Gesteinen, sondern die *Filtergeschwindigkeit* (Durchgangsgeschwindigkeit). Darunter versteht man die durchfließende Wassermenge je Zeiteinheit, die einen senkrecht zur Fließrichtung gedachten definierten *Filterquerschnitt* durchsetzt. Diese Zusammenhänge regelt das DARCYsche *Gesetz*:

$$Q = F \cdot J \cdot k_f .$$

Q ist die Wassermenge (in der Regel in m^3/s), F bedeutet den Filterquerschnitt durch den Aquifer, J ist das Gefälle und k_f der sogenannte *Durchlässigkeitsbeiwert.* Letzterer kann rechnerisch aus der Korngrößenverteilungskurve des Aquifermateriales ermittelt werden, läßt sich aber auch experimentell im Labor oder durch Pumpversuche ermitteln. Der k_f-Wert hängt auch von der *Temperatur* des Wassers, dem *Gefälle* und schließlich dem *Chemismus* des Wassers ab. Noch wesentlicher ist die *Transmissibilität* T:

$$T = k_f \cdot M ,$$

wo M die Mächtigkeit des Aquifers bedeutet. In der Regel wird T in m^2/s angegeben. Voraussetzung ist eine vollständige Füllung des Aquifers. Ferner wird eine *stationäre Strömung* angenommen, die jedoch sehr oft nicht gegeben ist. Aus diesem Grund wurden sog. Nichtgleichgewichts-Verfahren entwickelt.

Die *Durchlässigkeitsbeiwerte* k_f haben z. B. folgende Werte:

Grobkies: 10^{-1} m/s
Kies mit Grob- bis Mittelsand: $10^{-2} \ldots 10^{-3}$ m/s
Mittelsand mit Feinsandanteilen: $10^{-4} \ldots 10^{-5}$ m/s
Lehmiger Sand: $10^{-5} \ldots 10^{-6}$ m/s
Schluff: $10^{-7} \ldots 10^{-8}$ m/s
Ton: um 10^{-9} m/s.

Eine spezielle Ausnahme in hydrologischer Beziehung macht der *Karst,* im wesentlichen Kalkgesteine, Gips und andere lösliche Gesteinsarten mit der *Höhlenbildung,* die für Karstlandschaften typisch ist. Ein Grundwasserspiegel kann hier in der Regel nicht beobachtet werden. Die Hohlräume werden ganz oder teilweise von Wasser ausgefüllt. Diese *Wasserreservoire* können völlig getrennt voneinander sein oder aber untereinander kommunizieren. Dann stellen sich in den Hohlräumen, die am höchsten liegen, gleiche Wasserspiegelhöhen ein. Da die Karst-Sedimente in Wasser löslich sind, geht ständig Material in Lösung, das an anderen Stellen wieder abgeschieden werden kann. Diese *Kalksinterbildungen* haben teilweise skurrile Formen. Die Entwässerung im Karst ist von der Oberfläche aus sehr schwer zu erforschen. So können Flüsse in diesen Hohlformen verschwinden, ohne daß leicht sichtbar ist, wo die Wassermassen bleiben. Hier helfen *Färbeversuche* etwas weiter, ebenso *radioaktive Markierung* mit ungefährlichen Isotopen. Auch *geoelektrische Versuche* mit stark versalzenem Wasser sind wegen des hohen elektrischen Widerstand des Kalkes manchmal von Erfolg. Vor allem dann ist ein Erfolg zu erwarten, wenn mehrere *Starkquellen* bekannt sind, die mit der Versinkung in Zusammenhang stehen können. Neuerdings werden mit einigem Erfolg Bärlappsporen (Lycopodium clavatum) als *Markierungsmittel* erfolgreich verwendet, da sie durch den Chemismus des Wassers und den der Nebengesteine nicht verändert werden und leicht große Mengen eingebracht werden können (1 kg Sporen enthält bis zu knapp 1 Billion Exemplare).

Die *Quellen* in Karstgebieten sind unter diesen Umständen meist sehr ergiebig. Allerdings ist das Wasser für Zwecke der Versorgung oft kaum brauchbar, da es nahezu ungefiltert das Gebirge verläßt.

Der *Grundwasserstand* unterliegt *natürlichen Höhenschwankungen.* Ohne weiteres ist ein natürlicher Gang im *Jahresrhythmus,* aber auch mit *mehrjähriger Periode* zu erkennen. Sehr wichtig sind dabei die *klimatischen Bedingungen* des betreffenden Gebietes und auch die Folge der Niederschläge im Jahreslauf. Natürlich spielen auch Vegetation, morphologische Verhältnisse und die Untergrundsituation eine Rolle, wie schon dargelegt wurde.

In *Mitteleuropa* ist die sommerliche Verdunstung und Trockenheit von Einfluß. Oft beginnt der Grundwasserstand vom späten *Frühjahr* ab zu sinken, ein Prozeß, der unter Verlangsamung bis in den *Herbst* anhält. Im *Winter* schließt sich bei normalem Ablauf ein Wiederanstieg an, der – falls Schnee gefallen war – zur Zeit der Schneeschmelze seinen Höhepunkt erreicht. Je tiefer der Grundwasserstand liegt, desto geringer werden die jahreszeitlichen Schwankungen. Bei mitteleuropäischen Verhältnissen verschwinden sie bei Meßstellen, deren Spiegel unter 20 m Tiefe liegt.

Die längerfristigen *Schwankungen* liegen vor allem bei rund 11 *Jahren Periode*, aber auch zwischen 3 und 4 Jahren. Sie spiegeln entsprechende klimatische Änderungen wider.

Unter heutigen Bedingungen ist die regelmäßige *Messung des Grundwasserstandes* deshalb von Wichtigkeit, weil zahlreiche Arten künstlicher Eingriffe in den *Grundwasserhaushalt* zu Änderungen führen können, die es sorgfältig zu *überwachen* gilt. Dies ist durch die Industrie, den Bergbau, aber auch durch die Land- und Forstwirtschaft möglich. Eine ebenso große Rolle spielt der Städtebau, der die natürlichen Einzugsgebiete verkleinert.

8.6. Quellen

Als Quellen im hydrologischen Sinne bezeichnet man *natürliche Austritte des Grundwassers*. Infolgedessen zeigen Quellen ebenso jährliche und mehrjährige *Perioden* der Intensität der Wasserschüttung.

Grob gesprochen kann man *absteigende Quellen* von *aufsteigenden* trennen. Bei den ersteren fließt das Wasser der Austrittsstelle (nicht selten in einer Schicht, Schichtquelle) abwärts, bei den letzteren unter hydrostatischem Druck oder (selten) durch Gasauftrieb aufsteigend zum Quellort hin. Aus der vielfältigen Gliederung der Quellen seien noch die *Stauquellen* genannt, die sich einstellen können, wenn ein Aquifer an einen nahezu undurchlässigen Gesteinskomplex grenzt. Von besonderer Bedeutung sind die an tektonische Störungen, Brüche oder *Verwerfungen gebundenen Quellen*. Hier können ebenso wie im Ausgehenden poröser Schichten *Quellenlinien* auftreten. An Verwerfungen geknüpfte Quellen sind sehr oft Gegenstand indirekter *geophysikalischer Untersuchungen*, da die im Verwerfungsbereich zirkulierenden Wässer zur Zersetzung der angrenzenden Gesteine beitragen. Damit aber verändern sich deren Dichte, Radioaktivität, magnetische Suszeptibilität, aber auch die elektrische Leitfähigkeit des Gesteinsmateriales.

Die *Temperatur von Quellwässern* hängt von der Tiefe ihrer Herkunft und natürlich von der örtlichen Lufttemperatur ab. Grundwasser, das in Quellen aus 5 ... 10 m Tiefe austritt, zeigt noch deutlich den jahreszeitlichen Temperaturrhythmus. Bis ca. 20 m Tiefe entspricht die Temperatur des Quellwassers etwa der des örtlichen Jahresmittels. Bei noch größerer Herkunftstiefe nimmt die Erwärmung allmählich zu. Hat das Wasser Temperaturen über 20 °C, so spricht man bereits von einer *Therme*.

Thermen werden nicht selten zur Energiegewinnung, aber auch für *balneologische Zwecke* genutzt. *Thermalwasser* wird meist durch Bohrungen erschlossen. Es dient ebenfalls der Energiegewinnung (z. B. Island oder Oberitalien), d. h. vor allem für *Heizungs-*

zwecke, aber auch für *medizinische Nutzung.* In der DDR sind Warmbad (bei Wolkenstein) und Wiesenbad mit 25 °C, beide im sächsischen Erzgebirge gelegen, Thermen mit balneologischer Nutzung. Diese Quellen sind die peripheren Ausläufer eines tertiären Vulkanherdes, dem auch *Karlovy Vary* (Karlsbad ČSSR) mit Quelltemperaturen von 43° bis 73° zugehört.

Heiße Quellen, die ihr Wasser periodisch auswerfen (wohl in der Regel als Folge eines tiefen Aufsiedens), werden als *Geysire* bezeichnet.

Normale, aber vor allem heiße Quellen bringen auch Wasser zutage, das nicht dem Niederschlag entstammt, sondern als *juveniles Wasser* zu bezeichnen ist. Juvenile Wässer sind nicht selten durch eine gering *erhöhte Dichte* gekennzeichnet, die nicht nur eine Folge der Mineralisation ist. Vielmehr kommen hierin Modifikationen des „*schweren*" *Wassers* vor, wie $H_2^{18}O$, $D_2^{16}O$, $HD^{16}O$, $HD^{18}O$ und $D_2^{18}O$. Schweres Wasser reichert sich auch in Wässern an, die über lange Zeit der Verdunstung unterworfen waren. Der Dichtewert des Wassers bei 4 °C kann bis zu 1,0016 betragen. So finden sich erhöhte Dichtewerte bei freiem und gebundenem Wasser in Salzmineralen, hier ist eine längere Verdunstungszeit a priori wahrscheinlich.

Quellen mit Wässern, die gelöste mineralische Bestandteile von mehr als 1 g Festsubstanz in 1 kg Wasser enthalten, bezeichnet man als *Mineralquellen.* Gleiches gilt auch, wenn das Wasser Spurenelemente oder Gase über dem normalen Wert enthält. Sofern eine Heilwirkung sicher nachgewiesen werden konnte, spricht man auch von *Heilquellen.* Zu den Heilwässern zählen auch solche, die keine nachweisbare Mineralisation aufweisen, bei denen auch keine Spurenelemente oder kein Gasgehalt anzutreffen sind, die aber offenbar auf Grund von Besonderheiten der *Molekularstruktur des Wassers* eine *medizinische Wirkung* entfalten. Derartige Wässer verlieren diese Wirkung nicht selten Stunden oder Tage nach der Entnahme aus der Quelle. Dies ist ein oft beobachtetes Problem bei schwächer mineralisierten Wässern, daß deren *balneologische Wirkung* nach Flaschenabfüllung sehr viel geringer ist als direkt nach Entnahme aus der Quelle. Da über einige Grundfragen der Wasserstruktur noch keine ausreichende Klarheit besteht, sind auch die zu diesem Effekt gegebenen Deutungen sehr unterschiedlich und z. Z. noch unbefriedigend. Äußere *physikalische Einwirkungen auf das Wasser* in der Erdkruste können sein: die *Temperatur,* die erhöhte *Radioaktivität,* aber auch die Einwirkung des Mineral- und Gesteinsmagnetismus. Auf die umstrittene Frage des sog. „magnetisierten" Wassers mit seinen angeblich veränderten Eigenschaften (z. B. KLASSEN, 1969) soll hier nicht näher eingegangen werden.

Die *Mineralwässer* werden nach der löslichen Fracht gegliedert, die sie kennzeichnet. So gibt es Chloridwässer, Hydrogenkarbonat- und Karbonatwässer, Sulfatwässer, Wässer mit erhöhtem Eisengehalt, mit höherem Arsengehalt, mit höherem Jodgehalt oder auch Schwefelgehalt. Ferner werden genutzt *radioaktive Wässer,* darunter auch radon- und radiumführende Wässer, und schließlich die sog. *Säuerlinge,* also Wässer mit CO_2-Führung meist als späte Folge eines früheren *Vulkanismus.* Ähnliches gilt auch von den schon erwähnten Thermen.

Nicht selten treten die genannten Quellwässer miteinander vermischt auf, sie sind also Mischwässer mit zahlreichen chemischen Elementen und Verbindungen, mit oder ohne Gas. Die medizinische Wirkung der Quellwässer wird von der *Balneologie* erforscht.

8.7. Ermittlung der Fließrichtung des Grundwassers

Bei der Untersuchung von Grundwasservorräten interssiert stets die *Fließrichtung* (und möglichst auch die *Fließgeschwindigkeit*). Der einfachste, aber in der Regel auch teuerste Fall ist das Niederbringen zahlreicher Bohrungen, die allein durch das Gefälle des Grundwasserspiegels Auskunft über die Fließrichtung geben. Außerdem kann durch Markierung des Wassers eine weitere Information erhalten werden. Zur Markierung dienen sowohl die *Versalzung* des Wassers (und elektrische Widerstandsmessung in Nachbarbohrungen), die *Färbung* des Wassers mit fluoreszierenden und anderen Materialien und die *radioaktive Markierung* mit kurzlebigen Radionukliden, die biologisch unbedenklich sind. Hinzu kommt noch die Möglichkeit des Einbringens harmloser *Bakterien*, die in Nachbarbohrungen leicht nachweisbar sind.

Einfacher und mit weniger Aufwand versehen ist die Untersuchung einzelner Bohrungen mit Hilfe *geophysikalischer Verfahren* (ASTIER, 1971). Hierbei sind Messungen an der Erdoberfläche von solchen im Bohrloch zu trennen. Für Messungen übertage eignen sich *geoelektrische Messungen*. Zu diesem Zweck wird das Wasser in der Bohrung versalzen. Das Salz breitet sich dann vorzugsweise in der Fließrichtung des Grundwassers aus und mit ihm eine Zone sehr guter elektrischer Leitfähigkeit. Durch wiederholte flächenhafte Widerstandskartierung mit geeigneter Wirkungstiefe kann die Deformation der Zone geringer elektrischer Widerstandswerte in der Fließrichtung sehr einfach verfolgt werden.

Noch einfacher ist die sog. *Drehsondierung*. Eine Vier- oder Fünfpunktsondierung nach WENNER (1916) wird symmetrisch zur Bohrung so angeordnet, daß die Bohrung den Mittelpunkt bildet. Dann wird die ganze Anordnung der Elektronen und Sonden um die Bohrung gedreht, wobei die Standlinie der Elektroden z. B. um 30°-Intervalle versetzt wird (was i. allg. ausreichen dürfte). Die Wiederholung dieser Widerstandsmessungen rund um den Azimutalkreis läßt bald die Veränderungen des elektrischen Widerstands erkennen und gibt damit einen eindeutigen Hinweis auf die Fließrichtung des Grundwassers, mit welcher die Salzwolke abdriftet.

Bei dem *Widerstandsmeßverfahren nach* WENNER werden auf einer Standlinie (die durch das Bohrloch geht) zwei Elektroden in den Boden geschlagen, die zur Anlegung einer Spannung dienen. Zwei Sonden befinden sich ebenfalls auf der Standlinie, der Abstand zwischen ihnen und zu den Elektroden ist gleich groß (a), die Gesamtlänge der Anordnung beträgt somit dreimal diesen Abstand ($= 3a$). Die Sonden dienen dem leistungslosen Potentialabgriff. Um die Fließrichtung des Grundwassers zu bestimmen, wird das Bohrloch (in der Mitte zwischen den beiden Sonden) als dritte Sonde behandelt oder es wird direkt neben dem Bohrloch eine dritte Sonde eingeschlagen. Der *scheinbare spezifische Widerstand* bis zu einer Tiefe, die ungefähr dem einfachen Abstand zweier Spieße entspricht ($= a$) beträgt dann:

$$\varrho_s = 2\pi a \frac{\Delta V}{i},$$

wobei ΔV die an den Sonden abgegriffene Potentialdifferenz bedeutet und i die Stromstärke, die im Elektrodenkreis fließt. Da bei der 5-Punktmethode nur über die halbe Sondendistanz die Potentialdifferenz abgegriffen wird, muß der Wert von 2π... auf 4π ... verdoppelt werden. Nur mit dieser Anordnung läßt sich die Fließrichtung des versalzenen Grundwassers vektoriell bestimmen: Der Widerstand ist für jene Hälfte kleiner, in der das Grundwasser fließt.

Mit einem einfachen *4-Punktverfahren* läßt sich nur die zweiseitige Richtung der Widerstandsverminderung bestimmen. Wenn die hydrologischen Verhältnisse qualitativ klar sind, kann damit auch die Fließrichtung vektoriell angegeben werden. Trifft dies nicht zu, muß man zu dem *5-Punktverfahren* greifen, das in der Regel mit der angegebenen Methode auch die Fließrichtung zu bestimmen erlaubt.

Eine Reihe weiterer Informationen in den Bohrungen selbst gibt die *geophysikalische Bohrlochmessung*. So erhält man aus ihren Ergebnissen spezielle Informationen über die *Wasserleiter* und die *Wasserstauer*. Man kann auch die Verdünnung von Salz oder Radionukliden als Information für die Geschwindigkeit des Wasserabflusses verwenden. Außerdem ergeben sich sichere Anhaltspunkte über die Tiefe und auch die etwaige Menge von *Wasserzuflüssen* in Bohrlöchern. Eines der besonders einfachen Verfahren ist die elektrische Widerstandsmessung der versalzenen Bohrlochflüssigkeit. Bei mehrfacher Wiederholung nimmt der Widerstand im Bereich von Wasserzuflüssen rasch zu, und zwar als Folge der Verdünnung der Salzlauge in dieser Höhe.

Außerdem gibt es eine große Fülle spezieller Verfahren, auf die im einzelnen nicht eingegangen werden kann (vgl. z. B. Krätzschmar, 1966).

8.8. Gletscher, Schnee und Eis

Schnee und Eis kommen auf der festen Erde als Dauererscheinungen in polaren und hochgelegenen Gebieten vor. Insofern gehören sie mit zur festen Erde. Über Schnee und Eis in der Atmosphäre soll nicht gesprochen werden, obwohl hier die Quelle der Niederschläge in fester Form ist. *Inlandeis* und *Gletscher*, mit ihnen verbunden auch das Bodeneis, der *Permafrost*, bilden sich in jenen Bereichen der festländischen Erdoberfläche, die langfristig mehr feste Niederschläge erhalten als wieder abschmelzen. Damit bilden sich *Nährgebiete* der Gletscher und des Inlandeises heraus.
Unter dem Einfluß der Schwerkraft bewegen sich die Eismassen entsprechend dem Gefälle nach ihren *Zehrgebieten*. In diesen übertrifft das Abschmelzen und Verdunsten den Zuwachs durch feste Niederschläge.

Gletscher bilden sich aus Schneeansammlungen. Von den überdauernden *Firnresten* unterscheidet sich ein Gletscher durch die *ständige Bewegung*. Während der Bewegung des Gletschers nimmt der Schnee eine *Kornstruktur* an. Das Gebiet mit Dauerschnee wird (in abwärtiger Richtung) durch die *Schneegrenze* definiert. Sie hängt ebenso vom *Klima* (damit auch der *Höhenlage*) und der *Niederschlagsmenge* ab. In den Alpen beträgt die Sommertemperatur im Mittel nahe der Schneegrenze zwischen 0,5 und 3,8 °C. Die höchsten Temperaturen finden sich am Nordrand der Schweizer Alpen. Hier fallen die *größten Niederschlagsmengen*, die Schneegrenze liegt nur 2900 m hoch. In den *trockenen* Walliser Alpen findet sich dagegen die Schneegrenze um 3250 m bei niedrigeren Temperaturen.

Die Gletscher und Inlandeismassen stellen die *größten Süßwasserreserven* der Erde dar (68,7%; mit unterirdischem Bodeneis: 69,6%). Etwas über 15 Millionen km² des Festlandes werden von Eis bedeckt (rund 10,7% der Festlandsfläche). 85,8% der vereisten Fläche entfallen auf den *antarktischen Kontinent* und die umliegenden Inseln. Nur rund 11,2% dieser Fläche macht Grönland mit seinen Gletschern und seinem Inlandeis aus. Die Inseln der Arktis und des periarktischen Raumes sind mit rund 1,8% zu veranschlagen.

Gegenüber der heutigen Eisbedeckung des Festlandes von 16 Millionen km² dürfte die *pleistozäne Vereisung* maximal ein Areal von knapp 50 Millionen km² haben.

Schwimmende Eisdecken vor Festlandsbereichen, die mit ihnen in engem Kontakt stehen, werden als *Schelfeis* bezeichnet. Die größten Schelfeisgebiete befinden sich in der *Antarktis* (Roß- und Filchner-Schelfeis). Insgesamt bedecken diese Bereiche 1,4 Millionen km² der Seefläche. Die von *Meereis* bedeckten Flächen machen insgesamt rund 25 Millionen km² der Ozeane aus. Nimmt man noch die von *Eisbergen* beeinflußten Flächen hinzu, gelangt man auf über 60 Millionen km², das ist fast ein *Viertel der Ozeanfläche.*

Die *Mächtigkeit des antarktischen Eises* beträgt rund 4500 m. Das *grönländische Inlandeis* ist etwa 1000 m geringmächtiger (maximal ungefähr 3500 m). Die Gletscher außerhalb der polaren Räume haben als Folge des Entstehungsmechanismus eine geringere Mächtigkeit (Alpengletscher z. B. 300 ... 800 m).

Bis in die Peripherie der polaren Gebiete (Periglazial) tritt der *Dauerfrostboden* auf (*Permafrost*), der *bis zu 1200 m Tiefe* reichen und sich von der Gegenwart zurück gerechnet über geologische Zeiträume halten kann. Bei Jahresmitteltemperaturen unter −2 °C taut das gefrorene Bodenwasser nicht mehr völlig auf. Unter der mehr oder weniger gering mächtigen Auftauzone (*Mollisol*) schließt sich die ständig gefrorene Bodenzone an (*Pergelisol*). Hier findet sich diskontinuierliches oder kompaktes *Bodeneis.* Als Folge *klimatischer Schwankungen* kann der Dauerfrostboden aber auch einer mehrjährigen Periode seiner Existenz unterworfen sein (*annueller Permafrost*).

Vom ständig gefrorenen Boden werden Kontinentalgebiete von etwa 21 Millionen km² eingenommen. Diese Erscheinung gemeinsam mit der Eisbedeckung nimmt somit rund 37 Millionen km², also *ein Viertel des Festlandes* ein.

8.9. Physikalische Wirkungen des Wassers

Das Wasser auf der Erde ist das wichtigste *geologische Transportmittel* für sedimentäres Material, bedeutender als die Atmosphäre. Die Denudation und Erosion, der Weitertransport und die *Ablagerung* sind die wichtigsten Glieder dieses Prozesses. Zum physikalischen Transport kommt die *chemische Aktivität* des Wassers und damit die *gelöste Fracht.*

Wenn wir in der *Erdgeschichte* sehr weit zurückgehen, finden wir immer wieder Sedimente, die mehr oder weniger stark umgewandelt sind. Dennoch bleiben sie Zeugen für die *Tätigkeit des Wassers* und damit für sein sehr frühes Vorhandensein auf der Erde. Während die *endogenen Kräfte* der Erde sich unablässig als formschaffend betätigen (tektonische, magmatische u. a.), sind die *exogenen Kräfte* und unter ihnen an vorderster Stelle das Wasser bestrebt, einebnend, abtragend zu wirken. Das Potential der Erosion strömenden Wassers ist im wesentlichen vom *Korngrößenspektrum* der mitgeführten Mineral- und Gesteinsteilchen abhängig. Von den herausgehobenen Teilen des irdischen Reliefs werden unter der Wirkung der Schwerkraft durch das Wasser gemeinsam mit der Wirkung der Atmosphäre der Zerstörungs- und dann der Transportprozeß eingeleitet und verstärkt fortgeführt.

Bodenteilchen und *Gesteinsbrocken* werden vom Wasser mitgenommen und den Bächen und Flüssen zugeführt. Die flächenhafte Abtragung oder *Denudation* hängt nicht zuletzt von der Vegetation ab. Die *Zerstörung der Vegetation* durch den Menschen begünstigt vielfach die physikalische Arbeit des Wassers und die Abtragung wichtiger Teile der Bodenzone. *Flüsse* streben stets ein *Ausgleichgsgefälle* an. Bei diesem Endzustand reicht die vom Ober- zum Unterlauf stetig abnehmende Neigung gerade aus, um den zunächst groben, später immer feineren Schutt mit den gegebenen Wassermassen abzuführen.

Im Oberlauf der Flüsse ist die *Transportfähigkeit* meist größer als die zur Verfügung stehende Schuttmenge. Dann entstehen als Ergebnis der Erosion die im Querschnitt V-förmigen Täler.

Flußgerölle sind bekanntlich kugelig bis ellipsoidisch. Dieser Rundungsgrad wird je nach der Gesteinsart schon nach 1 ... 20 km Transportweg erreicht. Bei *Abnahme des Gefälles* in einem Flußbett läßt die Transportfähigkeit nach, und es kommt zur Bildung *fluviatiler Sedimente* bzw. an der Mündung zu einer *Deltabildung*.

Das *Grundwasser* ist vor allem *chemisch wirksam*, es löst im Untergrund z. B. kalkige Bildungen (Karst). Dabei ist aber stets zu beachten, daß oberflächliche und unterirdische Gewässer in enger Beziehung zueinander stehen. Der Spiegel *offener Wasserflächen* ist in der Regel die *Fortsetzung des Grundwasserspiegels*.

Flüsse in schottererfüllten Tälern sind von einem Grundwasserstrom geringerer Geschwindigkeit begleitet. Zwischen *Fluß und Grundwasser* findet je nach dem Wasserstand ein z. T. sehr intensiver *Austausch* statt.

Die Gesamtmenge der jährlich durch die Flüsse den *Meeren zugeführten festen Stoffe* ist schwer zu schätzen. Doch nimmt man an, daß es sich um etwa 5 Milliarden t handelt, die den Ozeanen zugeführt werden. Man muß schätzen, daß die gelöste Fracht nicht sehr viel geringer ist. So liegt die *Gesamtleistung des Wassertransportes vom Festland zum Ozean* bei ca. 10^{10} t festen und gelösten Stoffen. Hierin drückt sich die gewaltige physikalische und auch chemische Leistung des fließenden Wassers (unter- wie oberirdischen) der Hydrosphäre aus. Allerdings liegt hierin auch eines der großen Probleme verborgen: das der *Wasserverunreinigung* anthropogener Natur, die bereits alle Ozeane (neben den Festlandsgewässern) erreicht hat.

8.10. Einige Probleme weiterer Forschung

Das Wasser in und auf der Kruste sowie nicht zuletzt auch die Weltmeere sind in den letzten Jahrzehnten immer mehr zu einer *wichtigen natürlichen Ressource* geworden. Der Stoffwechsel zwischen Natur und Gesellschaft wurde auf allen Gebieten immer intensiver. So kam es vielerorts zu einer *Überbeanspruchung* der Ressource Wasser, in Zusammenhang mit der unzweckmäßigen landschaftlichen Umgestaltung zu *Wassermangel* und nicht zuletzt auch zu Notsituationen, weil der Wasserbedarf teils qualitativ, teils aber auch quantitativ nicht mehr befriedigt werden konnte.

Betrachtet man die Situation weltweit, so schreitet dieser gefährliche Prozeß rasch voran, und um dies zu verhindern, sind eine große Zahl von Arbeiten in Durchführung.

Bereits von 1965 bis 1974 lief unter der koordinierenden Initiative der UNESCO ein weltweites Forschungsprogramm, das *Internationale Hydrologische Dezennium* (IHD). Es formulierte und präzisierte die *wichtigsten Probleme* z. B. auf folgenden Gebieten, ohne angesichts der schwierigen Lage schon eine Lösung beanspruchen zu können:

Wasserbilanzen, Grundwasser, Hoch- und Niedrigwasser, Repräsentativ- und Versuchsgebiete, Einflüsse des Menschen auf den Wasserkreislauf, Kerntechnik in der

Hydrologie, Hydrologie der Karstgebiete z. B. im Mittelmeerraum, Fragen der Wasserqualität sowie natürlich auch Intensivierung der Informationen und der speziellen Ausbildung.

Eine Fortsetzung dieser Arbeiten im internationalen Maßstab erfolgt im *Internationalen Hydrologischen Programm*.

Im *globalen Wasserkreislauf* zirkulieren im Jahr rund 40000 km³ Wasser (in der Atmosphäre, Hydrosphäre und Biosphäre), die zum überwiegenden Teil als Flußwasser in die Ozeane zurückkehren. Demgegenüber wird der (schwer schätzbare) *Bedarf an Wasser* für die Bevölkerung, die Industrie und die Landwirtschaft auf rund 2800 km³ im Jahr geschätzt. Innerhalb der nächsten 30 Jahre wird er sich etwa *verdreifachen*, also 20 ... 25% der gewinnbaren Süßwasservorräte ausmachen.

Die *gewinnbaren Wasservorräte,* speziell die Flüsse, sind nun sehr ungleich über die Erde verteilt. Es gibt Gegenden mit Wasserüberschuß und niedertemperiertem Klima und andererseits große Gebiete mit Wassermangel und hohen Temperaturen. Das letztere gilt für mehr als 30% der Fläche Europas, rund $^2/_3$ der Fläche Asiens, den größten Teil des afrikanischen Kontinents und Australien sowie rund $^1/_3$ Amerikas. So werden nach weiteren 30 Jahren die Süßwasserressourcen in den dichter bewohnten Gebieten der Erde stark gefährdet sein.

Wasserwirtschaftliche Aktivitäten müssen auch die hohe Rate der Abwässer (gegenwärtig mehr als 700 km³) beachten und vor allem folgende *geohydrologische Aufgaben* ins Auge fassen:

1. Gewinnung *neuer Süßwasserreserven*:
   a) durch Stauwässer in *Talsperren*;
   b) durch *Erschließung neuer*, u. U. tiefer *Grundwasservorräte* (darunter auch geologischer Großreserven);
   c) durch Gewinnung *uferfiltrierter Flußwässer*, wenn es gelingt, diese chemisch erträglich sauber zu halten;
   d) durch *Meerwasserentsalzung* in Gebieten, wo billige Energie zur Verfügung steht (z. B. Sonnenenergie);
   e) in weiterer Perspektive *Nutzung von antarktischen Eisbergen* im Bereich der Südkontinente (z. Z. noch Illusion).

2. *Verringerung der* Süßwasserbelastung durch *Schadstoffe*:
   a) *Reduktion der chemischen Belastung* von Abwässern;
   b) *Verbesserung der Wasseraufbereitungsverfahren* zur Rückgewinnung durch energetisch rationelle Prozesse;
   c) Entwicklung von Alternativen zur Einleitung von chemisch belasteten *Industrieabwässern* in die Flüsse, denen z. B. uferfiltriertes Grundwasser entnommen werden kann oder wird.

3. *Modellierung* und Simulation *hydrologischer Prozesse*:
   a) Modellierung von Zufluß, Speicherung und Ablauf des Wassers;
   b) Einzugs- und Flußgebietsmodelle;
   c) steigende landwirtschaftliche Nutzung.

Ein wichtiges Problem für die künftige Forschung und Entwicklung ist nicht allein die möglichst gute *Reinigung der Abwässer*. Es besteht auch in einem *qualitativen Schutz der Grundwasserreserven* angesichts der zunehmenden Verunreinigung durch Industrie und Landwirtschaft.

Da selbst gut gereinigte Abwässer wegen der hartnäckig verbleibenden ungünstigen Komponenten einer Verdünnung mit gutem Wasser auf das Vielfache bedürfen, um den Kreislauf wieder zugeführt zu werden, treten immer mehr ernste Probleme auf. Es bedarf also immer neuer Verfahren der *Abwasserreinigung*, die auch die wasserlöslichen Salze mit erfassen, um immer weniger Wasser für die anschließende Verdünnung zu benötigen.

Nach Meinung vieler Hydrologen werden alle diese Maßnahmen aber nicht ausreichen, wenn nicht bald in Industrie, Landwirtschaft und Kommunalwirtschaft völlig *neue Nutzungsprinzipien* des dort eingesetzten Wassers verwirklicht bzw. entwickelt werden.

Ein weiteres, immer wichtiger werdendes Problem ist die *Wasserversorgung der ariden und semiariden Entwicklungsländer*. Eine Grundlage für eine Stabilisierung der Wasserversorgung sind die *tiefen Aquifere* und *hydrogeologischen Becken* (auch in Europa: z. B. Pariser Becken, Ungarische Tiefebene u. s.w.). Hiermit befaßt sich eine Spezialorganisation der IUGS (Internationale Union für Geologische Wissenschaften), die *Internationale Association of Hydrogeologists* (IAH), deren Direktor, Prof. Dr. G. Castany, *tiefe Becken* als die Basis der künftigen Grundwasser-Bewirtschaftung auch hinsichtlich der Wärmeenergiegewinnung darstellt.

Zur Lösung zahlreicher Probleme, die im Zusammenhang damit auftauchen, hat die *Internationale Atomenergie-Agentur* seit längerem eine Sektion *Isotopen-Hydrologie* gebildet. Diese befaßt sich mit der Isotopen-Datierung und -Markierung von Grundwässern. Dabei spielt z. B. das Tritium in der Atmosphäre eine ebenso wichtige Rolle wie das ^{14}C (z. B. für die *Bestimmung des Alters des Grundwassers*). In Zusammenhang mit den tiefen Aquiferen wird mit dieser Technik die mögliche Verbindung mit minderwertigen Schichtwässern im Hangenden wie Liegenden untersucht. Die Mitarbeiter der Atom-Energie-Agentur sind der Auffassung, daß die *Isotopentechnik* bereits seit einiger Zeit zu den *normalen Arbeitsmitteln des Hydrologen* gehört. Diese Tatsache wurde in zahlreichen hydrologischen Notstandsgebieten der Welt inzwischen auch unter Beweis gestellt.

Nimmt man neben den geologischen Bemühungen auch noch die *geophysikalischen Möglichkeiten zur Unterstützung* derselben vor allem bei komplizierten Aquifer- und Beckenstrukturen hinzu, dann ergeben sich insgesamt auf Grund vieler Erfolge zahlreiche positive Perspektiven für die Nutzung der physikalischen Hydrologie bei optimaler Erforschung aquatischer Ökosysteme.

8.11. Literatur

Andreae, H.: Hydrometrische Verfahren und Meßgeräte, ihre Aufgabe im Dienste der Landeskultur. Berlin, 1961.

Astier, Jean-Louis: Géophysique appliquée a l'Hydrogéologie. Paris, 1971.

Baumgartner, A. und Reichel, E.: Die Wasserbilanz. München, Wien, 1975.

Bodelle, J. und Margat, J.: L'-eau souterraine en France. Paris, New York, Barcelona, Mailand; 1980.

Bogomolow, G. W.: Grundlagen der Hydrologie. Berlin 1958.

Burdon, D. J. und Papakis, N.: Handbook of Karst Hydrology. Athen, 1963.

Busch, K.-F. u. a.: Geohydrologie (Lehrbriefe der TU Dresden). Berlin, 1970 und 1971.

CHOW, V. T. (ed.): Handbook of applied hydrology. New York. 1964.
DOOGE, J. C. I.: The hydrologic system as a closed system. Proc. Int. Hydrol. Symp., Fort Collins, Vol. 2, S. 98–113. 1967.
DYCK, S. und CHARDABELLAS, P.: Wege zur Ermittlung der nutzbaren Grundwasserreserven. Ber. Geol. Ges., 8 (1963), S. 245–262.
DYCK, S. und Mitarb.: Zur Modellierung des Bodenwasserhaushaltes. Geodät. und Geophys. Veröff., hersg. vom National-Komitee f. Geod. und Geophys. b. d. AdW der DDR, Reihe IV, H. 20 Berlin, 1976.
DYCK, S. u. Kollektiv: Angewandte Hydrologie. Teil 1: 1976; Teil 2: 1980.
FOURMARIER, P.: Hydrogéologie. Paris, 1958.
FYFE, W. S., PRICE, N. J. und THOMPSON, A. B.: Fluids in the Earth's crust. Amsterdam, Oxford, New York; 1978.
GASPAR, E. und ONECSCU, M.: Radioactive tracers in hydrology. Developments in Hydrology, 1. Bukarest, Amsterdam, London, New York, 1972.
GIESSLER, A.: Das unterirdische Wasser. Berlin, 1957.
HOHL, R.: Wasser und Wasserkreislauf, – das unterirdische Wasser. In: Entwicklungsgeschichte der Erde, 5. Aufl., S. 114–124. Leipzig, 1981.
KALWEIT, H.: Der Wasserhaushalt. Berlin, 1953.
KARTWELISHWILI, N. A.: Stochastische Hydrologie (russ.), Leningrad, 1975.
KEILHACK, K.: Lehrbuch der Grundwasser- und Quellenkunde. Berlin, 1912 und 1935.
KELLER, R.: Gewässer und Wasserhaushalt des Festlandes. Leipzig, 1962.
KLASSEN, W. J.: Der Einfluß von Magnetfeldern auf die Eigenschaften des Wassers. Bergakademie, Leipzig, 21 (1969) 11.
KRÄTZSCHMAR, H.: Beitrag zur Bestimmung der Grundwasserfließgeschwindigkeit und -richtung. Schriften d. Nat. Kom. f. Geod. und Geophys. b. d. AdW d. DDR, Reihe IV, H. 1, Berlin, 1966.
LUCKNER, J. und SCHESTAKOW, W. M.: Simulation der Geofiltration. Leipzig, 1975.
MARCINEK, J.: Das Wasser des Festlandes, Gotha und Leipzig, 1978.
MAUERSBERGER, P. Irreversibilität in der Hydrologie. Sitz.-Ber. AdW d. DDR, Math.-Nat.-Techn., 4N ,Berlin 1982.
MCPHERSON (Chairman) and sub-group of the Co-ordinating Council of the International Hydrological Decade: Hydrological effects of urbanization. The Unesco Press; Paris (Studies and reports in Hydrology, 18). 1974.
MEINZER, O. E. (ed,): Hydrology. New York. 1942.
PESCHKE, G.: Ein zweistufiges Modell der Infiltration von Regen in geschichteten Böden. Acta hydrophys., 22 (1977), S. 39–48.
PFALZ, R.: Grundgewässerkunde. Halle (Saale), 1951.
PLEISS, H.: Der Kreislauf des Wassers in der Natur. Reihe „Umweltforschung". Jena, 1977.
SCHNEIDER, H.: Die Wassererschließung. Essen, 1973.
STINY, J.: Die Quellen. Wien, 1933.
THIEM, G.: Hydrologische Methoden. Leipzig 1906.
THURNER, A.: Hydrogeologie. Wien, New York. 1967.
WENNER, F.: A method of measuring earth resistivity. Bull. U. S. Bur. Stand., Washington, Nr. 258; 1916.
WIESNER, C. S.: Hydrometeorology. London, 1970.
WILHELM, F.: Schnee- und Gletscherkunde. Berlin, New York; 1975.

9. Physik und Chemie des Erdinneren[1])

9.1. Einleitung

9.1.1. Vorbemerkungen

In den vergangenen Jahrzehnten standen in der Geophysik die Sammlung von Datenmaterial und die erste großräumige Aufbereitung dieser Daten im Vordergrund. So konnten wichtige Aussagen über die physikalische Struktur des Erdkörpers gewonnen werden, die die Grundlage für Diskussionen über die möglichen stofflichen Bestandteile der verschiedenartigen Schichten in der Erde bildeten. Diesem globalen Bild über den Erdkörper wurden durch Ergebnisse des internationalen *Projektes zur Erforschung des oberen Erdmantels* (UMP) neue Akzente hinzugefügt. Durch international koordinierte Forschungsprogramme interdisziplinären Charakters gelang es, für den Bereich der tiefen Erdkruste und des oberen Erdmantels wesentlich detailliertere Kenntnisse zu erarbeiten, die regionale und lokale Besonderheiten des Aufbaues unseres Erdkörpers bis zu etwa 700 km Tiefe erfaßten. Beim UMP, das im Jahre 1970 zum Abschluß gebracht wurde, zeigte es sich bereits, daß eine Reihe von Fragestellungen bis in die Bereiche des mittleren Mantels hineinreicht und auch die Probleme der Entwicklung unseres Planeten umfaßt. Das bedeutete international die Überleitung von einer mehr statisch-strukturellen zu einer dynamischen Betrachtungsweise. Aus diesem Grunde wurde das *Internationale Geodynamik-Projekt* ins Leben gerufen, um den großen Progreß der Geowissenschaften kontinuierlich im Rahmen eines weiteren interdisziplinären Programmes fortzusetzen.

Seit Beginn der 80er Jahre wird an einem neuen internationalen geowissenschaftlichen Projekt, dem *Lithosphärenprojekt*, gearbeitet. Die Lithosphäre, d. h. die etwa 100 km dicke Gesteinsschicht der Erde, ist für die Schaffung wissenschaftlicher Grundlagen zur Lösung des Ressourcenproblems besonders interessant. Das Projekt ist aber keineswegs nur auf die Erforschung der obersten Schichten der Erde begrenzt, denn viele Prozesse an der Oberfläche (z. B. die *Plattentektonik*) werden im tiefen Erdinnern verursacht. Deshalb spielen auch Kopplungsmechanismen zwischen Kruste und Mantel bzw. Mantel und Kern eine große Rolle. Weiterhin sind auch Fragen der *Planetenentstehung* und *-evolution* von Bedeutung.

Ein weiterer bemerkenswerter Forschritt für die Geowissenschaften hat sich durch besondere technische Entwicklungen ergeben, wie z. B. durch den umfassenden Einsatz von elektronischen *Datenverarbeitungsanlagen*, die *Aerogeophysik* und die *Satellitenforschung*. Außerdem wurden in beträchtlichem Umfang *meeresgeophysikalische* Arbeiten durchgeführt. Hier sind wesentliche neue Erkenntnisse über die mit dem Erdkörper verbundenen physikalischen Phänomene erzielt worden. Des weiteren ist die Frage einer vergleichenden Physik und Chemie des Erdkörpers und anderer *planetarer Körper* in unmittelbare Nähe gerückt bzw. teilweise realisiert worden. Neben den beträchtlichen technischen und technologischen Konsequenzen derartiger Unternehmungen seien hier besonders die Forschungsmöglichkeiten hinsichtlich der Entwicklung der Erde als Planet und des Planetensystems angesprochen.

---

[1]) Von H. Kautzleben und H. Stiller

9.1.2. Ergebnisse und Fragestellungen der großen internationalen Forschungsprojekte

Das *Projekt Oberer Erdmantel* (UMP) hat äußerst wichtige Ergebnisse gebracht. Es wurden erstmals

- alle Teile der Erdoberfläche, *kontinentale* und *ozeanische Gebiete*, in gleicher Weise berücksichtigt;
- *Strukturen im oberen Erdmantel* bis zu Tiefen von etwa 700 km nachgewiesen und in Verbindung mit den oberflächennahen Strukturen der Erdkruste gebracht;
- durch Kombinationen geologischer und paläogeophysikalischer Beobachtungen Modellvorstellungen für den *kinematischen Bewegungsablauf in der Kruste* und in den *obersten Teilen des Erdmantels* entwickelt.

Wichtige Ergebnisse dieser Arbeiten konnten in einer einheitlichen Modellvorstellung zusammengefaßt werden, die unter der Bezeichnung „*Plattentektonik*" in die Diskussion gekommen ist. Für viele Geowissenschaftler war diese Plattentektonik eine tragende Idee des Geodynamik-Projektes. Sie bildet bis heute den Ausgangspunkt für viele physikalische Untersuchungen im Rahmen der Geodynamik.

Im *Geodynamik-Projekt* sollte die Dynamik auf die dynamische Geschichte der Erde besonders im Hinblick auf die tiefsitzenden *Ursachen der geologischen Erscheinungen* untersucht werden. Folgende Problemkreise waren bei diesen Untersuchungen besonders interessant:

- die Erforschung von *Bewegungen* und *Deformationen der Erde*, die der Beobachtung und physikalischen Messung mehr oder weniger direkt zugänglich sind (rezente Dynamik);
- die Erforschung von Bewegungen und Deformationen im Verlauf der Erdgeschichte, die aus geologischen Ergebnissen abgeleitet werden müssen (*Paläodynamik*);
- die Erforschung aller Eigenschaften des Erdinnern, die in irgendeiner Beziehung zu Bewegungen und Deformationen der Erde stehen und zum Beispiel Hinweise auf die Antriebsmechanismen geben (*Physik und Chemie des Erdinneren*).

Das Lithosphären-Projekt umfaßt den gegenwärtigen Zustand, die Dynamik, den Ursprung und die Entwicklung der *Lithosphäre*, besonders des kontinentalen Teils, wobei die tieferen Teile der Erde angemessen berücksichtigt werden. Dabei werden u. a. folgende Themen bearbeitet:

- Spannungen, Hebungen und Senkungen sowie Ansammlung und Freigabe von *Deformationsenergie* in tektonisch aktiven Gebieten;
- *prämesozoische Tektonik* und mesozoisch-känozoische *Paläogeographie* und *Paläoklimatologie*;
- Struktur, Zusammensetzung, Erzeugung und Entwicklung der *ozeanischen und kontinentalen Lithosphäre* sowie Probleme der Übergangsregion zwischen Ozean und Kontinent.

9.1.3. Ergebnisse und Probleme zum Entwicklungsstand der geophysikalischen Forschung

Bei allen geowissenschaftlichen Forschungsarbeiten besteht eine vordringliche Aufgabe auch heute noch darin, alle relevanten Fakten zu sammeln und zu ordnen, bevor eine physikalisch-mathematische Behandlung erfolgen kann. Dabei treten folgende Schwierigkeiten auf:

- Im Laufe der Erdgeschichte sind viele Tatsachen vollständig vernichtet worden. Es ist deshalb prinzipiell unmöglich, den gesuchten Bewegungsablauf auf Grund von Fakten lückenlos zu rekonstruieren. Die *Rekonstruktion setzt stets Hypothesen voraus.*
- Aussagen über den *Zustand und die Prozesse im Erdinneren* können nur auf indirekte Weise gewonnen werden. Es müssen stets inverse Aufgaben gelöst werden, die im mathematisch-physikalisch strengen Sinne praktisch niemals eindeutig lösbar sind.
- Das Untersuchungsobjekt „Erde" ist außerordentlich groß. Es gibt eine Vielzahl von Erscheinungen, die alle beachtet werden müssen. Deshalb bedarf es der gemeinsamen Anstrengungen vieler Wissenschaftler zur Beschaffung der erforderlichen Daten und darüber hinaus noch sehr sorgfältiger Analysen, bis die wesentlichen Fakten aus diesem großen Beobachtungsmaterial herauspräpariert sind.

Trotz dieser sehr schwierigen Probleme ist es in den letzten Jahren gelungen, wesentliche neue Erkenntnisse über den Erdkörper und die mit ihm verbundenen Erscheinungen zu erzielen. Darauf wird im weiteren Verlauf dieses Forschrittsberichts eingegangen.

9.2. Figur, Schwerefeld und Dynamik der Erde

Das *Schwerefeld* der Erde wird durch die Verteilung der irdischen Massen und die Erdrotation verursacht. Der Beitrag außerirdischer Massen ist sehr klein und kann zumeist durch Korrekturen erfaßt werden. Unter der *Erdfigur* versteht man heute die Oberflächenform, die auf dem Festland durch die physische Oberfläche des Erdkörpers und im Gebiet der Ozeane und Meere durch deren ungestörte Oberfläche gebildet wird. Diese Oberflächenform wird im folgenden auch insgesamt als *physische Oberfläche* bezeichnet.

9.2.1. Gravimetrische Geodäsie

Die Erforschung der gesamten Erdfigur oder größerer Teile von ihr ist so eng mit der Erforschung des äußeren Schwerefeldes der Erde verknüpft, daß diese beiden Aufgaben fast zu einem Problem verschmelzen. Dieser Zusammenhang wurde bereits von Newton erkannt, in voller Schärfe aber erst durch die Arbeiten von Molodenskij seit 1945 formuliert. Von Molodenskij wurde eine *Theorie* entwickelt, die das *äußere Schwerefeld* und die *physische Erdoberfläche unmittelbar bestimmt.* Diese Theorie hat sich in den letzten Jahren allgemein durchgesetzt und liegt z. Z. in einer ausgereiften Form vor (vgl. die Darstellungen von Brovar u. a. (1964); Heiskanen und Moritz (1967); Moritz (1980).

Die Aufgabe dieser Theorie besteht im Prinzip darin, den Zusammenhang zwischen den sogenannten natürlichen Koordinaten des Schwerefeldes (astronomische Breite φ, astronomische Länge λ und Wert des Schwerepotentials W) und den auf den Massenmittelpunkt und die mittlere Rotationsachse der Erde bezogenen geozentrischen Koordinaten x, y, z aufzufinden. Diese Beziehung kann am elegantesten unter Verwendung des 3. GREENschen Satzes der Potentialtheorie beschrieben werden. Die resultierende nichtlineare Integralgleichung verknüpft die unbekannte physische Erdoberfläche S mit dem Schwerepotential W und seiner Normalableitung $\partial W/\partial n$ auf dieser Fläche, also mit Größen, die durch geodätische, gravimetrische und astronomische Beobachtungen sämtlich bestimmt werden können.

Sämtliche Lösungsverfahren arbeiten deshalb mit einer Linearisierung durch Einführung eines bekannten Normalpotentials und des ihm entsprechenden Normalsphäroids als Näherungen für W und S. Im Prinzip besteht die Lösung in der eindeutigen Zuordnung des für jeden Punkt P der physischen Erdoberfläche S bekannten Wertes des Schwerepotentials W zu den kartesischen Koordinaten x, y, z dieses Punktes im geozentrischen Koordintaensystem – oder noch allgemeiner – in der Darstellung des Schwerepotentials W als Funktion von x, y, z für die physische Erdoberfläche und den Außenraum der Erde. Diese Aussage erscheint in den geodätischen Arbeiten in verschiedenen speziellen Formen. Wegen der Einzelheiten sei z. B. auf die genannten Monographien verwiesen.

Die praktische Nutzung dieser theoretischen Ergebnisse wird erheblich dadurch erschwert, daß ausreichend dichte und genaue Schweremessungen von der gesamten Erdoberfläche vorliegen müssen. Wenn auch in den letzten Jahren außerordentlich große Fortschritte sowohl in der gravimetrischen Meßtechnik wie auch in der Ausführung von gravimetrischen Vermessungen in bisher unzugänglichen Gebieten erzielt worden sind, gibt es gegenwärtig *noch beträchtliche Lücken*. Die gravimetrische Methode wird deshalb zukünftig besonders *für lokale und regionale Aufgaben* äußerst nützlich sein.

9.2.2. Satellitengeodäsie

Bei der Erforschung der Figur und des Schwerefeldes der Erde im globalen Maßstab haben sich seit dem Abschuß von künstlichen erdnahen Satelliten die Methoden der *Satellitengeodäsie* bei weitem als überlegen erwiesen. In den letzten Jahren sind durch die Satellitengeodäsie bestimmt worden: einerseits eine analytische Darstellung für die Grundzüge des Schwerefeldes der Erde im Außenraum und andererseits die geozentrischen kartesischen Koordinaten einer Anzahl von Punkten, die über die physische Erdoberfläche verteilt sind und das globale Rahmennetz für die Einpassung kontinentaler Bezugssysteme bilden. Beide Angaben beziehen sich auf ein und dasselbe *Koordinatensystem*, das seinen *Ursprung im Massenmittelpunkt der Erde hat* und dessen Orientierung sich auf eine für eine bestimmte Epoche ausgewählte Erdlage innerhalb des *Bezugssystems der Astrometrie* bezieht. Es existieren mehrere ausgezeichnete Lehrbücher und Monographien über dieses moderne Gebiet der Geodäsie (z. B. ARNOLD, 1970).

In der einfachsten, der *geometrischen Variante der Satellitengeodäsie* beobachtet man gleichzeitig von mindestens zwei Beobachtungsstationen aus die Richtung von der Station zum Satelliten und bestimmt daraus die räumlichen Richtungen zwischen den

Beobachtungsstationen selbst. Da die hierfür verwendeten Satelliten gewöhnlich in einer Höhe von 1000 km und mehr umlaufen, kann man auf diese Weise auch die räumlichen Richtungen zwischen *Stationen auf verschiedenen Kontinenten* bestimmen und damit den Zusammenhang zwischen *geodätischen Netzen über die Ozeane hinweg* herstellen, was mit den klassischen Verfahren der Geodäsie nur mit sehr unzureichender Genauigkeit möglich war. Es ist auf diese Weise auch möglich, die relative Lage der Beobachtungsstationen in einer Stationsanordnung zu bestimmen, die die gesamte Erde umspannt. Mit den Mitteln der geometrischen Satellitengeodäsie kann jedoch ebenso wie mit allen geometrischen Methoden der Geodäsie der Bezug auf das geozentrische Koordinatensystem nicht hergestellt werden. Diesen Bezug erhält man erst durch die sogenannte *dynamische Variante der Satellitengeodäsie.*

Der Grundgedanke dieser Methode geht von der Möglichkeit aus, mit Hilfe der Gesetze der Himmelsmechanik und unter Berücksichtigung gewisser Störeinflüsse (Luftreibung, Strahlungsdruck u. a.) ein Modell der Satellitenumlaufbahn als Funktion einer Zeitskala zu berechnen, die sich auf die Erdumdrehung bezieht. Man führt hierzu eine näherungsweise analytische Darstellung für das Schwerefeld der Erde — gewöhnlich in Form einer Reihe nach Kugelfunktionen, bezogen auf das geozentrische Koordinatensystem — sowie Näherungswerte für die geozentrischen Koordinaten einer Reihe von Beobachtungsstationen auf der physischen Erdoberfläche ein. Es werden dann gewisse geometrische Größen berechnet, wie sie zu einer bestimmten Zeit zwischen einem Ort der Satellitenbahn und den Beobachtungsstationen bestehen. Solche Größen können Richtungen oder Entfernungen zwischen Beobachtungsort und Satellitenort oder Differenzen von Entfernungen zwischen benachbarten Bahnorten sein, also Größen, die mit optischen und elektronischen Meßmethoden beobachtet werden können. Die Lösung beruht dann darauf, die Differenzen zwischen den Modellaussagen und den tatsächlichen Beobachtungen dieser Größen durch geeignete Änderungen der ursprünglich angenommenen Modellparameter möglichst klein zu machen.

In letzter Zeit wurde angestrebt, die Ergebnisse der Satellitengeodäsie dadurch zu verbessern, daß weitere Daten einbezogen wurden. Das betrifft vor allem die Ergebnisse von gravimetrischen Messungen an der Erdobeffläche selbst und in jüngster Zeit die Ergebnisse der sog. *Satellitenaltimetrie*, d. h. von Messungen des Abstandes der Meeresoberfläche vom Erdmittelpunkt, abgeleitet aus der Bahn des Satelliten und dem senkrechten Abstand des Satelliten von der Meeresoberfläche. Das derzeit beste Modell GEM^{10C} wurde von der NASA der USA 1979 veröffentlicht. Dabei werden die geozentrischen Koordinaten von ca. 200 Stationen auf besser als 1 m genau angegeben.

Aus der *Reihendarstellung für das Schwerefeld* mit 180 × 180 Reihenkoeffizienten konnte eine Darstellung des Geoids mit einer Genauigkeit, die besser als 1 m ist, abgeleitet werden (Abb. 52).

Wenn die Struktur des äußeren Schwerefeldes der Erde ausreichend genau bekannt ist, kann man umgekehrt genaue Angaben für die Bestimmungsstücke der *Satellitenbahn ableiten.* Dadurch wird der Satellit selbst zum Träger von Koordinaten, die sich auf das oben erwähnte geozentrische Koordinatensystem beziehen. Verwendet man *mehrere Satelliten,* kann man ein *Bezugssystem* realisieren, das für geodätische *Operationen auf der Erdoberfläche* und für *Navigationszwecke* auf und in der näheren Umgebung der Erde verwendet werden kann und von dem aus auch die zeitlich veränderlichen Parameter der Erde fortlaufend gemessen werden können. Es sind bereits er-

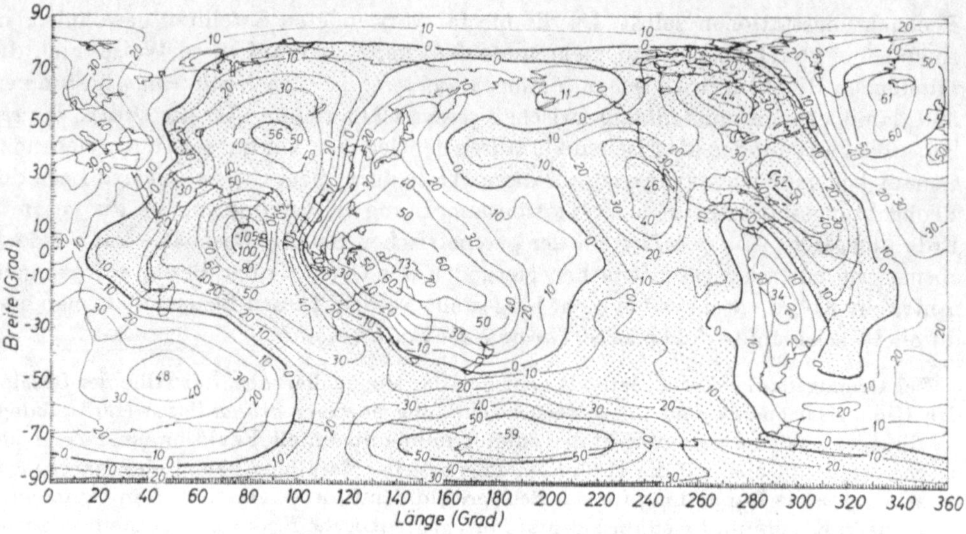

Abb. 52. Modernes Modell der Geoid-Höhen (GEM 10 C) aus den USA

folgreiche Experimente dieser Art bekannt geworden. Zum Beispiel konnte auf diese Weise die Polbewegung der Erde mit einer Genauigkeit bestimmt werden, die der klassischen astronomischen Methode zumindest gleichkommt. Die Nutzung von künstlichen Erdsatelliten für Zwecke der Navigation unter Verwendung von Messungen des DOPPLER-Effektes an den ausgestrahlten Signalen erfolgt bereits routinemäßig. Bei der ebenfalls bereits routinemäßigen Verwendung dieser Messungen für geodätische Aufgaben können die Koordinaten der beliebig wählbaren Beobachtungspunkte auf der Erdoberfläche auf etwa 0,5 m genau bestimmt werden.

9.2.3. Bewegungen und Deformationen des Erdkörpers

Bei ausreichend hoher Genauigkeit der geodätischen und gravimetrischen Messungen (besser als 10^{-5} relativ) zeigt sich, daß die Drehbewegungen des Erdkörpers gewisse Abweichungen von einer gleichmäßigen Rotation um eine körper- und raumfeste Achse aufweisen und seine Oberfläche mehr oder weniger regelmäßig deformiert wird. Die *Besonderheiten der Drehbewegungen* wurden durch die Gravitationskräfte verursacht, die von *Sonne, Mond* und *Planeten* auf die Erde ausgeübt werden, widerspiegeln jedoch wesentliche Eigenschaften des mechanischen Systems Erdkern/Erdmantel/Erdkruste/Hydrosphäre/Atmosphäre. Größere Bedeutung besitzen die *Präzession der Erdachse* im Raum, die sog. CHANDLER-*Periode* in der Bewegung der Rotationsachse im Erdkörper mit etwa 428 Tagen sowie die Schwankungen in der Drehperiode der Erde. Gleiches gilt für die *Gezeiten des Erdkörpers*, die vor allem pauschale elastische Deformationen des gesamten Erdkörpers mit einer Vielzahl von Perioden sind. Die vorherrschende Periode beträgt rund 6 Stunden (vgl. KAUTZLEBEN, 1982).

Aus langjährigen geodätischen Beobachtungen ist ferner bekannt, daß die Erdoberfläche lokal und regional sich in vielfältiger Weise, quasiperiodisch innerhalb einiger Jahrzehnte oder gleichmäßig über Jahrhunderte, hauptsächlich bedingt durch endogene Kräfte, verformt. Die *Deformationsgeschwindigkeiten* können dabei einige cm/Jahr erreichen. Aus *paläogeophysikalischen Beobachtungen* wurde schließlich gefolgert, daß sich große Teile der *Lithosphäre* (sog. Platten) mit Geschwindigkeiten bis zu 10 cm/Jahr relativ zueinander längs der Erdoberfläche verschieben müßten (vgl. dazu auch Abschnitt 9.5).

9.3. Grundzüge in der Struktur des Erdkörpers

9.3.1. Vorbemerkungen

Das wichtigste Hilfsmittel bei der Erforschung der Struktur des Erdkörpers ist die *Seismologie* (vgl. Kap. 10.). Durch konsequente Auswertung von Raumwellenregistrierungen in aller Welt konnte bereits recht frühzeitig die Grundstruktur der Erde – in *Erdkruste*, *Erdmantel* und *Erdkern* gegliedert – festgestellt werden. Im letzten halben Jahrzehnt hat sich durch die Möglichkeiten der elektronischen Datenverarbeitungsanlagen eine neue Entwicklung in der Seismologie als fruchtbar erwiesen. Während bei der *Raumwellenseismologie* als Interpretationsmittel die Strahlenbetrachtungen im Vordergrund stehen, konnten nun erstmalig auch Wellenerscheinungen, und zwar bei der Untersuchung von Oberflächenwellen, berücksichtigt werden. Die aus den Registrierungen von *Oberflächenwellen* gewonnenen *Dispersionskurven* werden durch theoretische Modelle über leistungsfähige Computer approximiert, wobei sich sowohl die Geschwindigkeitsverteilungen der P- und S-Wellen als auch Dichteverteilungen als unabhängige Parameter für die Tiefenbereiche der Oberflächenwellenausbreitung ergeben. Weiterhin zeigte es sich, daß die bei großen Erdbeben auftretenden *Eigenschwingungen des Erdkörpers* durch Einsatz numerisch-mathematischer Methoden in Verbindung mit geeigneten Modellvorstellungen ausgewertet und mit den Ergebnissen von Raumwellen- und Oberflächenwellenbeobachtungen verglichen werden können. Sowohl die Erforschung von Oberflächenwellen als auch die der Eigenschwingungen des Erdkörpers bieten die Möglichkeit, Bereiche des Erdinneren anzusprechen, in denen Absorptionseigenschaften eine besondere Rolle spielen. Das betrifft insbesondere den oberen und mittleren Erdmantel.

Während die Seismologie Informationen über die gegenwärtige Struktur des Erdkörpers liefert, ist die *Geodynamik* an der Klärung von Vorgängen interessiert, deren charakteristische Zeitmaßstäbe zwischen 10^5 und 10^8 Jahren liegen. Diese Zeitmaßstäbe sind kleiner als das Alter der Erde ($4{,}5 \cdot 10^9$ Jahre), aber andererseits unvergleichlich größer als die Dauer der durch den Menschen bisher durchgeführten objektiven und subjektiven Beobachtungen von Naturerscheinungen. Der zeitliche Ablauf der geodynamischen Vorgänge ist zumindest in seinen Grundzügen mehr oder weniger eng mit der Entstehung und Entwicklung der Erde als Planet verknüpft. Diese bilden die Anfangs- und Randbedingungen für die *thermische Geschichte der Erde*, somit auch für *geodynamische Prozesse*, und die Entwicklung der Grundzüge in der *Struktur des Erdkörpers*.

Darüber hinaus spielen bei der Klärung von Fragen der Entwicklungsgeschichte die stofflichen Eigenschaften des Erdinneren eine wesentliche Rolle. Hier konnte in den letzten Jahren durch die Einführung festkörperphysikalischer Modellvorstellungen ein erheblicher Fortschritt erzielt werden. Dabei spielten und spielen Zustandsgleichungen für die Zusammenhänge zwischen Druck und Dichte in den verschiedenen Tiefenbereichen der Erde sowie Laborergebnisse, bei denen die extremen Bedingungen des Erdinneren modelliert werden, eine bedeutende Rolle. Die Verknüpfung von *Seismologie und Hochdruckphysik* durch die *festkörperphysikalischen Zustandsgleichungen* bestimmt unser gegenwärtiges Bild über den stofflichen Aufbau des uns nicht zugänglichen Erdinneren. Zu diesen Fragestellungen wurden in den letzten Jahren einige Übersichtsdarstellungen publiziert, von denen folgende diesem Fortschrittsbericht zugrunde liegen: GASKELL (1967); HART (1969); RUNCORN (1967); CALVI (1967); ANDERSON (1965); STILLER et al. (1981); ŽARKOV und TRUBICYN (1980); COLE (1981).

9.3.2. Die elastomechanische Grundstruktur

Die Grundstruktur des Erdkörpers wird aus seinen Reaktionen gegenüber äußeren Beanspruchungen erschlossen, wobei zwei Typen von Beanspruchungen mit völlig verschiedener Belastungsdauer herangezogen werden. Das sind einerseits die schon erwähnten *seismologischen Erscheinungen*, deren Strukturaussagen über das Erdinnere für Zeiträume von mindestens 10^2 Jahren als praktisch unveränderlich angesehen werden können; andererseits untersucht man *Beanspruchungen*, die über Zeiträume, vergleichbar mit dem Alter der Erde, in praktisch gleicher Weise angreifen. Diese Beanspruchungen werden *durch die Erdrotation* verursacht. Der Erdkörper reagiert darauf im Mittel wie eine *ideale Flüssigkeit*. Es stellt sich eine sogenannte *hydrostatische Gleichgewichtsfigur* ein. Aus Beobachtungen der Figur und des Schwerefeldes der Erde sowie ihres Verhaltens in äußeren Schwerefeldern kann man schließen, daß die Erde insgesamt mit ausgezeichneter Näherung die geforderten Eigenschaften einer solchen Gleichgewichtsfigur aufweist.

Es sollte bemerkt werden, daß die MOHOROVIČIĆ-*Diskontinuität* sich offenbar weltweit nur als mechanische Diskontinuität ausprägt. Die *Zone niederer Geschwindigkeiten* nach GUTENBERG hat sich als weltweites Phänomen im Rahmen des UMP herausgestellt, wobei nicht nur mechanische Besonderheiten, sondern auch Besonderheiten in anderen physikalischen Parametern auftreten. Die Tiefenlagen aller *Diskontinuitäten im oberen Mantel* variieren regional in Größenordnungen von 100 bis 200 km.

Weitere physikalische Parameter, die in direkter Beziehung mit den *elastomechanischen Eigenschaften* des Erdinneren stehen, sind in den Tabellen 12 und 13 angegeben.

Auf Abb. 53 wird ein modernes, sogenanntes parametrisches Erdmodell von DZIEWONSKI, HALES und LAPWOOD (1975) gezeigt.

Eine entscheidende Rolle innerhalb der physikalischen Struktur des Erdinneren spielen die *seismologischen Strukturgrenzen*. Allerdings ist ihre Deutung immer noch ein in der Diskussion befindliches Problem. Es muß geklärt werden, ob sie Grenzen zwischen verschiedenen Phasen bzw. Phasenmodifikationen oder Kombinationen beider Möglichkeiten darstellen. Aus den obigen Abbildungen und Tabellenwerten (s. Tabelle 12 und 13) zeigt sich bereits im Rahmen der Überlegungen, die zur hydrostatischen Grundstruktur führen, daß das *Erdinnere in bestimmten Schichtbereichen inhomogen* sein muß. Das betrifft z. B. die Zone der Phasenübergänge zwischen 400 und 700 km Tiefe. Die Kompressibilität des Stoffes im Erdinneren reicht nicht aus,

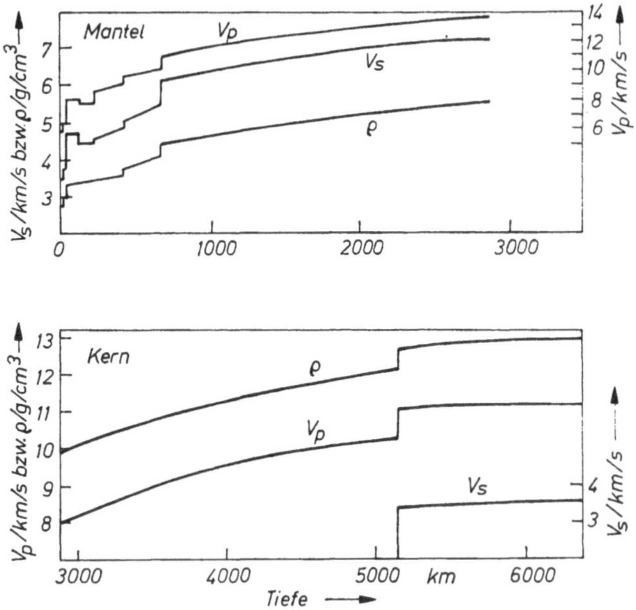

Abb. 53. Geschwindigkeits- und Dichteverteilung nach Dziewonski, Hales und Lapwood (1975)

Tabelle 12. Dichte, Druck und Schwerebeschleunigung im Erdinneren

Tiefe (km)	Dichte (g/cm³)	Druck (10^7 N/cm²)	Schwerebeschleunigung (cm/s²)
50	3,3	0,01	985
1071	4,6	0,4	996
2885	5,5	1,3	1069
2885	9,9	1,3	1069
5071	12,1	3,2	461
6371	13	3,6	0

Tabelle 13. Inkompressibilität, Righeit und Poissonsches Verhältnis im Erdinneren

Tiefe (km)	Inkompressibilität (10^7 N/cm²)	Righeit 10^7 N/cm²	Poissonsches Verhältnis
50	1,1	0,7	0,24
1071	3,6	1,9	0,28
2885	6,6	2,9	0,31
2885	6,3	0,0	0,50
5071	12,7	0,0	0,50
6371	14,2	1,6	0,44

um die beobachteten Dichtezunahmen mit der Tiefe zu erklären. Andererseits erleiden sehr viele der bekannten und möglichen Materialien unter den Drücken und Temperaturen, die vergleichbar denen des Erdinneren sind, *Phasenmodifikationen* verschiedenster Art. Eine Lösung dieses Problems erhält man, wenn man die geophysikalischen Daten theoretisch interpretiert und das Verhalten von Materie unter entsprechenden Druck- und Temperaturbedingungen berücksichtigt. Hierauf wird an späterer Stelle noch ausführlich eingegangen.

9.3.3. Die thermischen, elektrischen und viskosen Eigenschaften des Erdinneren

Bei der Diskussion der *thermischen Verhältnisse im Erdinneren* wird im Sinne einer ersten Näherung gewöhnlich angenommen, daß ein stationäres thermisches Gleichgewicht besteht. In Wirklichkeit ist natürlich diese Voraussetzung nicht erfüllt. Vielmehr müssen Vorgänge beachtet werden, die gegenwärtig noch unvollkommen bekannt sind und im Zuge des besseren Verständnisses der dynamischen Prozesse sowohl im Sinne der *Abweichungen von der hydrostatischen Grundstruktur* als auch im Sinne von *Abweichungen vom stationären Gleichgewicht* zu berücksichtigen sind. Bei allen derartigen Betrachtungen muß man letztlich zu Angaben über die *Entstehung und Entwicklung der Erde* (vgl. Kap. 1.) *kommen*. Diese Frage ist gegenwärtig selbstverständlich nur hypothetisch lösbar.

- Die Annahme darüber, ob die Erde auf „heißem" oder auf „kaltem" Wege gebildet wurde;
- Zeitpunkt und Ablauf der inneren Organisation des Planeten „Erde" durch gravitative und chemische Differentiation (Bildung der verschiedenen Schichtbereiche im Erdinneren);
- Umfang und Intensität interner Konvektionsmechanismen und Konvektionen.

Es gibt gegenwärtig eine Vielzahl von Hypothesen, jedoch noch keine befriedigende Theorie über die *thermische Geschichte* der Erde. Alle bisher vorgelegten Hypothesen bzw. Modelle zeigen für die gesamte Zeit des Bestehens der Erde einen *Überschuß der Wärmeproduktion im Erdinneren gegenüber der Wärmeabgabe durch der Erdoberfläche.* Diese Feststellung ist wesentlich und in jüngster Zeit auch durch hochdruckphysikalische Betrachtungen belegbar. Damit hat sich das *Innere der Erde ständig in einem überhitzten Zustand* befunden bzw. befindet sich jetzt immer noch in einem derartigen Zustand.

Angaben über die Temperaturverteilung im Erdinneren sind nur durch Abschätzung erreichbar. Man erhält Temperaturverteilungen auf der Basis der Lösung der *Wärmeleitungsgleichung* unter Beachtung von bestimmten Anfangs- und Randbedingungen. Die wichtigste Randbedingung wird durch die Beobachtungen des Wärmestromes an der Erdoberfläche von im Mittel $0{,}06\ \mathrm{J/m^2 \cdot s}$ gegeben. Als *Quelle des Wärmestromes* vermutet man den radioaktiven Zerfall langlebiger Isotope des U, Th und K in den Gesteinen der Kruste und den Materialien des Mantels sowie weitere mögliche wärmeerzeugende Prozesse. Der Wärmetransport geschieht in den festen Teilen des Erdkörpers durch *Wärmeleitung*, durch *Wärmestrahlung* (in größeren Tiefen) und eventuell durch *Konvektion* (im oberen Mantel, wo Kriechen möglich sein sollte). In den flüssigen

Teilen des Erdinneren erfolgt sie fast ausschließlich durch Konvektion, Da der *Wärmetransport* im Erdinneren *sehr langsam* verläuft, ist die Temperaturverteilung zur Zeit der Bildung der Erde noch mitbestimmend für die gegenwärtige Verteilung. Eine Grenzgröße für die Temperaturverteilung ist die *Schmelztemperatur*. Für den äußeren (flüssigen) Kern bildet sie die untere Grenze, für den (festen) Mantel die obere Grenze der möglichen Temperaturen. Weitere Möglichkeiten für Temperaturabschätzungen erhält man durch Umrechnung von Verteilungen für *seismische Geschwindigkeiten* und die *elektrische Leitfähigkeit* unter Verwendung von *Festkörpermodellen.*

In Abb. 54 sind in einer gemittelten Form sowohl die *Temperaturkurve* mit der Tiefe als auch die *Druckkurve* mit der Tiefe eingezeichnet. Man sieht sehr deutlich, daß sich die Temperatur im oberen Erdmantel wesentlich stärker mit der Tiefe ändert als der Druck. In Abb. 55 ist der Versuch gemacht, eine Vielzahl der für den oberen Erdmantel diskutierten und in der Literatur behandelten Temperaturkurven aufzuführen. Für zwei Tiefenbereiche sind dabei durch Querlinien Hinweise gegeben, wie groß der Ungenauigkeitsbereich der gegenwärtigen Temperaturnäherungen ist. Mit zunehmender Tiefe bis zum Erdkern nimmt die Ungenauigkeit der *Temperaturangaben* noch zu. Sie beträgt dann *im Erdkern bereits mehr als 1000 °C.* Die *Wärmequellen im Erdinneren sind höchstwahrscheinlich auch die Energiequellen für alle Antriebsmechanismen von Bewegungsprozessen.* Außerdem sei erwähnt, daß das Fließverhalten aller Materialien im Erdinneren und auch im Labor entscheidend von den Temperaturen abhängt. Aus diesen Ausführungen geht hervor, wie wichtig die Verbesserung von Temperaturabschätzungen und Temperaturmodellen für die künftigen geophysikalischen Arbeiten zum Erdinneren werden.

Angaben über die Verteilung der *elektrischen Leitfähigkeit im Erdinneren* erhält man einerseits aus dem elektromagnetischen Induktionseffekt der geomagnetischen Variationen im oberen Erdmantel und zum anderen aus der Abschirmung der geomagnetischen Säkularvariation besonders durch den unteren Erdmantel. Darüber hinaus gibt es Möglichkeiten, auf der Grundlage von Festkörpermodellen seismische Parameter, Dichtewerte und bestimmte Angaben über die Gitterstruktur aus Hochdruck-

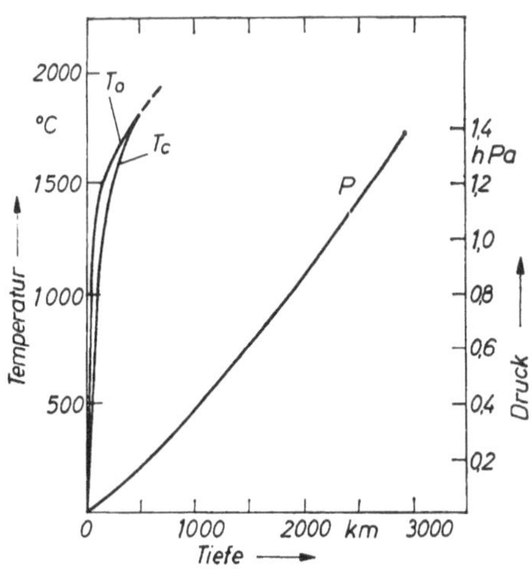

Abb. 54. Temperatur- und Druckkurven für das Erdinnere (T_0: ozeanisch, T_c: kontinental)

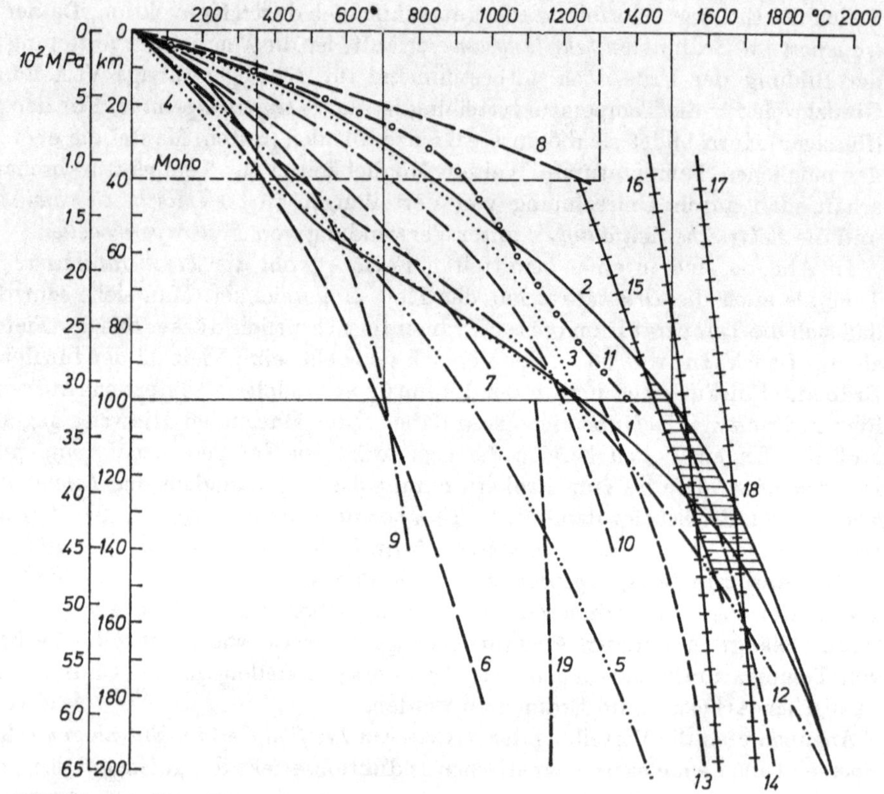

Abb. 55. 1 — Min. Normaltemperatur auf Plattform (LJUBIMOVA 1959); *2* — Max. Normaltemperatur auf Plattform (LJUBIMOVA 1958); *3* — Kontinentaler Mantel (LJUBIMOVA (1967); *4* — Halbinsel Kola (LUBIMOVA (1967); *5* — Präkambr. Schilde (RINGWOOD 1968); *6* — Wärmefluß: 3. 10^{-4} J/m · s · °C (v. HERZEN (1967); *7* — Wärmefluß 5 · 10^{-4} J/m · s · °C (v. HERZEN (1967); 8 — Wärmefluß: 10^{-3} J je cm · s · °C (v. HERZEN (1967); *9* — nach ANGENHEISTER aus SCHULT, SCHOBER (1969); *10* — nach ANGENHEISTER aus SCHULT, SCHOBER (1969); *11* — Normaltyp BORCHERT (1968); *12* — UFFEN (1959); *13* — ZARKOV 1958b); *14* — ZARKOV (1958a); *15* — Schmelzkurve nach YODER und TILLEY (1962); *16* — Schmelzkurve nach MACHADO (1958); *17* — Schmelzkurve nach ZARKOV (1959); *18* — Gebiet ständiger Basaltschmelze nach BELOUSSOV (1966); *19* — T_{ad} (LUCKE 1968)

untersuchungen in Tiefenabhängigkeiten der elektrischen Leitfähigkeit umzurechnen. Diese Zahlenwerte sind jedoch noch recht ungenau. Erkennbar ist letztlich ein Trend zu *zunehmenden Leitfähigkeiten mit zunehmender Tiefe* bzw. zu abnehmendem Widerstand mit der Tiefe. Es scheint sich anzudeuten, daß zum unteren Erdmantel hin die Halbleitereigenschaften überwiegen, während die Extrapolationen zum äußeren Erdkern hin auf der Basis von Hochdruckergebnissen *metallische Leitfähigkeit* erwarten lassen. In Abb. 56 sind hochdruckphysikalisch bestimmte Tiefenabhängigkeiten der Leitfähigkeit geomagnetischen Ergebnissen gegenübergestellt. Man sieht deutlich das Verhalten der Zone niederer Geschwindigkeiten auch im elektrischen Leitfähigkeitsbild.

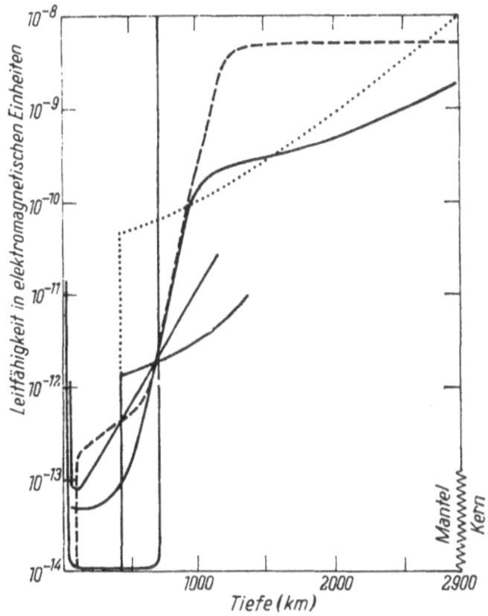

Abb. 56. Leitfähigkeit in Abhängigkeit von der Tiefe

Die *rheologischen Parameter* der Materialien des Erdinneren — insbesondere die *Viskosität* — sind natürlich für alle dynamischen Vorgänge von besonderer Bedeutung. Das gilt auch für die Vorgänge im *liquiden äußeren Erdkern.* Die Viskositätswerte im Erdmantel sind grundlegend für alle *Konvektionsmodelle,* die letztlich für großräumige Bewegungsvorgänge benötigt werden. Das trifft ebenso für alle Bewegungsvorgänge im äußeren Erdkern zu, die grundlegend für die Erklärung des geomagnetischen Hauptfeldes der Erde sind. Die Rheologie des Erdinneren wird deshalb gegenwärtig sehr intensiv untersucht. Aus geologisch-geophysikalischen Beobachtungen gewinnt man für den oberen Erdmantel aus *postglazialen Ausgleichsbewegungen* Abschätzungen für die Viskosität. Aus Satellitenbeobachtungen erhält man Hinweise auf *nichthydrostatische Effekte* im Bereich des Äquatorwulstes der Erde, und diese nichthydrostatischen Effekte geben Möglichkeiten für Grobabschätzungen der *Viskosität für den unteren Erdmantel.*

Hinweise zur Viskosität folgen ebenfalls aus der Dämpfung seismischer Wellen und anderer elastischer Schwingungserscheinungen des Erdkörpers. Danach ergibt sich für die Viskosität im Erdinneren folgendes Bild. Die *Viskosität im oberen Erdmantel* ist mit 10^{21} Poise recht *gering.* Unterhalb von 700 km Tiefe schätzt man eine etwa konstante Viskosität von etwa 10^{23}—10^{24} Poise. Diese Abschätzung erhält man, wenn man das Fehlen von *Tiefbeben* mit einem Herd unterhalb von 700 km und Theorien zur Mantelkonvektion heranzieht. Für den *äußeren Erdkern* werden gegenwärtig Abschätzungen in der Größenordnung von 10^{3} bis 10^{7} Poise als gültig angesehen. Zum *inneren Erdkern* hin werden wieder Viskositätsabschätzungen angegeben. die den höchsten Werten für den unteren Erdmantel entsprechen und den festen Erdkern als plausibel erscheinen lassen. Großes Interesse für das rheologische Verhalten und für die Viskositätsabschätzungen besitzen theoretische Modellrechnungen zum *Festkörperverhalten unter extremen Bedingungen* und experimentelle Untersuchungen über das mechanische Verhalten von festen Körpern bei hohen Drücken und Temperaturen.

9.4. Materialeigenschaften und stoffliches Verhalten im Erdinneren

9.4.1. Vorbemerkungen

Die oben angeführten physikalischen Parameter geben ein Bild vom Erdkörper, das man als physikalisch-strukturelles Bild bezeichnen kann. Entscheidend für alle Arten von Weiterentwicklungen der Forschung auf diesem Gebiet ist die Kenntnis der *stofflichen Zusammensetzung* der verschiedenen physikalisch festgestellten Schichtbereiche im Erdinneren. Diese Problematik ist seit Jahrzehnten in der Diskussion und hat in den letzten Jahren eine besonders starke Beachtung und Entwicklung erfahren. Hierbei spielen experimentelle *Untersuchungen in Laboratorien* eine große Rolle, bei denen Materialien aller Art unter den Druck- und Temperaturbedingungen des Erdinneren untersucht werden. Diese Untersuchungsergebnisse können nun mit Hilfe von *Zustandsgleichungen* verarbeitet werden, wobei die Zustandsgleichungen dazu dienen, die im Labor erzielten Daten in die verschiedenen Tiefenbereiche im Erdinneren umzurechnen. Umgekehrt können beispielsweise Zustandsgleichungen auch dazu dienen, geophysikalische Beobachtungen wie Geschwindigkeitsverteilungen der P- und S-Wellen in geeigneter Form mit Labordaten zum Vergleich zu bringen. Es erscheint als wichtig, den gegenwärtigen Stand der Entwicklung und Ausarbeitung von Zustandsgleichungen kurz zu umreißen.

9.4.2. Zustandsgleichungen

Im Erdinneren hat man Drücke bis maximal $4 \cdot 10^5$ MPa in Betracht zu ziehen. Druckbereiche bis zu 10^5 MPa erreichen bereits statische Druckanlagen (Pressen und Druckbomben). Darüberliegende Drücke werden gegenwärtig nur mit Stoßwellenexperimenten erzielt. Um *Laborergebnisse und geophysikalische Beobachtungen* (z. B. seismologische Untersuchungsergebnisse) miteinander *vergleichen* zu können, wird die Anwendung von Zustandsgleichungen erforderlich. Diese Zustandsgleichungen gestatten auch, geophysikalische und Labordaten, die für bestimmte Tiefenbereiche gültig sind, auf Normalbedingungen umzurechnen und umgekehrt.

Es ist üblich, Zustandsgleichungen mit Hilfe der Ableitung eines *thermodynamischen Potentials* aufzustellen. Kennt man z. B. die freie Energie
$F = F(T, V)$, so ergibt sich der Druck P über die Beziehung

$$P = -\left(\frac{\partial F}{\partial V}\right)_T .$$

Es gibt verschiedene Möglichkeiten, Ausdrücke für die freie Energie F eines Stoffes zu finden.

Wenn F im Rahmen der Kontinuumsmechanik berechnet wird, dann kann man daraus sogenannte phänomenologische Zustandsgleichungen ableiten. Diese Gleichungen sind für sehr viele verschiedene Materialien anwendbar, wenn man einzelne freie Parameter für die entsprechende Substanz anpaßt. Diese Gleichungen haben allerdings den Nachteil, daß sie keinerlei Einblick in die mikroskopischen Prozesse gestatten, welche das entsprechende Zustandsverhalten verursachen.

Deshalb ist es vorteilhaft, mit *mikroskopischen Zustandsgleichungen* zu arbeiten. Wenn es gelingt, über ein mikroskopisches Modell der Zustandssumme $Z = Z(V, T)$ zu berechnen, so ergibt sich die freie Energie F aus der Beziehung $F = K_B T \ln Z$, dabei ist K_B die BOLTZMANN-Konstante.

Für Gase und Festkörper läßt sich die Zustandssumme Z in bestimmten Näherungen relativ leicht berechnen.

Die Zustandsgleichung von MIE und GRÜNEISEN

$$P(V, T) = P(V, O) + \gamma \frac{E_{\text{vib}}}{V}$$

enthält neben dem sogenannten Nulltemperaturdruck (Potentialdruck) $P(V, 0)$ noch einen thermischen Anteil, der von den Gitterschwingungen im Festkörper herrührt ($E_{\text{vib}} =$ = Vibrationsenergie). Der GRÜNEISEN-Parameter γ ist folgendermaßer definiert:

$$\gamma = -\frac{\mathrm{d} \ln \omega}{\mathrm{d} \ln V}.$$

Dabei ist ω eine charakteristische Frequenz der Gitterschwingungen (zum Beispiel EINSTEIN-Frequenz oder DEBYE-Frequenz). In Arbeiten von STILLER und FRANCK (1978) wurde gezeigt, wie sich die Zustandsgleichung von MIE und GRÜNEISEN auch zur Beschreibung struktureller Phasenübergänge verwenden läßt. Dabei wurde das Konzept einer „weichen Mode" angewendet.

Eine andere mikroskopische Zustandsgleichung läßt sich aus der statistischen Theorie des Atoms von THOMAS, FERMI und DIRAC einschließlich weiterer Korrekturen (VON WEIZSÄCKER, KIRSHNITZ) ableiten. Diese Näherung vernachlässigt jedoch von vornherein alle Struktureffekte und auch den Schalenaufbau der Elektronenhüllen. Solche Zustandsgleichungen sind deshalb erst ab etwa 10^7 MPa gültig.

Zur Beschreibung des *Kompressionsverhaltens* fester Körper verwendet man oft die halbempirische Potentialmethode, die von den verschiedenen Bindungsarten im Festkörper ausgeht. Das Zweiteilchenpotential wird in einen anziehenden und einen abstoßenden Anteil zerlegt. Der abstoßende Anteil hat bei allen Bindungsarten die gleiche Form. Die Abstoßung nimmt mit Verringerung des Abstandes r wie e^{-r} zu. Die Ursachen für dieses Verhalten sind quantenmechanischer Art.

Die Anziehung resultiert in Ionenkristallen aus der COULOMB-Wechselwirkung, während Molekularkristalle durch VAN DER WAALS-Kräfte zusammengehalten werden. Bei der metallischen Bindung rührt die Anziehung sowohl von der COULOMB-Wechselwirkung zwischen Ionen und Leitfähigkeitselektronen als auch von der Austauschwechselwirkung der Leitfähigkeitselektronen untereinander her. Die Anziehung in kovalent gebundenen Kristallen (Valenzkristalle) läßt sich durch einen Ausdruck der Form $-e^{-r}$ beschreiben.

Damit erhält man verschiedene analytische Ausdrücke für den Potentialdruck in Ionenkristallen, Valenzkristallen, Molekularkristallen bzw. Metallen.

Eine wichtige Aufgabe der Theorie der Zustandsgleichungen besteht darin, Zusammenhänge zwischen den einzelnen Arten (phänomenologische, halbempirische, mikroskopische) zu finden. Das ist sehr wichtig, wenn man die physikalischen Ursachen für das Verhalten der Materie unter Erdkernbedingungen erforschen will, denn bisher wurden auf diesem Gebiet meist nur phänomenologische Gleichungen angewendet. Ein weiteres Problem ist die Erforschung von Zustandsgleichungen, welche das Verhalten eines Materials in seinen verschiedenen Phasen (einzelne feste Phasen oder auch verschiedene Aggregatzustände) beschreiben.

9.4.3. Stoffliche Zusammensetzung

Aus den bisher vorliegenden hochdruckphysikalischen Ergebnissen kann man in Einklang mit den geophysikalischen Resultaten folgende *physikalisch-mineralogischen Veränderungen des Stoffes im Erdinneren* charakterisieren:

Die *untere Erdkruste* besteht vorwiegend aus *Normaldruck-Alumosilikaten.* Bedingt durch den Druck gehen die Normaldruck-Silikate in die sogenannten *Hochdruck-Silikate* über. Die Hochdruck-Silikate erreichen *bei etwa 400 km Tiefe* ein Druck-Temperatur-Gebiet, in dem sie *nicht mehr stabil* existieren können und sich in eine entsprechend stabile *Spinellstruktur* umwandeln. Diese Spinellstruktur geht im Tiefenbereich von etwa *700 km Tiefe* ebenfalls wieder in eine instabile Stoffkonfiguration über, wobei der Druck einen Zerfall der komplexen silikatischen Zusammensetzung in eine *oxidische Zusammensetzung* bedeutet. Diese einfachen Oxide gehen dann im *unteren Mantel* über in die *Hochdruckoxide*, wobei diese Oxidzusammensetzung typisch ist für den ganzen unteren Mantel. Im *äußeren Erdkern* findet man dann sehr viele Anzeichen dafür, daß die Zusammensetzung des äußeren und inneren Erdkernmaterials aus Mischungen von etwa 80% *Eisennickel* und 20% *leichteren Elementen* besteht. Als derartige leichtere Elemente kommen beispielsweise Silizium, Schwefel und natürlich vielleicht auch Sauerstoff in Frage. *Stoßwellenuntersuchungen* zeigen in ihren Ergebnissen eine Übereinstimmung mit diesem stofflichen Erdkernmodell und mit den aus geophysikalischen Daten für den Erdkern abgeleiteten Dichtekurven.

Geht man zu *geologischen, petrologischen und geochemischen Überlegungen* über, so kann man folgende detaillierte Aussagen machen: Die mineralogische Zusammensetzung des *oberen Erdmantels* besteht effektiv in einer Kombination von Olivin $(Mg, Fe)_2 SiO_4$, Pyroxen $(Ca, Mg, Fe) SiO_3$, Granat $(Ca, Mg, Fe, Al) SiO_4$ und an einigen Stellen auch Amphibolen. Die beiden hauptsächlichsten Gesteine, die aus diesen Mineralien aufgebaut werden, sind *Peridotit* — ein ultrabasisches Gestein mit Olivin und Pyroxen — und *Eklogit* — die Hochdruckmodifikation des basischen Gesteins Gabbro mit Pyroxen und Granat.

Von vielen Geowissenschaftlern wird gegenwärtig ein Modell angenommen, wonach der obere Erdmantel vorwiegend aus *Peridotit* zusammengesetzt sein soll. Weit verbreitet ist auch das von RINGWOOD vorgeschlagene Modell mit einer besonderen Gesteinsbildung, die an der Erdoberfläche nicht beobachtet wird und aus dem sogenannten *Pyrolit* besteht, wobei dieses Material im wesentlichen eine Mischung aus Olivin, Pyroxen, Plagioklas, Spinell und Granat darstellt und in vier verschiedenen Mineralaggregaten kristallisieren kann.

Diese Minerale und Mineralaggregate sind in den letzten Jahren besonders intensiv untersucht worden. Dabei ergaben sich folgende auch gegenwärtig diskutierte Grundtatsachen:

a) Gabbro-Eklogit-Übergang

Gabbro (Plagioklas + Pyroxen) geht über in Eklogit (Granat + Pyroxen). Die Dichte von 3,0 g/cm³ geht über in 3,5 g/cm³. Dieser Übergang bietet prinzipiell die Möglichkeit der Erklärung der MOHOROVIČIĆ-Diskontinuität („Moho") als Phasengrenze. Diese Interpretation muß aber abgelehnt werden, da die Moho bisher nur — wie oben erwähnt — als mechanische Diskontinuität in Erscheinung tritt, und der Druckbereich für diesen Übergang zu groß ist im Verhältnis zur tiefenmäßig wohl definierten Moho-Diskontinuität. Der Druckbereich beträgt nämlich 350–1200 MPa und ist damit für die Erklärung der Moho nicht heranzuziehen. Darüber hinaus zeigen Untersuchungen des Temperatureinflusses, daß Eklogit auch in der Kruste stabil ist.

b) Mineralogische Schichtung und Stabilitätsfelder im oberen Mantel (bis 400 km)

Der obere Mantel besitzt nach den bisherigen Modellvorstellungen *ultrabasische* Zusammensetzung und ist durch eine *chemische Schichtbildung* ausgezeichnet. *Unter den Kontinenten* findet man zwischen 100 und 300 km Tiefe eine entsprechend mächtige Schicht von *Dunit-Peridotit*, und darunter wäre dann der Übergang in *Pyrolit*. *Unter den Ozeanen* ist die Dunit-Peridotit-Schicht wesentlich dünner ausgeprägt, und die Pyrolit-Schicht reicht bis an die Kruste heran. Nach dem betrachteten Modell ist der obere Mantel in den ersten wenigen 100 km Tiefe *chemisch annähernd homogen* zusammengesetzt, und die *Kontinente haben sich durch gravitative Differentiation des Pyrolits herausgebildet.*

Über den gesamten Druck-Temperatur-Bereich im oberen Mantel bis 400 km Tiefe sind die Hauptkomponenten der Dunit-Peridotit-Zone (Olivin + Orthopyroxen) stabil. Es muß jedoch bemerkt werden, daß die mineralischen Aggregationen, die den Pyrolit ausmachen, sehr empfindlich von Druck und Temperatur abhängen, weshalb eine mineralogische Schichtung sehr wahrscheinlich ist.

c) Die Übergangszone von 400 bis etwa 1000 km Tiefe

Wie in Verbindung mit der seismischen Struktur der Erde bereits erwähnt wurde, ist dieses Gebiet inhomogen. Minerale wie Olivin, Pyroxen, Granat werden instabil und nehmen entsprechend den oben angeführten mineralogisch-physikalischen Veränderungen sukzessiv eine oxidische Struktur an, um die geforderten elastomechanischen Eigenschaften erreichen zu können, die diesen Druck-Temperatur-Bereichen entsprechen:

Olivin geht über in *Spinell* ($MgAl_2O_4$), und zwar zwischen 1500 und 7000 MPa und 600 bis 700 °C. Der Dichtesprung beträgt etwa 10% und liegt bei 500 km Tiefe mit einer Ungenauigkeit von $\pm$100 bis 150 km.

Quarz-Coesit geht über in *Stichovit*, und zwar bei 13 GPa und 1600 °C. Die Dichte geht über von 2,9 in 4,3 g/cm³.

Es gibt eine Reihe von Möglichkeiten für verschiedene *Übergänge in Pyroxenen*, die ebenfalls in diesem Druck-Temperatur-Bereich liegen. Als wichtigster ist der Übergang Pyroxen in Granat zu nennen. Dieser Übergang wird gefolgt bzw. überlagert von der Veränderung *Olivin* und *Spinell*. Danach gibt es bei 600 bis 770 km Tiefe die Mineralaggregation *Granat-Spinell* anstelle von *Olivin-Pyroxen*. Sie ist um 10% dichter. Unterhalb 600 bis 700 km sind weitere Übergänge (z. B. in die Perowskit-Struktur) zu erwarten. Diese Übergänge wurden in Richtung oxidischer Bildungen oben bereits charakterisiert. Die zugehörigen Dichtewerte und elastischen Parameter befinden sich in guter Übereinstimmung mit den geophysikalischen Beobachtungen.

Die *oxidische Zusammensetzung des unteren Erdmantels* mit hochdruck- und hochtemperaturstabilen Oxidmodifikationen liefert Dichtewerte, die zum unteren Erdmantel hin den geophysikalischen Größen von etwa 6 g/cm³ gut entsprechen.

Stoßwellenuntersuchungen zeigen nach den bisher vorliegenden Ergebnissen, daß alle Arten von untersuchten Oxiden, die für den unteren Erdmantel in Frage kommen, im Bereich *Unterer Erdmantel/Erdkern* dichtemäßig keine Diskontinuitäten zeigen, sondern mit dem Wert 6 g/cm³ in den Erdkern hineingehen würden. Das ist nicht im Einklang mit den beobachteten geophysikalischen Daten, und deshalb kommt nur eine Materialkonfiguration in Frage, wie sie oben bereits kurz beschrieben wurde.

Die Kombination von *Eisen-Nickel mit leichteren Elementen* würde in den bereits angegebenen prozentualen Anteilen den erforderlichen Dichtewert von 9 g/cm^3 am Beginn des äußeren Erdkerns befriedigen. Eisen und Nickel in jeder beliebigen Mischung ergeben für den äußeren Erdkern merklich zu hohe Werte. Aus diesem Grunde wäre die genannte Stoffkombination kompatibel mit dem geophysikalischen Beobachtungsmaterial.

Weitere Aussagen betreffen das *Bindungsverhalten der Materialien im Erdinneren in Abhängigkeit von der Tiefe.* Dazu lassen sich folgende Aussagen machen:

Die *Silikate* sind sehr kompliziert aufgebaute Materialien, bei denen die ionare Bindung überwiegt. Für den äußeren, d. h. oberen Mantel mit silikatischer Zusammensetzung wäre damit ionare Bindung typisch, wobei entsprechende Leitfähigkeitswerte charakteristisch sein sollten. Diese Ergebnisse stehen im Einklang mit dem bisher vorliegenden geophysikalischen Beobachtungsmaterial.

Mit zunehmendem Druck verringern sich die Abstände zwischen den wechselwirkenden Atomen in den verschiedenen Materialien, insbesondere auch in den Silikaten. Es wurde oben ausgeführt, daß bestimmte Dichtezunahmen für die entsprechenden Veränderungen und Umwandlungen in den Silikaten typisch sind. Damit wird auch der Charakter der chemischen Bindungseigenschaften in den dichter gepackten Stoffen mit zunehmender Tiefe sukzessive modifiziert. Die *ionare Bindung des oberen Erdmantels* geht über in die mehr *kovalente Bindung des unteren Erdmantels.* Das bedeutet mit zunehmendem Druck und zunehmender Tiefe den Übergang zu mehr *metallischen* Bindungsanteilen in den betrachteten Stoffen.

Zunehmender Metallisierungsgrad bedeutet *zunehmende elektrische Leitfähigkeit,* und das zu erwartende kovalente Bindungsverhalten im unteren Erdmantel, das elektrisch einer Halbleiterleitfähigkeit entsprechen würde, steht ebenfalls im Einklang mit den geophysikalischen Beobachtungen.

Aus hochdruckphysikalischen Experimenten und aus den Erfordernissen der Theorie des geomagnetischen Hauptfeldes folgt, daß der *liquide äußere Erdkern metallische Leitfähigkeit* und auch metallisches Bindungsverhalten zeigen muß. Dieses metallische Verhalten im Erdkern steht ebenfalls im Einklang mit geophysikalischen Ergebnissen.

Aus allen diesen Betrachtungen geht deutlich hervor, wie wichtig es ist, physikalische Eigenschaften im Erdinneren in Verbindung mit den stofflichen Verhältnissen immer besser kennenzulernen.

9.5. Globaltektonik und Konvektion im Erdinneren

9.5.1. Vorbemerkungen

Bei den bisherigen Darlegungen wurden die Grundzüge in der Struktur und Zusammensetzung des Erdinneren betrachtet. Abweichungen von dieser Grundstruktur werden vor allem in den äußeren Teilen des Erdkörpers beobachtet; sie sind ausgeprägt an der Erdoberfläche. Offensichtliche Abweichungen sind die topographischen Unregelmäßigkeiten der Erdoberfläche und die tektonischen Strukturen der obersten Erdkruste. Diese äußern sich auch als Unregelmäßigkeiten in der räumlichen Verteilung der physikalischen Materialparameter dieser Teile des Erdkörpers. Eine äußerst wichtige Frage ist offensichtlich, *bis zu welchen Tiefen* im Erdinneren noch *Abweichungen von der hydrostatischen Grundstruktur* beobachtet werden können. Diese Aufgabe stellt beträchtliche Anforderungen an die geophysikalische Beobachtungstechnik. Bisher konnten Unregelmäßigkeiten in der Verteilung der physikalischen Größen des Erdinneren bis zu 700 km Tiefe durch direkte Beobachtungen nachgewiesen werden. Allerdings nimmt die Korrelation der Unregelmäßigkeiten in der Kruste mit denen in tieferen Teilen des Erdinneren sehr schnell ab. Eine *Grenze liegt etwa bei 100 bis 200 km Tiefe.* Es werden jedoch nicht nur Unregelmäßigkeiten in *lateraler Hinsicht*, sondern auch Abweichungen in *vertikaler* Hinsicht beobachtet, die nicht mit der hydrostatischen Theorie im Einklang stehen. Hierzu gehört insbesondere die *Zone* in etwa 100 bis 200 km Tiefe mit *geringerer Ausbreitungsgeschwindigkeit der seismischen Wellen*, die darüber hinaus noch geringere Dichte, geringere Viskosität, höhere Temperatur, höhere elektrische Leitfähigkeit aufweist, als nach der Grundstruktur zu erwarten wäre.

Mit den Abweichungen von der Grundstruktur sind zusätzliche Spannungen verknüpft, die von den umliegenden Teilen des Erdinneren aufgefangen werden müssen bzw. die zu mehr oder weniger schnellen *Deformationen* dieser Teile führen und dadurch ausgeglichen werden. Die Erfahrung zeigt, daß bei genügend langer Dauer sämtliche bekannten Materialien der Belastung nachgeben. Demnach sind *Abweichungen von der hydrostatischen Grundstruktur* als *Anzeichen von Langzeitbewegungen im Erdinneren* anzusehen, deren Zeitmaßstab von den jeweils vorliegenden rheologischen Parametern bestimmt wird. Praktisch wirksam werden konnte dieser Gedanke jedoch erst dann, als man über den vermutlichen zeitlichen Ablauf der betreffenden Vorgänge einigermaßen zutreffende Vorstellungen ableiten konnte. Das wurde durch die Entwicklung der *Paläogeophysik*, insbesondere durch die Verknüpfung der Geophysik mit der Geologie, möglich. Als brauchbarer Zeitmaßstab ergibt sich etwa der Zeitraum von 10^6 Jahren, was etwa der Dauer eines orogenen Zyklus entspricht. Die Geodynamik kann vorläufig keinen Anspruch darauf erheben, die Details der Erdoberfläche und obersten Kruste eingehend auf der Grundlage physikalischer Modellvorstellungen zu behandeln. Es ist bisher nur möglich, die globalen Wesenszüge auf diese Weise zu diskutieren.

Die Ergebnisse dieser Arbeiten wurden in einer einheitlichen Modellvorstellung zusammengefaßt, die zumeist als *Plattentektonik* bezeichnet wird.

9.5.2. Das Modell der Plattentektonik

Für die Plattentektonik ist es erforderlich, die Vorstellungen über die strukturelle Gliederung der äußeren Teile des Erdkörpers vor allem unter dem Gesichtspunkt der Existenz dynamischer Vorgänge in diesen Teilen zu modifizieren. Die *hydrostatische Grundstruktur* läßt per definitionem *keine Dynamik* zu, bildet aber den Rahmen dafür. Vor allem nach der mechanischen Festigkeit unterscheidet man

die *starre, spröde Lithosphäre* von 0 bis 100 km Tiefe,
die *zähflüssige Asthenosphäre* von etwa 100 bis 200 km Tiefe
und die *schwach fließfähige Mesosphäre* von 200 bis 700 km Tiefe.

Die Tiefenangaben variieren dabei von Ort zu Ort beträchtlich. Zeitliche Änderungen dürften ebenfalls nicht ausgeschlossen sein.

Die *Lithosphäre* umfaßt die Kruste und den obersten Teil des Erdmantels bis zu einer Zone, die durch eine vergleichsweise geringe Ausbreitungsgeschwindigkeit der seismischen Wellen, vor allem aber durch sehr geringe Viskosität charakterisiert wird. Diese Zone — als *Asthenosphäre* bezeichnet — ist im Dichteprofil durch geringere Dichtewerte ausgezeichnet, so daß sie als Quelle einer mechanischen Instabilität fungiert. Es gibt verschiedene Anzeichen dafür, daß hier das Material partiell aufgeschmolzen ist. Durch die Asthenosphäre wird die Lithosphäre vom tieferen Erdmantel wirksam mechanisch entkoppelt. Die Deformationen der Lithosphäre sind demnach nur im allgemeinen mit Bewegungen (Konvektionen) in der Mesosphäre verknüpft. Bisher ist nur soviel klar, daß die Antriebsmechanismen für alle Veränderungen der Lithosphäre im Erdmantel, besonders in der Mesosphäre zu suchen sind. Dazu wird später noch einiges zu sagen sein.

Die *Lithosphäre* selbst ist sowohl vertikal wie auch horizontal stark gegliedert. Die vertikale Gliederung wird durch im wesentlichen horizontal verlaufende Grenzflächen, unter ihnen besonders die sog. Moho-Diskontinuität, gegeben. Die horizontale Gliederung zerlegt die Lithosphäre in mehrere Platten, die selbst tektonisch, vulkanisch und seismisch relativ ruhig sind, deren Grenzen jedoch sehr hohe seismische, tektonische und vulkanische Aktivität zeigen. Es gibt sowohl Lithosphärenplatten des kontinentalen als auch solche des ozeanischen Typs. Alle Platten bewegen sich relativ zueinander entlang der Erdoberfläche, wobei drei Typen von Wechselwirkungen an den Plattengrenzen auftreten: In den *Riftzonen* entfernen sie sich voneinander, wobei die *Lithosphäre* durch aus dem Erdmantel aufsteigendes Material *neu gebildet* wird. In Kollisionszonen taucht eine der Lithosphärenplatten (gewöhnlich die ozeanische) in den Erdmantel ein. Beim dritten Typ von Wechselwirkungen verschieben sich die Platten im wesentlichen tangential zueinander. Die Plattentektonik vermag eine Vielzahl von geologischen und geophysikalischen Erscheinungen auf verblüffend einfache Weise zu erklären. Das gilt besonders für die Erscheinungen im *ozeanischen Bereich* und an den *Kontinentalrändern*. Auch die Frage der *Kontinentalverschiebung* wird hierbei überzeugend beantwortet. Vom geologischen Standpunkt aus muß vor allem geklärt werden, ob das Modell der Plattentektonik nur für die letzten 200 Mill. Jahre der Erdgeschichte, für die gute Beweise vorliegen, oder auch für frühere Zeiten gültig ist. Selbstverständlich muß die dynamische Geschichte der Erde in dieser Richtung unbedingt ergänzt werden (vgl. Kap. 3.).

Das *Modell der Plattentektonik* liefert eine bereits einigermaßen ausreichende kinematische Beschreibung der Veränderungen in den äußeren Teilen des Erdkörpers. Eine der wichtigsten Aufgaben besteht nun darin, die Kräfte zu verstehen, die zu einem solchen Bewegungsablauf führen.

Es sind im wesentlichen drei Gruppen von Fragestellungen, mit denen man sich im Zusammenhang mit der Entwicklung einer *geodynamischen Theorie* beschäftigen muß:

A. Studium der für die Dynamik wichtigen physikalischen Eigenschaften und des *Verhaltens der Materialien in der Tektonosphäre* und unter den dort vorliegenden Druck- und Temperaturbedingungen,

B. Fragen der *Energiequellen* und der Umsetzung in mechanische Energie für Bewegungen in der Tektonosphäre,

C. *Wechselwirkung zwischen Lithosphäre und darunter befindlichem Erdmantel*, dynamische Beanspruchung der Lithosphäre und ihre Reaktionen auf diese Beanspruchung.

Bei allen diesen Gruppen müssen in hohem Maße theoretische und experimentelle Untersuchungen physikalischer Art angestellt werden.

9.5.3. Konvektion im Erdmantel

Mit der Plattentektonik sind große Massenverschiebungen im wesentlichen parallel zur Erdoberfläche verknüpft, die ihrerseits wegen der Erhaltung der Masse ebensolche Strömungen in entgegengesetzter Richtung im tieferen Erdinneren erfordern. Die einfachste Verknüpfung dieser Strömungsvorgänge wird durch das Bild einer *zellularen Konvektion* geliefert. Jedoch sind auch viel allgemeinere Strömungsformen ebenfalls im Rahmen einer Konvektionstheorie denkbar.

Die *Antriebskräfte für Zirkulationen im Mantel* können sowohl thermischer wie auch chemischer Natur sein; sehr wahrscheinlich überwiegen die thermischen Energiequellen. Die thermischen Prozesse können als reversibel im Sinne der Mechanik, weniger im Sinne der Thermodynamik angesehen werden. Dagegen sind die Effekte infolge chemischer Vorgänge irreversibel, wobei das leichtere Material in die Kruste, das schwerere in den Kern absinkt. Die *thermische Konvektion* kann sowohl durch Aufheizung von unten, durch innere Wärmequellen, wie auch durch Abkühlung von oben her angeregt werden. Wegen der Existenz der Asthenosphäre mit sehr geringer Viskosität können tangentiale Spannungen von der Mesosphäre nicht direkt auf die Lithosphäre übertragen werden. Die *mechanische Kopplung* erfolgt lediglich über die Zonen, wo die Lithosphäre aus dem Mantel aufsteigt bzw. wo sie im Mantel verschluckt wird. Der Mechanismus selbst ist noch völlig unklar. Man kann jedoch sagen, daß die mechanischen und thermischen Eigenschaften der Lithosphäre von beträchtlichem Einfluß auf die Konvektion im Erdmantel sein werden.

Die *Konvektion im Erdmantel* unterscheidet sich von anderen konvektiven Prozessen durch verschiedene wichtige Eigenschaften. Hierzu gehören die besonderen rheologischen Parameter, der stark superadiabatische Temperaturgradient und die extreme thermomechanische Schichtung im oberen Mantel.

Ein besonderes Problem stellt die *Wechselwirkung zwischen den konvektiven Bewegungen und den seismischen Grenzflächen im Erdmantel dar.* Wenn diese Grenzflächen zwischen Gebieten verschiedener stofflicher Zusammensetzung liegen, muß man eine Konvektion ausschließen, bei der Bewegungen senkrecht zu diesen Grenzflächen auftreten. Wenn die seismischen Grenzflächen jedoch durch Phasenübergänge bedingt sind, wird die Konvektion nicht verhindert. SolchePhasenänderungen können wegen der mit ihnen verknüpften Dichteänderungen sogar im Gegenteil die Konvektion fördern. Im oberen Mantel muß man wegen der dort vorliegenden Drücke und Temperaturen eine Reihe von Phasenübergängen der dort vorherrschenden Materialien (wahrscheinlich Silikate) erwarten.

Natürlich wird die Konvektion nach Umfang und Intensität entscheidend von den rheologischen Parametern bestimmt. Bisherige Vorstellungen lassen vermuten, daß die *Konvektion auf den Tiefenbereich bis zu etwa 800 bis 1000 km beschränkt ist.* Eine eingehende Diskussion der Schlußfolgerungen für die Tektonik läßt weiterhin vermuten, daß die Konvektion nicht stationär ist. Bisher gibt es *noch keine vollständig durchgerechneten Modelle für die Konvektion im Mantel.* Jedoch sind sehr viele Details bereits eingehend untersucht worden.

9.6. Erdmagnetismus und Erdkern

9.6.1. Vorbemerkungen

Die Erde besitzt in ihrem Magnetfeld eine physikalische Erscheinung, die sowohl für die Physik des Erdkörpers wie auch zur solarterrestrischen Physik bedeutsame Informationen vermittelt (vgl. Kautzleben, 1981). Der weitaus *größte Teil* des an der Erdoberfläche beobachteten Feldes wird durch *Quellen im Erdkörper verursacht*; er zeichnet sich durch eine sehr geringe zeitliche Veränderlichkeit aus und wird deshalb als permanentes Feld bezeichnet. Der sehr viel kleinere Teil, der zeitlich stark veränderlich ist, wird durch *Vorgänge außerhalb der Erde verursacht.* Er enthält Indikationen über Einflüsse der Sonne auf die Erdatmosphäre sowie über Veränderungen in der Magnetosphäre und in der Ionosphäre (vgl. hierzu Kapitel 4.). Durch die zeitlichen Variationen des Erdmagnetfeldes wird ein sekundäres elektromagnetisches Feld im Erdkörper induziert, dessen Analyse Aussagen über die Verteilung der elektrischen Leitfähigkeit im Erdkörper, besonders in seinen äußeren Teilen, liefert. Hierauf wurde bereits an anderer Stelle dieses Beitrages verwiesen. Im folgenden wird nur noch der *permanente Anteil am Erdmagnetfeld* betrachtet.

Das permanente Magnetfeld zeigt auf der Erdoberfläche (im Maßstab von Kilometern) lokale bis regionale Änderungen, die mit geologischen Strukturen korreliert sind. Diese lokalen Änderungen oder *Anomalien* werden durch die *Magnetisierung von oberflächennahen Gesteinen* verursacht. Meßbare zeitliche Änderungen dieser Anomalien konnten bisher nicht festgestellt werden. Über geologische Zeiträume müssen dagegen diese Anomalien veränderlich sein. Ihre genetische Interpretation im Rahmen der *paläomagnetischen Forschung* (vgl. Kap. 3.3.) liefert sogar eines der wichtigsten Argumente für die modernen geodynamischen Theorien.

Eliminiert man die lokalen Anomalien, reduziert sich das permanente Magnetfeld auf das sogenannte *geomagnetische Hauptfeld.* Seine Änderungen von Ort zu Ort sind großräumig (über Tausende Kilometer) und mit geologischen Strukturen nicht korreliert, so daß seine Quellen im Erdinneren und in solchen Tiefen gesucht werden müssen, die von der Geologie nicht mehr beeinfluß werden.

Das Hauptfeld besitzt eine *zeitliche Veränderlichkeit,* die sich als *geomagnetische Säkularvariation* mit relativ geringen Amplituden und mit Perioden von einigen hundert bis zu wenigen tausend Jahren äußert. Nachgewiesen wurden folgende Perioden: 60, 120, 360, 550, 1200, 2400 Jahre. Aus paläomagnetischen Untersuchungen ist weiterhin bekannt, daß das *Hauptfeld* in der Vergangenheit wiederholt innerhalb vergleichsweise kurzer Zeitspannen (wenige 1000 Jahre) sein *Polarität änderte* und dazwischen nahezu (bis auf die Säkularvariation) konstant bleibt. Diese Zeitmaßstäbe sind das stärkste Argument dafür, daß die *Ursachen* für die Änderungen des Hauptfeldes und für das *Hauptfeld selbst im flüssigen Kern der Erde liegen müssen.* In den übrigen Teilen des Erdinneren sind großräumige Änderungen in einer solchen kurzen Zeit unvorstellbar.

9.6.2. Die Magnetische Weltvermessung

Die Verteilung des geomagnetischen Hauptfeldes längs der Erdoberfläche und im erdnahen Raum ist gegenwärtig gut bekannt. Große Fortschritte in dieser Richtung wurden durch die sog. *Magnetische Weltvermessung* (WMS) von 1957 bis 1969 erreicht. Die WMS umfaßte die folgenden magnetischen Vermessungen:

- normale magnetische *Landesaufnahmen* in vielen Ländern, häufig gekoppelt mit der Einrichtung von Sälukarpunkten zur Erfassung der rezenten Säkularvariation;
- magnetische *Messungen auf See*, besonders durch das sowjetische nichtmagnetische Schiff „Zarja" und durch Schiffe anderer Staaten;
- *aeromagnetische Vermessungen* einer großen Zahl von Ländern und über *Ozeangebieten*, besonders umfangreich im Project Magnet der USA;
- kontinuierliche magnetische Messungen im erdnahen Raum *mit Hilfe von Satelliten* der Sowjetunion (Kosmos 49) und der USA (OGO/2 und OGO/4).

Im Ergebnis dieser Arbeiten wurden eine zusammenfassende Darstellung des geomagnetischen Feldes und seiner rezenten Säkularvariation in Form der üblichen Reihendarstellung nach Kugelfunktionen für das Potential des Hauptfeldes sowie korrespondierende Weltkarten abgeleitet. Die Darstellung enthält insgesamt 80 Koeffizienten für den statischen Anteil und ebenfalls 80 Koeffizienten für ihre zeitlichen Änderungen; sie gilt für den Zeitraum von 1965,0 bis 1972,0. Für diese Darstellung wurde die Bezeichnung Internationales Geomagnetisches Referenzfeld (IGRF) 1965,0 gewählt. Das IGRF wurde international als Standard für alle wissenschaftlichen Arbeiten empfohlen, bei denen das Hauptfeld von Bedeutung ist (z. B. großräumige magnetische Vermessungen auf Land und See und Interpretationen der resultierenden Anomalien, Bewegungen elektrisch geladener Teilchen in der Ionosphäre und Magnetosphäre).

Eine zusammenfassende Beschreibung der WMS-Ergebnisse und des IGRF bietet das IAGA-Bulletin No. 28 (World Magnetic Survey 1957—1969, ed. by A. J. Zmuda, 1971).

Die Ergebnisse der WMS und das IGRF sind in den siebziger Jahren mehrfach unter Verwendung neuer Meßergebnisse an Bord spezieller künstlicher Erdsatelliten der Sowjetunion und der USA (insbesondere Magsat) verbessert worden. Die davon abgeleiteten geomagnetischen Weltkarten zeigen eine erstaunliche Vielfalt von Strukturen in regionalem Maßstab, die eng mit entsprechenden geologischen Strukturen verknüpft sind.

9.6.3. Die Dynamotheorie des geomagnetischen Hauptfeldes

Gegenwärtig gibt es keine Zweifel mehr daran, daß der Ursprung des geomagnetischen Hauptfeldes im flüssigen Teil des Erdkerns zu suchen ist und daß das Feld durch einen *magnetohydrodynamischen Dynamo* in diesem Teil des Erdinneren erzeugt und aufrechterhalten wird (Bucha u. a., 1982). Hierzu muß angenommen werden, daß das Material des Erdkerns eine elektrisch leitende Flüssigkeit ist und daß Bewegungen durch gewisse Kräfte in Gang gesetzt und in Gang gehalten werden. Die möglichen Abschätzungen haben ergeben, daß die elektrische Leitfähigkeit im äußeren Erdkern etwa 10^{-4} bis 10^{-5} Ω^{-1} m^{-1} und daß die Strömungsgeschwindigkeiten etwa 10^{-3} cm/s betragen sollen. Die Dynamowirkung ergibt sich dann aus der *Wechselwirkung der strömenden elektrisch leitenden Flüssigkeit mit dem Magnetfeld*, wobei bei geeigneter

Konfiguration von Strömung und Magnetfeld eine Verstärkung des Magnetfeldes, gekoppelt mit einer Umwandlung von mechanischer in magnetische Energie, auftreten soll.

Bevorzugt wurde das Problem untersucht, bei dem das Strömungsfeld vorgegeben ist und das resultierende Magnetfeld gesucht wird. Hierbei beschränkt man sich auf die elektrodynamische Seite des Problems. Schwierigkeiten entstehen dabei dadurch, daß die Dynamowirkung bei bestimmten symmetrischen Strukturen der Strömung bzw. des Magnetfeldes nicht auftritt. Für den *Erdkern*, der einen hohen Grad an Symmetrie aufweist, konnte erst in letzter Zeit bewiesen werden, daß ein *Dynamo-Effekt* auftreten kann. Besonders interessant sind *turbulente Strömungen* mit geringer Ordnung etwa unter dem *Einfluß der Erdrotation.* Für diese wurde das Dynamo-Problem von Steenbeck und Mitarbeitern erfolgreich behandelt (Krause, Rädler, 1980).

In Wirklichkeit kann das Strömungsfeld nicht beliebig vorgegeben werden. Das Strömungsfeld muß vielmehr den Gleichungen der Hydrodynamik, in denen neben primär aufgeprägten Kräften auch die elektrodynamischen Kräfte auftreten, sowie gewissen Randbedingungen genügen. Die elektrodynamischen Kräfte sind proportional dem Magnetfeld und wachsen deshalb mit dem Magnetfeld an, so daß nach einer gewissen Zeit, in der das primäre Magnetfeld durch die Dynamowirkung verstärkt wird, eine *Rückwirkung des Magnetfeldes auf die Bewegung eintritt*, was wiederum zu einem Gleichgewichtszustand führen muß. Solche Untersuchungen sind wegen der nichtlinearen Terme äußerst kompliziert. Die *primären Kräfte* sind vermutlich *thermodynamischer und physikochemischer Natur*, aber sonst völlig unbekannt. Abschätzungen haben ergeben, daß die *thermisch bedingte Konvektion nicht ausreicht, um über den Dynamomechanismus das Erdmagnetfeld zu erzeugen.* Problematisch sind ebenfalls die *nichtthermische Konvektion* infolge der gravitativen Differentiation der Materie im Erdkern und die Erzeugung durch Kräfte, die mit der *Präzession der Erdachse* verknüpft sind. Als Schlüsselproblem erweist sich die konkrete Form der Turbulenz am äußeren Erdkern.

Zusätzlich zur *Existenz des Hauptfeldes* müssen im Rahmen der Dynamotheorie noch verschiedene weitere Effekte gedeutet werden: die *geomagnetische Säkularvariation*, die sog. *Westdrift des Nichtdipolfeldes*, die *langsame Bewegung des Dipols*, die fast völlige *Übereinstimmung der Richtung des Dipols und der Rotationsachse* sowie Auftreten und Eigenschaften der *Polaritätsänderung* des Hauptfeldes. Für alle diese Erscheinungen bietet die *Dynamotheorie* plausible Erklärungen; quantitative Aussagen sind jedoch noch nicht möglich.

Die Vorstellungen der Dynamotheorie für das geomagnetische Hauptfeld bilden umgekehrt auch die Grundlage dafür, *aus Beobachtungen des Hauptfeldes* und seiner Eigenschaften *Aussagen über die Dynamik des Erdkerns* sowie über weitere dynamische Probleme des tieferen Erdinneren, wie z.B. die *elektromagnetische Kopplung von Kern und Mantel*, abzuleiten. Eine Testmöglichkeit hierfür bietet sich durch den Nachweis von Korrelationen zwischen Änderungen im Hauptfeld und in der Erdrotation an. Solche Korrelationen gelten heute als sicher.

Schließlich sei erwähnt, daß die Dynamotheorie des geomagnetischen Hauptfeldes sich bereits auch bei der *physikalischen Erklärung der Magnetfelder anderer kosmischer Objekte* bewährt hat.

9.7. Literatur

ANDERSON, D. L.: Recent Evidence Concerning the Structure and Composition of the Earth's Mantle. Physics and Chemistry of the Earth **6** (1965) 1.

ARNOLD, K.: Methoden der Satellitengeodäsie. Berlin 1970.

BROVAR, V. V., MAGNITZKIJ, V. A. und SCHIMBIREV, M.: Theorie der Figur der Erde, Berlin 1964.

BUCHA, V., BURLATSKAYA, S. P., ZUPAL, I., GRLOVKOV, V. P., KAUTZLEBEN, H., PETROVA G. N., WEBERS, W.: Earth's magnetic field and core dynamics KAPG 1.5 und 1.6 Prague 1982.

CALVI, P.: On the Upper Mantle. Advances in Geophysics 12, (1967) **79**.

COLE, G. H. A.: Aspects of the Physics of Planetary Interiors. Contemp. Physics **22** (1981) No. 4., 397–424.

DZIEWONSKI, A. A., HALES, A. L. und LAPWOOD, E. R.: Parametrically Simple Earth Models Consistent With Geophysical Data, Physics of the Earth and Planetary Interiors **10** (1975) 12–48.

GASKELL, T. F. (Editor): The Earth's Mantle. London/New York 1967.

HART, P. J. (Editor): The Earth's Crust and Upper Mantle. Geophysical Monograph No. 13. American Geophysical Union Washington, D. C., 1969.

HEISKANEN, W. A. und MORITZ, H.: Physical Geodesy. San Francisco/London, 1967.

KAUTZLEBEN, H. (Editor): Aktuelle Probleme der geomagnetischen Forschung (Intern. Symposium 50 J. A.-Schmidt-Obs. Niemegk). Veröff. des ZIPE Nr. 70, Potsdam, 1981.

KAUTZLEBEN, H.: Planetare Dynamik der Erde. Sitzungsberichte der AdW der DDR, Mathematik-Naturwissenschaften-Technik. Berlin 1982.

KRAUSE, F., RÄDLER, K.-H.: Mean-field magnetohydrodynamics and dynamo theory. Berlin 1980.

MORITZ, H.: Geodynamic Effects in Physical Geodesy. Vortrag 4th International Symposium Geodesy and Physics of the Earth, GDR, Karl-Marx-Stadt 1980a.

MORITZ, H.: Advanced Physical Geodesy. Karlsruhe, 1980b.

RUNCORN, S. K. (Editor): Mantles of the Earth and Terrestrial Planets. London/New York/ Sydney 1967.

SCHEIDEGGER, A. E.: Principles of Geodynamics. 3rd ed. Berlin/Heidelberg/New York, 1982.

STILLER, H. und FRANCK, S.: The Gruneisen-Parameter and equation of state at a pressure-induced phase transition. Physics of the Earth and Planetary Interiors **22**, (1980) 189 to 193.

STILLER, H., VOLLSTÄDT, H. und FRANCK, S.: State of Material Inside the Earth and Some Implications for Geodynamics. Veröffentlichungen des Zentralinstituts für Physik der Erde Nr. 63, Teil I, 161–174, Potsdam 1981.

ŽARKOV, V. N. und TRUBICYN, V. P.: Fizika planetnych nedr. Moskva, 1980.

ZMUDA, A. J. (Editor): World magnetic survey 1957–1969. IAGA-Bulletin No. 28 (1971).

10. Seismologie[1])

10.1. Einführung

Die *Seismologie* ist der Teil der Geowissenschaften, der sich mit den physikalischen Prozessen auseinandersetzt, die im Bereich eines *Erdbebenherdes* und bei der Ausbreitung von elastischen (seismischen) Wellen durch die Erde ablaufen. Traditionell wird dabei zwischen der Untersuchung des *inneren Aufbaus der Erde* und dem Studium des *seismologischen Herdmechanismus* unterschieden, wobei sich das Schwergewicht seismologischer Forschungen im letzten Jahrzehnt eindeutig auf die theoretische und experimentelle Untersuchung der seismologischen Herdprozesse gelegt hat. Die Ursache für diese Schwerpunktverlagerung ist sicher zu einem wesentlichen Teil darauf zurückzuführen, daß seismologische Probleme immer stärker in den Bereich des gesamtgesellschaftlichen und auch des volkswirtschaftlichen Interesses geraten sind. Dazu gehören u. a.

- Lösung des Problems der *Erdbebenvorhersage*,
- Untersuchung und quantitative Bewertung der *seismischen Gefährdung* und des seismischen Risikos eines bestimmten Territoriums,
- Untersuchung der auf Grund der menschlichen Tätigkeit entstehenden induzierten *künstlichen seismischen Ereignisses* (Bergbau, Staudämme u. a.),
- Erkennung und Identifizierung künstlicher seismischer Ereignisse (Unterscheidung zwischen Erdbeben und unterirdischen *Kernexplosionen*).

Eine erfolgreiche Lösung dieser und vieler weiterer Probleme setzt jedoch voraus, daß die physikalischen Bedingungen für die *Entstehung seismischer Wellen*, d. h. also die physikalischen Prozesse in einem Erdbebenherd, im weitesten Sinne hinreichend genau bekannt sein müssen.

Es ist für die Seismologen eine schon seit langem allgemein anerkannte Tatsache, daß die meisten flachen Erdbeben durch einen Scherbruch entlang einer oder einigen weitgehend ebenen Verwerfungsflächen erzeugt werden. Die Dimensionen dieser Verwerfungen reichen von mehreren Metern bis zu Tausenden von Kilometern, wobei die Obergrenze möglicherweise an die Abmessungen von mehr oder weniger homogenen Segmenten im Bereich der Lithosphärenplatten gebunden ist.

Der Bruchprozeß erweist sich dabei in immer stärkeren Maße als ein räumlich sehr heterogen fortschreitender Vorgang, der in signifikanter Weise von der räumlichen Variabilität der mechanischen Eigenschaften entlang der Verwerfungsfläche abhängt: Nachbeben von großen Erdbeben werden beispielsweise in sehr vielen Fällen auf der Herdfläche geortet, die auch für das Hauptereignis verantwortlich ist. Man nimmt daher heute an, daß sie an bestimmte Bereiche der Störungszone gebunden sind, die während des Hauptbebens intakt geblieben sind.

---

[1]) Von S. Grässl†.

Es ist bekannt, daß sich Gesteine unter den Bedingungen im Bereich eines Erdbebenherdes in hohem Maße nichtlinear verhalten. Dilatanz (Volumenzunahme unter der Einwirkung einer Scherspannung), rheologische Deformationsprozesse und Porenflüssigkeiten spielen eine wichtige, z. T. noch nicht sicher bewertbare Rolle für die Entstehung eines Erdbebens. Die vorliegenden Erkenntnisse und Daten sind jedoch sehr unvollkommen, so daß es nicht überrascht, daß die bisher erfolgreichsten Herdmodelle für Erdbeben nicht primär auf den eigentlichen Bruchprozeß, sondern vielmehr auf die Berechnung der sich erst sekundär einstellenden Konsequenzen dieses Bruchprozesses, die seismische Wellenabstrahlung und die statische Deformation, orientieren. Dabei bilden die lineare Elastizitätstheorie in Kopplung mit der Bruchmechanik bis heute das grundlegende theoretische Rüstzeug. Die detaillierte Analyse des sehr breit gefächerten seismischen Wellenangebots stellt die wichtigeste Informationsquelle über die Dynamik des „eigentlichen Herdprozesses" dar.

10.2. Seismische Herdprozesse

Die für die Untersuchungen seismischer Herdprozesse notwendigen theoretischen Grundlagen wurden in den 60er Jahren durch grundlegende Veröffentlichungen von Haskell, Burridge und Knopoff gegeben. Die darauf aufbauende Theorie führte zur Aufstellung *kinematischer Herdmodelle*, bei denen die Dislokation entlang einer Verwerfungsfläche vorgegeben werden muß. Für Wellenlängen der seismischen Wellen, die größer als die charakteristischen Dimensionen der Quelle sind, konnte nachgewiesen werden, daß Kräftequadrupole das elastodynamische Äquivalent einer als infinitesimal anzusehenden *Scherdislokationsquelle* (punktförmige Verwerfung) darstellen (z. B. Kostrov, 1975; Aki und Richards, 1980).

Kinematische Modelle haben in der Seismologie eine breite praktische Anwendung bei der Untersuchung des Herdprozesses mit Hilfe seismologischer Fernfeldregistrierungen gefunden. Typisch für diese Klasse von Modellen ist das vielfach benutzte Haskell-Modell der *Bruchausbreitung an einer rechteckigen Scherfläche*, das sich in seinen wesentlichen Eigenschaften durch 5 Parameter beschreiben läßt, die aus seismischen Fernfeldregistrierungen bestimmbar sind (Abb. 57):

- Länge und Breite der Bruchzone,
- permanente Dislokation,
- Bruchgeschwindigkeit,
- Aufbauzeit des Bruchprozesses bzw. die Bruchzeit.

Andere, etwas realistischere kinematische Modelle gehen von einem kreisförmigen Scherbruch aus, bei dem der Bruchprozeß an einem Punkt beginnt und sich von dort aus konzentrisch ausbreitet.

Zur Beschreibung des sehr komplizierten Fourier-Spektrums der seismischen Fernfeldverschiebung mit Hilfe kinematischer Modelle sind heute im wesentlichen drei Größen in Gebrauch, die teilweise schon routinemäßig bestimmt und aus denen dann *Herdparameter* berechnet werden:

- Höhe des Nullfrequenz-Spektralplateaus, die mit dem sog. seismischen Moment verknüpft ist;
- Abfall des Spektrums im hochfrequenten Bereich, als wichtiger Indikator für den Typ und den zeitlichen Ablauf des Bruchprozesses;

– Eckfrequenzen, die eng modellabhängig mit den Abmessungen der Herdfläche verbunden sind.

Neben den eigentlichen Herdparametern spielt insbesondere für deren seismotektonische Interpretation die Bestimmung der Lage und Orientierung der *Herdfläche* eine wichtige Rolle, Grundlage für derartige Untersuchungen ist die Analyse der räumlichen Verteilung des abgestrahlten Wellenfeldes aus den *Aufzeichnungen* möglichst vieler azimutal und entfernungsmäßig *gut verteilter seismischer Stationen*. Während die ersten Arbeiten zu diesem Problem von der azimutalen Verteilung der Ausschlagrichtungen des ersten P-Welleneinsatzes (Herdflächenlösungen) ausgingen, werden heute dafür in verstärktem Maß *Amplituden-Abstrahlcharakteristiken* verschiedenster Wellentypen (Raum- und Oberflächenwellen) verwendet, die mit theoretischen Modellkurven für typische Verwerfungen verglichen werden.

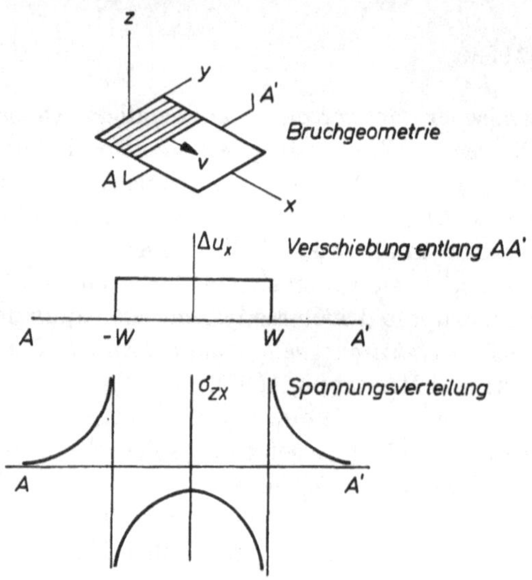

Abb. 57. Haskell-Modell einer rechteckigen Verwerfungsfläche (nach Madariaga, 1981)

Besonders intensiv wurde in jüngster Zeit an der Entwicklung empirischer Verknüpfungsrelationen zwischen den unterschiedlichen Herdparametern (sog. scaling laws) gearbeitet. Dabei stehen vor allem die Beziehungen zwischen der *Magnitude* dem am weitesten verbreiteten und am einfachsten bestimmbaren Herdparameter und *geometrischen Bruchgrößen* (z. B. Bruchfläche, Herdradius, Dislokation) im Vordergrund. Versuche zur theoretisch-physikalischen Begründung dieser Skalierungsrelationen sind mehrfach beschrieben worden. Ihre Bedeutung liegt vor allem darin, daß mit ihnen eine rasche Bewertung und seismotektonische Einordnung aktueller Ereignisse möglich ist.

Die Bedingung großer Wellenlängen bzw. Herdentfernungen (Fernfeldbetrachtung) führt jedoch dazu, daß durch die Anwendung kinematischer Modelle Details des Bruchprozesses nicht aufgelöst werden können; man erhält gewissermaßen über die Verwerfungsfläche gemittelte Aussagen. Unter Benutzung sehr langperiodischer seismischer Wellen ließen sich Dislokationsmodelle erfolgreich zur Modellierung tektonischer Deformationen an Plattengrenzen verwenden.

Durch entsprechende Superposition kinematischer Punktmodelle konnten auch endliche *Erdbebenquellen numerisch simuliert* werden.

Der Hauptnachteil kinematischer Modelle besteht jedoch darin, daß sie physikalisch nicht sinnvolle Singularitäten enthalten und nicht direkt mit dem Spannungsfeld im Bereich der Erdbebenquelle gekoppelt sind (Abb. 57). Es ist sehr kompliziert, bestimmte *rheologische Prozesse* im Bereich der Störungszone mit in Rechnung zu setzen. Andererseits gestatten sie es, in relativ einfacher Weise durch Kopplung mit entsprechenden Rechenprogrammen zur Modellierung der Wellenausbreitung in inhomogenen Medien theoretische Seismogramme zu berechnen, aus denen detaillierte Aussagen über den Herdprozeß abgeleitet werden können.

Die erwähnten Mängel der praktikablen kinematischen Herdmodelle führten zur Entwicklung *dynamischer Modelle,* bei denen die Spannungen vor und nach dem Erdbeben analog zur Bruchtheorie eingeführt werden. Erst diese gestatten dann die Berechnung der Scherbewegung auf der Verwerfungsfläche.

10.3. Seismische Wellen

Seismische Wellen sind lineare elastische Wellen in einem überaus komplexen, inhomogenen, dissipativen und vorgespannten Kontinuum. Die Benutzung der linearen Theorie hat sich bis heute in den meisten Fällen als durchaus ausreichend erwiesen, da der Strain selbst im Bereich von seismischen Herdregionen nur in der Größenordnung von 10^{-4} liegt.

Es ist heute klar, daß die Erde zumindest bis in Tiefen von 600—700 km eine *lateral inhomogene Struktur* besitzt. Sicher hat sich vor allem für die Untersuchung vieler globaler seismologischer Phänomene die Approximation der Erde durch ein System von konzentrischen Kugelschalen als vollkommen ausreichend erwiesen, die zunehmende Verfeinerung der Interpretations- und Meßtechnik gestattete jedoch die Detailuntersuchung der dieser radialsymmetrischen Struktur überlagerten lateralen Inhomogenitäten.

Die mit *Erdbeben* verbundenen *Deformationen* und *elastischen Wellen* überdecken einen sehr weiten Bereich sowohl hinsichtlich ihrer Stärke als auch in Bezug auf ihre Wellenlänge. Die Heterogenität des inneren Baues der Erde und die rheologischen Eigenschaften beeinflussen dabei in verschiedenster Weise diese Deformationen. Aufgabe der seismologischen Interpretation ist es, durch Lösung eines inversen Problems aus den an einem Punkt aufgezeichneten seismischen Deformationen die gewünschten Informationen über den Herdprozeß oder den inneren Bau der Erde abzuleiten, wobei jeder Bereich des seismischen Wellenspektrums entsprechend dem damit verknüpften Wellentyp sich für die Lösung bestimmter Probleme als besonders geeignet erwiesen hat.

— Am hochfrequenten Ende des seismischen Spektrums breiten sich die Wellen mit *Frequenzen von mehr als 10 Hz* nur bis in regionale Entfernungen (einige hundert Kilometer) aus. Sie werden infolge der hohen Absorption ($Q < 100$) und intensiven Streuung in der Lithosphäre *sehr stark gedämpft.*

– *Kurzperiodische Raumwellen* mit Perioden bis zu einigen Sekunden werden *bevorzugt von Erdbeben angeregt* und bei einer entsprechenden Stärke des Ereignisses häufig weltweit registriert. Sie bilden eine wesentliche Grundlage für die globale seismologische Überwachung und die Erforschung der inneren Erdstruktur.
– *Langperiodische Raumwellen* sind im Periodenbereich von einigen bis zu mehreren Zehnern von Sekunden zu finden. Aus ihnen werden wichtige Informationen über den seismischen Herdprozeß abgeleitet, da bei diesen Wellenlängen die vielfach notwendige Approximation des Herdes durch eine Punktquelle in guter Näherung gültig ist.
– *Oberflächenwellen* bewegen ein Periodenband von ca. 15 bis zu mehreren 100 s. Generell hat sich eine der unterschiedlichen, periodenabhängigen Eindringtiefe angepaßte Gliederung der Oberflächenwellen durchgesetzt.

• *Krustenoberflächenwellen* sind durch eine Periode bis zu 30 s gekennzeichnet. Da die maximale Empfindlichkeit in einer Tiefe von ca. 0,3 – 0,4 Wellenlängen liegt, werden in kontinentalen Bereichen diese Wellen durch die Ausbildung des Kruste-Mantel-Übergangsbereiches besonders stark beeinflußt. In ozeanischen Bereichen werden diese Wellen in weitaus stärkerem Maße durch den oberen Mantel geformt, so daß gerade der Übergang von der Kontinentkruste zum ozeanischen Krustentyp sich als signifikante laterale Inhomogenität in der Ausbreitung von Krustenoberflächenwellen widerspiegelt. Bedingt durch die zunehmende theoretische Beherrschung der Ausbreitungsprozesse von Oberflächenwellen in kompliziert strukturierten Medien sind in den vergangenen Jahren eine Vielzahl von Untersuchungen in verschiedenen geologisch-tektonischen Einheiten der Erde zur Erforschung der Kruste-Mantel-Struktur mit Hilfe der Grundmode von Rayleigh-Wellen durchgeführt worden. Love-Wellen wurden vornehmlich aus instrumentellen Gründen in weitaus geringerem Maße für derartige Untersuchungen verwendet.

Neben Phasengeschwindigkeitsuntersuchungen gewinnen Bestimmungen der nichtelastischen Dämpfung aus Oberflächenwellen zunehmend an Bedeutung. Absorptionsmessungen sind für die Abschätzung der rheologischen Eigenschaften des Mantels besonders interessant. Hohe Dämpfung scheint dabei mit geringer Geschwindigkeit und entsprechend verringerter Viskosität zu korrelieren.

Krustenmodelle, die aus Oberflächenwellen abgeleitet wurden, sind besonders in den Gebieten attraktiv, in denen aus parallelen tiefenseismischen Messungen analoge Informationen für die P-Wellengeschwindigkeiten vorliegen. Aus dem Vergleich beider Informationen lassen sich sehr wertvolle Angaben über die vertikale Verteilung des Poisson-Verhältnisses ableiten.

In den letzten Jahren sind spezielle Krustenoberflächenwellenphasen zunehmend in den Mittelpunkt seismologischer Untersuchungen gerückt. Es handelt sich dabei um die sog. Lg- und Rg-Wellen. Die Rg-Phase breitet sich mit Perioden von weniger als 10 – 15 s und einer Gruppengeschwindigkeit von etwa 3 km/s speziell in kontinentalen Bereichen der Erdkruste aus. Ihre starke Amplitude macht sie in Verbindung mit einem impulsartigen Wellencharakter mit einigen Perioden Länge vor allem für strong-motion-Untersuchungen im Nahfeld von flachen Erdbeben besonders bedeutsam. Die Lg-Phase als reine Krustenwelle pflanzt sich mit Geschwindigkeiten von 3,3 – 3,5 km/s in kontinentalen Bereichen fort. Da bei relativ kurzen Ausbreitungswegen eine Aufspaltung der verschiedenen Moden kaum feststellbar ist, werden sowohl Rg- als auch Lg-Phasen als ein Gemisch von verschiedenen Love- und Rayleigh-Moden interpretiert.

Der Kruste-Mantel-Bereich ist in besonderem Maße durch laterale Heterogenität charakterisiert, so daß theoretische Untersuchungen zur Bildung und Ausbreitung von

Oberflächenwellen in lateral inhomogenen Medien mit vertikalen Diskontinuitäten (z. B. Störungszonen) von besonderem Interesse für die theoretische und experimentelle seismologische Forschung geworden sind.

- *Manteloberflächenwellen* im Periodenbereich zwischen 30 und 150 s Periode werden in weitaus geringerem Maße durch die laterale Heterogenität des Ausbreitungsmediums beeinflußt. Dispersionsuntersuchungen derartiger Wellen haben große Bedeutung für die Erforschung der Struktur des oberen Erdmantels in Abhängigkeit von der großtektonischen Gliederung der Lithosphäre. Es ist durch die verschiedenartigsten geophysikalischen Untersuchungen klar geworden, daß die tiefenmäßige Verankerung tektonischer Blöcke bis weit in den Erdmantel hineinreicht, so daß durch die Klärung dieser Zusammenhänge unser grundsätzliches Bild über die globaltektonischen Prozesse und vor allem deren Antriebsmechanismen wesentlich beeinflußt wird. Untersuchungen von Oberflächenwellen an Stationspaaren ergaben Hinweise, daß bei Perioden von 200 s laterale Geschwindigkeitsvariationen von 0,06 – 0,09 km/s zu erwarten sind.

Die von Knopoff vorgestellte Großgliederung der kontinentalen Bereiche der Erde nach Gesichtspunkten des Dispersionsverhaltens von Rayleigh-Wellen ist trotz einer Vielzahl neuen Datenmaterials in ihren Grundzügen im Prinzip bestätigt worden:

Extreme Variationen der Phasengeschwindigkeiten von bis zu ca. 10% sind zwischen Schildbereichen und alten ozeanischen Becken sowie Riftzonen möglich.

Ein allgemeines Merkmal von S-Wellenmodellen aus Oberflächenwellenuntersuchungen ist das Auftreten einer Geschwindigkeitsinversionszone unter jungen kontinentalen Bereichen. Aus dem Vergleich der Dispersionsuntersuchungen von Rayleigh- und Love-Wellen konnte auf ein anisotropes Verhalten des oberen Erdmantels in bestimmten Regionen geschlossen werden. Da Oberflächenwellen Wellenlängen von i. allg. mehr als 50 km aufweisen, sind sie relativ unempfindlich gegenüber Details des Bruchprozesses (ausgenommen sind dabei die sehr starken Erdbeben mit außerordentlich großen Bruchlängen).

Bei Manteloberflächenwellen ist es in zunehmendem Maße gelungen, höhere Moden zu identifizieren und entsprechende Dispersionskurven aufzustellen (Abb. 58) und somit die Sicherheit bei der Berechnung der vertikalen Geschwindigkeitsverteilung gerade in größeren Tiefen des Erdmantels deutlich zu steigern.

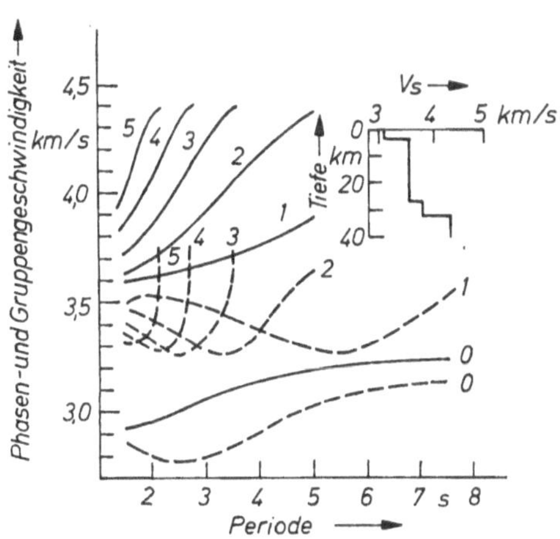

Abb. 58. Phasengeschwindigkeiten (—) und Gruppengeschwindigkeiten (-----) verschiedener Rayleigh-Wellen-Moden (nach Cara, 1981)

— Bei noch *längeren Perioden der Oberflächenwellen* muß die endliche Ausdehnung der Erde zunehmend in den Berechnungen berücksichtigt werden, die elastischen Wellen weisen ein diskretes Spektrum auf, die Eigenperioden der freien Schwingungen sind geeignet sowohl für Untersuchungen der globalen inneren Struktur der Erde als auch für die Bestimmung des seismischen Herdvorganges.

— Die mit Erdbeben einhergehenden *quasistatischen Deformationen*, die im wesentlichen mit geodätischen Methoden verfolgt werden, spielen bei der Erforschung des Deformationsverhaltens von Krustenblöcken bzw. Störungszonen in Verbindung mit Untersuchungen zur Erdbebenvorhersage eine wichtige Rolle. Aktive tektonische Störungen zeigen beispielsweise die Tendenz zu langsamen Kriechbewegungen, die wesentlich durch die temperaturabhängige viskose Reibung im Bereich der Verwerfungsflächen beeinflußt wird.

— Bei der Betrachtung längerer Zeiträume im Bereich von Jahren führen die kontinuierlichen Bewegungen der Lithosphärenplatten zu *Spannungsakkumulationen*, die Erdbeben auslösen können. Wenn die Größe der Plattenbewegung (einige cm/Jahr) mit der durch Erdbeben ausgelösten Verschiebung im Bereich einer Plattengrenze verglichen wird, dann wird aus dem Fehlen größerer Erdbeben in bestimmten Abschnitten einer Plattengrenze (seismische Lücken) auf die Möglichkeit eines künftigen Erdbebens in dieser Zone geschlossen.

10.4. Seismologische Instrumentierung

Ein bedeutender Aspekt der internationalen Entwicklung der Seismologie liegt in der *Standardisierung* des weltweit verteilten Stationsnetzes auf der Basis von leistungsfähigen, den konkreten Anforderungn an die Seismologie entsprechenden Geräten.

Ein Seismograph, der das gesamte seismische Frequenzspektrum von mehr als 100 s Periodenlänge (ohne Einbeziehung der Eigenschwingungen der Erde) bis hin zu Frequenzen im akustischen Bereich (Mikroerdbeben) bei gleichzeitiger Sicherung des entsprechenden Dynamikumfanges (mehr als 160 dB) aufzeichnet, existiert nicht. Selbst bei Beschränkung auf die Registrierung teleseismischer Ereignisse (Periodenbereich von 0,1 s bis 100 s, Amplitudenbereich von nm bis cm) läßt sich die Aufzeichnung nicht mit einem Seismographen realisieren. Für die verschiedenartigsten Aufgabenstellungen sind deshalb unterschiedliche Seismographen entwickelt worden und im Gebrauch.

Generell hat sich weltweit bei den einzelnen seismischen Stationen eine Aufspaltung des gesamten aufzuzeichnenden Frequenzbandes in zwei relativ schmalbandige Übertragungsbereiche durchgesetzt. Aufgrund der dominierenden Frequenzen teleseismischer Raumwellen sind die kurzperiodischen Stationen auf eine maximale Empfindlichkeit mit einer *Periode von ca. 1 s* abgestimmt. Wegen der speziellen Anregungs- und Ausbreitungsbedingungen von Oberflächenwellen im oberen Erdmantel haben sich Oberflächenwellen im *Periodenbereich von etwa 20 s* als sehr wertvolles Mittel zur Detektion und Identifizierung entfernter Erdbeben und Sprengungen bewährt.

10.4.1. Seismographen

Die meisten konventionellen Analogstationen sind heute mit je einem *Satz kurzperiodischer und langperiodischer Geräte* ausgerüstet. Die relativ starre Festlegung auf zwei verhältnismäßig schmale Frequenzbereiche läuft prinzipiell der bereits erwähnten Vielfalt seismologischer Phänomene zuwider, da einmal ein wesentlicher Teil der gesamten seismologischen Information unterdrückt wird und zum anderen die Definition wichtiger seismologischer Parameter z. T. etwas willkürlich frequenzabhängig wird. Die Auswertung dynamischer Charakteristika seismologischer Aufzeichnungen im Hinblick auf die *Kinematik und Dynamik des Herdprozesses* erfordert die Untersuchung eines über mehrere Größenordnungen reichenden Spektralbandes, wofür Seismographen mit einer Bandpaßcharakteristik sicher nicht besonders geeignet sind In der modernen Seismologie gewinnt deshalb das Konzept von *Breitbandseismographen,* die die seismischen Signale über einen sehr weiten Periodenbereich mit gleichmäßig hoher Empfindlichkeit aufnehmen, zunehmend an Bedeutung. Die bisherigen mit Analogregistrierungen arbeitenden Geräte konnten den seismologischen Anforderungen auf Grund ihrer geringen Dynamik (ca. 60 dB) nicht gerecht werden, die Einführung der Digitaltechnik gestattet es jedoch, den prinzipiell vorhandenen Widerspruch zwischen hoher Empfindlichkeit (d. h. hohe Erkennungsrate) und Breitbandigkeit der Aufzeichnungen erfolgreich anzugehen.

Auf der Erde gibt es eine große Anzahl von Einzelstationen, deren spezielle Ausrüstung im wesentlichen von den zu erfüllenden Aufgaben abhängen. Folgende Einteilung ist üblich (Willmore, 1979):

- *Basisstationen* sind mindestens mit kompletten Sätzen standardisierter kurz- und langperiodischer Seismographen ausgerüstet. Diese Stationen nehmen am internationalen Datenaustausch teil und senden regelmäßig ihre Meldungen an die internationalen Zentren.
- *Regionale Stationen* zur ständigen Beobachtung kleiner Gebiete. Ihre Daten werden meist von einem Interpretationszentrum bearbeitet. Eine Standardisierung gibt es nicht generell, da eine Anpassung an die spezielle seismologische Aufgabe den Vorrang hat.
- *Temporäre Stationen* zur zeitweisen Untersuchung von Spezialproblemen (Nachbebenuntersuchungen, induzierte Seismizität u. a.). Die Seismographen sind meist sehr kurzperiodisch abgestimmt.

10.4.2. Seismische Stationsnetze

Leistungsfähige Stationsnetze bestehen in der Regel aus *automatisch arbeitenden Einzelstationen,* die über Datenfernleitungen oder drahtlose Telemetrie mit einer *Registrierzentrale* verbunden sind.

Eine möglichst *präzise Ortung der registrierten Ereignisse* stellt in jedem seismologischen Anwendungsfall ein Basisproblem dar. Demzufolge ist die zentralisierte Aufzeichnung der von räumlich verteilten Seismographen registrierten seismischen Schwingungen und die damit verknüpfte gemeinsame Zeitbasis ein wesentliches Kennzeichen seismischer Netzwerke. Die Form der Registrierung an der Zentral-

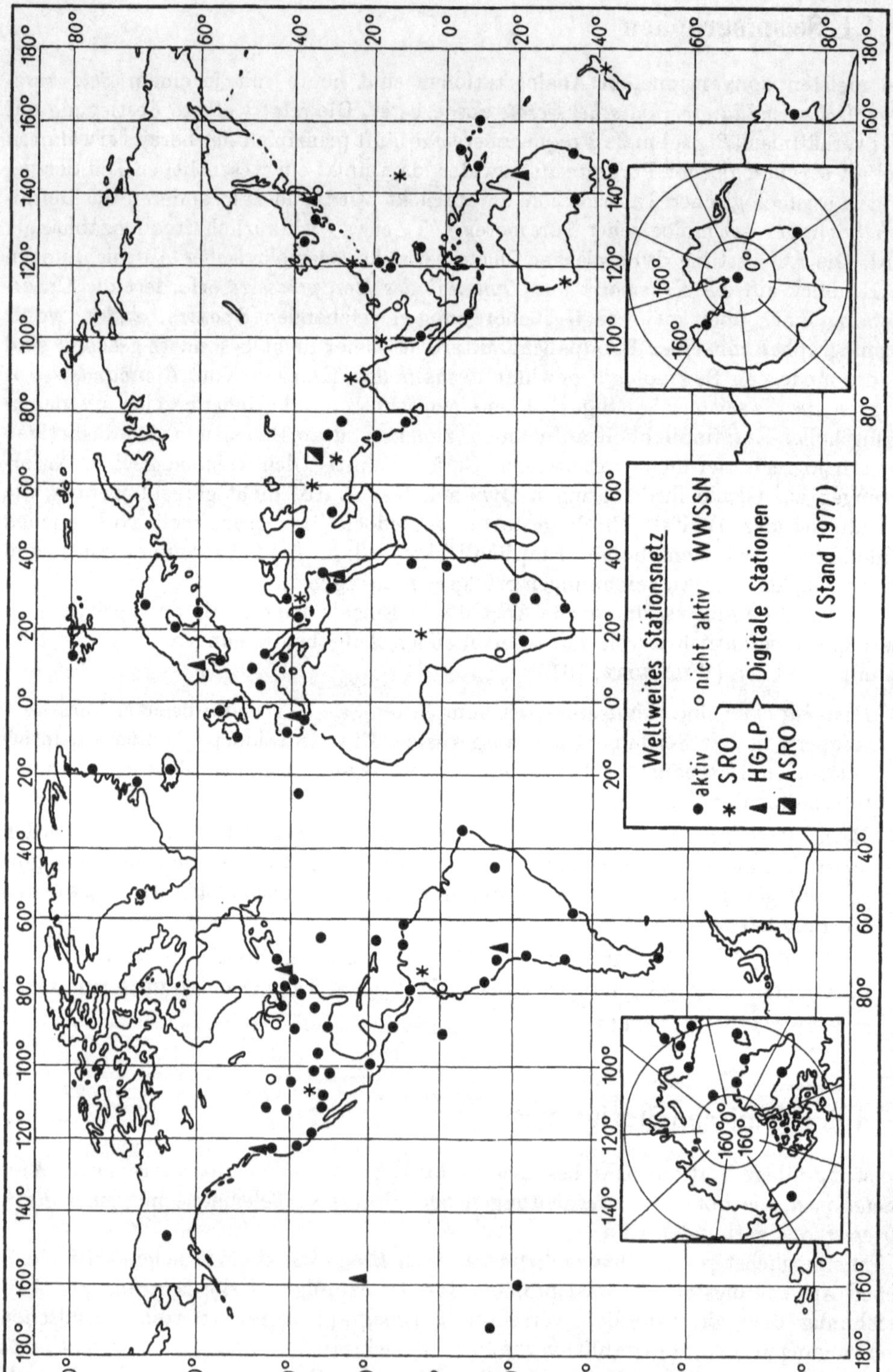

Abb. 59. Globale seismische Stationsnetze (nach AKI und RICHARDS, 1980)

station ist sehr unterschiedlich, sie reicht von einer analogen Direktregistrierung bis hin zur Magnetbandaufzeichnung mit z. T. direkt anschließender digitaler Signalverarbeitung auf Mikrorechnern. Selbst bei einer analogen Interpretation wird durch die Möglichkeit des direkten Vergleiches verschiedener Aufzeichnungen die Sicherheit, z. B. der Phaseninterpretation bedeutend erhöht.

Das DWSSN-Netzwerk (DWSSN – **D**igital **W**orldwide **S**tandardized **S**eismograph **N**etwork) wurde entwickelt für Erdbeben mit Magnituden von 5,5–7,5, regionale Netzwerke sind auf die Registrierungen von Ereignissen mit mittleren Amplituden ($3 < M < 6$) gerichtet. Lokale Netzwerke sind nur für die Untersuchung lokaler Erdbeben geeignet. Sicher registrieren diese auch große, teleseismische Ereignisse. Die dabei auftretende Übersteuerung des Dynamikbereiches führt zwar zu wesentlichen Informationsverlusten, eine Ortung auf Grund von P-Wellen-Laufzeiten und die Bestimmung von Herdflächenlösungen über die Polaritätsverteilungsind jedoch trotzdem möglich.

Das *globale digitale Seismographennetzwerk DWSSN* ist ein weltweit verteiltes System von digital registrierenden seismologischen Stationen. Es besteht aus verschiedenen Typen seismischer Observationen mit unterschiedlicher Instrumentation:

- den 12 seismischen Forschungsobservatorien (Seismic Research Observatories – SRO),
- den 5 modifizierten hochempfindlichen langperiodischen (ASRO) – Stationen,
- dem digitalen weltweiten standardisierten Seismographenwerk (vgl. Abb. 59).

Die grundsätzliche Aufgabe des DWSSN bestand in der Bereitstellung qualitativ hochwertigen, homogenen Datenmaterials sowohl für Probleme der Diskriminierung und Identifizierung seismischer Ereignisse als auch für bestimmte Grundlagenforschungsprobleme der Seismologie. Das SRO-System war beispielsweise speziell auf eine Senkung der Nachweisgrenze von langperiodischen Oberflächenwellen im Periodenband von 20–40 s durch Versenken der Seismographen in Bohrlöchern zur Dämpfung des seismischen Rauschens ausgerichtet. Generell werden dabei ein kurzperiodisches (nur Vertikalkomponente) und 3 langperiodische Signale ($T \approx 20-50$ s) sowohl analog als auch digital aufgezeichnet (vergl. Abb. 60). Die digitale Aufzeichnung (16 bit mit gainranging) liefert eine Dynamik von 126 dB.

Das digitale ASRO-System benutzt im wesentlichen konventionelle Seismometer und ist als sehr nützliche Ergänzung zum SRO-System zu verstehen. Peterson (1981) bezeichnet das ASRO-System als codifizierte Version des hochempfindlichen, langperiodischen HGLP (**H**igh-**G**ain-**L**ong-**P**eriod-) Systems. (Abb. 61).

Besonders zur Untersuchung langperiodischer Phänomene dient das IDA-Projekt (International Deployment of Accelerometer), wobei bevorzugt die durch Erdbeben angeregten Eigenschwingungen der Erde von Interesse sind. (z. B. Agnew u. a. 1976).

Lokale Stationsnetze sind in verschiedensten Teilen der Erde mit den unterschiedlichsten Aufgabenstellungen installiert worden. Grundsätzlich lassen sich dabei zwei Richtungen erkennen:

- *Lokale seismische Überwachungen* konkreter Standorte für Bauwerke mit hohem seismischen Gefährdungspotential wie Staudämme, Kernkraftwerke u. a..
- *Detaillierte Untersuchung* der lokalen seismischen Aktivität und der seismischen Herdprozesse u. a. zur Identifizierung aktiver Störungszonen, zur quantitativen Bewertung des Erdbebenrisikos in Verbindung mit konkreten Untersuchungen

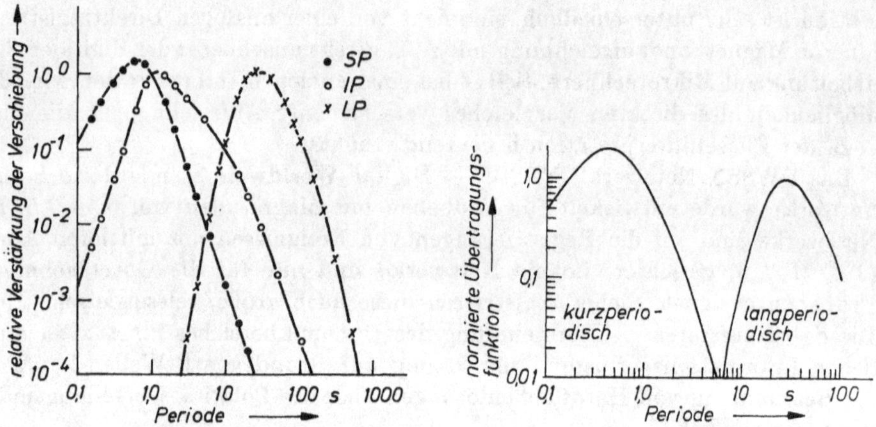

a) b)

Abb. 60. a) Übertragungsfunktionen des DWSSN-Netzes:
SP – kurzperiodisch,
SP – mittelperiodisch,
LP – langperiodisch (nach PETERSON 1981)

Abb. 60. b) Übertragungsfunktionen des SRO-Systems (nach PETERSON 1981)

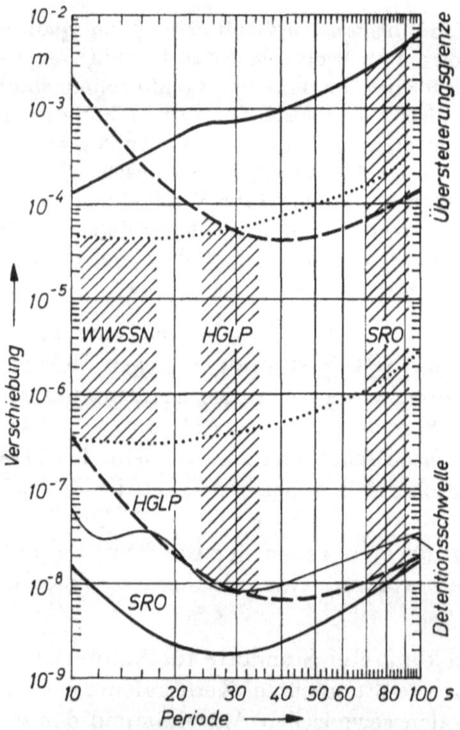

Abb. 61 Dynamikbereiche der verschiedenen globalen Stationsnetze (nach PETERSON und ORSINI, 1976)

zur Erdbebenvorhersage. Eine besondere Rolle spielen dabei Untersuchungen zur *gebirgsmechanischen Überwachung* des Abbauprozesses in Bergbaugebieten.

Gegenwärtig sind etwa 100 permanente, sowie viele zeitweilige, mobile, *seismische Arrays* auf der gesamten Erde installiert. Die Anzahl der dabei zusammengeschlossenen Stationen ist sehr unterschiedlich, sie reicht von minimal 3 Stationen bis zu maximal 250 Stationen beim USGS-Netzwerk in Zentralkalifornien.

Grundsätzlich sind *Seismographennetzwerke* so ausgelegt, daß mit ihnen so viel Erdbeben als möglich aufgezeichnet werden. Für kleinere Netze in Gebieten mit geringer Seismizität stellt dabei die Datenverarbeitung kein grundsätzliches Problem dar. Das USGS-Stationsnetz erzeugt jedoch schon beispielsweise eine *Informationsmenge von* 10^{13} *Beobachtungsdaten pro Jahr*, was der Informationsmenge einer großen Bibliothek entspricht (LEE, STEWART, 1979). Im Vergleich mit einer seismologischen Standardstation werden mit Stationsnetzen um mehrere Größenordnungen höhere Datenmengen erzeugt, so daß das Problem der Datenorganisation und Datenverwaltung immer stärker in den Vordergrund tritt.

Entsprechend dem Charakter der Information werden in der Seismologie heute verschiedene Datenniveaus unterschieden, die sich in dem notwendigen Datenumfang unterscheiden:

Niveau 0 Geographische Positionen der Geräte, Gerätecharakteristiken, Arbeitsregime.
1 Unbearbeitete Primäraufzeichnungen der Geräte (Ereignisse, Rauschen u. a. m).
2 Seismogramme von Erdbeben.
3 Detailangaben über bestimmte seismische Phasen (Einsatzzeiten von P- und S-Wellen u. a.).
4 Ereignislisten (Ortungsergebnisse, Herdzeiten, Magnituden u. a. m.).
5 Wissenschaftliche Berichte (einschließlich Herdmechanismusuntersuchungen u. a.).

Vor allem bei modernen Netzwerken wird eine ereignisgetriggerte, z. T. digitale Registrierung eingesetzt. Die digitale Registrierung erleichtert einmal eine einfachere automatisierte Datenbearbeitung, und zum anderen läßt sich der verfügbare Dynamikbereich wesentlich erweitern. Da die Kosten für eine stationäre lokale Überwachungsanlage beträchtlich sein können, hat sich für viele Problemstellungen ein zeitweiliges, mobiles Stationsnetz mit drahtloser Telemetrie bewährt.

Zwei grundsätzliche Instrumentierungstypen sind für die Untersuchung von *Erdbeben in ozeanischen Bereichen* bekannt: Hydrophon-Bojen, bei denen der seismische Empfänger im Wasser frei schwimmt, und Seebodenseismometer, die im Prinzip an den Ozeanboden angekoppelt, gewöhnliche Standardseismometer darstellen. Grundsätzliches Problem bei allen Ozeanuntersuchungen ist neben der genauen Fixierung der Positionen der einzelne Empfänger (wichtig für die exakte Ortung) vor allem die Übertragung der Information mit akustischen und elektronischen Hilfsmitteln.

Generell sind bei der Analyse der Daten von seismologischen Netzen automatische Verarbeitungsmethoden sehr attraktiv, da sie den Interpretator von Routinearbeit befreien. Die komplexe Vielfalt der zu verarbeitenden Signaltypen sowie die Schwierigkeit, dieses breite Erscheinungsbild durch ein einziges komplexes Rechenprogramm zu erfassen, führen zu einer ernsthaften Begrenzung des Einsatzes automatischer Verarbeitungssysteme. LEE und STEWART (1979) verglichen beispielsweise die Ergebnisse eines Real-time-Verarbeitungssystems mit denen, die bei einer Standard-Routine-Bearbeitung gewonnen wurden. 86% der erkannten Erdbeben wurden auch von dem automatischen System erkannt, mehr als 50% der berechneten Hypozenterkoordinaten waren in guter Übereinstimmung. Damit deutet sich an, daß die Hauptaufgabe des seismologischen Interpretators vor allem in der Auswertung von sehr unscharfen, unklaren Einsätzen und in der Qualitätsbewertung der einzelnen Aufzeichnungen liegen wird. Das wichtigste Problem, das bei der automatischen Verarbeitung der in der Interpretationszentrale eines seismischen Netzes einlaufenden Daten auftritt, ist die Ereigniserkennung. Bis zur breiten Einführung der Digitaltechnik in die Seismologie basierten die Ereignisdetektoren weitgehend auf einer Analogtechnologie, die auf Grund ihrer geringen Flexibilität letztlich sehr unbefriedigend war.

Nur ein auf einem Mikroprozessor programmierter Erkennungsalgorithmus kann unter Beachtung des oben diskutierten, außerordentlich breiten Signalangebots die notwendige Erkennungssicherheit gewährleisten. Wenn an die Ereigniserkennung die Forderung einer On-line-Bearbeitung gestellt wird, dann muß zur Gewährleistung einer entsprechend hohen Arbeitsgeschwindigkeit der Erkennungsalgorithmus auf hinreichend einfachen Kriterien basieren. In vielen Verfahren hat sich ein einfaches Schwellwertkriterium auf der Grundlage der kontinuierlichen Berechnung von Kurz- und Langzeitmittelwerten der seismischen Signale bewährt. Die Aufzeichnung eines Ereignisses muß wieder möglichst durch ein automatisches, datenadaptives variables Kriterium gestoppt werden, um die vorhandenen Registrier- und Speichermöglichkeiten in optimaler Weise zu nutzen. Mit der fortschreitenden Entwicklung der Mikroprozessorentechnik läßt sich der Prozeß der Ereigniserkennung von der anschließenden seismologischen Bearbeitungsphase, der Ereignisinterpretation, nicht mehr deutlich trennen.

10.5. Seismologische Meß- und Interpretationsmethoden

Die zunehmende Installierung regionaler und lokaler nationaler seismischer Überwachungsnetze ermöglichte nicht nur eine immer *genauere Bestimmung der Epizentralkoordinaten* der weltweit registrierten Erdbeben, sondern führte auch zu detaillierteren Kenntnissen über die Raum-Zeit-Verteilung schwacher seismischer Ereignisse und damit zu klareren Vorstellungen über die Gesetzmäßigkeit der Zusammenhänge zwischen dem *tektonischen Bau der Lithosphäre* und der entsprechenden *seismischen Aktivität.* Das globale Verteilungsmuster der Erdbebenverteilung, nach dem sich die seismische Aktivität in relativ schmalen Zonen konzentriert, während *weite Teile der Kontinente und Ozeane keine oder eine nur sehr geringe Seismizität* zeigen, war eine Grundlage für die Aufstellung des Modells der Plattentektonik, das die seismische und tektonische Aktivität im Bereich der Erdkruste und des Erdmantels durch die Wechselwirkung von wenigen mehr oder weniger starren Lithosphärenplatten erklärt.

Es gibt jedoch eine Anzahl von *Erdbeben*, die *nicht in direkter Weise an die Grenzen der Lithosphärenplatten gebunden* sind und die vor allem innere Spannungen im Bereich der Lithosphäre widerspiegeln. Erdbeben dieses Typs werden in allen Kontinenten gefunden. Besonders häufig treten sie in China und Tibet auf, wo sie auf die Kollision von Indien und Asien (ohne Subduktion) im Bereich des Himalaja-Gebirges zurückgeführt werden. Auch in alten Kraton- und Plattformgebieten sowie im Innern ozeanischer Platten existiert eine z. T. nicht unerhebliche Seismizität, die besonders mit den empfindlichen modernen Stationsnetzen eingehend untersucht wird. Für die Deutung der Intraplattenseismizität besteht zunächst die Frage, ob sie auf eine Fernwirkung von Bewegungsvorgängen an den Plattengrenzen oder auf selbständige Prozesse innerhalb der Platten (Reaktivierung alter Störungssysteme, thermische Expansions- und Kontraktionsprozesse, isostatische Ausgleichsbewegungen u. a.) zurückzuführen sind.

Generell muß jedoch festgestellt werden, daß der Zusammenhang zwischen Inter- und Intraplattentektonik noch weitgehend unklar ist und daß die Klärung der eigentlichen Antriebskräfte intrakontinentaler seismischer Ereignisse noch intensiver detaillierter Forschungsarbeiten bedarf.

Die Untersuchung der mit den globaltektonischen Vorgängen gekoppelten Tiefenprozesse (Konvektionsströme im Erdmantel u. a.) ist in enger Weise verknüpft mit dem Stand unserer Kenntnisse über die Art und Weise der Verteilung der strukturell-stofflichen Inhomogenitäten im Erdinnern. In zunehmendem Maße werden sowohl Meß- als auch entsprechende Interpretationsmethoden entwickelt, die auf den speziellen Nachweis der lateral und vertikal inhomogenen Struktur des Erdinnern ausgerichtet sind. Im folgenden wird auf zwei wesentliche methodische Richtungen kurz eingegangen:

- drei-dimensionale Inversion von zweidimensional verteilten seismischen Laufzeiten,
- hochauflösende reflexionsseismische Untersuchungen mit großen Eindringtiefen (30–40 km).

Bei der Auswertung geophysikalischer Daten besteht ein generelles Wechselverhältnis zwischen der Detailliertheit der aufzulösenden Strukturfeinheiten und der Qualität der verwendeten experimentellen Daten. Laufzeiten seismischer Wellen stellen grundsätzlich einen Integraleffekt über die Geschwindigkeitsstruktur entlang des gesamten Wellenweges dar. Für den Nachweis kleinräumiger Geschwindigkeitsinhomogenitäten sind also bezüglich der Gesamtlaufzeit eines seismischen Strahls kleinste Zeitabweichungen nachzuweisen. Besonders geeignet für derartige Untersuchungen sind deshalb *Laufzeitanomalien*, die im Bereich der großen seismischen Arrays (Norsar, Lasa u. a.) auf Grund der lokalen inhomogenen Kruste-Mantel-Struktur unter dem Array festgestellt wurden. Auf der Grundlage eines Standard-Erdmodells (meist Jeffreys-Bullen-Modell) werden theoretische Laufzeiten für bestimmte Wellenphasen berechnet. Die Differenzen zwischen gemessenen und berechneten Zeiten, die sog. *Laufzeitresiduen*, bilden die Grundlage für eine Inversion der Laufzeitdatenmatrix bei Verwendung eines aus einzelnen Teilblöcken bestehenden Untergrundes unter dem Array (*dreidimensionale Modellierung*).

Regionale Verteilungen von Laufzeitresiduen seismischer Stationen sind in verschiedenen Gebieten der Erde häufig bestimmt und bisher weitgehend qualitativ geologisch-tektonisch interpretiert worden. Grundsätzlich enthalten Laufzeitresiduen wellentypische Informationen über die Erdstruktur im Herdgebiet, im Bereich des oberen Erdmantels entlang des Laufweges sowie im Bereich der Empfangsstation. Eine den bisherigen Untersuchungen anhaftende generelle Unsicherheit war die Frage, inwieweit durch ausgewählte Bearbeitungen der Primärlaufzeitdaten die unerwünschten Einflußfaktoren aus den zur Inversion benutzten Residuen eliminiert werden können.

Der *Tiefenbau der Lithosphäre* im kontinentalen Bereich gehört zu den gegenwärtig wichtigsten Problemen in der modernen Geowissenschaft, da neben den bedeutsamen Prozessen bei der Erdbebenentstehung auch die Lagerstättenbildung weitgehend an den Bereich der Erdkruste und des obersten Erdmantels gebunden ist. Dabei erscheint es durchaus plausibel, Struktur und Zusammensetzung des tiefen *kristallinen*

Fundaments in kontinentalen Gebieten mit den an der Erdoberfläche sichtbaren tiefen Anschnitten der Kruste im Bereich alter Schilde zu vergleichen.

Geologische Oberflächenbeobachtungen zeigen gerade für diese Gebiete eine außerordentliche große Komplexität im Strukturbau und in der stofflichen Zusammensetzung: Die meisten kristallinen Gesteine sind hochmetamorphisiert und in verschiedensten Größenordnungen geschichtet. Granitische bis gabbroide Intrusionen von unterschiedlichen Dimensionen (bis in den km-Bereich) bilden relativ homogene Zonen in unterschiedlichen Tiefenniveaus, wobei die Kontaktzonen mit den umgebenden metamorphen Gesteinen scharf oder in Form mehrerer km dicker Übergangszonen ausgeprägt sein können. Da geologische Bohrungen in das kristalline Fundament hinein außerordentlich aufwendig und somit selten sind, muß die Information über die Krustenbereiche, die unterhalb der erbohrbaren Tiefen liegen, zu einem wesentlichen Teil aus geophysikalischen, speziell seismologischen, Untersuchungen abgeleitet werden. Generell ist jedoch das vertikale und horizontale Auflösungsvermögen der meisten geophysikalischen Untersuchungsmethoden offensichtlich so gering, daß bei der Untersuchung der kontinentalen Kruste nahezu unrealistisch vereinfachte Modelle akzeptiert werden mußten. Die stark vereinfachten Schichtmodelle sind sogar so unrealistisch, daß sie teilweise direkt zu irreführenden Schlußfolgerungen geführt haben. Der offensichtliche Widerspruch zwischen den notwendigerweise vereinfachten geophysikalischen Modellen und der hochgradig komplexen geologischen Information aus oberflächengeologischen Kartierungen ist sicher ein Hindernis für ein tieferes Verständnis tektonischer Prozesse und der damit verbundenen Bewegungsvorgänge im Bereich der Lithosphäre.

Die für die planmäßige Erforschung der *Lithosphärenstruktur* bisher eingesetzten Methoden der Tiefenseismik aus speziell ausgewählten Profilen mit Hilfe künstlicher Anregungsquellen (Refraktionsuntersuchungen, tiefenseismische Weitwinkelmessungen) erlauben im wesentlichen nur mittlere Aussagen über Größenordnungen von Strukturen, deren Dimensionen etwa denen der benutzten Aufstellungsentfernungen der Seismographen äquivalent sind. Ein Ausweg aus dieser widersprüchlichen Situation wurde durch die Anwendung horizontal und vertikal hochauflösender reflexionsseismischer Messungen sowohl für die Erkundung des tiefen kristallinen Fundaments (bis einschließlich des Feinbaus der unteren Kruste) als auch des Internbaues oberflächlich entstehender Kristallinkomplexe geliefert. Trotz noch vorhandener, z. T. prinzipieller Vorbehalte und Unklarheiten bezüglich der Benutzung einer speziell für die *Erkundung horizontal geschichteter Medien* geeigneten Meßmethode lieferten bereits die ersten reflexionsseismischen Ergebnisse mit langen Registrierzeiten grundsätzlich neue Erkenntnisse: Das seismische Wellenbild ist bis zu vertikalen Wellenlaufzeiten von ca. 10 s generell durch eine Vielzahl, in horizontaler Richtung nur sehr kurz aushaltender Phasenachsen gekennzeichnet, die sicher nur zu einem Teil regulären Reflexionen entsprechen. Streu- und Diffraktionswellen sowie Seitenwellen weisen auf die außerordentlich komplexe inhomogene Lamellarstruktur der Erdkruste bis weit in den oberen Mantel hin. Unterschiedliche Dichten des Auftretens derartiger Reflexions- bzw. Streuwellenphasen sprechen für das Vorhandensein *verschiedenartigster Homogenisierungszonen* (z. B. Plutone oder lokale Aufschmelzungsbereiche) bis weit in die *Unterkruste* hinein. Störungszonen unterschiedlichster Neigung durchsetzen in vielen Fällen nahezu die gesamte Kruste.

Am bekanntesten unter den in verschiedenen Staaten der Erde durchgeführten reflexionsseismischen Tiefenuntersuchungen (UdSSR, Kanada, BRD, DDR) sind die in den USA nach einem langfristig abgestimmten Konzept von verschiedenen Institutionen betriebenen Messungen im Rahmen des sog. COCORP Projektes be- (Consortium for Continental Reflection Profiling). Das allgemeine, auf der Grundlage dieser Messungen entworfene Strukturbild einer dreidimensional außerordentlich heterogenen Lithosphäre ist auch seismologisch in doppelter Hinsicht bedeutungsvoll:

– *Hochauflösende Reflexions-Untersuchungen der Lithosphärenstruktur* im Bereich seismischer aktiver Herdzonen (z. B. von tiefreichenden Störungszonen) können außerordentlich wichtige Informationen über Herdprozesse bei Erdbeben und somit einen bedeutungsvollen Beitrag für Probleme der Erdbebenprognose liefern. Erste Untersuchungen des COCORP im Bereich des Rio-Grande Rifts in den USA gehen eindeutig in diese Richtung.
– Bei der *Interpretation seismologischer Aufzeichnungen* ist der Einfluß dieses strukturell und stofflich sehr heterogenen Laufwegbereiches auf die Form der registrierten Seismogramme zu berücksichtigen. Dies trifft sowohl auf teleseismische Aufzeichnungen und im besonderen auch auf die Seismogramme von lokalen Erdbeben zu, bei denen ein großer Teil des Wellenweges im Bereich der Erdkruste verläuft. Aki (1981) untersuchte beispielsweise *Amplituden- und Phasenschwankungen teleseismischer P-Wellen* zwischen den verschiedenen Stationen eines seismischen Arrays sowie die Dämpfung (Absorption und Streuung) seismischer Wellen im Bereich der Lithosphäre durch Auswertung der *Coda-Wellen von lokalen Erdbeben.* Er konnte nachweisen, daß die Coda-Wellen lokaler Erdbeben im wesentlichen durch die Rückstreuung von Raumwellen (vornehmlich S-Wellen) an den Inhomogenitäten der Lithosphäre bestimmt werden. Die Analyse von Coda-Wellen lieferte eine mittlere Aussage über den Grad der Zerblockung (stofflich und strukturell) der kontinentalen Lithosphäre unter verschiedenen tektonischen Bedingungen.

10.6. Seismische Gefährdung und Makroseismik

Unter dem Begriff der seismischen Gefährdung versteht man generell die Wahrscheinlichkeit des *Auftretens potentiell zerstörender seismischer Bodenbewegungen* an einem bestimmten *Ort* in einem festgelegten *Zeitintervall.* Im Gegensatz zur seismischen Gefährdung muß das *seismische Risiko,* die Wahrscheinlichkeit für das Auftreten von Schäden in bestimmten Fällen, grundsätzlich anders bewertet werden, wenn die seismischen Ereignisse in unbesiedelten oder unbebauten Gebieten stattfinden. Generell läßt sich feststellen, daß das *Erdbebenrisiko* seit einer Reihe von Jahren systematisch *ansteigt,* wobei die Ursache dafür sicher nicht unbedingt in einer echten Zunahme der Anzahl und der Stärke von Erdbeben, sondern vielmehr in dem erreichten *hohen Entwicklungsgrad der menschlichen Gesellschaft* zu suchen ist (Zunahme der Besiedelungsdichte und Bildung von großen Ballungszentren, Errichtung hochempfindlicher Industrieanlagen mit hohem Gefährdungsrisiko, wie Staudämme und Kernkraftwerke, Errichtung von Bauwerken (Hochhäuser) mit höherer Verletzbarkeit). Diese Tatsachen führten in den letzten Jahren zu einer grundlegend neuen Bewertung der seismologischen Probleme auch in Teilen der Erde mit einer geringen seismischen Aktivität, in denen zerstörende Erdbeben selten sind und spezielle Sicherheitsmaßnahmen bisher keine oder kaum Beachtung fanden.

Mit der zunehmenden volkswirtschaftlichen Bedeutung und Bestimmung der Erdbebengefährdung erfuhren makroseismische Untersuchungen im letzten Jahrzent eine deutliche Aufwertung. Dies ist auf folgenden Umstand zurückzuführen:

Untersuchungen zur Erdbebengefährdung basieren auf Wahrscheinlichkeitsaussagen, die umso zuverlässiger sind, je längere Beobachtungszeiten über Erdbeben in die Berechnungen einbezogen werden können. Da instrumentelle Registrierungen erst in begrenztem Umfang im wesentlichen aus unserem Jahrhundert vorliegen, können alle unbedingt zu berücksichtigenden Informationen aus der „vorinstrumentellen" Zeit nur makroseismische Angaben sein, die in möglichst objektiver Form quantifiziert werden müssen. Unter diesem Aspekt sind die auch in den letzten Jahren immer wieder vorgenommenen Modifizierungen und Spezifizierungen der makroseismischen Intensitätsskalen zu verstehen. Für die Mehrzahl der europäischen Staaten gilt die von Medvedev, Sponheuer und Karnik vorgeschlagene MSK-64-Skala, die in Form der MSK-76 und MSK-78-Skalen von Medvedev weiterentwickelt wurden. Diese Modifizierungen betreffen vor allem den Wortlaut der Beschreibung der einzelnen Stärkegrade, der den modernen Technologien im Bauwesen angepaßt werden muß. Es ist zu erwarten, daß an einer Aktualisierung dieser Skalen ständig weiter gearbeitet wird, da beispielsweise in den gegenwärtigen Skalen die seismischen Wirkungen auf Hochhäuser noch keine Berücksichtigung gefunden haben.

Da die quantitative Intensitätsangabe voraussetzt, daß das untersuchte Erdbeben in einem bewohnten Gebiet stattgefunden hat, die Magnitude als Energiemaß eines Erdbebens auch aus teleseismischen Registrierungen bestimmt werden kann, wird in vielen Regionen der Erde daran gearbeitet, z. T. regional gültige Magnituden-Intensitäts-Beziehungen aufzustellen.

In enger Kopplung mit der erwähnten stark gewachsenen Bedeutung seismologischer Forschung für gesamtgesellschaftliche Fragen spielen Untersuchungen zu kartenmäßigen Darstellungen der seismischen Gefährdung eines bestimmten Territoriums (sog. *seismische Zonierung*) eine immer stärkere Rolle. Ingenieurseismologie und Erdbebeningenieurwesen haben dabei eine bedeutende Aufwertung erfahren. Detaillierte Untersuchungen der Verteilung von *seismischen Schadenswirkungen* zeigten, daß diese z. T. auf relativ kleine Flächen lokalisiert sind und daß der Zerstörungsgrad sehr schnell über außerordentlich kurze Entfernungen wechseln kann. Dieses Phänomen initiierte vielfach Untersuchungen über die Korrelation des seismischen Risikos mit den lokalen geologischen Bedingungen. Derartige Untersuchungen nehmen unter der allgemeinen Bezeichnung „*seismische Mikrozonierung*" heute einen breiten Raum im Rahmen der Untersuchungen zur seismischen Gefährdung ein.

Durch die ständig zunehmende Installation von sog. *Akzelerographen* (Strong-motion-Seismographen) in verschiedenen aktiven Erdbebenregionen der Erde sind die Kenntnisse über die für eine *erdbebensichere Bauweise* notwendigen seismologischen Ausgangsparameter (maximale Beschleunigungswerte, Schwinggeschwindigkeiten und Verschiebungen) in den letzten Jahren bedeutend erweitert worden. Die heute vorliegenden Strong-motion-Aufzeichnungen im Nahfeld von Erdbeben erlauben es dem Ingenieur, das dynamische Verhalten von verschiedensten Bauwerken und mechanischen Konstruktionen unter realen Bedingungen numerisch zu simulieren.

10.7. Unterscheidung von Erdbeben und Explosionen

Nach dem ersten internationalen Abkommen über ein teilweises Verbot von Kernexplosionen im Jahre 1963 wurde in vielen Ländern die seismologische Forschung intensiviert, um die eindeutige Erkennung und Identifizierung von unterirdischen Kernexplosionen mit seismologischen Mitteln zu ermöglichen. Es existiert heute eine Vielzahl unterschiedlich wirksamer Diskriminanten, die jedoch weniger auf einem tieferen physikalischen Verständnis der unterschiedlichen signalerzeugenden Prozesse basieren, sondern in stärkerem Maße mehr die Interpretationserfahrungen des auswertenden Seismologen widerspiegeln. Es wurde zunehmend deutlich, daß ein positives Entscheidungskriterium nur auf einem wesentlich tieferen Verständnis der physikalischen Prozesse in der Herdregion basieren kann. Da gleichzeitig die gesuchten, z. T. sehr kleinen physikalischen Quelleneffekte durch Wellenausbreitungsprozesse in einer lateral inhomogenen Erde nahezu vollständig verdeckt werden können, ist es verständlich, daß gerade die theoretischen Modellierungsmethoden durch die Diskriminierungsaufgabe eine entscheidende Motivierung erfahren haben. Der Vergleich theoretischer Seismogramme mit experimentellen Aufzeichnungen tritt dabei zunehmend in den Vordergrund.

Die ersten Untersuchungen zur *Diskriminierung von Kernexplosionen und natürlichen Erdbeben* basierten auf der Analyse von kurzperiodischen P-Wellensignalen in regionalen und teleseismischen Entfernungen. Dort wurden zunächst einfachere P-Wellensignale von Explosionen gegenüber entsprechenden Seismogrammen von Erdbeben festgestellt (geringer Einfluß der sehr inhomogenen Lithosphäre). Die Untersuchungen zu Entscheidungskriterien im kurzperiodischen Wellenbereich führten somit zunächst auf die Aufgabe, die zu untersuchenden Ereignisse vor allem in teleseismischen Entfernungen erst einmal sicher zu erfassen. Im Rahmen dieser Entwicklung erfolgte die Installation der bekannten *seismischen Arrays,* die mit erheblichem technischen und finanziellen Aufwand zunächst die Detektionsschwelle für globale seismische Ereignisse bedeutend herabsetzen konnten. Die von diesen Arrays bereitgestellten qualitativ hochwertigen Daten waren von großer Bedeutung sowohl für die *scismologische Grundlagenforschung* als auch für die eigentlich angestrebte Überwachung unterirdischer Kernexplosionen. Es stellte sich jedoch sehr bald heraus, daß das wichtigste Diskriminierungskriterium auf einem Vergleich der Intensität der von Erdbeben und künstlichen Explosionen abgestrahlten Raum- und Oberflächenwellen basieren (m_b-M_s-Kriterium). Obwohl Oberflächenwellen i. allg. infolge der geringeren Divergenzverluste gegenüber Raumwellen weitaus schwächer gedämpft sind, werden aber auf Grund des *andersgearteten Herdmechanismus bei Explosionen* Oberflächenwellen abgestrahlt, deren Amplitude um nahezu 1 Größenordnung geringer als die der Raumwellen ist. Die Anwendung des $m_b : M_s$-Kriteriums (Abb. 62) erfordert demzufolge die sichere Erfassung des Oberflächenwellenpakets. Aus diesen Gründen sind gerade in den letzten Jahren Versuche zur Diskriminierung im regionalen Entfernungsbereich ($\Delta < 20°$) bedeutsam. Wichtige moderne Kriterien zur Identifizierung nutzen deshalb die Eigenschaften der kurzperiodischen Oberflächenwellen (Lg- bzw. Rg-Wellen), die i. allg. eine weitaus größere Amplitude als die dem regionalen Entfernungsbereich entsprechenden P-Wellen aufweisen.

Grundsätzlich kann heute eingeschätzt werden, daß eine Vielzahl verschiedener *Diskriminierungskriterien* existiert, sie erlauben jedoch *keine eindeutige Zuordnung* der zu untersuchenden Ereignisse. Wichtige Aussagen sind aus folgenden Untersuchungen abzuleiten:

- Ortung, insbesondere Tiefenlage der Quelle;
- Komplexität des seismischen Wellenbildes;
- Bestimmung der Abstrahlcharakteristik der seismischen Quelle aus Amplituden und Polaritäten von entsprechenden Wellenphasen;

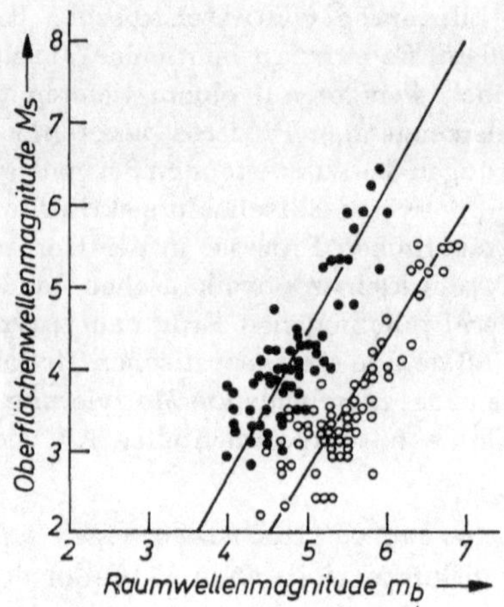

Abb. 62. $m_b : M_s$ – Diagramm für einen Datensatz aus 83 Explosionen und 72 Erdbeben (nach TJØSTHEIM, 1981)

– Bestimmung spektraler Seismogrammparameter als Indikatoren für den unterschiedlichen Herdprozeß;

– Untersuchung der relativen Abstrahlung von kurzperiodischen P-Wellen und langperiodischen RAYLEIGH-Wellen ($m_b : M_s$-Kriterium). Mathematisch ausgefeiltere, jedoch auf der gleichen physikalischen Basis beruhende Diskriminierungsverfahren nutzen eine sehr effektive Beschreibung von Seismogrammen mit Hilfe der Parameter von mehrdimensionalen statistischen Modellprozessen.

Obwohl die meisten Erdbeben mit Hilfe des Magnitudenkriteriums identifiziert werden, existieren auch natürliche Ereignisse, bei denen die Oberflächenwellen nahezu fehlen. Sie werden auch als sog. „*anomale*" *Ereignisse* bezeichnet. Als denkbare Ursachen für diese anomalen Erdbeben werden ungünstige Anregungsbedingungen für die Grundmode von RAYLEIGH-Wellen diskutiert. Ein mögliches Alternativkriterium bietet sich in der Einbeziehung höherer Oberflächenwellenmoden an, wobei für deren Identifizierung sehr saubere Aufzeichnungen notwendig sind.

Als ganz allgemeine Richtlinien kann auf Grund theoretischer Überlegungen angesetzt werden, daß für ein Netzwerk aus 50 Stationen mit qualitativ hochwertigen Seismographen im teleseismischen Bereich auf der nördlichen Halbkugel die Schwellmagnituden für Raumwellen $m_b = 4{,}4$ bzw. für Oberflächenwellen $M_s = 3{,}0$ betragen.

Generell läßt sich feststellen, daß gegenwärtig wenig Erfolgsaussichten für ein allgemeingültiges P-Wellen-Unterscheidungskriterium bestehen. Daraus folgt, daß eine *Diskriminierung mit* rein *teleseismischen Mitteln wenig Chancen auf Erfolg* hat. Neue Ansatzpunkte für wirkungsvolle Kriterien können mit Sicherheit aus den breitbandigen Digitalregistrierungen der weltweit verteilten Stationen erwartet werden. Grundsätzlich wird aber die Aussagesicherheit in jedem Fall von den im Detail noch zu erforschenden Unterschieden in den physikalischen Prozessen beider Herdvorgänge bestimmt. Erst wenn aus diesen Untersuchungen konkrete, physikalisch begründete Ansatzpunkte abgeleitet werden können, lassen sich zuverlässigere Kriterien formulieren.

10.8. Induzierte Seismizität

Durch die ständig anwachsende Nutzung der oberen Erdkruste als *Bau- und Speicherraum* wird das *natürliche Spannungsfeld der Kruste* signifikant verändert, so daß es zur Auslösung von Erdbeben und Umlagerungen von Spannungskonzentrationen kommen kann. Derartige seismische Phänomene bezeichnet man als *induzierte seismische Ereignisse.* Ihre Stärke reicht von sehr kleinen Mikroerdbeben bis zu Magnitudenwerten von $M \approx 6$. Auf Grund der bei diesen Ereignissen dominierenden geringen Herdtiefen sind die makroseismischen Wirkungen i. allg. recht bedeutsam und das seismische Risiko sehr hoch. *Änderungen der lokalen Seismizität* wurden vor allem in Verbindung mit folgenden Phänomenen beobachtet:

1. *Füllung von großen Staubecken* bzw. stärkere Änderung des Wasserbestandes in Staudämmen (z. B. Gupta, Rastogi, 1976).

2. Als Folge der weltweit kontinuierlich anwachsenden Bergbauaktivitäten unter ständig komplizierten Abbaubedingungen gewinnt die *bergbauinduzierte Seismizität* an Bedeutung. Dabei werden derartige Ereignisse meist nicht als einfache *Gebirgsschläge,* sondern vielmehr als Ergebnis des komplexen Zusammenwirkens eines vorgegebenen regionalen tektonischen Spannungsmusters mit dem lokalen, durch den Bergbau wesentlich beeinflußten Spannungsfeld interpretiert (z. B. Stiller, Hurtig, 1982).

Generell wird eingeschätzt, daß die Natur von bergbauinduzierten seismischen Ereignissen durch das Zusammenspiel von natürlichen tektonischen und induzierten Einflüssen außerordentlich komplex sein kann. Typische Bergbaugebiete, in denen intensive Erfahrungen zum Problem der induzierten Seismizität gewonnen wurden, liegen in der VR Polen, in Südafrika, sowie in Schweden (Grängesberg-Distrikt) und in der BRD (Ruhrgebiet). Detaillierte Untersuchungen zum Herdmechanismus dieser Ereignisse lieferten wichtige Anhaltspunkte für die geomechanische Deutung und tektonische Einordnung dieser Ereignisse.

3. Die weiteren Untersuchungen zur induzierten seismischen Aktivität in Verbindung mit *Flüssigkeitsinjektionen* in Bohrlöchern oder mit der *Flüssigkeitsextraktion* aus Erdöllagerstätten, die vor 15 Jahren einen gewissen Optimismus für die Möglichkeit einer kontrollierten Steuerung des seismischen Spannungsabbaus erweckt hatten, konnten diese Erwartungshaltung im wesentlichen nicht bestätigen.

10.9. Erdbebenvorhersage

Das Problem der Erdbebenvorhersage zählt gegenwärtig zu den wichtigen *Schwerpunkten internationaler seismologischer Forschungen,* da hiervon unmittelbar Fragen für die Lebensbedingungen der menschlichen Gesellschaft betroffen werden. Die Theorie der Erdbebenprozesse entwickelt sich zwar im Rahmen der generellen Theorie der Plattentektonik zur Erklärung der globalen Verteilung der Seismizität. Gegenwärtig ist diese Deutung jedoch bei weitem nicht ausreichend, um die Lage, Zeit und Magnitude von Erdbeben genau genug für eine präzise Kurzzeiterdbebenvorhersage festzulegen. Trotz vereinzelter spekulärer Erfolge bei der Vorhersage bestimmter Ereignisse ist es heute *nicht möglich, die Zuverlässigkeit* der Aussage verschiedener *Vorhersagekriterien für Erdbeben zu bewerten.* Diese Tatsache führte viele Seismologen zu einer grundsätzlich *pessimistischen Einschätzung* für die Lösbarkeit des Vorhersageproblems.

Aktuelle Forschungsarbeiten gehen vielfach davon aus, eine Vielzahl verschiedener physikalischer Parameter im Bereich eines möglichen Erdbebens zu messen und zu überwachen, die sich im Zusammenhang mit der Vorbereitung eines Erdbebens signifikant ändern können. Generell unterscheidet man dabei folgende als Vorläufer bezeichnete Phänomene (z. B. RIKITAKE 1981).

- Seismologische *Vorläufereffekte* umfassen vor allem zeitliche Änderungen der Seismizität (mikroseismische Aktivität, seismische Lücken) und des Herdmechanismus, Änderungen der Ausbreitungsgeschwindigkeiten V_p und V_s von P- und S-Wellen, Amplitudenänderungen seismischer Wellen durch Absorptionsanomalien u. a..

Wichtiger Parameter zur Beschreibung des zeitlichen Verhaltens der Seismizität sind der *b*-Wert (Steigerung der log. Magnituden-Häufigkeitskurve, sog. GUTENBERG-RICHTER-Relation), Amplituden bzw. Amplitudenverhältnisse seismischer Wellen, Herdtiefen u. a.. Das wesentliche Problem dabei besteht darin, zwischen der „*normalen*", *stets vorhandenen Seismizität* und der als Vorläufer eines größeren Erdbebens auftretenden *Vorschockaktivität* zu unterscheiden. Es existieren sehr viele Einzelbeispiele, in denen eine als Vorläufereffekt zu deutende Abnahme des *b*-Wertes vor größeren Ereignissen auftritt. Ein generelles Verhalten läßt sich jedoch aus den bisher vorliegenden Veröffentlichungen nicht ableiten. Bestimmte *Anomalien der seismischen Wellengeschwindigkeiten* sind auch auf Ursachen zurückzuführen, die nicht mit Spannungsänderungen im Herdgebiet eines Erdbebens zusammenhängen: Systematische zeitliche Geschwindigkeitsänderungen, die bei *Steinbruchsprengungen* festgestellt wurden, sind so verschiedentlich als Lokaleffekte z. B. in der Höhe des Grundwasserspiegels oder im Wassergehalt der Gesteine in der Herd- bzw. Empfangsregion interpretiert worden.

Räumliche Variationen infolge lateraler Inhomogenitäten können so stark sein, daß die eigentlichen Vorläufereffekte dadurch vollkommen verdeckt werden. Auch *fehlerhafte Phaseninterpretationen* bzw. Ungenauigkeiten in der exakten Festlegung von Einsatzzeiten (vor allem bei späteren Wellenphasen) sowie *anisotropes Gesteinsverhalten* können sich durch starke Streuungen der berechneten *v*-Werte dokumentieren:

- *Geodätische Vorläufereffekte* (rezente Krustenbewegung, Kriechvorgänge an aktiven tektonischen Störungen, Strain- und Neigungsänderungen von Erdkrustenblöcken).
- *Magnetische* und *elektrische Vorläufereffekte* basieren auf beobachteten Änderungen des elektrischen und des magnetischen Feldes.
- Zu den geochemischen, hydrologischen und geothermischen Vorläufereffekten gehören solche Phänomene wie *Änderung der Radon- und der Heliumkonzentration* und der chemischen Zusammensetzung des Grundwassers.
- Eine besondere Rolle spielen in verschiedenen Ländern *biologische Vorläuferphänomene.*

Die große Vielfalt und Verschiedenheit der aufgezählten Effekte weist eindeutig darauf hin, daß man *gegenwärtig noch nicht in der Lage ist, die Phänomene zu erfassen, die grundsätzlich vor jedem Erdbeben auftreten.* Die Ursache für diese Tatsache liegt sicher u. a. darin begründet, daß die realen physikalischen Prozesse im Erdbebenherdgebiet und beim *Bruchprozeß* selbst noch nicht genau genug bekannt sind, um ein verläßliches Modell der dynamischen Prozesse zu entwickeln, die vor und während eines Erdbebens ablaufen. International haben sich bisher zwei Vorstellungen als grobes Arbeitsmodell durchgesetzt (z. B. STILLER, HURTIG, 1982). an denen ständig weitergearbeitet wird:

– das in der UdSSR entwickelte Modell einer lawinenartigen instabilen Bruchbildung (LNT-Modell),
– das Dilatenz-Diffusionsmodell (DD-Modell).

Weitere theoretische und experimentelle Untersuchungen im Labor und vor allem in erdbebenaktiven Regionen sind noch nötig, um die generellen Chancen einer erfolgreichen Erdbebenvorhersage objektiv beurteilen zu können.

10.10. Literatur

AGNEW, D. C., BERGER, J., BULAND, R., FARELL, W., GILBERT, F.: International Deployment of Accelerometers: A Network for very Long Period Seismology. EOS Trans. AGU **57** (1976) 4, 180–188.

AKI, K.: Attenuation and Scattering of Short Period Seismic Waves in the Lithosphere. In HUSEBYE, E., MIKKELTVEIT, S. (ed.) Identificatòn of Seismic Sources-Earthquakes or Underground Explosion. S. 515–542, Dordrecht.

AKI, K., RICHARDS, P.: Quantitative Seismologie – Theory and Methods. San Francisco 1980.

BALAKINA, L. K., SHIROKOVA, N. I., VVEDENSKAJA, H. V.: Study of stresses and ruptures in earthquake foci with the help of dislocation theory, Symp. on Earthquake Mechanics Ottawa, Publ. Dom. Obs. Ottawa **24** (1960) 10, 321–324.

BÖLSCHE, J., KRESSER, K.-D.: Erste Ergebnisse reflexionsseismischer Tiefenerkundung auf einem Profil von 30 km Länge im Süden der DDR. Z. geol. Wiss. Berlin, **8** (1980) 4, 467–474.

CARA, M.: Surface Wave Propagation across Different Tectonic Regions. In: HUSEBYE, E., MIKKELTVEIT, S. (ed.) Identification of Seismic-Sources-Earthquakes or Underground Explosion S. 401–420, Dordrecht 1981.

GUPTA, H. K., RASTOGI, B. K.: Dams and Earthquakes, Devel. in Techn. Engineering, **11** (1976).

HURTIG, E., STILLER, H. (ed.): Erdbeben und Erdbebengefährdung. Akademie-Verlag; Berlin 1984.

JANOVSKAJA, T. B.: The surface wave group velocity pattern in the Northern Atlantik. Fizika Zemli (1982) 2, 3–11.

KEILIS-BOROK, V. I., JANOVSKAJA, T. B.: Inverse Problems of Seismology (structural review). Geophys. I. **13** (1967), 497–519.

KEILIS-BOROK, V. I., KRONROD, T. L., MOLČAN, G. M.: Sejsmičeskij risk dljy krupnejšich goroda mira. Matematičeskie modeli stroenija zemli i prognosa zemljetrjasenija, Vyp. 14, Moskau, S. 15–19, 1982.

KOSTROV, B. V.: Mechanika očaga tektoničeskogo zemljetrjasenija. Moskau, 1975.

LEE, W. H. K., STEWART, S. W.: Principles and Applications of Microearthquake Networks. Advances of Geohphysics, 1979.

MADARIAGA,.R.: Dynamics of Seismic Sources. In: HUSEBYE, E. S. MIKKELTVEIT, S. (ed.): Identification of Seismic-Sources-Earthquakes or Underground Explosion. Dordrecht, 1981, S. 71–96.

PETERSON, J.: The Global Digital Seismograph Network: A Status Report. In: HUSEBYE, E. S., MIKKELTVEIT, S. (ed.) Identifikation of Seismic Sources – Earthquakes or Underground Explosion. Dordrecht 1981, S. 747–761.

PETERSON, J., ORSINI, N. A.: Seismic Research Observatory: Upgrading the Worldwide Seismic Data Network. EOS Transact. AGU **57** (1976), 548–576.

RIKITAKE, T. (ed.): Current Research in Earthquake Prediction I. Developments in Earth and Planetary Sciences 02. Center Acad. Publ. Japan, Tokyo, 1981.

SADOVSKIJ, M. A.: Fizika očaga zemljetrjasenija. Moskau 1975.

SOLLOGUB, V. B., ČEKUNOV, A. V.: Proekti i pervie resul'taty meždunarodnych geofizičeskych issledovanij glubinnogo stroenija vdol' geotraversov v jugovostočnej Evrope. Geofiz. Žurnal, Kiev, **2** (1980) 5, 3–13.

STILLER, H., HURTIG, E.: Erdbebengefährdung und Erdbebenvorhersage. Wissenschaft und Fortschritt **32** (1982) 10, 366–371.

TJØSTHEIM, D.: Multidimensional Discrimination Techniques – Theory and Applications In: HUSEBYE, E. S., MIKKELTVEIT, S.: Identification of Seismic Sources-Earthquake or Unterground Explosion. Dordrecht 1981.

WILLMORE, P. L.: Manual of Seismological Observatory Practice. WDCA Report SE-20, Boulder, 1979.

11. Physikalische Vulkanologie[1])

11.1. Gegenstand der physikalischen Vulkanologie

In dem von BARTELS herausgegebenen Band Geophysik II (1957) des Handbuches der Physik haben SAKUMA und NAGATA ein grundlegendes Kapitel über ***physikalische Vulkanologie*** geschrieben. Sie behandeln darin folgende Erscheinungen und Probleme:

- *Bewegung* des ausgeworfenen Lava-Materiales,
- *Thermodynamik* der Rauch- und Gasexhalationen,
- Bewegung und *Viskosität* der flüssigen Lava,
- *Temperatur* der Lava,
- *Deformation* der Erdkruste durch vulkanische Prozesse.
- *seismische Aktivität* von Vulkanen,
- *geomagnetische Untersuchungen* von Vulkanen,
- *gravimetrische Untersuchungen* von Vulkanen,
- *seismische Prospektion* der vulkanischen Untergrundstruktur,
- *elektrische Phänomene* und geoelektrische Untersuchungen,
- *Energieinhalt* von Vulkanen,
- Vulkanismus und die *Entwicklung* der *Magmen.*

Dieses breite fachliche Spektrum ist auch heute noch im wesentlichen Gegenstand bei der geophysikalischen Untersuchung vulkanischer Phänomene. Allerdings sind inzwischen noch eine Reihe weiterer Aufgaben der Forschung hinzugekommen, wie z. B.:

- *geothermische* im Verein mit *radioaktiven Untersuchungen,*
- *isotopenphysikalische Analysen* vulkanischen Materiales,
- *geodynamische Bedeutung* der vulkanischen Aktivität,
- Vulkanismus und *Plattentektonik,*
- Neo- und *Paläovulkanismus* im Vergleich,
- *Vulkanismus* auf den *Nachbarplaneten* und dem *Mond,*
- *Überwachung* und *Vorhersage vulkanischer Ereignisse,*
- Ausbau der *vulkanologischen Observatorien* und Satellitenverfahren.

Dazu kommen ferner:

- *Chemische Untersuchung* und *Überwachung* von Vulkanen,
- vulkanologische *Kartierung,*
- vulkanische *Aktivität am Meeresboden.*

In diesem Kapitel kann nur auf einige Fragen eingegangen werden, die besonders in Bewegung geraten sind. Hinsichtlich aller anderen Probleme sei auf die Literatur verwiesen. Hier folgen einige zusammenfassende Bemerkungen zum Thema

---

[1]) Von R. LAUTERBACH.

— Wärmeproduktion, *Wärmefluß und Vulkanismus*, ferner zu
— der Frage *Tektonophysik und Vulkanismus*, dann zur
— Überwachung der Vulkane und der *Aktivitätsvorhersage*.

11.2. Wärmeproduktion, Wärmefluß und Vulkanismus

Der *Wärmefluß aus dem Erdinneren* beträgt an der Erdoberfläche etwa $8,5 \cdot 10^{20}$ Joule. Das bedeutet pro m^2 etwa $6,3 \cdot 10^{-2}$ W, wenn man über die Erdoberfläche hin mitteln würde, wobei der Wärmefluß für Kontinente und Ozeane etwa gleich hoch anzusetzen ist. Nach Rast (1980) trifft dies paradoxerweise auch zu; wenn man bedenkt, daß der Ozeanboden vorwiegend basaltisch aufgebaut ist und die Kontinente der Granitschicht zuzuordnen sind, sollte man größere Unterschiede erwarten. Die Klärung dieses scheinbaren Widerspruches ist nach Rast darin zu erblicken, daß im *kontinentalen Bereich* zum Wärmestrom aus der Tiefe noch die *Wärmeproduktion* aus dem *radioaktiven Zerfall* kommt, während diese dem radioaktiven Zerfall entstammende Energieproduktion im Bereich der Ozeane geringer ist, aber eine größere Nähe zu den Energie transportierenden Konvektionszellen gegeben ist. Nach Ljubimowa (1968) dürfte die Erde wegen der geringen *Wärmeleitfähigkeit* des Gesteinsmateriales seit ihrer Entstehung schätzungsweise erst 10% der ursprünglichen Wärmeenergie verloren haben.

Der ursprüngliche *Fonds an Wärmeenergie* akkumulierte sich als Folge von drei Hauptprozessen:

1. Energie aus der *Kontraktion* der frühen Erde in ihrem Schwerefeld.
2. *Impaktenergie*, die umso größer war, je tiefer schwere Körper in das Erdinnere eindrangen.
3. *Radioaktiver Zerfall*, wobei in der Frühzeit der Erde heute „ausgestorbene" Radionuklide hinzukamen. Er wurde umso bedeutsamer, je mehr die ersten beiden Formen der Energieproduktion abklangen.

Nach Rybach und Muffler (1981) tragen alle natürlich vorkommenden *Radionuklide* zur Wärmeproduktion bei. Man kann aber zeigen, daß lediglich die Radionuklide der Zerfallsreihen des U^{238}, U^{235}, des Th^{132} und des K^{40} mit ihren Beiträgen von Bedeutung sind. Nimmt man das Element *Uran* mit einem Verhältnis von $U^{235}/U^{238} = 1/139,6$ (im radioaktiven Gleichgewicht), so ergibt sich folgende *Wärmeproduktionskonstante* $h_U = 9,525 \cdot 10^{-5}$ W/kg. Für das Th^{232} ergibt sich analog $h_{Th} = 2,561 \cdot 10^{-5}$ W/kg, vorausgesetzt, daß sich das *Thorium* im radioaktiven Gleichgeiwcht befindet. Für das *Kalium* mit 0,0118% K^{40} erhält man $h_K = 3,477 \cdot 10^{-9}$ W/kg.

So ergibt sich für ein bestimmtes Gestein mit der Dichte ϱ eine gesamte *radioaktive Wärmeproduktion* von $A \mu W/m^3$, wenn die Gehalte an Radioelementen für Uran c_U ppm, für Thorium c_{Th} ppm und für Kalium c_K Gewichts-% sind:

$$A = 10^{-5} \varrho (h_U \cdot c_U + h_{Th} \cdot c_{Th} + h_K \cdot c_K) \qquad (\mu W/m^3) \,.$$

Wegen des relativ hohen Gehaltes von Radionukliden in *magmatischen Gesteinen* tragen letztere zur Wärmeproduktion am meisten neben den *kristallinen Schiefern* bei. Folgende Übersicht nach Rybach (1976) gibt für die wichtigsten Magmatite die *Wärmeproduktion* A neben der mittleren *Dichte* ϱ an. Die Größe Δq bedeutet den Beitrag zum oberflächlichen Wärmefluß für jeweils 1 km Mächtigkeit:

	$A(\mu W/m^3)$	$\varrho(kg/m^3)$	$\Delta q(mW/m^2)$
Granit und Rhyolit	2,45	2670	2,5
Granodiorit, Dazit	1,49	2720	1,5
Diorit, Quarzdiorit und Andesit	1,08	2820	1,1
Gabbro, Basalt	0,31	2980	0,3
Peridotit	0,012	3230	0,01
Dunit	0,0019	3280	0,002

Am Beispiel *Islands* kann man den Wärmeübertragungsprozeß im einzelnen gut studieren: Hier tragen *drei Prozesse* zum Wärmefluß bei; da ist einmal der Wärmetransport zur Oberfläche durch die *vulkanischen Vorgänge* (q_V), ferner durch die *Wärmeleitung* (q_c) und letztlich als Folge der *hydrothermalen Aktivität* in diesem Gebiet (q_h). Nach PALMASON (1973) beträgt für die *jungvulkanische Zone*, die Island kreuzt, pro km mittelozeanischen Rücken (mid-oceanic spreading ridge) die gesamte Wärme, die zur Oberfläche gelangt, 56 MW/km. Davon entfallen auf die *vulkanische Komponente* $q_v = 21$ MW/km, auf die *Wärmeleitung* $q_c = 21$ MW/km und auf die *hydrothermale Aktivität* $q_h = 14$ MW/km.

Übrigens haben auch andere *ozeanische Spreading-Zonen* dort ein günstiges *geothermisches Potential*, wo sie in *kontinentalen Einflußbereich* gelangen, wie z. B. der *Carlsberg-Rücken* im Roten Meer oder die *Afar-Depression* in Ost-Afrika.

Die *Wärmeleitfähigkeit* der *lithosphärischen Gesteine* ist im Verhältnis gering. Nach RYBACH und MUFFLER (1981) beträgt bei Raumtemperatur die Wärmeleitfähigkeit K von einigen Gesteinen:

Granit	2,5–3,8 W/m
Gabbro Basalt	1,7–2,5
Peridotit Pyroxenit	4,2–5,8
Kalkstein	1,7–3,3
Dolomit Salz	ca. 5.0
Sandstein	1,2–4,2
Schiefer	0,8–2,1
vulkanischer Tuff	1,2–2,1
Tiefsee-Sedimente	0,6–0,8
Wasser	0,6

Die Wärmeleitfähigkeit ist bei den meisten Gesteinen von der *Porosität* und vor allem vom *Wassergehalt* sehr stark abhängig.

Das *thermische Regime der Erdkruste* wird in regionaler Hinsicht durch den *Wärmezufluß aus dem Mantel*, also von unten bestimmt. Man erhält diesen durch Messung des Wärmeflusses an der Oberfläche unter Abzug des Beitrages der radioaktiven Wärmeproduktion der Kruste. Die Wärmeproduktion nimmt nach allen bisherigen Ergebnissen nach der Tiefe zu exponentiell ab, wenn auch die geochemischen Prozesse, die hierfür die Grundlage schaffen, noch nicht vollständig geklärt sind. Ist $A(O)$ die

Wärmeproduktion an der Oberfläche und entsprechend $A(z)$ die in der Tiefe z, so erhält man

$$A(z) = A(O) \exp(-z/H),$$

wo H das logarithmische Dekrement darstellt (so daß bei $z = H$ dann $A(z) = A(O)/\mathrm{e}$ ist; nach RYBACH und MUFFLER, 1981).

Der *geothermische Gradient* $\mathrm{d}T/\mathrm{d}z$ beträgt oberflächennah im festländischen Bereich um 3K/100 m, in Bohrlöchern wurde mit Temperaturmeßsonden ein Betrag bis 20 K/100 m ermittelt. Andererseits gibt es neben diesen *geothermischen Anomaliegebieten* auch negative geothermische Gradienten. Wegen der exponentiellen Abnahme der Wärmeproduktion in der Erdkruste mit der Tiefe nimmt auch der Temperaturanstieg entsprechend ab.

Die Werte des geothermischen Gradienten ändern sich in sehr weiten Grenzen. Stellt man alle bekannten Werte zusammen, so erhält man eine Verteilung mit zwei Maxima, und zwar bei 15 K/km und bei 34 K/km. Die erstere Verteilung ist den stabilen kontinentalen Blöcken zuzuordnen, die zweite hingegen den Sedimentbecken.

An der Unterseite einer zu 35 km Mächtigkeit angesetzten Erdkruste ergeben sich Temperaturwerte um 500 °C, das ist wesentlich zu wenig für die *Produktion vulkanischer Schmelzen.* Diese kommen ganz zweifellos aus sehr viel *größerer Tiefe*, wobei der Bereich der *Low velocity layer* (seismische Langsamschicht) in Tiefen von 100 bis 300 km hierfür besonders verdächtig ist.

Diese seismische Langsamschicht wird als jener Bereich angesehen, in dem trotz des Druckanstieges die Temperaturzunahme ausreicht, um eine Erweichung (asthenes (grch.) = weich, *Asthenosphäre*) zu bewirken.

11.3. Plattentektonik und Vulkanismus

Es ist eine weit in der Entwicklung der geologisch-geophysikalischen Vorstellungen zurückreichende Ansicht, daß die Erdkruste oder – wie wir nun annehmen müssen – die *Lithosphäre* in einzelne mobile Einheiten von plattenförmiger Art zu gliedern sei. A. WEGENER (1915) hat sich um die Formierung dieser lange sehr umstrittenen Ansicht Verdienste erworben. Dabei wird vorausgesetzt, daß diese Platten auf einer Art Fließzone schwimmen bzw. driften können (WEGENERsche Kontinentaldrift). Nachdem in der Asthenosphäre vor allem durch seismologische Resultate eine derartige, im Modell geforderte Gleitzone zur Verfügung steht, hat sich trotz zahlreicher Einwände und Gegenansichten diese *Plattentektonik* oder *Neue Globaltektonik* entwickelt. Vorangegangene Erkenntnisse waren die in der Umrandung des Pazifik unter die Kontinente schräg einfallenden, seismisch aktiven Zonen, die mit *Tiefherdbeben* bis rund 700 km weit reichen. Man mußte annehmen, daß es sich hier um abtauchende Lithosphärenplatten handelt. Sie werden heute als *Subduktionszonen* bezeichnet.

Ferner wurde erkannt, daß in den Großgräben (*Rifts*) der *mittelozeanischen Schwellen aus der Asthenosphäre* in weiten Bereichen *Schmelze aufsteigt*, daß die Riftzonen zugleich *Dehnungszonen* sind und somit dem immer neuen Aufstieg von Magmen Platz gemacht wird.

Ein wichtiges Hilfsmittel bei der Erkenntnis dieses Mechanismus war und bleibt die *paläomagnetische Untersuchung.* Durch die *Inversionen* des *magnetischen Erdfeldes* werden in zeitlicher Folge streifenartige Gebiete, symmetrisch zum Rift angeordnet, geschaffen, die einmal normal, einmal invers magnetisiert sind.

So entstand die Hypothese des *Sea-floor-spreading*, der Ausdehnung des Meeresbodens, vor allem nach DIETZ (1961), HESS (1962) sowie VINE und MATTHEWS (1963).

Diese beiden Teilvorstellungen, der *Subduktionsprozeß* und die *Produktion neuer Kruste* im Bereich der ozeanischen Rifts wurde von MC KENZIE (1969) und MORGAN (1972) sowie anderen zur Plattentektonik zusammengefügt. Die Kritiker heben hervor, daß die vertikale Stand- und Stockwerkstektonik der Kontinente nicht genügend berücksichtigt worden sei und daß in Wirklichkeit die Vorgänge sehr viel verwickelter ablaufen, als die Plate tectonics annimmt.

Für das physikalische Verständnis der im einzelnen sehr vielgestaltigen *vulkanischen Abläufe* ist zunächst stets die grundlegende Frage nach der *Quelle der Schmelzen* und ihrer *Energie* sowie der zugrunde liegenden Vorgänge von Wichtigkeit geblieben.

LJUBIMOVA u. a. (1976) konnten nachweisen, daß die Erde mehr als 30% ihrer Wärmeenergie längs des untermeerischen *Rücken-* (ridge) und *Grabensystems* verliert, das auf rund 50000 km Länge nur 1% der Erdoberfläche einnimmt. Damit ist die große Bedeutung dieses geothermischen Systems auch für den *Vulkanismus* deutlich. Längs der ozeanischen Rücken wird nach OXBURGH und TURCOTTE (1968) ein *Vulkanismus* angenommen, der durch *Druckentlastung und Aufschmelzen* des darunter liegenden Erdmantels, speziell der *Asthenosphäre* zustande kommt.

Auch im *kontinentalen Bereich* spielen Rifts eine Rolle, weil sie zum Bruch der Lithosphäre beitragen bzw. aus diesem hervorgehen. Im Bereich der *Bruchzone* wird der Mantel bzw. die *Asthenosphäre aufgewölbt*. Die damit verbundene *Druckentlastung* führt wiederum zum Sinken des Schmelzpunktes und damit zum *Magmenaufstieg*. Dazu kommen als Folge der erhöhten Temperatur noch *hydrothermale Zirkulationssysteme* im Bereich der Bruchzonen. Eine ausführliche Zusammenfassung unserer Kenntnisse über *kontinentale Rifts* findet sich z. B. bei MOHR (1978). In jedem Fall ist die magmatische und damit die *vulkanische Aktivität* hier *episodisch*, wenn man den geologischen Zeitmaßstab anlegt.

Ein anderes wichtiges Element für die *Produktion vulkanischer Prozesse* sind die verschiedenen Typen von *Subduktionszonen*. Hier gleitet die im Bereich von Spreading-Zonen produzierte ozeanische Platte unter eine andere Platte z. B. von kontinentaler Struktur (obgleich auch ozeanische Typen vorkommen, wie z. B. in der östlichen Philippinen-See). Dieser Prozeß ist von *seismologischen* Erscheinungen begleitet, die an die längst bekannten BENIOFF-*Zonen* mit Einfallen zwischen 20° und 50° unter die Deckscholle gebunden sind.

Da Erdbeben entsprechend sprödes Material unterhalb eines bestimmten Temperaturpegels voraussetzen, können sie nach MOLNAR, FREEDMAN und SHIH (1979) nur in dem kältesten inneren Teil der subduzierten Platten auftreten, wie tatsächlich gezeigt wurde. Dabei spielt die *Subduktionsgeschwindigkeit* eine wichtige Rolle. Ist sie hoch, können die erwähnten Tiefherdbeben auftreten, bei niedriger Geschwindigkeit hingegen verschwinden die Erdbeben schon bei Tiefen um 300 km (z. B. Neuseeland) als Folge des thermischen Status der Materie.

Einige Zeit nahm man ferner an, daß die *Wärmeproduktion durch Reibung* längs der Außenflächen der abtauchenden Platte eine wichtige Rolle spiele. BIRD (1978) untersuchte die Temperatur- und Streßsituation in *Subduktionszonen*. Es zeigte sich, daß nur bei sehr hoher Reibung mit Scherspannungen von mehreren 100 MPa eine Wärmequelle entsteht, die der Berücksichtigung bedarf. Diese Werte sind aber in der

Natur nicht zu erwarten, angesichts der rheologischen Eigenschaften der Asthenosphäre erreicht die *Scherspannung* nicht einmal 20 MPa. *Man kann also ein Aufschmelzen als Folge der Reibungswärme ausschließen.*

Für das Verständnis des in diesen Bereichen auftretenden Vulkanismus ist die Bildung von *Magmakammern* vielmehr *im Hangenden der abtauchenden Platte* anzunehmen. Es kommt zu *partieller Aufschmelzung der Asthenosphäre.* Als *Überträger der Energie aus der Tiefe* wird vor allem dort frei gesetztes *Wasser* aus Poren und aus der Metamorphose mit Dehydratation (ANDERSON, UYEDA und MIYASHIRO, 1976) angesehen. So kommt es zu dem *Kranz von Vulkanen* parallel zur Subduktionszone in einem Abstand dazu, der von dem Einfallen derselben abhängt. Diese *vulkanischen Phänomene* sind stets mit einer *geothermischen Anomalie* verknüpft, deren Ausdehnung offenbar mit dem Chemismus der Magmen zusammenhängt. Wenn eine Platte von kontinentaler Struktur unter kontinentales Gebiet abtaucht, formieren sich *SiO_2-reiche Schmelzen.* Im Gegensatz dazu entstehen *basische Magmen*, wenn es sich um eine Subduktionszone mit ozeanischem Material unter einer ebenfalls ozeanisch gebauten Platte handelt. Eine *intermediäre Zusammensetzung* ist das Resultat eines ozeanisch-kontinentalen Plattenkontaktes (nach RYBACH und MUFFLER, 1981).

RYBACH und MUFFLER (1981) geben folgende Beispiele geothermischer Anomalienzonen an, die zu *Subduktionszonen* in Beziehung stehen:

a) Kawah Kamodjang in Indonesien. Hier kommt es nach Ansicht von KARTOKUSUMO, MAHON und SEAL (1976) zu einer Subduktion der *Indischen Platte* unter die *Chinesische Platte.*

b) *Himalaja-Gebiet* in Nordwest-Indien mit einer komplexen Konvergenz der gleichen Platten im Gebiet von Puga, Chumathang und dem Parbat-Tal nach SUBRAMANIAN (1976).

c) An der *Westküste von Süd-Amerika* (El Tatio, Chile) Abtauchen der ozeanischen Nazca-Platte unter die kontinentale Platte nach LAHSEN und TRUJILLO (1976).

11.4. Intraplatten-Vulkanismus

Der größte Teil vulkanischer Aktivität ist eng mit den Plattenrändern der Lithosphäre verknüpft. Die Gründe hierfür wurden kurz erwähnt. Besonders interessant war in diesem Zusammenhang, daß nicht so sehr Reibungsprozesse tektonischer Natur oder Wärmeleitung eine Rolle spielen als vielmehr der *Wärmetransport durch die Schmelze* und nicht zuletzt durch *hydrothermale Lösungen* mit einem mehr oder weniger großen Anteil an *volatilen Bestandteilen* (z. B. CO_2, H_2S, H_2, N_2, O_2 oder CH_4), wie sie von FYFE, PRICE und THOMPSON (1978) auf Island untersucht wurden.

Nun kommen aber auch *vulkanische Phänomene* und geothermische Anomalien *innerhalb* ozeanischer oder kontinentaler Platten vor. Beispiele für *vulkanische Aktivität innerhalb ozeanischer Platten* sind die *Hawaii-Inseln* oder die *Azoren* ebenso wie isolierte Vulkaninseln (*seamounts*) im Pazifik. In *kontinentalem Bereich* sind einige afrikanische känozoische Vulkanzentren nicht an Plattenränder gebunden (z. B. Tibesti, Hoggar, Bajuda; nach THORPE und SMITH, 1974). Geht man in der Erdgeschichte noch weiter zurück, so finden sich zahlreiche weitere Beispiele hierfür fast auf allen Kontinenten und auch ehemaligen Ozeanen.

Handelt es sich um oberflächennahe Magmenherde, und woher käme deren Energie? Zweifellos kommen *subvulkanische Magmenkammern* vor, jedoch sind sie nur *Zwischen-*

reservoire auf dem Weg von sehr viel größeren Tiefen nach oben. Sehr viele Forscher nehmen allein aus energetischen Gründen heute an, daß die Quelle dieser Schmelzen *tief unterhalb der Lithosphäre* zu suchen sein muß.

Die nach dieser Ansicht benötigte Wärmeenergie muß einer Quelle im *Erdmantel* entstammen. Mehrere Möglichkeiten werden erwogen, so z. B. Anreicherungen von *radioaktiven Elementen*, chemische *Reaktionen* oder auch *konvektive Prozesse.* Auch die Scherkräfte zwischen Lithosphäre und Asthenosphäre werden bei einer mechanischen Platten-Mantel-Wechselwirkung in Erwägung gezogen (SHAW und JACKSON, 1973). GASS, CHAPMAN, POLLACK und THORPE (1978) geben Wärmefluß-Anomalien von etwa 30–70 mW/m^2 an. Die seitliche Ausdehnung derartiger hyperthermer Gebiete wird zu 200–700 km bei einer Erwärmung um 200–400 K angenommen. Es scheint so. daß derartige begrenzte *hypertherme Gebiete innerhalb von Lithosphärenplatten* (auch als „*hot spots*" bezeichnet) relativ ortsfest in bezug auf die Position im Mantel sind, auch wenn Lithosphärenplatten sich über sie hinweg bewegen. Dies kann nach MORGAN (1972) daran liegen, daß sie mit einer *Konvektionszelle* zusammenhängen, die jeweils tief in den Mantel hineinreicht (*mantle plume*). Über einem solchen Wärmezentrum reagiert die Lithosphäre zunächst durch eine thermisch hervorgerufene Ausdehnung, dann in klassischer Weise durch *Aufwölbung* mit Hebung im Zentrum, dabei tritt neben einer möglichen *Ausdünnung* vor allem auch eine *Spaltung* auf. Damit wird ein *Aufdringen vulkanischer Schmelzen* ermöglicht, wie dies schon CLOOS in seiner klassischen Arbeit „Hebung, Spaltung, Vulkanismus" (1939) dargelegt hat.

Eine nicht unbedeutende Rolle für die *volle Ausbildung vulkanischer Prozesse* innerhalb einer Platte spielen die Mächtigkeit der Lithosphäre und die *Geschwindigkeit der Plattenbewegung* (über den „hot spot" hinweg). So wird die *Lithosphäre in kratonischen Bereichen* ungefähr eine *Mächtigkeit von 200 km* aufweisen, die Obergrenze des Wärmeflusses wäre 45 mW/m^2, und die relativ langsame Plattenbewegung läge unter dem Wert von 2 cm/Jahr. Doch auch bei so langsamer Bewegung wird die ausreichend geschlossene Aufwärtsbewegung der Wärmeenergie verhindert, so daß sich keine thermische Anomalie und auch *kein Vulkanismus* ausbildet.

Vulkanische Aktivität unter diesen Voraussetzungen erfordert also eine *dünnere Lithosphäre* und ebenfalls eine sehr geringe Plattenbewegung, es sei denn, daß es nach TURCOTTE und OXBURGH (1978) zur intensiven, sich ausdehnenden Bildung *lithosphärischer Brüche* kommt, die der *Schmelze* eine *Aufstiegsmöglichkeit* bieten.

Dann kann auch eine mächtigere Lithosphäre noch die Ausbildung eines *Intraplatten-Vulkanismus* erlauben. Derartige *Lithosphärenbrüche* können durchaus den *Startpunkt eines Rifts* darstellen, wenn sich unter ihnen ein „hot spot" befindet. Eine solche Evolution läßt sich in mehreren Stadien nach RYBACH und MUFFLER (1981) in Afrika beobachten. Hier gibt es Aufwölbungen ohne Spalten (z. B. Tibesti), Aufwölbungen mit Spalten (Ost-Afrika-Rift) bis zu Spreading ridges (Afar z. B.).

Insgesamt ist besonders durch das plattentektonische Konzept und die zwangsläufige Einbeziehung der *Thermodynamik des oberen Erdmantels* eine plausible Erklärung für das Phänomen *vulkanische Aktivität* gefunden worden, während es zuvor mehr oder weniger unbefriedigende Hypothesen gab (wenn man von den Vorläufern der Plattenkonzeption absieht).

Es gibt darüber hinaus weitergehende Hypothesen, die den ganzen Erdmantel und sogar in *Wechselwirkung mit dem Erdkern* in dieses Konzept einbeziehen. So hat RUNCORN (1962) eine Theorie der Kontinentaldrift als Folge des angenommenen

Wachstums des Erdkernes aufgestellt, wobei konvektive *Zirkulationssysteme im Erdmantel* die Übertragungsmittel darstellen. Auch bereits VENING MEINESZ (1952) hat konvektive Bewegungen im Mantel als Voraussetzung für *Kontinentalwanderungen* angenommen. Kontinente, heute würden wir sagen: Platten, driften vor allem in jene Konvektionsbereiche mit Konvergenzzonen über abwärtigen Bewegungen der Zirkulation. Im einzelnen hat sich JACOBS (1975) mit einer zusammenfassenden Wertung dieser Ansichten und ihrer Weiterentwicklung, auch auf dem Gebiet der Orogenese, befaßt.

Die *Kruste-Mantel-Aufwölbungen* sind mit konvektiv-dissipativen *Entgasungsvorgängen* verknüpft, die im Mantel sehr verschiedenartige Veränderungen zur Voraussetzung haben wie umgekehrt diese auch wieder begünstigen. LEEDER (1981) erwähnt in diesem Zusammenhang die Freisetzung leichtflüchtiger Verbindungen, Herabsetzung des *Schmelzpunktes*, der Viskosität und der Dichte, der Liquation, der Akkumulation von *Volatilen* sowie deren vorzugsweise aufwärtige Migration und weitere physiko-chemische Prozesse. In diesem Zusammenhang sind nicht allein die *vulkanischen Intraplattenprozesse* zu verstehen, sondern auch manche mit den Volatilen migrierende Mineralisation. Diese stellt sich bei stationärem Verhalten einer Platte über einem Aufstrombereich des Mantel ein. LEEDER untersucht in diesem Zusammenhang die *Minerogenie von Fluorit*-Vorkommen an 370 Flußspatlagerstätten in 40 Ländern.

In Zusammenhang mit diesen typischen Migrationsprozessen lassen sich eine ganze Reihe *isotopenphysikalischer* Beobachtungen von vulkanologischer Bedeutung machen. Aus der Vielzahl der Beispiele sei das Verhältnis $^{87}Sr/^{86}Sr$ genannt. ^{87}Sr ist ein Zerfallsprodukt des ^{87}Rb. Mittels dieses *Isotopenverhältnisses* lassen sich deutlich Basalte vom Ozeanboden von denen der Kontinente und der ozeanischen Inseln unterscheiden. Die intrakrustalen Gesteine sind sehr viel reicher an Rb als die subkrustalen Bildungen. Näheres hierzu bei FAURE und POWELL (1972).

11.5. Vulkanüberwachung und Aktivitätsprognose

Die *Überwachung* der Vulkane und Versuche der *Vorhersage* von aktiven Phasen sind nicht allein wissenschaftliche Anliegen, sondern hängen auch mit den *Schäden* zusammen, die der Menschheit *durch vulkanische Vorgänge* zugefügt worden sind. Diese reichen von gewaltigen Menschenopfern über die Zerstörung von industriellen, land- sowie forstwirtschaftlichen Existenzvoraussetzungen bis zu gewaltigen andersartigen Schäden.

Eines der bekanntesten historischen Beispiele eines Vulkanausbruches mit großen Zerstörungen im Gefolge war der explosionsartige *Initialausbruch des Vesuv* im Jahre 79. Aus der großen Zahl zurückliegender Vulkanausbrüche sei die *Lavaüberflutung* von Teilen *Islands* erwähnt, die von der Lakispalte ausging. Die landwirtschaftlichen Verluste – insbesondere was den Viehbestand anlangte – waren sehr groß. Etwa jeder fünfte Einwohner Islands starb an den direkten oder auch indirekten Auswirkungen dieses katastrophalen Ereignisses. 1883 brach der *Vulkan Krakatau* explosiv aus. Dabei wurden knapp 20 km³ Lockermassen produziert und riesige Flutwellen erzeugt. Nach zeitgenössischen Berichten sind vor allem auch durch letztere rund 40000 Menschen um das Leben gekommen. Bekannt ist auch der Ausbruch des *Mont Pelée* auf *Martinique* (1902) mit einer *Glutwolke*, die bis auf vereinzelte Menschen alle Einwohner der Stadt St. Pierre umbrachte. Die Zahl der Opfer liegt zwischen 30000 und 40000. Diese wenigen Beispiele, die sich beliebig vermehren ließen, zeigen schon, wie gefährlich es sein kann, in der Nähe eines Vulkans zu leben. Nicht nur ungezählte Tote, sondern vor allem auch volkswirtschaftliche Schäden sind zahlreich bekannt, man denke nur an den Vulkanausbruch von *Vestmannaeyar* auf *Island* 1973.

Die wissenschaftliche *Überwachung der Vulkane* vorzugsweise mit physikalischen Methoden wurde 1845 durch die Gründung des *Observatoriums* auf dem *Vesuv* eingeleitet. Zahlreiche weitere Observatorien schlossen sich an. Eines der modernsten ist das *Vulkanologische Institut* der sowjetischen Akademie der Wissenschaften (Fernöstliche Abteilung) in *Petropawlowsk auf Kamtschatka*. Einen Austausch zwischen den immer zahlreicher werdenden vulkanologischen Zentren führte die *Internationale Vulkanologische Assoziation* herbei. In großem Umfang nahm sich schließlich die UNESCO innerhalb ihres Programms zur Verhütung von Naturkatastrophen (natural desasters) dieser Aufgaben an. Von der UNESCO wird laufend über die Fortschritte hierzu berichtet. Eine Übersicht über den Stand der Überwachung und Vorhersage vulkanischer Aktivität wurde hinsichtlich der Methoden und Techniken ebenfalls von der UNESCO (1971) gegeben.

Unter den physikalischen Verfahren zur vulkanologischen Überwachung seien folgende erwähnt:

- Überwachung der *seismologischen Aktivität* vulkanischer Zentren,
- geodätische Messungen zur präzisen Erkennung von *Höhen- und Formänderungen* im vulkanischen Bereich,
- *gravimetrische und magnetische Messungen* über dem Vulkanherd,
- *geoelektrische und elektromagnetische Messungen,*
- *geothermische Messungen,*
- *Flugzeug- und Satellitenüberwachung.*

Hinsichtlich der *seismologischen Untersuchungen* wurden vor allem in der UdSSR, in Japan, Hawaii, Neuseeland und dann auch von weiteren Zentren aus vor allem die Zusammenhänge zwischen Erdbeben und nachfolgenden Vulkanausbrüchen untersucht. Es zeigte sich, daß *fast jeder vulkanische Ausbruch* durch ein oder mehrere oft schwächere *Erdbeben* indiziert wird. Die Epizentren vorangehender Erdbeben deuten auf den Ausbruchsort hin, auch wenn jeder Vulkan bzw. jede Vulkangruppe einen individuellen Verhaltensablauf zeigt. Alle Spezialisten dieser Richtung sind sich einig, daß bei *seismologischer Überwachung* jeder tatsächlich eintretende oder sehr leicht mögliche *Vulkanausbruch erkennbar* ist. Bei Schwarmbeben gibt es verschiedene Verhaltensweisen der Vulkane. So können Ausbrüche mit einer Abnahme der Schwarmaktivität einhergehen, es kann aber auch gerade zu einer Zunahme der Intensität und Zahl kommen.

Wichtig ist es dabei auch, die Herdtiefe, den *Herdmechanismus* und die räumliche Konfiguration des pleistoseisten Gebietes an der Oberfläche kennenzulernen. Die Überwachung größerer Gebiete ist durch die Einführung der drahtlosen Übertragung seismischer Daten sehr erleichtert worden.

Die seismologischen Analysen beziehen sich aber nicht allein auf die engere Umgebung des Vulkangebietes, sondern haben auch die *großtektonische Situation* mit herangezogen. So erkannte man, daß intensive tektonische Tiefherdbeben und *Tiefbeben* u. U. einige Monate *vor Vulkanausbrüchen* stattfinden können, wie z. B. im Bereich der Kurilen-Kamtschatka-Zone festgestellt wurde.

Schließlich ist noch der vulkanisch erzeugte *seismische Tremor* vor und während Ausbrüchen näher untersucht worden (Gorschkow und Dubik, 1970).

Geodätische Messungen laufen vor allem auf sehr exakte Messungen der *Veränderung der Oberflächenneigung* im Vulkanbereich und seiner engeren Umgebung hinaus. Für die Neigungsmessungen wird in der Regel eine feste Basis aufgebaut. Es werden aber auch horizontale und vertikale *Deformationen* ermittelt, z. T. mittels *Radarmessungen*. Man erreichte 1968 Genauigkeiten von 4–7 mm pro km Distanz (Deckert und Wright, 1968), jetzt mit Geodimeter 10^{-2} mm pro km.

Die Neigungsmessungen werden nach dem *Schlauchwaage-Prinzip* durchgeführt (Meßbehälter mittels Schlauch verbunden), dabei erreicht man eine Meßgenauigkeit von 1 mm auf 1 km. Die Veränderungen in Zusammenhang mit einem Ausbruch sind bei jedem Vulkan mehr oder weniger verschieden. In jedem Fall aber gilt die Tatsache, daß vorangehende *Änderungen*, welcher Art auch immer, stets ein wichtiger Hinweis sind.

Oft werden das *seismische Verhalten* und die *Deformation* miteinander *kombiniert*, womit bei manchen Vulkanen eine hohe Präzision der Voraussage von Ausbrüchen erzielt wurde.

Gravimetrische Untersuchungen an Vulkanen verfolgen vor allem zwei Ziele: Ermittlung der *Massenverteilung* im Untergrund eines Vulkans, wie dies z. B. für den Dunedin-Vulkan (Neuseeland) durch Reilly (1972) geschah. Zum anderen ist man bestrebt, aus Schweremessungen oder -registrierungen Informationen über *Massenveränderungen* im Untergrund zu erhalten (z. B. Imbo, 1967, am Vesuv). Allerdings sind meist die gravimetrischen Auswirkungen der Massenverlagerungen im Untergrund sehr gering, so daß es schon hoher Präzision und sehr guter Meßinstrumente bedarf, um sie überhaupt feststellen zu können.

Magnetische Anomalien liefern nicht selten wesentlich bessere Informationen über *aufsteigende Schmelze* im Untergrund. Dies liegt vor allem an der Temperaturänderung, bei Magmenaufstieg also an einer Erwärmung. Wenn die Curie-*Temperatur* der in basischen und intermediären Gesteinen z. T. reichlich vorhandenen Magnetitkristalle, die um 575 °C liegt, durch aufsteigende Schmelze überschritten wird, liefern diese Teile des Schlotes und seiner Umgebung nur noch einen geringen Beitrag zum lokalen magnetischen Feld, da der Ferromagnetismus im so erwärmten, bereits vorhandenen Vulkangestein verschwindet und nur paramagnetische Eigenschaften übrig bleiben. Zu diesem Effekt kommt jedoch noch die *irreguläre Magnetisierung* hinzu, wie sie auch an Schloten von Paläovulkanen seit langem beobachtet wird. Derartige Untersuchungen sind zuerst vor allem in Japan durchgeführt worden, wie z. B. Rikitake (1951) berichtet.

Mit Hilfe *moderner* Kernpräzessions- oder optischer Absorptions-*Magnetometer* kann man auch Differenzenmessungen über eine fest installierte Basislinie durchführen. Mit derartigen Präzisionsmessungen sind auch weitere *Ursachen der Magnetfeldstörungen* in Zusammenhang bzw. vor Ausbrüchen ermittelt worden. Dazu gehört der längst bekannte piezoelektrische Effekt mit schwachen Auswirkungen in der magnetischen Anomalie und möglicherweise auch thermoelektrische Effekte im Vulkan, die auf komplizierte physikochemische Reaktionen zurückzuführen sind. Jedenfalls haben *magnetische Differenzenmessungen* in Aktivitätsperioden von Vulkanen z. T. kurzlebige Feldänderungen bis zu 10 nT ergeben.

Geoelektrische Methoden zur Überwachung vulkanischer Aktivität haben lange Zeit keine große Rolle gespielt, sich aber in letzter Zeit doch mit Erfolg entwickelt. Ma-

THEWS (1969) untersuchte in situ die *elektrische Leitfähigkeit* von *geschmolzenen Laven* am Ätna im Vergleich zu künstlich geschmolzenen Laven, ferner von Schlacken, Laven und Gläsern der gleichen Zusammensetzung. Die Temperatur hängt mit der elektrischen Leitfähigkeit eng zusammen: die Leitfähigkeit σ kann wie folgt hinsichtlich ihrer Temperaturabhängigkeit beschrieben werden

$$\sigma = \sigma_0 e^{-E2KT} .$$

Dabei ist σ_0 die elektrische Leitfähigkeit bei unendlicher Temperatur, E die Aktivierungsenergie, K die Boltzmann-Konstante und T die absolute Temperatur. Die Werte von σ_0 und E differieren in Abhängigkeit von dem *Wärmeleitungs-Mechanismus* und von dem *Gesteinstyp*. Wenn man also die *elektrische Leitfähigkeit* für das Material im Untergrund eines Vulkanes berechnen kann, resultiert hieraus die dort herrschende *Temperatur* (YOKOYAMA, 1971).

In der Praxis werden verschiedene elektrische Methoden angewandt. Es gibt z. B. *Widerstandsmessungen* nach WENNER (1916), z. T. mit fest installierten Elektroden und Sonden bei laufender Registrierung des scheinbaren spezifischen Widerstandes. Ferner werden auch die natürlichen Erdströme bzw. die auftretenden Potentialdifferenzen gemessen. Änderungen der Untergrundtemperatur rufen neben Widerstandsänderungen nicht selten auch einen Wechsel der *spontanen Polarisation* hervor. Die Potentialdifferenz wird mittels unpolarisierbarer Elektroden fortlaufend gemessen. Die Messung erfolgt leistungslos mit einer Potentiometeranordnung, um die natürliche Potentialverteilung nicht zu stören. Ein *Widerstands-Variometer* wurde z. B. von YAMAZAKI (1968) konstruiert, das zur Intensivierung auch der Widerstandsmessungen sehr beigetragen hat.

Zweifellos stellt die *geothermische Überwachung* von Vulkanen eine besonders wichtige und physikalisch direkte Methode dar. Bei einigen Vulkantypen ist die steigende Aktivität der Entgasung wie z. B. in Gestalt von Fumarolen oder Solfataren ein unmittelbar sichtbares Anzeichen für die von solchen Zentren ausgehende Durchwärmung des vulkanischen Oberbaues. Doch wird auch gerade die *Temperatur der Gasexhalationen* gemessen, steigt diese doch vor Ausbrüchen sozusagen als vorausgehender Effekt oft an. Ähnliches gilt nicht selten auch für die *Temperatur von Kraterseen.*

Allerdings sind die Temperaturreaktionen eines Vulkanes von Fall zu Fall verschieden; gleichgültig, ob die *Temperaturen* der *Lava im Kratersee*, von *Wasser* oder *Dampf in Exhalationen* oder — wie besonders oft — die *Oberflächentemperaturen* gemessen werden. Das *individuelle Verhalten von Vulkanen* macht in den meisten Fällen zunächst das Sammeln von Erfahrungen über einige Zeit erforderlich.

Eine besonders rasche und großflächige Methode ist die Technik der *Infrarotaufnahme* von *Flugzeugen* oder von *Satelliten* aus. In sehr entlegenen Gebieten sind auf diesem Wege bereits Vulkanausbrüche vorhergesagt oder entdeckt worden, wobei selbst *Wettersatelliten* Daten lieferten. So wurde z. B. der Ausbruch des als erloschen geltenden *Beerenberg-Vulkans* auf Jan Mayen am 20. September 1970 auf diesem Wege entdeckt.

Die *Temperatur-Meßtechnik* im vulkanologischen Bereich hat MOXHAM (1971) dargestellt, worauf hiermit verwiesen sei.

11.6. Einige allgemeine Schlußfolgerungen

Gegenwärtig sind etwa *700* bis *800 aktive Vulkane* auf der Erde bekannt. Von ihnen befinden sich rund zwei Drittel im Bereich der Umrandung des Pazifik.

Die *Ozeanböden* sind über große Gebiete mit basaltischen Produkten überzogen und durchsetzt. Sie sind außerdem streckenweise durch submarine Einzelvulkane mit ebenem Gipfel gekennzeichnet (Guyots). Aber auch im *kontinentalen Bereich* sind ausgedehnte Basaltüberflutungen bekannt. Hier ist das Plateau von Paranà (Süd-Brasilien, Paraguay, Uruguay und Argentinien) mit etwa 1,2 Millionen km² zu nennen, ferner das Hochland von Deccan im Westteil Indiens mit 518000 km². Vom Ende der Kreide bis zum Eozän haben sich hier sicher mehr als 750000 km³ Schmelze ergossen.

Diese und weitere *Plateau-Basalte* bedecken mehr als 3% der gesamten kontinentalen Kruste. Wenn man alle vulkanischen Produkte hinzunimmt, kommt man auf etwa 5% der Oberfläche der Erdkruste im Bereich der Kontinente. Dabei machen die *vulkanischen Bildungen* nach Dickinson (1970) rund 1% *der Masse der kontinentalen Kruste* aus. Allerdings ist ihre Rolle wesentlich bedeutender, wenn man die Sedimente hinzunimmt, die der Erosion vulkanischer Bildungen entsprangen, und die Metamorphite, die aus alten vulkanischen Gesteinen hervorgingen.

Lange Zeit war es eine umstrittene Frage, *wo die Magmen herkommen* und wie der Mechanismus des Aufstieges vorzustellen sei. Heute ist ziemliche Einigkeit über die Rolle der *Asthenosphäre als Quelle vulkanischer Materialien* erzielt. Offen bleibt hingegen noch immer, trotz einiger viel versprechender Ansätze, die Rolle des tieferen Erdmantels, die Konvektion in diesem und auch Beziehungen, die bis in die Gegend der Kerngrenze reichen (vgl. Walzer und Maaz, 1983, in Kap. 3.2.).

Der *Aufstieg* wird meist so gedeutet, daß *tiefreichende Brüche* und Spalten vorhanden sein müssen, um eine *Druckentlastung* und beginnende Entgasung der sich allmählich einstellenden Schmelzen zu bewirken. Die *Separation der Gasphase* ist der Grundprozeß für den sich beschleunigenden Aufstieg, falls Wege hierfür ausreichend vorhanden sind.

Eine besondere Rolle hat in den letzten Jahren die Plattentektonik in diesem Zusammenhang eingenommen. Sie ist für einen Teil des *zirkumpazifischen Vulkanismus* (und der seismologischen Phänomene) ein plausibler Grund.

An den *mittelozeanischen Rücken* driften die ozeanischen Platten auseinander und führen durch Druckentlastung in der Asthenosphäre (und ggf. tiefer) zum *Aufstieg basaltischer Schmelzen,* die so neue ozeanische Kruste formieren. Dies zeigt die außerordentlich große Bedeutung dieser *vulkanischen Prozesse* für die *Erde als Ganzes.*

Der *Vulkanismus an Subduktionszonen* ist dagegen auch chemisch andersartig. Während die neu gebildete ozeanische Kruste und die meisten ozeanischen Vulkane basaltischer Natur sind, kann bei Plattenkollisionen sowohl *basaltischer* als auch *intermediärer* oder *saurer Vulkanismus* auftreten. Die *Temperaturen der Magmen* liegen zwischen 900° und 1200 °C. An der Oberfläche bilden sie die von der Umrandung des Pazifik bekannten *Inselbögen,* die selbst weitgehend aus vulkanischen Produkten bestehen. Auf Kamtschatka wurde (Gorschkow, 1960) seismologisch ein Magmaherd rund 80 km unter dem Vulkan Kliutschewkoj festgestellt. Dies zeigt — ebenso wie die Tiefherdbeben — die tiefe Herkunft der Magmen, aber auch die Bildung von *tiefsubvulkanischen Herden,* gewissermaßen als Sammelbecken.

Ein besonderes Problem stellen die *vulkanischen Aktivitäten innerhalb von Platten* dar. Die Hypothese von den der Mantelkonvektion entstammenden *mantle-plumes* und den *hot spots* ist zweifellos interessant und wichtig, doch herrscht hier noch keine Einigkeit. Es gibt alternative Hypothesen, wonach der Magmenaufstieg entlang von *Lithosphärenbrüchen* stattfindet. Andererseits gibt es auch Ansichten, daß beide Effekte – hot spot und Tiefenbrüche – zusammen vorkommen und dann Anlaß zur Bildung von Rücken (*ridges*) mit Zerrungsbrüchen (*spreading zones*) geben.

Man kann diese Theorien auch zusammenfassen in der Feststellung, daß es zu einem Prozeß der *Druckentlastung tieferer Hochdruckzonen* kommen muß als Voraussetzung für einen *Aufstieg von Schmelze.*

In den letzten 20 Jahren zeigte sich weltweit eine *Zunahme der vulkanischen Aktivität*, die mindestens 3000 Menschen das Leben kostete, ganz abgesehen von den Zerstörungen der Umwelt mit Einschluß von Bauten und landwirtschaftlichen sowie industriellen Anlagen.

Vulkane sind aber wenigstens teilweise auch als denkbare *Energiequellen* interessant, wenn auch vielfach die Technik noch entwickelt werden muß. Diesen und weiteren wissenschaftlichen Aufgaben von praktischer Bedeutung geht die erwähnte *Internationale Assoziation für Vulkanologie und Chemie des Erdinneren* (IAVCEI) nach. 1981 hat sich als weitere Organisation die *Welt-Organisation für Vulkanische Observatorien* gebildet (WOVO). Sie will sich der optimalen Registrierung vulkanischer Ereignisse durch Koordinierung der Tätigkeit der Observatorien zuwenden. Geplant sind Arbeiten, die in der UdSSR im Observatoriumsbetrieb Kamtschatkas schon seit längerem betrieben werden:

- Periodische Inbetriebnahme von *Netzwerken mit Beobachtungsstationen*;
- in gewissem Umfang Vermessungsarbeiten für *Grundnetze*;
- in der Nachbarschaft von Vulkanen Stationen zur *Beobachtung physikalischer Eigenschaften* wie Bodenbewegungen, Fumarolentätigkeit, geophysikalische Parameter, Änderungen in der Vegetation u. a.;
- systematische Sammlung von *Informationsquellen*, Dokumentationen, *instrumenteller Ausrüstung* und *Überwachungstechnik*;
- Sammlung von Nachrichten über *Ausbrüche in historischer Zeit*, um die Eruptionsfolge in bestimmten Gebieten genauer zu erforschen, Beiträge zur Klärung *paläovulkanologischer Ereignisse* bzw. Ereignisfolgen.

(Nach E. Sigvaldason, Island, Präsident der WOVO, 1981.)

11.7. Literatur

Anderson, R., Uyeda, S. and A. Miyashiro: Geophysical and geochemical constraints at converging plate boundaries. 1. Dehydration in the downgoing slab. Geophys. J., Roy. Astr. Soc. **44** (1976), S. 33–357.

Bartels, J.(ed.): Handbuch der Physik, hrsg. v. S. Flügge, Band XLVIII (Geophysik II). Berlin, Göttingen, Heidelberg. 1957.

Bird, P.: Stress and temperature in subduction shear zones: Tonga and Mariane. Geophys. J., Roy. Astr. Soc., **55** (1978), S. 411–434.

Cloos, H.: Hebung, Spaltung, Vulkanismus. Elemente einer geometrischen Analyse irdischer Großformen. Geol. Rdsch. **30** (1939), S. 401–527.

Deckert, R. W. and T. L. Wright: Deformation measurements on Mauna Loa Volcano. Hawaii Bull. Volcan., **32** (1968), 2, S. 401.

DICKINSON, W. R.: Relations of andesites, granites and derivate sandstones to arctrench tectonics. Reviews of Geophysics 8 (1970) Nr. 4, S. 813–860.

DIETZ, R. S.: Continent and ocean evolution by spreading of the sea floor. Nature **190** (1961) 4779, S. 854–857.

FAURE, G. and POWELL, J. L.: Strontium Isotope Geology. Heidelberg, 1972.

FYFE, W. S.; PRICE, N. J. and THOMPSON, A. B.: Fluids in the Earth's crust. Amsterdam, Oxford, New York. 1978.

GASS, I. G.; CHAPMAN, D. S.; POLLACK, H. N. and K. S. THORPE: Geological and geophysical parameters of mid-plate volcanism. Phil. Trans. Roy. Soc., **288** (1978), S. 581–597.

GORSCHKOW, G. S.: Some results of seismometric investigations at the Kamchatka Volcanological Station. Bull. Volcan. **23** (1960) S. 121.

GORSHKOV, G. S. and DUBIK, J. M.: Gigantic directed blast at Shiveluch Volcano (Kamtschatka). Bull. Volc., **34** (1970), 1.

HESS, H. H.: The history of the ocean basins. In: Petrolog. Studies, Buddington Vol.; Geol. Soc. Am., (1962) S. 5?9–620.

IMBO, G.: Supplemento celebrativo del 125° anniversario della instituzione dell' Osservatorio Vesuviano. Ann. Oss. Vesuv., ser. 6 (1967) N. 8.

JACOBS, J. A.: The Earth's Core. London, New York, San Francisco. 1975.

KARTOSUMO, W.; MAHON, W. A. and SEAL, K. E.: Geochemistry of the Kawah Kamodjang geothermal system, Indonesia. In: Proc. 2. UN Symp. on the development and use of geothermal resources. San Francisco. 1976, S. 757–759.

LAHSEN, A.; TRUJILLO, P.: El campo geotermica de El Tatio, Chile. In: Proc. 2. UN Symp. on the development und use of geothermal resources. San Francisco, 1976, S. 157–170.

LEEDER, O.: Fluorit-Lagerstätten und Mantelprozesse. Freiberger Forsch.-H., Reihe C., Nr. 365. Leipzig 1981.

LJUBIMOVA, E. A.: Die Wärme der Erde und des Mondes (russ.). Moskau, 1968.

LJUBIMOVA, E. A.; LJUBOSHITS, W. M. amd W. N. NIKITINA: Effects of contrasts in the physical properties on the heat flow and electromagnetic profiles. In: ADAM, A. (ed.): Geoelectric and geothermal studies. Budapest, 1976, S. 455–462.

MATHEWS, F. S.: The electrical conductivity of Atlantic-type pyromagma as a function of frequency, temperature and pressure. IAVCEI Symposium, Oxford (England), Sept. 1969.

MC KENZIE, D. P.: Speculations on the consequences and causes of plate motions. Geoph. J., **18** (1969), 1–32.

MOHR, P.: Origin and significance of continental rifts. In: Int. Symp. on the Rio Grande Rift, Los Alamos Sci. Lab. Symp. Proc., La-7487c, S. 59, 1978.

MOLNAR, P.; FREEDMAN, D. and SHIH, J. S.: Length of intermediate and deep seismic zones and temperatures in downgoing slabs of lithosphere. Geophys.' J, Roy. Astr. Soc. **54** (1979), S. 41–54.

MORGAN, J. W.: Deep mantle convection, plumes and plate motions. Bull. Am. Assoc. Petr. Geol., **56** (1972), S. 203–213. (a)

MORGAN, J. W.: Plate motions and deep mantle convection. In: Studies in Earth and Space Sci., ed by R. SHAGAM. Geol. Soc. Memoir 132 (1972) S. 7–22. (b)

MOXHAM, R. M.: Thermal surveillance of volcanoes. The surveillance and prediction of volcanic activity. UNESCO, Paris 1971, S. 103–124.

OXBURGH, E. R. and D. L. TURCOTTE: Mid-oceanic ridges and geothermal distribution during mantle convection. J. Geophys. Res. **73** (1968), S. 2643–2661.

PÁLMASON, G.: Kinematics and heat flow in a volcanic rift zone, with application to Iceland. Geophys. Journ., Roy. Astr. Soc. **33** (1973), S. 451–481.

RAST, H.: Vulkane und Vulkanismus. Leipzig, 1980.

REILLY, W. I.: Gravitational Expression of the Dunedin Volcano. New Zealand Journ. of Geol. and Geoph. **15** (1972) Nr. 1.

RIKITAKE, T.: The distribution of magnetic dip in Oosima Island and its change that accompanied the eruption of Volcano Mihara. 1950, Bull. Earthqu. Res. Inst., v. 29 (1951) S. 161–181.

RUNCORN, S. K.: Towards a theory of continental drift. Nature, **193** (1962) S. 311.

RYBACH, J.: Radioactive heat production. A physical property determined by the chemistry of rocks. In: The Physics and Chemistry of Minerals and Rocks, R. G. J. STRENS (ed.). London, 1976, S. 309–318.

RYBACH, L. and L. J. P. MUFFLER: Geothermal Systems: Principles and Case Histories. Chichester, New York, Brisbane and Toronto, 1981.

SAKUMA, S. and T. NAGATA: Physical Volcanology. In: FLÜGGE, S. (ed.): Handbuch d. Physik, Bd. XLVIII, Geophys. II, Red. J. BARTELS, S. 982–1011. Berlin, Göttingen, Heidelberg, 1957.

SHAW, H. R. and E. D. JACKSON, Linear island chains in the Pacific: result of thermal plumes or gravitational anchors ? J. Geophyx. Res. **78** (1973), S. 8634–8652.

SUBRAMANIAN, S. A.: Present status of geothermal resources development in India. In: Proc. 2. UN Symp. on the development and use of geothermal resources. S. 269–271 San Francisco. 1976.

THORPE, R. S. and K. SMITH: Distribution of Cenozoic Volcanism in Africa. Earth Planet. Sci. Lett. **22** (1974), S. 91–95.

TURCOTTE, D. L. and E. R. OXBURGH: Intra-plate volcanism. Phil. Trans. Roy. Soc. London, **288** (1978), S. 561–579.

UNESCO: The surveillance and prediction of volcanic activity. A review of methods and techniques. Paris. 1971.

VENING-MEINESZ, F. A.: Convection currents in the Earth and the origin of the continents I. Kon. Ned. Akad. Wetensch., **55** (1952) S. 72.

VINE, F. J. and D. H. MATTHEWS: Magnetic Anomalies over Oceanic Ridges. Nature **199** (1963) S. 947–949.

WEGENER, A.: Die Entstehung der Kontinente und Ozeane. Braunschweig, 1915.

WENNER, F.: A method of measuring earth resistivity. Bull. U.S. Bur. Stand., Washington, Nr. 258 (1916).

YAMAZAKI. Y.: Electrical conductivity of strained rocks. 4. paper. Bull. Earthqu. Res. Inst., V. **46** (1968) S. 957–964.

YOKOHAMA, I.: Gravimetric, magnetic and electrical methods. In: The surveillance and prediction of volcanic activity. UNESCO, Paris. 1971.

12. Biogeophysik[1]

12.1. Einführung

Der Begriff *Biogeophysik* ist bisher nur vereinzelt gebraucht worden und noch wenig geläufig. Für ein *Grenzgebiet zwischen Geo- und Biophysik* scheint er aber schon längst zweckmäßig. Teilbereiche einer biogeophysikalischen Forschung existieren bereits fest begründet, z. T. auch Nachbardisziplinen einbeziehend. Erwähnt seien z. B. die *Bioklimatologie*, die *Biometeorologie*, Wirkungen von *Erdschwere* und *Erdmagnetismus* (Geomagnetobiologie nach DUBROV, 1978), ferner biologische Auswirkungen der *Solarterrestrik*, der *geoelektrischen Phänomene* (SCHUMANN-Resonanz, Tellurik, Luftelektrizität).

Diese gelegentlich als *Umweltgeophysik* zusammengefaßten Teildisziplinen sind in den letzten Jahren durch die Fortschritte der Geophysik im extraterrestrischen Bereich ebenso aktiviert worden wie durch Fortschritte der Biophysik und Physiologie, die ihrerseits von der *Raumfahrtforschung* stimuliert wurden. Aus dem Bemühen, die planetare Umwelt des Menschen perspektivisch intakt zu halten, wurde eine fundierte Kenntnis der *Wechselwirkungen zwischen biosphärischem Geschehen und Einflüssen der Geosphären* in Gegenwart und Vergangenheit angestrebt, die jedoch noch längst nicht erreicht ist.

Die *Biogeophysik* steht zur Geophysik und Biophysik in einem ähnlichen Verhältnis wie die von VERNADSKIJ (z. B. 1930) begründete *Biogeochemie* zur Geochemie und Biochemie. Sie umfaßt in Analogie zur Biogeochemie sowohl die *Biophysik der Geofaktoren* wie auch die *Geophysik der Biosphäre* bzw. des irdischen biosphärischen Raumes.

Man kann die *Biosphäre* als den Gesamtlebensraum, in dem nach den Umweltverhältnissen Leben überhaupt vorkommt, oder mit VERNADSKIJ als Summe aller biologischen Systeme verstehen. Dann besteht die Biosphäre aus einer relativ dünnen, hochdispersen Schicht belebter Materie auf und nahe der Erde, die sich in geologischen Zeiten entwickelte und an die speziellen Bedingungen der Erde — auch die geophysikalischen — als Voraussetzung für ihre Evolution optimal angepaßt ist.

Die *Biomasse* der gesamten Erde beträgt etwa 10^{12} bis 10^{13} g und macht damit etwa den 10^{-15}. Teil der Erdmasse ($6 \cdot 10^{27}$ g) aus (vgl. BASILEWITSCH et al., 1971). Wie wir aus der Erforschung des Präkambriums nunmehr wissen, war sie in dieser Zeit nicht verschwindend gering, sondern wahrscheinlich nur wenige Größenordnungen geringer als heute, dafür aber noch sehr primitiv gebaut. Die ältesten Lebensspuren auf der Erde haben ein Alter von wenigstens 3,5 Milliarden Jahren.

Wichtig für eine *physikalische Wechselwirkung zwischen Geo-* und *Biosystem* ist die geringe Dimension der funktionell grundlegenden Einheiten der belebten Materie, der *Zellen*.

---

[1]) Von R. LAUTERBACH.

Auch nach der Entwicklung von Vielzellern befand sich eine sehr hohe Zahl von Zellen in der Biosphäre, die eine sehr große reaktionsfähige Oberfläche aufwiesen. Jede Zelle ist dabei sehr kompliziert gebaut, besonders die kernhaltigen Zellen stellten im Laufe der Evolution einen ungeheuren Fortschritt dar.

Als Angriffspunkt geophysikalischer Einflüsse spielt die menschliche *Nervenzelle* eine besondere Rolle. Sie enthält rund 10^7 Protein- und 10^7 Lipidmoleküle in funktionell zweckmäßigster Anordnung. Hinzu kommen noch rund 10^{12} Kaliumionen neben anderen Bausteinen. Im menschlichen Gehirn befinden sich rund dreißig Milliarden Nervenzellen. Im Blut des Menschen kreisen rund $25 \cdot 10^{12}$ Erythrozyten (rote Blutzellen). In 1 mm^3 Blut sind rund $5 \cdot 10^6$ Erythrozyten enthalten, die 100 bis 120 Tage lebensfähig sind. So sterben in jeder Sekunde rund $3 \cdot 10^6$ roter Blutzellen ab, die stets wieder ersetzt werden müssen. Dies gibt einen guten Eindruck von der großen *inneren reaktionsfähigen Oberfläche.* Auch die menschliche Lunge besitzt mit ihren ca. $3 \cdot 10^8$ Alveolen eine innere Oberfläche von ca. 70 ... 80 m^2!

Biogeophysik und Biogeochemie sind natürlich auch Spezialgebiete der Biophysik und Biochemie. Beide haben aber zahlreiche eigenständige Aufgaben, die sich aus dem starken *erdhistorischen Aspekt* ableiten lassen.

12.2. Grundaufgaben der Biogeophysik

Einige *Grundaufgaben der Biogeophysik* seien zunächst vom Standort verschiedener Nachbardisziplinen aus beleuchtet. Zuerst sollen grundlegende Feststellungen von einem Klassiker der Geophysik, dem *Geophysiker* B. GUTENBERG (1929), zum Thema Geophysik und Lebewesen (Biogeophysik) zitiert werden:

„Es bestehen vielfach *unlösbare Beziehungen zwischen geophysikalischen Erscheinungen und Vorgängen einerseits und solchen bei Lebewesen andererseits.* Wir leben auf der Erde; die hier normalerweise herrschenden Bedingungen (z. B. Luftdruck, Temperatur, Schwerkraft, Luftzusammensetzung und Strahlung usw.) sind mehr oder minder Voraussetzungen unserer Existenz; ihre Veränderungen rufen daher die verschiedenartigsten Wirkungen auf Lebewesen hervor."

Es folgen Bemerkungen des *Kosmonauten* A. A. LEONOV und des *Raumfahrtmediziners* V. I. LEBEDEV (1968) zum gleichen Thema:

„Bekanntlich haben sich alle Lebewesen, die unseren Planeten bevölkern, unter der ständigen Einwirkung einer Reihe spezifisch irdischer Faktoren entwickelt. Zu ihnen zählen die Erdatmosphäre, die Tages- und Jahresperiodik sowie das erdmagnetische und das Schwerefeld. Letzteres hat beispielsweise nicht nur eine Reihe physiologischer Funktionen, wie die Größe und die Form der Tiere, beeinflußt, sondern auch die physiologischen Mechanismen der Widerspiegelung der Umwelt, also auch die Prozesse der höheren Nerventätigkeit beispielsweise bei der Erfassung der raum-zeitlichen Beziehungen. Somit haben sich das Zentralnervensystem des Menschen – seine Struktur und seine Funktionen – und speziell auch die Mechanismen der richtigen Wahrnehmung der räumlichen und zeitlichen Eigenschaften der Objekte im Verlaufe der Evolution unter spezifisch irdischen Bedingungen entwickelt und sich ihnen angepaßt".

Einer der Begründer der *Biogeophysik* ist CHIL'MI (1963), der folgende Feststellungen trifft:

„Es ist nicht Hauptaufgabe der Geophysik, die Gültigkeit der Grundgesetze der Physik auf und in der Erde nachzuweisen, sondern die Wirkung und Art der systemimmanenten

Beziehungen zwischen allen geophysikalischen Parametern zu untersuchen. Das gilt für die eigenständigen Bereiche der Geosphären wie die Erde als Ganzes ... Kurz gesagt, die Notwendigkeit einer neuen Richtung wissenschaftlicher Untersuchungen wird deutlich, die der Biophysik der Natur, *Biogeophysik*".

Von seiten der *Physiologie* äußert sich H. DRISCHEL (1972) wie folgt:

„Es gibt meteorologische und geophysikalische Faktoren, die ebenfalls ständig auf den Organismus einwirken. Sie sind zwar nicht alle rhythmischer Natur, werden aber durch astronomische und kosmische Einflüsse rhythmisch moduliert. Es kommen einerseits Tageskomponenten der Schwankungen von *Luftdruck*, *Luftfeuchte* usw. in Frage, ferner *erdmagnetische* Einflüsse, verschiedene *Strahlungen* sowie *Veränderungen der Schwerkraft*. Von F. A. BROWN ist mit großer Überzeugungskraft nachgewiesen worden, daß relativ schwache *erdmagnetische Feldgrößenänderungen*, elektrostatische Felder, auch *Radiowellen* sowie verschiedene Strahlungen (insbesondere Gamma-Felder) das Verhalten primitiver, aber auch höherer Lebewesen eindeutig beeinflussen".

Einer der Begründer der *Meteorobiologie* ist der bekannte Meteorologe B. DE RUDDER (1952). Er äußert sich zu dieser Teildisziplin der Biogeophysik wie folgt:

„Die Bedeutung der Meteorobiologie als einer Wissenschaft von den Einflüssen atmosphärischer Vorgänge auf das Leben liegt aber keineswegs in ihren praktischen Auswirkungen, sondern in der Vertiefung unseres Wissens von Lebensvorgängen überhaupt".

Der *Hygieniker* K. W. HORN (1969) nimmt zu den bioklimatischen Einflüssen Stellung:

„Der menschliche Organismus steht unter dem Einfluß des klimatischen Milieus der Umwelt, welches durch Wetter und Witterung verändert wird. Das klimatische Milieu ist demnach keine konstante Größe. Den sich verändernden klimatischen Umweltbedingungen paßt sich der menschliche Organismus ständig an. Der physioklimatisch wirksame Komplex enthält Einflußfaktoren *thermischer*, *hygrischer*, *photoaktinischer*, *luftchemischer* und möglicherweise *luftelektrischer* Natur. In der Umwelt treten nicht Einzelreize, sondern physikalische und chemische Einflußfaktoren komplex auf."

Zu solar-terrestrischen Einflüssen auf die Herzinfarktsterblichkeit äußern sich Mediziner und der auf dem Gebiet der *Solar-Terrestrik* tätige Geophysiker anhand eigener Untersuchungen auf der Basis einer Statistik von 66900 an ischämischer Herzkrankheit (IHK) Verstorbener (W. OTTO, W.-E. HEMPEL, CHR.-U. WAGNER und A. BEST (1982)):

„Die physikalische Umwelt des Menschen wird wesentlich durch die Sonne geprägt ... Neben den durch die geometrischen und Umlaufsverhältnisse zwischen Sonne und Erde bedingten Jahreszeiten und Tagesperioden ergeben sich aus dieser Beeinflussung sowohl periodische Komponenten (11-Jahreszyklus der *Sonnenaktivität*, $^1/_2$-jährige Periode der geomagnetischen Aktivität .., 27tägige Periode der Sonnenaktivität) als auch stark aperiodische Erscheinungen, wie z. B. *geomagnetische* oder *Magnetosphärenstürme* ..... Die signifikant nachgewiesene Erhöhung der Haus/Klinik-Relation von Verstorbenen an IHK in Korrelation mit *Variationen des erdmagnetischen Feldes* — ausgedrückt in der geomagnetischen Kennziffer A_K und Häufung der SSC — kann ein Faktor im Ursachengefüge dieser Herz-Kreislauf-Krankheiten sein".

Diese überwiegend grundlegenden Aussagen verschiedener Autoren zeigen zunächst einige der Hauptzusammenhänge von Geo- und Biosystemen auf. Sie sollen noch durch folgende Punkte ergänzt werden:

1. Es gibt *grundlegende geophysikalische Voraussetzungen für das Leben* auch in primitiver Form: der *Erdkern* muß bereits ein *magnetisches Hauptfeld* produzieren, das den *Sonnenwind abzuschirmen* in der Lage ist. Die *Ozonschicht* muß das UV C abschirmen. Dazu gehört die bereits erfolgte Bildung hinreichender Mengen *biogenen Luftsauerstoffes*. Die *kalte Stratosphäre* muß das Entweichen des Wassers verhindern.
2. *Geophysikalische Umweltfaktoren* (Erdschwere, Magnetfeld, Strahlungen, elektrische, elektromagnetische und seismische Wechselfelder, Wärmefluß u. a.) beeinflußten biologische Systeme auch *in geologischer Zeit*. Von Bedeutung sind z. B. das *Paläoklima*, die Evolution der *Paläoatmosphäre*, paläozeanologische Zirkulation, *Paläomagnetfeld*, Paläorotation, Paläogeodäsie und -schwere, seismologische Aktivität, Radioaktivität auch für heute ausgestorbene Radionuklide (vgl. Kap. 3.). Als Resultat immer wiederholter *organischer Adaptation* ist teilweise eine vergangene Programmierung z. T. noch heute in den Organismen gegenwärtig und im Bedarfsfall wirksam. Es besteht ferner weitgehende Einigkeit darüber, daß die *geophysikalischen Wechselfelder*, die auch Organismen durchdringen, allmählich von externen zum internen *Schrittmacher für die organismische Funktion* geworden sind.
3. Der Wegfall geophysikalischer Normalbedingungen wird von der *Raumfahrtbiologie und -medizin* hinsichtlich der Konsequenzen umfassend untersucht. Dabei zeigte sich, daß der Zustand der *Schwerelosigkeit*, also der Wegfall eines starken Faktors besser ertragen wird als das Ausbleiben einiger *subtiler Faktoren*. Auch bei Untersuchungen auf der Erde wurde inzwischen die *Bedeutung schwacher Faktoren* vielfältig hervorgehoben (z. B. SCHUMANN-Resonanz, atmosphärische VLF- und ELF-frequente Wellen, magnetosphärische Wirkungen, Mikroseismik u. a.).
4. Mensch und Tier unterliegen vielfältigen *mehr oder weniger rhythmischen Änderungen geophysikalischer Felder* und Faktoren, die z. Z. den möglicherweise durch Anpassung erworbenen biologischen Rhythmen entsprechen. Das gilt besonders auffällig für die Korrespondenz von *Geo- und Biorhythmen um 10 Hz* (z. B. SCHUMANN-Resonanz und EEG). Bei einer Verstimmung des Gesamtsystems können Schwierigkeiten bei organischen Abläufen auftreten (*Anpassungssyndrome*, Meteoropathologie, Desynchronose u. w.). Es kommen aber auch stimulierende, *günstig wirkende Faktoren* geophysikalischer Art vor, wie z. B. bestimmte ULF- bis ELF-frequente elektromagnetische Felder, aber auch Einflüsse des Ionenspektrums, des (Kurort-) Klimas oder der physikalischen Balneologie.
5. Über tektonisch angelegten *Brüchen in der Erdkruste*, vor allem solchen mit größerem Tiefgang (Geofrakturen) herrschen *abweichende geophysikalische Verhältnisse* (gravimetrische und magnetische Anomalien, Wärmefluß, tellurische Anomalien, veränderte (in der Regel erhöhte) elektrische Leitfähigkeit und regionale Radioaktivität). Hiervon können biologische Systeme in verschiedenem Sinne beeinflußt werden. Sie lassen sich sogar zur Identifizierung solcher Bruchsysteme als „biologische Detektoren" heranziehen (vgl. Abschnitt 12.5).
6. Zeitliche Änderungen *biologisch wichtiger geophysikalischer Zustände* sind i. allg. *vorherzusagen*. Es ist also grundsätzlich möglich, gewisse *ungünstige Einflüsse* auf den Menschen vorherzusehen und *Vorsichtsmaßnahmen* zu ergreifen. Dies gilt nicht nur bei pathologischen, besonders postoperativen Zuständen, auf welche bestimmte

Wetterphasen ungünstig einwirken, sondern auch hinsichtlich der Variation der *Reaktionszeit im Straßenverkehr* oder des Betriebs- und Verkehrs*unfallrisikos*, wie Statistiken lehren.

7. *Geophysikalische Felder und Prozesse* können auch zu schweren *Katastrophen* führen, die tiefe Eingriffe in die Biosphäre darstellen. Dies gilt für *Flutwellen, seismische Flutwogen* (Tsunamis), *Erdbeben, Vulkanausbrüche, Orkane, Taifune, Hurrikane, Starkregen,* Hagelschlag oft mit schweren Gewittern, lang anhaltende *Klimaanomalien,* Smoglagen u. a..
8. *In der Erdgeschichte* führen geophysikalische Umweltfaktoren zu Faunen- und Florenschnitten wie umgekehrt zur Begünstigung der massenhaften Verbreitung und Entwicklung von Populationen. Verantwortlich hierfür sind Veränderungen der atmo- und hydrosphärischen Zirkulation mit *Änderungen des paläoklimatischen Regimes* bis hin zu *Eiszeiten.* Es wird daran gedacht, daß auch eine *Umpolung des erdmagnetischen Feldes* (mit problematischem Nulldurchgang unter Wegfall der Abschirmung des Sonnenwindes) infrage kommen könnte. In jedem Fall spielt die geodynamisch bedingte Kontinental- bzw. *Plattendrift* eine Rolle.
9. *Paläopathologische Phänomene* hängen sicher ebenfalls mit dem biogeophysikalischen Milieu zusammen. Wenn auch die Paläopathologie bislang vorwiegend Frakturen des Hartteil-Skeletts untersuchte, da diese am besten überliefert wurden, beginnen sich doch neue Einsichten durch Anwendung biogeochemischer Analysenverfahren unter Einsatz molekularbiologischer Arbeitsmethoden abzuzeichnen. Dabei stellt sich heraus, daß zuerst relativ hoch entwickelte Lebensformen pathologisch anfällig werden und auf die Änderung geophysikalischer und geochemischer Umweltfaktoren empfindlich reagieren können.

12.3. Aktuelle Probleme und Aufgaben der Biogeophysik

Biogeophysikalische Forschung ist also die Gesamtheit der Bemühungen verschiedener Fachdisziplinen um Aufklärung (und Nutzung) der Wechselbeziehungen von geophysikalischen Feldern und Prozessen mit biologischen Systemen unterschiedlich hohen Organisationsgrades. Dabei spielt die Erforschung *rhythmischer geophysikalischer Prozesse* von erwiesener und auch denkbarer biologischer Auswirkung eine besonders wichtige Rolle. Hierbei sind nicht allein die *starken Zeitgeber* (Licht, Temperatur u. a.) sondern auch *subtile geophysi*kalische *Einflüsse* von Bedeutung wie die *Oszillationen* und Pulsationen des *Schwere-, Magnet-, Luftdruckfeldes* oder der *elektrischen und elektromagnetischen Felder* der Erde.

Gearbeitet wird u. a. auch an der weiteren Aufklärung folgender Sachverhalte:

- Natur der Wechselwirkungsprozesse Erde-Leben: Art des *Angriffs an Zellmembranen* und im *Elektrolythaushalt* der Gewebe, Störungen *neurophysiologischer Funktionen* durch geophysikalische Felder, ferner Beeinflussung des *endokrinen Systems.*
- Angewandte Beiträge zu biologischen und medizinischen Problemen: *Prophylaxe* gegen geophysikalische Umweltnoxen (u. a. Frontpassagen) z. B. zur *Verminderung von Operationszwischenfällen* und postoperativen Komplikationen (Thrombosen, Embolien). Nutzung des Klimas, hydrologisch-balneologischer Faktoren aber auch geophysikalischer Wirkungen im Sinne von HELLPACH (1950) zur Therapie.

– *Reaktionszeit, Verkehrsverhalten*: Beeinflussung der Reaktionszeit durch biometeorologische Vorgänge wird dem Menschen nicht bewußt. Hieraus folgt *Fehlverhalten im Verkehr*, aber auch im Arbeitsprozeß. Hiermit geht parallel eine Veränderung der Zählzeit für ein bestimmtes Zeitintervall (z. B. 10 oder 20 s), die auch beim Durchqueren geophysikalischer (magnetischer, tellurischer) Anomalien oder Anomalienmuster mit Quelle im Straßenbau (bzw. -unterbau) reproduzierbar zu beobachten ist. Die Bedeutung dieser Zusammenhänge wächst auch mit der sich erhöhenden Geschwindigkeit der Verkehrsmittel. Sie werden daher zunehmend im Straßen- wie Flugverkehr und vor allem auch in der Kosmonautik beachtet.
– Geophysikalische *Umweltforschung*: Biogeophysikalische Analysen erlauben eine Reihe wichtiger Aussagen zur Prognose der Evolution der menschlichen Lebenssphäre. Dies gilt u. a. für die Klima-Entwicklung, die *Prozesse in der Stratosphäre* und Ozonosphäre, der sog. Sulfatschicht; *Immissions*tendenzen und Folgen, *Klima* und hydrosphärische Zirkulation. Geodynamische Auswirkungen auf die Biosphäre (Erdbeben und Vulkanismus); geologische Entwicklung der geophysikalischen Umwelt und paläontologische Konsequenzen. *Einfluß von Bauwerken* auf die Veränderung geophysikalischer Felder in der Siedlung und im Wohnbereich (Baubiologie und -biogeophysik).

Wenn man den *aktuellen Bestand der Probleme und Aufgaben* nach der *geophysikalishen Nomenklatur* ordnet, ergibt sich folgende, allgemeine *Übersicht:*

1. Feste Erde:

1.1. *Schwerefeld* der Erde:

1.1.1. *Physiologische Wirkungen* des Schwerefeldes und sein Wegfall im Weltraum;
1.1.2. Schwerefeld und die *Lebensdauer* von Organismen (z. B. größere Lebensdauer bei Versuchstieren in Zentrifugen);
1.1.3. *Wahrnehmung* des Schwerevektors durch spezielle Organe der Organismen (aufrechter Gang, Geotropismus der Pflanze);
1.1.4. *Paläogeophysikalische Modelle* der Erdevolution bezüglich z. B. der evtl. Änderung der Potentialfelder (und Erddimension) sowie Einpassung der paläontologischen Ergebnisse.

1.2. *Erdmagnetisches Feld*:

1.2.1. *Entwicklung des Erdkerns* als Produzent des magnetischen Hauptfeldes (Schirm gegen den Sonnenwind);
1.2.2. Erforschung der Ursachen einer *Beeinflussung biologischer Systeme* durch das magnetische Erdfeld;
1.2.3. Vorgänge während der *Umkehrphasen des Erdmagnetfeldes*;
1.2.4. *Magnetfeld und Pathogenese* sowie Mutationen, Magnetfeldoszillationen und Wohlbefinden, Problem der Therapie mit Magnetfeldern;
1.2.5. *Orientierung von Vögeln und Insekten* mit Hilfe des irdischen Magnetfeldes;
1.2.6. Fossile Organismen als Indikatoren für *frühere Zustände des Erdmagnetfeldes*.

1.3. *Geoelektrik*:

1.3.1. *biologische Wirkung* induzierter elektromagnetischer Felder über Zonen mit abweichender elektrischer Leitfähigkeit (z. B. Tiefenbrüche); *Veränderungen der Reaktionszeit bzw. -frequenz beim Menschen*;
1.3.2. Erdstrom, tellurische Effekte und *elektrophysiologische Auswirkungen*.

1.4. *Seismologie*:

1.4.1. makroseismische Erscheinungen, *Erdbeben und biologische Schäden*;
1.4.2. Mikroseismik und *Seismoästhesie* (auch als Funktion des Frequenzspektrum);

1.4.3. Einfluß mikroseismischer Vorzugsfrequenzen vor allem in zirkumozeanischen Räumen auf die *organismische Mikropulsation* der Vertebraten im Laufe von deren Evulotion (Überlappung beider um 10 Hz).

1.5. *Radioaktivität der Erdkruste*:

1.5.1. Biologische *Evolution* unter wechselnder Strahlenbelastung;

1.5.2. Radioaktive Strahlung und *Mutationen*;

1.5.3. *Inkorporation von Radionukliden in vivo* in ozeanischen Räumen, daher radioaktive Rekonstruktion des Weichteilskeletts von Fossilien mit radioaktiven Meßmethoden; (Vgl. Abb. 63);

1.5.4. *strahlenhygienische Maßnahmen* zum Schutze der Biosphäre mit Einschluß des Menschen.

1.6. *Geothermie*:

1.6.1. *biologische Wirkung* hyperthermaler Gebiete;

1.6.2. *Aufschmelzung* krustalen Materiales, Vulkanismus und biologische Folgen;

1.6.3. biologische und balneologische Bedeutung der *Thermalwässer*.

1.7. *Physikalische Eigenschaften von Böden* (Pedophysik):

1.7.1. Petrophysik und Biophysik sowie biologische Evolution;

1.7.2. Wirkung der physikalischen Eigenschaften von Verwitterungsböden auf die biologischen Komponenten (Dichte, vor allem auch magnetische Suszeptibilität und kernphysikalische Kennzeichen);

1.7.3. *Radioaktivität* des Bodens, vor allem Thorium-Variation als Folge der *Schwermineralanteile* (Monazit z. B.), aber auch Uran- und Radium-Schwankungen sowie ^{40}K-Bestandteile des Kaliumgehalts. Erhöhter Ra- und Rn-Gehalt über tektonischen Brüchen;

1.7.4. Veränderung der *Molekularstruktur des Wassers* (Cluster-Bau) im Bodenbereich und vermutete biologische Wirkungen (z. B. durch Ferromagnetika im Boden bzw. neuerdings im Dünger).

2. Physik der Hydrosphäre

2.1. *Allgemeines*:

Molekular- (Cluster-) *Struktur des Wassers* und biologische Prozesse; Isotopenvariation; juveniles, vadoses und ozeanisches Wasser als Lebensraum unterschiedlicher Lebensqualität.

2.2. *Terrestrische Hydrosphäre*:

2.2.1. Variation der physikalischen und damit verknüpften biologischen Eigenschaften ruhenden, fließenden Grundwassers sowie von Wasser aus Seen oder Flüssen;

2.2.2. physikalische Eigenschaftca und Wirkungen fließenden Wassers von biologischer Bedeutung;

2.2.3. *Wasserkreislauf* terrestrischer Gewässer, Fließ- und Regenerationsgeschwindigkeit sowie Änderung der Viskosität, Ionenkonzentration und z. B. der Oberflächenaktivität des Wassers;

2.2.4. *mineralisierte Wässer* und *balneologische Fragen*, speziell auch bezüglich der Wasserstruktur, der Radioaktivität und der elektrischen Leitfähigkeit;

2.2.5. physikalische *Limnologie* und Bioökologie;

2.2.6. geophysikalische Beiträge zum *Gewässerschutz*;

2.2.7. physikalische *Hydrologie* und *Hydrographie* in Relation zu Land-, Forstwirtschaft und verwandten Problemen.

2.3. *Physikalische Ozeanologie*:

2.3.1. *Paläozeanologie*; *Paläozirkulation* und *Paläoklima* sowie Evolution der marinen Biosphäre; $^{16}O/^{18}O$-*Paläothermometrie* unter Verwendung der Kalkschalen fossiler Organismen;

2.3.2. *Wasseraustausch*: Zirkulation und Änderung physikalischer Parameter sowie der chemischen und biologischen Folgeerscheinungen;

2.3.3. physikalische Ozeanologie und *Meeresbiologie*;

2.3.4. Überwachung der *Gezeiten*auswirkung; *Paläotiden*.

3. **Physik der Atmosphäre:**

3.1. Evolution der *Paläoatmosphäre*, Pasteurpegel (1% des heutigen O_2-Gehaltes).

3.2. *Sauerstoff*-Entwicklung: Umstellung von der primitiven anaeroben Gärung im Zellgeschehen zur Sauerstoffatmung. Rückfälle in die thermodynamisch wahrscheinlichere Gärung: Paläopathologie, Krebsbildung.

3.3. *Bioklimatologie*:

3.3.1. thermischer Komplex;

3.3.2. hygrischer Komplex;

3.3.3. aktinischer Komplex;

3.3.4. komplexe biologische Klimawirkung;

3.3.5. atmosphärische Elektrizität.

3.4. *Biometeorologie*:

3.4.1. Biologische Auswirkung von Zyklonen (Thermodynamik der Frontzonen), Antizyklonen;

3.4.2. *Luftchemie*, Radioaktivität der Atmosphäre;

3.4.3. biotrope (meteorotrope) Wetterlagen; Klassifizierung (Wetterphasen u. ä.); Prognose; medizinische Prophylaxe;

3.4.4. Meteorophysiologie, *Meteorotropismus*, *Meteoropathologie*;

3.4.5. Erzeugung *elektromagnetischer Wellen in der Atmosphäre* (*Atmospherics*, Sferics) im VLF- und ELF- bis ULF-Bereich. Meteorophysiologische Bedeutung derselben, speziell auch der SCHUMANN-Resonanz;

3.4.6. atmosphärische Schall- und Ultraschallphänomene und deren biologische Wirkung;

3.5. *Lufthygiene*: Luftchemie, Emissions- und Imissionskontrolle.

3.6. Chemische, speziell auch künstlich bedingte Veränderung der *Stratosphäre* (Sulfatschicht, Nitratschicht, Einbeziehung der *Ozonosphäre* in die komplizierten chemischen Reaktionsketten).

12.4. Probleme der physikalischen Wechselwirkungen von Erde und Biosystemen

CHIL'MI (1966) hält es für eine besonders wichtige Aufgabe der Geophysik, die Wirkung und Art der systemimmanenten Beziehungen zwischen allen geophysikalischen Parametern zu untersuchen, die auch von der Biosphäre beeinflußt werden und sie ihrerseits verändern können. In seiner *Biogeophysik* der pflanzlichen Biosphäre (1957) zeigt CHIL'MI, wie bedeutende Relais- und Ferneffekte geophysikalischer Art unter Mitwirkung der Biosphäre auftreten können. Eine *Vereisung der Polkappen* steht in enger kausaler Wechselwirkung mit Prozessen in der *Atmosphäre* und *Hydrosphäre*. Doch auch die *Lithosphäre* ist einbezogen (Veränderung des Wärmeflusses, der Verwitterung, der Massenverteilung und damit der Isostasie). Drastische Veränderungen vollziehen sich dann in der *Biosphäre*, die wiederum auf Atmosphäre und Hydrosphäre zurückwirken. SCHIDLOWSKI (1971) weist u. a. darauf hin, daß sich hierbei auch zwangsläufig Querverbindungen zu Spezialfragen der biologischen Evolution und zu Fragen der Paläopathologie herstellen.

Der *Sauerstoffgehalt* der Erdatmosphäre stammt zu einem sehr großen Anteil aus der früheren Biosphäre, wozu allerdings lange geologische Zeiträume erforderlich waren. So konnte sich während des gesamten *Präkambriums* noch *keine Ozonschicht* in der Erdatmosphäre bilden, die das Leben bis heute zuverlässig vor der schädlichen UV C-Strahlung (des harten Anteils der UV-Strahlung) schützt. Die Besiedelung des Festlandes konnte erst im frühen Paläozoikum erfolgen. Bis dahin entwickelte sich das Leben im Wasser und unter dessen Schutz. Dies ist ein fundamentales Beispiel der Wechselwirkung Geo- und Biosystem.

Das gesamte Leben entwickelte sich unter der ständigen Einwirkung des irdischen *Schwerefeldes*. Es wurde dadurch anatomisch und physiologisch stärkstens geprägt. Dies gilt für die Zelle wie für Gewebe und erst recht für die gesamte organismische Funktion. Auch bei den Pflanzen wirkt sich das Schwerefeld aus, am sichtbarsten aber keineswegs nur unter der Wirkung des *Geotropismus*.

Bei der Vorbereitung des *Kosmosforschung* wurde intensiv auch der *Wegfall* der *geophysikalischen Felder* untersucht, den Mensch, Tier wie Pflanze im Kosmos ertragen müssen, soweit nicht eine Ersatzlösung getroffen werden muß (Atmosphäre und Temperatur im Raumschiff z. B., ferner Training gegen die Schwerelosigkeit). Auch der Wegfall vor allem der äußeren Anteile des erdmagnetischen Feldes und der elektromagnetischen Strahlungen bzw. Wechselfelder vor allem im ELF-Band sind nicht ganz problemlos für den vollen Erhalt der physiologischen und psychologischen Leistungsfähigkeit des menschlichen Organismus. Dies betrifft z. B. vor allem die planetare SCHUMANN-*Resonanz* als Eigenfrequenz des Kugelschalen-Hohlraumresonators zwischen Erdkörper und Ionosphäre mit Frequenzen um 10 Hz.

Weiterhin ist das gesamte Spektrum *solarer Strahlungen* vom Ultraviolett bis zum Infrarot ebenso wichtig wie die korpuskulare Emission (*Sonnenwind*). Viele solarterrestrische Wechselwirkungen betreffen auch die Biosphäre (vgl. z. B. W. OTTO et al., 1982). So sind u. a. auch Auswirkungen *ionosphärischer* Störungen und der *magnetosphärischen* Pulsationen untersucht worden (vgl. z. B. DRISCHEL, 1975).

Wichtige Voraussetzung für die biologische Wirkung der geophysikalischen Umwelt ist das Vorhandensein empfindlicher *Rezeptoren* zum Nachweis der Reizintensität über viele Zehnerpotenzen. Hinzu kommt nach DRISCHEL (1975) die Fähigkeit des Organismus zur *physiologischen Adaptation an seine geophysikalische* (wie die gesamte) *Umwelt*. Steuerungsmechanismen nach dem feed-back-Prinzip bewirken sowohl auf zellulärer wie integrierter Ebene eine Normalisierung und Kompensation bei Streß-Exposition. So wird eine Homöostase (Stabilität im Inneren) auch gegenüber geophysikalischen Einflüssen aufrecht erhalten.

Zur *Reizintensität* kommt aber noch die *Reizqualität* (z. B. *spektrale* Unterschiede) und die Abhängigkeit des Reizes von Raum und Zeit (darunter auch *rhythmische* Abläufe). Die Qualität ist biologisch oft von größerer Bedeutung als die Quantität (Intensität), dies erklärt bis zu einem gewissen Grade die Wirksamkeit ausgesprochen schwacher geophysikalischer Felder. Oft ist auf die Entsprechung *rhythmischer geophysikalischer Abläufe* mit analogen *organismischen Frequenzen* hingewiesen worden (z. B. DRISCHEL, 1974; KÖNIG, 1974, 1981; SINZ, 1978, 1980).

Die *Rhythmik* ist eine *fundamentale Eigenschaft* der lebenden Materie, der Lebensprozesse. Sie ist Pflanzen wie Tieren zu eigen, Ein- wie Vielzellern. Es ist heute kaum mehr zweifelhaft, daß die *Erbanlagen für periodische Aktivitäten* entwicklungsgeschichtlich unter dem *Einfluß der geophysikalischen Umwelt* im Mutations- wie Selektionsprozeß entstanden. Sie spiegeln also wenigstens z. T. grundlegende, langfristig bestehende geophysikalische Periodizitäten wider. Wird die Korrespondenz der *geophysikalischen* und der erblich an die *natürliche Umwelt* fixierten endogenen Perioden vor allem durch die *sozialen Zeitgeber* gestört, so kann es zu *chronischen Erkrankungen* kommen (z. B. bei Schichtarbeitern, Flugzeugbesatzungen u.w.). Dies stellt zunehmend ein medizinisches Problem dar.

Eine grundlegende Rolle spielt die um 24^h liegende (*circadiane*) *Periode*, die durch die *Erdrotation* bedingt wird und in allen Organismen biologisch fixiert ist (sie tritt z. B. auch in der Dunkelzelle auf, so bei der Kolonisationsaktivität von Algen mit einer 24^h-Schwingung). Ähnliches gilt auch für die *Lunar- und Gezeitenperiodik*, die *circaannuale Perioden* auslösende Jahresrhythmik in Verbindung mit der *Erdrevolution*. Neben anderen gehen auch die *solaren Perioden* in das *biologische Spektrum* ein.

Das geo- und biophysikalisch korrespondierende Frequenzspektrum erstreckt sich über mehr als zwölf Zehnerpotenzen hinweg (von rund 10^4 Hz bis 10^{-10} Hz, von den Atmospherics bis zur 11jährigen Sonnenfleckenperiode); vgl. SINZ (1978), S. 115.

Die geophysikalischen *Umweltreize* werden in einen *biologischen Prozeß* umgesetzt, wie schon dargelegt wurde. Kaum ein Bereich des Organismus ist frei von *Rezeptorzellen* oder Nervenbedingungen. Hier entstehen *Generatorpotentiale*, die durch mechanische, optische, elektrische, elektromagnetische, magnetische, thermische oder andere physikalische sowie chemische Reize ausgelöst werden. Das entstehende Potential wird von *afferenten Nerven* (als Impulsfolge codiert) weitergeleitet. So gibt es in jedem Auge des Menschen mehr als 100 Millionen Rezeptoren. Im *Auge* wird der einzelne Rezeptor schon von wenigen Lichtquanten erregt. Ähnlich empfindlich ist das Gehör und die Hautrezeptoren bedürfen einer erheblich stärkeren Erregungsintensität. Eine *Nervenzelle* (*Neuron*) gibt die Information *frequenzmoduliert* weiter. Die Signalintensität beträgt etwa 100 mV. Dennoch dürfte diese elektro-neurophysiologische Aktivität für äußere Felder nicht die am meisten zugängliche Komponente sein, obwohl jede bioelektrische Tätigkeit hierfür in starkem Verdacht steht. Eine Schwachstelle für den Zugriff *veränderlicher geophysikalischer Felder* dürfte vielmehr die *Zellmembran* sein. Sie trennt Bereiche sehr unterschiedlicher Ionenkonzentration, dabei ist ihre Permeabilität variabel und sie ist ein Bereich, der physiologisch sehr aktiv und empfindlich ist.

Ferner muß sicher an das *vegetative* (autonome) *Nervensystem* gedacht werden, aber auch an das *endokrine System*, die Gesamtheit aller Drüsen mit innerer Sekretion. DE RUDDER (1952) vertritt z. B. die Ansicht, daß eine Veränderung der Tonuslage im vegetativen Nervensystem der primäre Vorgang *meteorotroper Natur* sei, der dann die Auslösung der jeweils nächstliegenden Schablonenreaktion bedingt.

Außer dem *Schwere- und magnetischen* Feld spielen bei der Wechselwirkung mit biologischen Systemen zweifellos die *elektromagnetischen Wellen* eine hervorragende Rolle.

In der *Bioklimatologie* und *Biometeorologie* spricht man in Zusammenhang mit dem aktinischen Wirkungskomplex von der ultravioletten, optischen und infraroten *Strahlung der Sonne* und des Himmels. Auf die noch kurzwelligere *γ-Strahlung* wurde oben bereits verwiesen. Ihre Quellen sind vor allem in der obersten *Erdkruste*, aber auch in *Bauwerken*, Straßenpflaster u. ä. zu suchen. Die wichtigsten *Radionuklide* sind ^{238}U, ^{235}U und ^{232}Th sowie deren Zerfallsprodukte, darunter vor allem das geochemisch sehr mobile ^{226}Ra. Hinzu kommt das in der Erdkruste wie auch in der Biosphäre sehr weit verbreitete ^{40}K. Demgegenüber treten die anderen, natürlich vorkommenden Radionuklide zurück.

Daß auch bereits das *Jura-Meer* Uran und seine Zerfallsprodukte enthielt, zeigt eine *Isoradenkarte* (Abb. 63) über einem *Ichthyosaurus acutirostris* nach LAUTERBACH (1962). Sicher fand teilweise eine Inkorporation in vivo wie eine nachträgliche Fällung am Fossil statt. Diese erhöhte Radioaktivität mariner Fossilien ist keine seltene Erscheinung.

TEMBROCK (1971) erwähnt u. a., daß Strudelwürmer (Dugesia) auch Quellen mit schwacher γ-Strahlung orten können. Daneben zeigen sie auch die Fähigkeit einer Orientierung durch Magnetfelder.

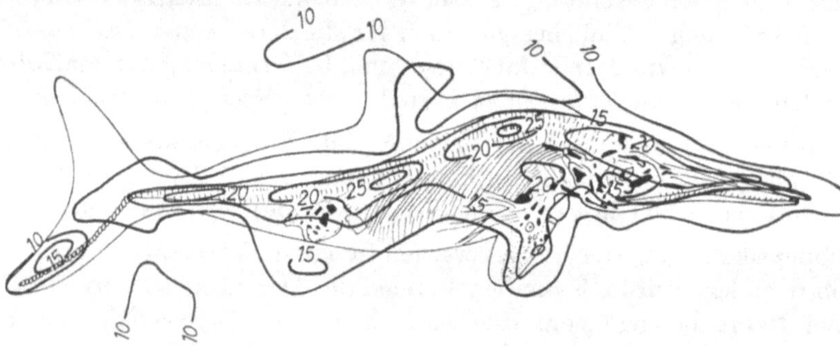

Abb. 63. Isoradenkarte, aufgenommen über einem *Ichthyosaurus acutirostris* nach LAUTERBACH (1962)

Ein besonders wichtiges *biogeophysikalisches Problem* stellen die *radiofrequenten und Längstwellen* dar. Unter ihnen sind die in der Atmosphäre ständig produzierten *Infralangwellen* (im VLF- und im ELF-Band) besonders intensiv untersucht worden. REITER (1960) hat den Nachweis geführt, daß nicht nur die Wellen geringster Frequenzen (ULF und ELF), sondern auch die VLF-Wellen eine *unmittelbare biologische Wirkung* ausüben. Dazu gehören bereits Feldstärken, wie sie in der freien Natur vorkommen, worauf nochmals eingegangen wird.

Von den *weiteren geophysikalischen Feldern* spielt das *erdmagnetische Feld* hinsichtlich seiner biologischen Wirkung eine interessante, wenn auch noch umstrittene Rolle. J. M. BARNOTHY (1969) glaubt an die Möglichkeit einer direkten Empfindung magnetischer Felder durch Organismen auf Grund eines phylogenetisch entwickelten Vermögens hierzu, wobei neuerdings ferromagnetische Organellen in Gestalt kleiner Magnetitkriställchen nachgewiesen worden sind. Eine zweite Möglichkeit vermutet BARNOTHY auf dem Wege über eine sekundäre Wahrnehmung durch organische Funktionsstörung mit *Stress* und Auslösung einer *Gegenregulation*, CHOLODOV (bei BARNOTHY, 1969) zeigt in Tierversuchen den Einfluß eines magnetischen Feldes unmittelbar im Elektro-Enzephalogramm (EEG).

COHEN et al. (1968, 1975) hat schließlich rings um den Kopf des Menschen ein auf die Gehirnströme zurückgehendes magnetisches Feld von etwa 10^{-4} nT nachgewiesen.

Das ist nur ein Teil jener Feldstärkevariationen, die das *erdmagnetische Feld* an gleicher Stelle erzeugt. Hinzu kommt die Ähnlichkeit der biologischen und geophysikalischen Frequenzen (α-Rhythmus im EEG um 10 Hz, erdmagnetische Pulsationen bis 1 ... 10 Hz, elektromagnetische SCHUMANN-Resonanz um 10 Hz).

Auf die Wirkung des Schwerefeldes der Erde soll nicht noch einmal eingegangen werden, dazu ist oben schon einiges gesagt worden. In jedem Fall ist die *Erdschwere* ein biologisch stark prägender geophysikalischer Faktor, von dem sehr viel im Detail durch die Kosmosforschung bekannt geworden ist, so daß hier nicht noch einmal darauf eingegangen werden soll.

Über die *elektromagnetischen Wellen* ist sehr viel im optischen Bereich bekannt, auch über Röntgen-und γ-Strahlen wurden vielfältige, gründliche Untersuchungen vorgenommen. Ähnliches gilt für die Rundfunkwellen. Relativ wenig ist hingegen über den *langwelligen Teil des Spektrums der elektromagnetischen Wellen* bekannt geworden. Daher sei als ein praktisches Beispiel eine Reihe *neuer Ergebnisse aus diesem Gebiet* zum Abschluß dargelegt.

12.5. Elektromagnetische Wellen im ELF- und VLF-Bereich[1]) und ihre biologische Bedeutung

WEVER (1968) hat bereits den Einfluß elektromagnetischer Felder auf die circadiane Periodik des Menschen nachgewiesen. Er zieht in diesem Zusammenhang die Schlußfolgerung, daß damit zugleich die Frage nach einer möglichen Beeinflussung auf den menschlichen Organismus insgesamt positiv beantwortet werden dürfte. Neben WEVER haben auch PERSINGER (1974) und PRESMAN (1970) sowie weitere Autoren die *Frequenz um 10 Hz* besonders hervorgehoben, die schon von KÖNIG und ANKERMÜLLER (1960, 1981), REINCKE (1980) u. a. als biologisch wirksam gekennzeichnet worden ist. Dabei ist die Produktion *elektromagnetischer Wellen um 10 Hz* sowohl *planetar* (SCHUMANN-Resonanz) als auch *regional* zu beachten (Atmospherics, Sferics). Von vielen Autoren wird auch die im Infralangwellenbereich VLF (3 ... 30 kHz) liegende atmosphärische Strahlung als physiologisch wichtig nachgewiesen.

In einer Zeit von 1971 bis 1980 (die inzwischen weiter verlängert wurde) haben LAUTERBACH und REINCKE (1978) *sowohl die zeitliche wie die regionale Abhängigkeit der Zählzeit von Probanden für ein 20-s-Intervall von atmosphärischen und geologisch-geophysikalischen Einflüssen untersucht.* Dabei kam eine Methode zur Anwendung, die von LEONOW und LEBEDEV (1968) in der Kosmosforschung beschrieben worden ist und die G. TITOV und andere Kosmonauten nach umfangreichem Voraustraining im Weltall anwandten. Sie fanden bei den Vorausuntersuchungen auf der Erde einen deutlichen *Tagesgang*, der im Kosmos weitgehend ausblieb.

Das *Abzählen eines 20-s-Intervalls* geschieht bei dieser Methode durch möglichst im Sekundentakt erfolgendes Aussprechen der Zahlen von 21 bis 40. Der Proband *konzentriert* sich dabei mit geschlossenen Augen (α-Rhythmus!) darauf, jede psychische Beeinflussung zu eliminieren. Dies wird 15- bis 20fach wiederholt. Nach ein bis zwei Tagen lag der mittlere Fehler für die Abzählung von 20 s bei ±2 ... 3 s. Nach etwa 10 Tagen täglichen Trainings von 15 bis 20 min beträgt der mittlere quadratische Fehler noch rund ±1 s. Nach zwei Monaten Training geht der Fehler auf etwa ±0,3 s zurück und liegt bei rund *sechs Monaten*

[1]) 3 Hz bis 3 kHz — ELF (extreme low frequency),
3 kHz bis 30 kHz — VLF (very low frequency).

um ±0,1 *s*. Etwaige Abweichungen von diesen Werten zeigen sofort mangelnde Konzentration oder eine äußere Ablenkung des Probanden an. Am Ende der Zählzeit, die wir lediglich in Analogie zu den sowjetischen Kosmosexperimenten bei 20 s beließen, wird dann eine Stoppuhr betätigt. Alle Zählungen erfolgen durch den Probanden *blind*. Die so erhaltenen 15 bis 20 Einzelmessungen werden gemittelt und bilden dann einen Beobachtungswert. Wie u. a. Czermak (1857), Setschenov (1963) und Reincke (1980) feststellten, gibt es keinen isolierten *Zeitsinn* beim Menschen. Die Wahrnehmung der Zeit erfolgt durch alle anderen Sinne. Mit Hilfe des *Trainings des Rhythmusgefühls* (Abzählen im angestrebten Sekundentakt) und durch lautes Zählen — unter Einschalten der Akustik und Motorik als Kontrolle — ist es möglich, die oben erwähnte erstaunliche Genauigkeit von um ±0,1 s zu erreichen.

Bereits Reiter (1960) verglich die *Änderung der Reaktionszeit* von Probanden (mit insgesamt 45100 Messungen) mit der *Änderung des VLF-Index* (10—50 kHz) und erhielt einen nahezu *linearen Zusammenhang* (Abb. 64). Diese enge Beziehung beider Größen zueinander ergibt sich auch hinsichtlich der Zählzeit-Änderung als einer Art Änderung der Reaktionsfrequenz und der Variation des VLF- sowie des ELF-Index.

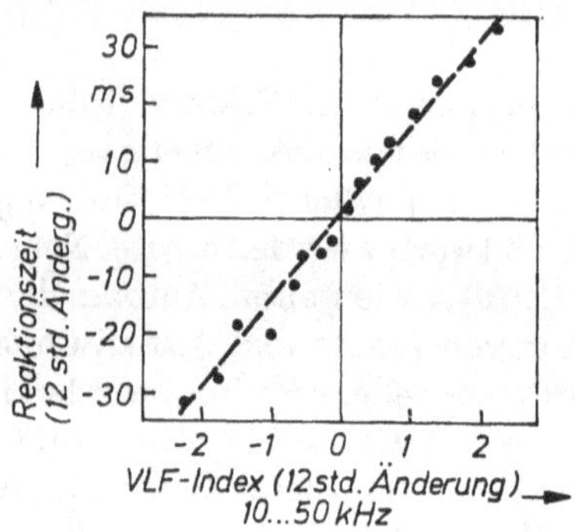

Abb. 64. Zusammenhang zwischen der 12stündigen Änderung des VLF-Index der atmosphärischen Impulsstrahlung (3 kHz bis 30 kHz) mit der 12stündigen Änderung der Reaktionszeit von Probanden. Für 45100 Messungen von 3 Probanden ergab sich nach Reiter (1960) ein fast linearer Zusammenhang.

Die *große Zahl der beteiligten Probanden* weist darauf hin, daß es sich bei diesen Resultaten nicht nur um ein vereinzeltes günstiges Zufallsergebnis handeln kann, sondern um einen *generellen Zusammenhang*. Bei den von Reiter (1960) ausgewerteten *Reaktionszeitmessungen* handelte es sich um *untrainierte Besucher* einer Verkehrsausstellung. Unsere *Zählzeitmessungen* wurden direkt mit der *Wetterlage* korreliert. Wir benutzten dazu die Wetterphasen nach Ungeheuer (1955). Unsere Resultate von 10 Jahren faßt Abb. 65 zusammen (mit Messungen täglich immer unter gleichen Bedingungen im Innenraum und zur gleichen Tageszeit). In einer *Tiefdruckzone* und speziell im Bereich der Fronten ist die Zählzeit für 20 s um rund *2 ... 3 s verkürzt* bzw. die hier eingetragene Zählgeschwindigkeit entsprechend beschleunigt. Das umgekehrte trifft im Bereich eines *Hochdruckgebietes* zu, wobei das Ausmaß der *Zahlzeitverlängerung* (bzw. Verkürzung der Zählgeschwindigkeit) auch noch von der Sonnenaktivität abhängt ($\bar{R}$ = Sonnenfleckenrelativzahl).

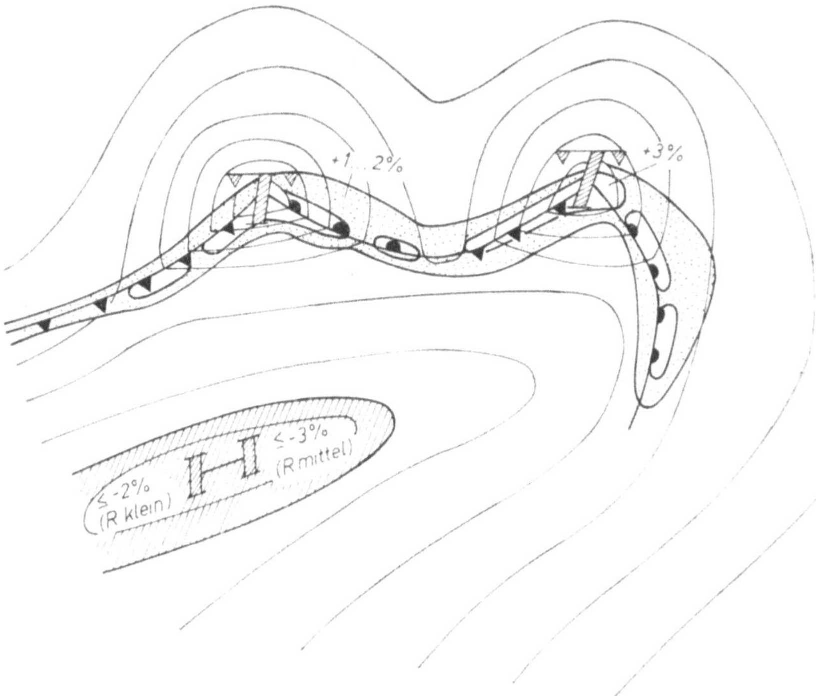

Abb. 65. Schematische Wetterkarte: Hoch- und Tiefdruckgebiete mit eingetragener Tendenz der Zählgeschwindigkeit beim Abzählen von 20 s. Zugrunde gelegt sind die Ergebnisse einer Zeitreihe von 1970 bis 1981 mit täglicher Messung der Zählzeit. Im Bereich der Tiefdruckgebiete und ihres Frontensystems ist die Zählgeschwindigkeit signifikant um 1 ... 3% beschleunigt (punktierte Fläche 1 ... 2%, nicht punktierte Kerngebiete 3% und mehr). Ursache ist die hier stets erhöhte Infralangwellen-Aktivität der Atmosphäre vor allem im VLF-, aber auch im ELF-Bereich. Demgegenüber ist die Zählgeschwindigkeit von Probanden im Hochdruckgebiet verlangsamt (bis über −3%). Ist die Sonnenfleckenrelativzahl R klein, wird nur etwa −2% erreicht, bei großem R bis −3% und mehr (schraffiert).

Abb. 66 gibt die Ergebnisse noch einmal aufgegliedert nach *Wetterphasen* wieder. Es bedeuten:

1 = junges Hochdruckgebiet (Antizyklone);

2 = alterndes Hochdruckgebiet;

3 = überaltertes Hochdruckgebiet. Im Alpenvorland ist 3_F außerdem Föhneinfluß;

4 = Durchzug eines Tiefdruckgebietes (Zyklone) mit seinen Störungsausläufern (Warmfront, Okklusion, Kaltfront);

5 = Zustand nach Durchzug einer Störung;

6 = Wetterberuhigung und Tendenz zum Übergang nach Wetterphase 1.

Links ist das Gesamtmittel der *Abweichungen der Zählzeiten* für ein 20-s-Intervall vom *langfristigen Durchschnittswert nach den Wetterphasen* sortiert dargestellt. In der *Mitte* ist das Ergebnis für die zehn Jahre jeweils für den *Sommer* dargestellt. *Rechts*

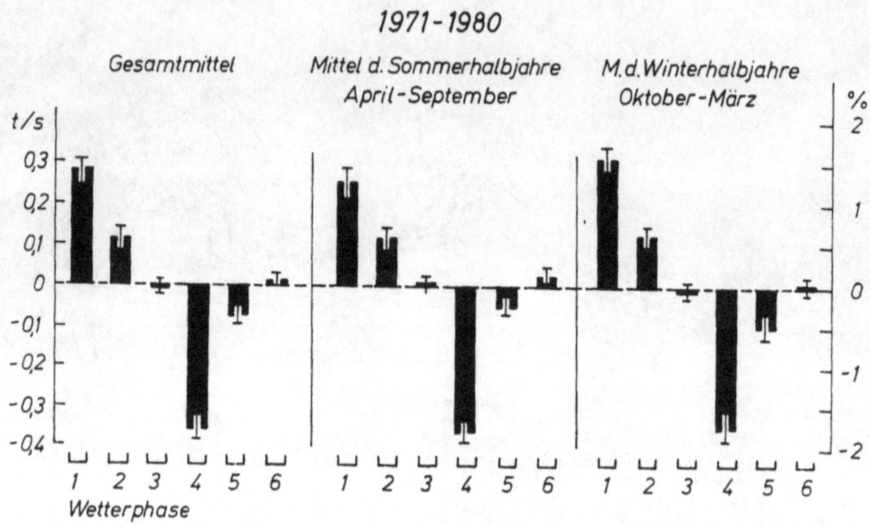

Abb. 66. Abweichungen der Zählzeiten für ein 20-s-Intervall vom langfristigen Mittelwert, sortiert nach den Wetterphasen 1 bis 6 (Wetterphasen nach UNGEHEUER, 1955). Der Proband führte täglich einmal zur gleichen Zeit unter gleichen äußeren Bedingungen 20 Zählungen durch, die gemittelt wurden. Die Zeitreihe wurde von 1971 bis (vorerst) 1980 geführt. Das Gesamtmittel wurde von 1971 bis (vorerst) 1980 geführt. Das Gesamtmittel über alle 10 Jahre findet sich links. In der Mitte ist das Mittel der Sommerhalbjahre und rechts der Winterhalbjahre aufgetragen. Wetterphase 1 und 2 (UNGEHEUER 1955) bedeuten aktives Hochdruckgebiet, hier ist die Zählzeit stets verlängert. Wetterphase 4 (Tiefdrucklage) bedingt eine Verringerung der Zählzeit für 20 s. Die gesamte Zählzeitvariation beträgt rund 3,5% von 20 s im 10jährigen Mittel.

findet man die *Winter*ergebnisse. Es zeigt sich, daß sich zwischen Schönwetter und Schlechtwetter im Sommer wie im Winter rund 0,6 bis 0,7 s (auf 20 s) Unterschied regelmäßig feststellen lassen. Abb. 67 gibt *für die Halbjahre* (1971 bis 1980) die Wetterabhängigkeit der Zählzeit für 20 s wieder. Unser Ergebnis ist also nicht allein bei einer Langzeitmittelung zu sehen, sondern auch bereits bei monatlicher bis halbjähriger Auswertung (bei einer Meßreihe am Tag, die einen Durchschnittswert liefert). Maximal beträgt die *Zählzeitdifferenz über 0,8 s auf 20 s* (also mehr als 4%), was bei einem mittleren Fehler von ca. ±0,1 s *hoch signifikant* ist.

Abb. 68 beweist, daß dieser Effekt wirklich auf *Längstwellen* der Atmosphäre zurückzuführen ist. An einem witterungslabilen Tag wurde der Proband zweimal abgeschirmt. Die eingetragenen Werte sind (nur in diesem Diagramm) Einzelwerte der Zählzeit für 20 s. Die *Abschirmung des Probanden* (nur Oberkörper) schwächt die Längstwellen, die bekanntlich schwer abzuschirmen sind. So *verlängert sich die mittlere Zählzeit* um 2,0 bis 2,5% (das würde einem Übergang von Wetterphase 4 nach Wetterphase 2 entsprechen). Bemerkenswert ist aber auch die *Glättung der Kurve* unter der Abschirmung. Die durch eine sommerliche Gewitterlage bedingte Unruhe außerhalb der Abschirmung verschwindet weitgehend.

Wie schon erwähnt wurde, geht in die Variation der Zählzeiten auch die *Sonnenaktivität* ein, gemessen an den *Sonnenfleckenrelativzahlen R*. Um dies festzustellen,

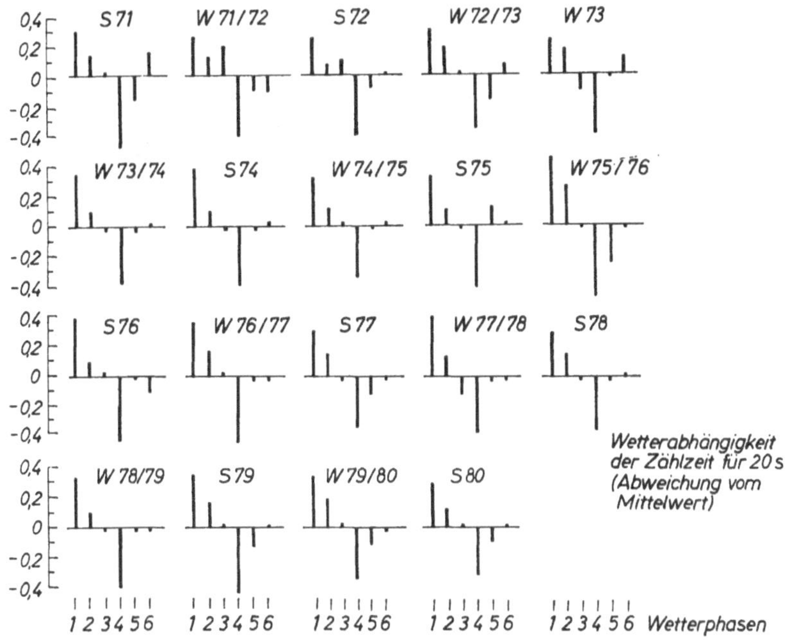

Abb. 67. Untergliederung des Resultates der Abb. 66 nach Halbjahren (S = Sommerhalbjahr, W = Winterhalbjahr) vom Sommer (S) 1971 bis zum Winter 1979/1980 (W) und Sommer 1980. Diese Abbildung beweist die zeitliche Konstanz der physiologischen Basis für die Ausbildung dieses Effektes beim Probanden.

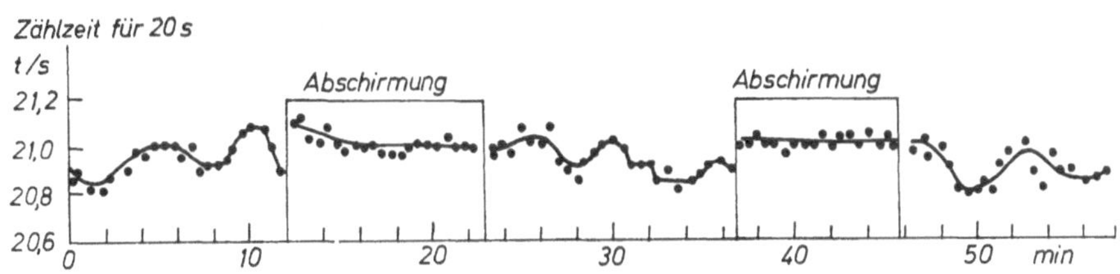

Abb. 68. Zweimalige FARADAY-Abschirmung des Probanden während einer 20-s-Zählreihe. Es erfolgten einfache (nicht 20fache wie sonst) Zählungen während einer sommerlichen Gewitterlage. Daraus folgt die Unruhe, die unter der Abschirmung verschwindet, wobei sich außerdem die mittlere Zählzeit um 2,0 ... 2,5% von 20 s verlängert. Das entspricht den Zählzeiten bei einem Übergang von Wetterphase 4 nach Wetterphase 2. Die Abschirmung von Infralangwellen ist — wie physikalisch zu erwarten — zwar relativ geringfügig, aber außerordentlich deutlich, vor allem durch die Glättung.

wurden die witterungsbedingten Einflüsse ausgeschaltet, indem *nur die Werte bei Hochdruckwetter* (Wetterphase 1, die stets sehr eindeutig und stabil ist) in Beziehung zu den Sonnenfleckenrelativzahlen gesetzt wurden. Das Resultat zeigt Abb. 69. Die Abweichungen beziehen sich auf den Mittelwert aller Zählzeitbestimmungen von 1971 bis 1980. Man sieht deutlich eine *Verlängerung der Zählzeit* von niedrigen bis zu mitt-

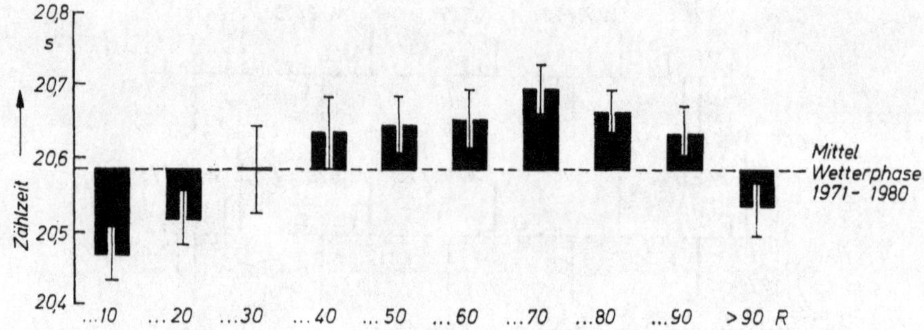

Abb. 69. Einfluß der Sonnenaktivität auf die Zählzeitvariation. Die witterungsbedingten Einflüsse wurden ausgeschaltet, indem nur Zählwerte bei Wetterphase 1 berücksichtigt worden sind. Als Maß für die Sonnenaktivität wurden die Sonnenflecken-Relativzahlen *R* verwendet.

leren Werten der *Sonnenaktivität.* Dann nehmen die Zählzeiten wieder langsam ab. Der *Gesamteffekt ist signifikant,* die Unterschiede der einzelnen Stufen nicht.

Die *Ergebnisse der ortsfesten Untersuchungen der zeitlichen Variation der Zählzeit* für 20 s (bei einem trainierten Probanden) *als Funktion der Wetterlage* und ihrer elektromagnetischen Aktivität lassen sich wie folgt *zusammenfassen*:

1. Zwischen der Veränderung der Zählzeit ebenso wie der Reaktionszeit des Menschen und der Variation der Infralangwellen-Impulsstrahlung der Atmosphäre besteht nach Reiter (1960) ein *linearer Zusammenhang.*
2. *Schlechtwetter* (Wetterphase 4) bedingt eine *Verkürzung* der Zählzeiten für 20 s *gegenüber Schönwetter* (Wetterphase 1, 2) um 3 ... 4%, *maximal* 5%. Ursache ist die Erhöhung der Längstwellenstrahlung im VLF- und ELF-Bereich um bis zu 50%.
3. Eine teilweise *Abschirmung* der natürlichen Längstwellenstrahlung *verlängert die Zählzeit* des Probanden.
4. Die *solare Aktivität beeinflußt die Zählzeit* in geringerem Umfang als die Längstwellenstrahlung der Atmosphäre. Der Gesamteffekt ist aber ebenfalls *signifikant.*
5. Die *zeitliche Änderung der Zählzeit* für 20 s hängt nach mehrmonatigem Training offenbar von den *elektromagnetischen Feldern* im VLF- und ELF-Bereich sowie vielleicht noch von denen im ULF-Band ab, ferner vielleicht von den *erdmagnetischen Pulsationen.* Weitere geophysikalische Felder dürften aber außer der Temperatur keine oder nur eine geringe Rolle spielen.

Nun zur Widerspiegelung *geophysikalischer Einflüsse in der örtlichen* (*regionalen*) *Variation der Zählzeit*!

Das Hauptproblem der weiteren Untersuchungen stellte die Frage dar, ob lokale oder regionale *tellurische* oder *magnetische Anomalien* einen ähnlichen Effekt auslösen wie die atmosphärischen elektromagnetischen Einflüsse in der Zeitreihe der Zählzeit von 20 s. Diese Frage ist nicht abwegig, hatten doch schon Ludwig, Mecke und Seelewind (1968) Gelände- (wie Modell-) Messungen im Längst- (bzw. Mikro-) Wellenbereich durchgeführt und festgestellt, daß das „*Elektroklima*“ *örtlich wie zeitlich variiert.* Auch König (1981) fand, daß über *geologischen Diskontinuitäten* der Erdkruste, die von elektrischen Leitfähigkeitsunterschieden begleitet sind, *im Infralangwellenfeld reflektierte und stehende sowie Sekundärwellen auftreten.* Über solchen Zonen werden ***Feldstärkeminima*** beobachtet (die stets zu einer Verlängerung der Zählzeit führten). Diese Minima haben obige Autoren auch im Mikrowellenmodell im Labor erzeugen können.

Tellurische Ströme folgen stets Zonen guter elektrischer Leitfähigkeit. Dies gilt auch für Ströme, die künstliche Quellen hervorrufen (Straßenbahn, S-Bahn, Netzstrom u. a.). Vor allem gilt dies aber auch für die natürliche SCHUMANN-*Resonanz um 10 Hz*. Die Übereinstimmung der mittels *magnetotellurischen Verfahren* der Geophysik gemessenen Anomalie über einem *Tiefenbruch* (Rostock-Gramzower Bruch) nach

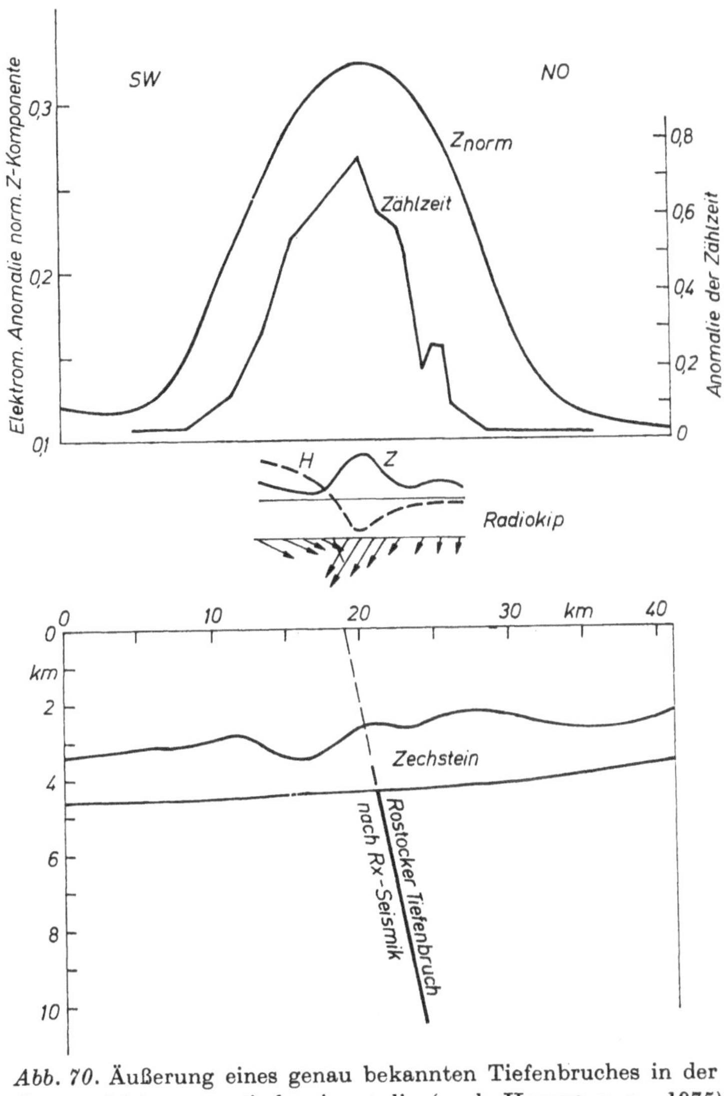

Abb. 70. Äußerung eines genau bekannten Tiefenbruches in der Erdkruste auf die geoelektromagnetische Anomalie (nach HURTIG u. a., 1975), die Zählzeit-Variation (nach LAUTERBACH und REINCKE, 1978), die Feldstärke der Langwellen eines Senders (Radiokip) und die seismischen Ergebnisse (von oben nach unten)

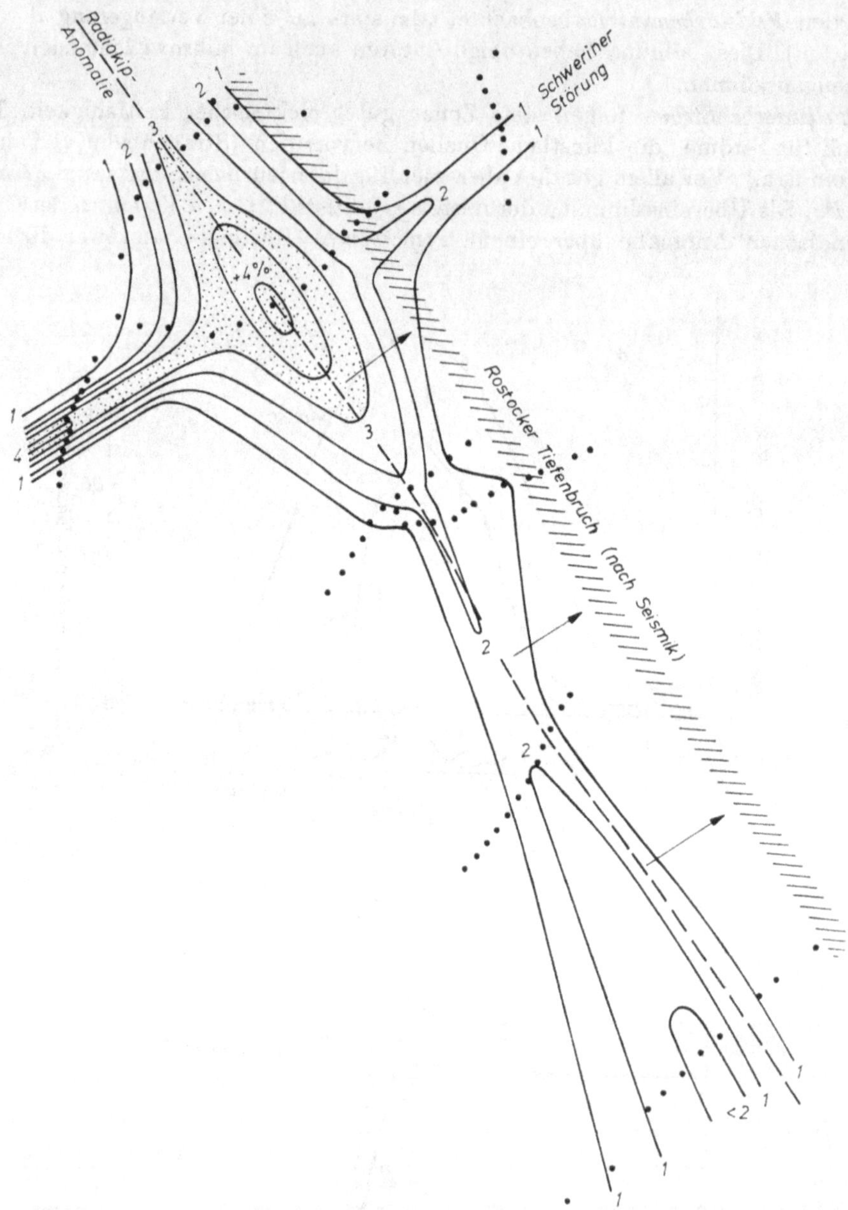

Abb. 71. Isochronen der Zählzeit-Variation (für 20 s Zählzeit) über einen 30 km langen Abschnitt des Rostocker Tiefenbruches hinweg. Die Verwerfung wird im Nordwesten von der Schweriner Störung gekreuzt. Hier tritt eine Verlängerung der Zählzeit von mehr als 4% auf. Als gerissene Linie ist die Kammlinie der elektrischen Radiokip-Anomalie eingetragen. Die seismische Indikation (schraffiert) gilt nur für den tiefen Teil der nach ONO einfallenden Störung und ist demzufolge in dieser Richtung verschoben. Die Ziffern bedeuten %-Werte der Zählzeitverlängerung.

HURTIG, OESBERG, RITTER, GRÜNTHAL und JACOBS (1975) mit der Anomalie der Zählzeit für 20 s (nach LAUTERBACH und REINCKE, 1978) zeigt gut die adäquate Auswirkung der im Bruchsystem *kanalisierten tellurischen Ströme* auf die physikalischen wie die biologischen Sensoren (Abb. 70). Dieser Bruch durchsetzt weitgehend die ganze Erdkruste. Die je Meßpunkt 20 Einzelmessungen der Zählzeit für 20 s wurden zwecks besserer Konzentration im Kraftfahrzeug (mit Kunststoffkarosserie) durchgeführt. Die Meßpunkte liegen 200 ... 300 m voneinander entfernt. Die Zählzeitmessungen sind eingehend in der Arbeit von LAUTERBACH und REINCKE (1978) erläutert. Außerdem wurden noch die Vertikal- und Horizontalkomponente (Z und H) der Feldstärke eines Langwellensenders nach dem *Verfahren „Radiokip"* gemessen. Schon der Vergleich dieser drei völlig verschiedenen Verfahren, darunter des biologischen, wirkt überzeugend. Außerdem ist aber in der darunter gezeichneten geologischen Skizze die Gesamtheit der reflexionsseismischen Ergebnisse in diesem Gebiet mit eingegangen. Man beachte, daß der Bruch erst im Zechsteinsalz bzw. darunter einsetzt, also bei rund 4 km. Aus dieser Tiefe kann man *Informationen nur vom 10-Hz-Bereich* ab nach niedrigeren Frequenzen erwarten. Dies ist eine Folge des *Skin-Effektes* der oberen Erdkruste. Die *Radiokip-Anomalie* hingegen ist nur für die obersten Meter repräsentativ und zeigt, daß eine *schwächere Zerrüttungszone mit erhöhter Leitfähigkeit* auch noch oberhalb des plastischen Zechsteinsalzes auftreten muß. Wir können also davon ausgehen, daß die *biologisch besonders wirksame Frequenz um 10 Hz* hier kausal eine geophysikalisch wie biologisch wichtige Rolle spielt. SCHUMANN und KÖNIG haben auf deren Existenz schon 1954 hingewiesen. Als *SCHUMANN-Resonanz* (SCHUMANN, 1952) ist sie bekanntlich planetar ausgeprägt.

Längs Profilen kann man die Variation der Zählzeit kartieren und durch *Isochronen gleicher Abweichung vom Mittelwert* (in %) zum Ausdruck bringen. Abb. 71 zeigt eine derartige Kartierung über dem schon erwähnten Rostocker Tiefenbruch und zwar für einen Abschnitt von über 30 km streichender Länge. Die *Zählzeit* ist maximal *bis über 4% verlängert.* Interessant ist, daß auch die kreuzende *Schweriner Störung* gut wiedergegeben wird.

Außerdem ist die Kammlinie der *Radiokip-Anomalie* ebenfalls eingetragen. Die Angaben über diesen Tiefenbruch nach den Daten der *Reflexionsseismik* sind im Richtungssinn des Einfallens der Bruchfläche verschoben, da diese Indikatoren erst aus Tiefen unter dem Zechstein stammen. Sie sind der Zählzeit-Anomalie aber gut zuzuordnen. Bemerkenswert ist noch, daß die *größten Werte der Zählzeit-Verlängerung sich genau im Schnittpunkt der beiden tektonischen Störungen* einstellten.

Während in Abb. 71 drei voneinander unabhängige Verfahren etwa übereinstimmende Ergebnisse zeigen, ist in Abb. 72 das Resultat von vier Methoden (neben der Zählzeitmessung noch drei geophysikalische Verfahren) über der sog. *Werre-Störung* im Saaler Bodden zusammengestellt. Diese doppelte Störungszone ist ebenfalls *seismisch* untersucht worden (Reflexionsseismik = Rx-Seismik), ferner wurden Messungen der *Ra C-Konzentration* im Bodden (an Bodenproben) und auf Land vorgenommen, und schließlich wurde wieder die *Methode Radiokip* eingesetzt. Sämtliche Ergebnisse stimmen recht gut mit den Kurven der *Zählzeit-Variation* über zwei Profile hinweg überein.

Auch tektonisch *weniger ausgeprägte Brüche* können sogar im Flachland gut nachgewiesen werden, obwohl hier auch die Methode Radiokip nur schwache Indikationen gibt (Abb. 73).

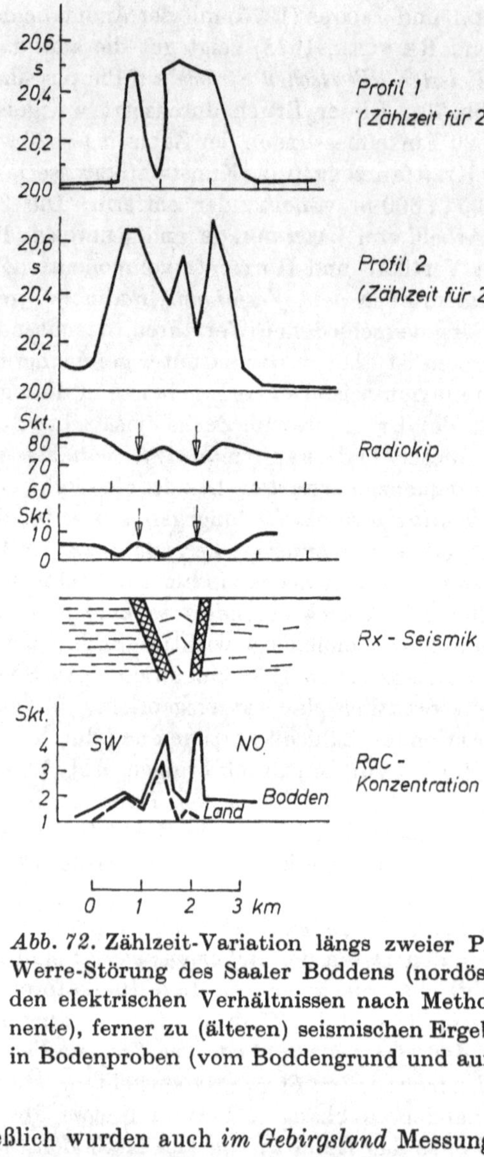

Abb. 72. Zählzeit-Variation längs zweier Profile senkrecht zum Streichen der Werre-Störung des Saaler Boddens (nordöstlich von Rostock) im Vergleich zu den elektrischen Verhältnissen nach Methode „Radiokip" (*H*- und *Z*-Komponente), ferner zu (älteren) seismischen Ergebnissen und zur Ra C-Konzentration in Bodenproben (vom Boddengrund und auf dem Land)

Schließlich wurden auch *im Gebirgsland* Messungen der Zählzeitvariationen vorgenommen. Als Beispiel sei in Abb. 74 die Isochronenkarte über der sehr gut bekannten *Friedrichroda-Georgenthaler Störungszone* vorgestellt. Hier ist die *Verlängerung der Zählzeit* im Kern der höchsten Anomalie nur wenig unter *5% von 20 s* festgestellt worden.

Als Schlußfolgerungen aus diesen neuartigen Untersuchungen, die wegen ihrer Ähnlichkeit zur angewandten Geophysik auch als *„angewandte Biogeophysik"* (LAUTERBACH, 1983) bezeichnet worden sind, kann man folgende *Feststellungen* treffen:

1. Mit der Methode der Zählzeit-Variation lassen sich mindestens *tektonische Störungszonen* — wegen ihrer besseren elektrischen Leitfähigkeit — *feststellen* und verfolgen. Man kann ein ganzes *Störungsnetz kartieren.* Brüche sind geologisch wichtig wegen

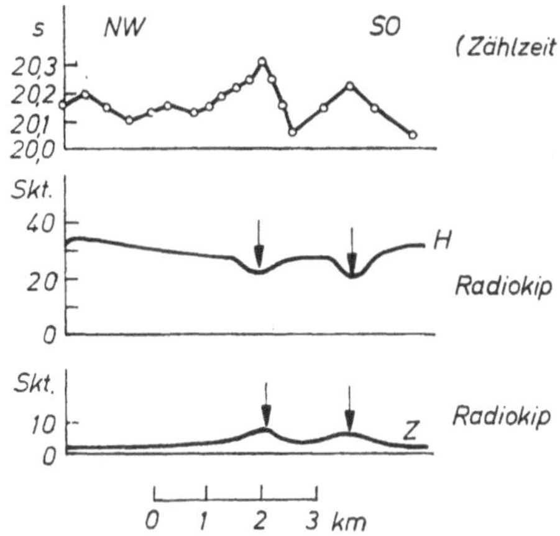

Abb. 73. Nachweis einer schwach entwickelten geologischen Störung (Neubrandenburger Störung) durch Zählzeit-Anomalie (oben) und H- sowie Z-Komponente der Methode Radiokip. Beide voneinander unabhängigen Verfahren zeigen übereinstimmend eine Aufspaltung der Störung in zwei schwache Indikationen.

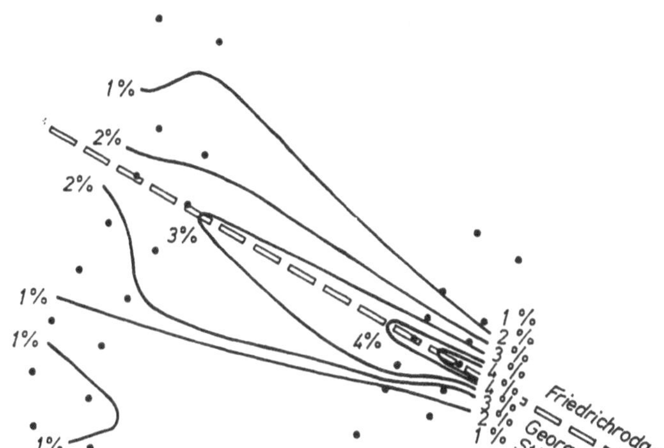

Abb. 74. Isochronenkarte der Zählzeit-Variation (für 20 s) über der Friedrichroda-Georgenthaler Störungszone. Die Zählzeit-Veränderung beträgt maximal 4,7% von 20 s.

ihrer Beziehung zu vielen Formen von Lagerstätten, darunter auch Erdöl- und Erdgasstrukturen.

2. Die Methode ist in der *Schnelligkeit* geophysikalischen Verfahren überlegen. Sie ist *sehr einfach* durchzuführen, geht schnell und bedarf nur eines *geringen Aufwandes* (Kraftwagen mit Kunststoffkarosserie und Satz von Stoppuhren).
3. Die bisher untersuchten zahlreichen Störungen in der Erdkruste waren von recht verschiedenem Typ, trotzdem trat aber durchweg eine *Verlängerung der Zählzeit* zwischen zwei und fünf Prozent auf.

4. Je tiefer die wahrscheinliche Hauptquelle für diesen Störeinfluß liegt, desto größere *Halbwertsbreite* weist die Zählzeit-Anomalie auf (z. B. *Rostocker Tiefenbruch* mehrere Kilometer Halbwertsbreite senkrecht zum Streichen; *Friedrichroda-Georgenthaler Verwerfungszone* nur rund 100 m Halbwertsbreite). Dies gilt in der Geophysik in analoger Weise für Anomalien der Potentialfelder.
5. Diese *Prolongationszonen* können mehrere Ursachen haben; biologisch wirksame Frequenz- und/oder Phasenänderungen des elektromagnetischen Feldes an der Erdoberfläche; speziell *erhöhter ELF-Anteil* als Folge des Skin-Effektes über tief reichenden Zonen *erhöhter geoelektrischer Leitfähigkeit*; Verminderung der Feldstärke über etwa vertikalen elektrischen Diskontinuitäten in der Erdkruste; zusätzlich kann auch eine Veränderung des Ionenspektrums in der bodennahen Luft eine Rolle spielen, vor allem über dem Ausbiß von Verwerfungen im Gebirgsland.
6. Die von der Wirkung der Atmosphäre ausgehenden Einflüsse auf die Zählzeitvariation addieren sich denen der festen Erde, ohne deren relativen Verlauf zu verändern (lediglich das Grundniveau wird verschoben).
7. *Jeder Mensch* ist — ohne daß es ihm bewußt wird — derartigen *zeitlichen und regionalen Einflüssen* seitens der geophysikalischen Felder unterworfen (wichtig für Verkehrsteilnehmer, Berufe mit hohen Anforderungen an die Reaktionsfähigkeit, Kosmonauten etc.). Da auch die *organische Regelung* insgesamt hiervon betroffen wird, ist die Frage nach Beeinträchtigungen des *Wohlbefindens* (z. B. *Meteoropathologie*) nahe verwandt.

Weitere Mitteilungen hierzu sind bei Lauterbach und Reincke (1978), Reincke (1980), Lauterbach (1983) zu finden.

Mit König und Ankermüller (1960) kann man den biologisch besonders wirksamen niederfrequenten Vorgängen in der Atmosphäre (*ELF frequente elektromagnetische Impulsstrahlung*) sowie ihren *induzierenden Wirkungen in der Erdkruste* einen Vorrang bei der Deutung einräumen.

12.6. Resonanz von seiten der Biologen

Der biogeophysikalische Problemkreis ist wegen seiner biologischen Bezogenheit vielen *Geophysikern fernstehend.* Dagegen kann man in großem Umfang von einer *Resonanz der Biologen* sprechen, die bis zu einer sehr erfolgreichen Pionierrolle der Biologen und Mediziner reicht. Nur einige wenige Beispiele sollen hier noch wiedergegeben werden. Wie z. B. Cholodov (bei Dubrov, 1978) als Neurophysiologe feststellt, ist es vor allem das *Zeitalter der Raumfahrt* gewesen, das die Biogeophysik und speziell die Magnetobiologie in ihrer Entwicklung beschleunigt und ausgeweitet hat. Einen weiteren Anstoß gab der Problem- und Aufgabenkreis der *Chronobiologie* und *Chronomedizin,* der teilweise eng mit *geophysikalischen Zeitgebern* verküpft ist. Hierzu muß vor allem auf die Pionierrolle von Biologen und Medizinern der Martin-Luther-Universität Halle hingewiesen werden. Mehrere Tagungen und Kolloquien halfen bei der Entwicklung dieses neuen Wissenschaftsgebietes (z. B. Schuh 1977 oder Scharf und v. Mayersbach 1977).

Der Biologe A. P. Dubrov spricht 1978 vom „*Vormarsch der Biogeophysik*", indem er sein in Leningrad (1974) und erweitert in New York (1978) über Probleme der *Geomagnetobiologie* verfaßtes Werk vorstellt, das übrigens von der Präsidentin der Assoziation für Geomagnetismus und Aeronomie präsentiert wird. 1970 hatte Presman seine Untersuchungen zum biologischen Einfluß *elektromagnetischer Felder* veröffentlicht. Ebenso wies der Zoologe G. ALTMANN (z. B. 1974 bei PERSINGER) auf biochemische Verhaltensmuster von Versuchstieren nach einer ELF-Exposition hin. ALTMANN folgten noch zahlreiche seiner Schüler mit weiteren wichtigen Mitteilungen nach. Dabei wird auch immer von der geophysikalischen Situation ausgegangen, vor allem der von SCHUMANN entdeckten elektromagnetischen Resonanzschwingung der Atmosphäre zwischen 0 und 25 Hz.

Von physiologischer Seite gibt es ebenfalls zahlreiche Arbeiten. Aus der Feder des leider früh verstorbenen Physiologen H. DRISCHEL seien nur seine Arbeiten zur *Rhythmologie* und den *Einflüssen geophysikalischer* und *elektromagnetischer Felder* erwähnt (1974, 1975, 1978).

Von medizinischer Seite liegt eine große Zahl von Publikationen zur *Meteoropathologie* vor. Nach dem grundlegenden Buch von REITER (1960), das mit medizinischer Unterstützung zustande kam, ist von dem Arzt D. ASSMANN die *Wetterfühligkeit* des Menschen (1963) allseitig beleuchtet worden. In vielen Ländern gibt es biometeorologische und bioklimatische Forschungseinrichtungen. Größere Kliniken haben einen ständigen *biometeorologischen Beratungsdienst* eingeführt. In Einzelfällen wurde auch die Möglichkeit eingerichtet, einen Beratungsdienst telefonisch in Anspruch zu nehmen, der über mögliche medizinische Wetterwirkungen vom Tage informiert und auch auf *Beeinträchtigungen der Reaktionszeit* – vor allem *für Verkehrsteilnehmer* – hinweist. Die Reaktionszeit des Menschen wird vor allem von elektromagnetischen Signalen um 10 Hz sehr signifikant beeinflußt, sie ist also damit wetterabhängig.

Das biologische Interesse für die geophysikalischen Umweltfaktoren geht aber noch weiter: da ist einmal die *Baubiologie*, die z. B. die Einflüsse der Stahlbeton-Bauwerke mit ihren Abschirmwirkungen auf natürliche elektromagnetische Felder und auf den Menschen untersucht und zum anderen die *landwirtschaftliche Anwendung der Biogeophysik*. Es konnte gezeigt werden, daß die Entwicklung von Tieren durch magnetische und elektromagnetische Felder im günstigen wie ungünstigen Sinne beeinflußt werden kann (vgl. z. B. DUBROV, 1978). Eine Untersuchung von landwirtschaftlicher Seite zeigt Abb. 75. U. LAUTERBACH (s. bei R. LAUTERBACH, 1983) hat für eine Gruppe Meerschweinchen (*Cavia porcellus*) die *Variation der Blutkörperchen-Senkungsreaktion* mit und ohne vorherigen Einfluß eines 50-Hz-Feldes untersucht. Der untere Teil der Abbildung zeigt die Veränderung des Blut-p_H-Wertes bei Wetterphase 4 (*Schlechtwetter* mit hohem VLF-Anteil) und bei Wetterphase 1 (*Schönwetter*) von einer Gruppe Meerschweinchen. Auch bei Schlechtwetter (Wetterphase 4) kann man bei den Tieren einen der Wetterphase 1 (Schönwetter) entsprechenden Blut-p_H-Wert messen, wenn man sie einem elektromagnetischen ELF-(50 Hz) Feld aussetzt. In Abb. 75 erkennt man bei Einschalten des 50-Hz-Feldes den Übergang zu dem Pegel von Wetterphase 1 (obwohl in der Natur Wetterphase 4 herrschte). Nach Abschalten des Feldes erfolgt eine ziemlich rasche Rückkehr zu Werten der Wetterphase 4 (nach U. LAUTERBACH, vgl. R. LAUTERBACH, 1983).

Weitere Versuche von U. LAUTERBACH galten der Langzeiteinwirkung eines elektromagnetischen 10-Hz-Impulsfeldes, das künstlich um den Käfig erzeugt wurde, in dem eine große Zahl Mäuse lebte. Unter dem Einfluß dieses Feldes wuchsen die Tiere um 11% rascher als die einer Kontrollgruppe ohne ein derartiges Feld. Beim ausgewachsenen Tier blieb im Schnitt eine 6% höhere Biomasse bestehen. Auch die im feldfreien Raum aufgezogenen Filialgenerationen hatten noch eine (langsam abnehmende) erhöhte Masse.

Damit zeigt sich die Bedeutung elektromagnetischer Felder – gerade auch solcher im ELF-Bereich – auf biologische Systeme sehr deutlich. Man muß in diesem Zusammenhang daran denken, daß sich die ***biologische Evolution*** auf der Erde unter der dauernden Einwirkung ***elektromagnetischer Felder*** vollzog, darunter auch gerade der der planetaren SCHUMANN-Resonanz (SCHUMANN, 1952), die um 10 Hz liegt.

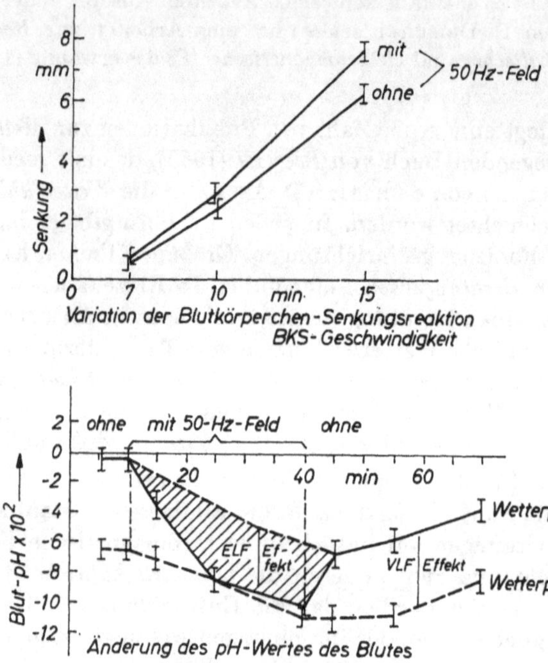

Abb. 75. Änderungen der Blutparameter von rund 40 Meerschweinchen (*Cavia porcellus*) in Abhängigkeit von einem ELF-Feld und Wetterphasen-Unterschieden (Wetterphase 4, VLF-Effekt und Wetterphase 1)

Oben: Änderung der Blutkörperchen-Senkungsreaktion durch ein ELF-Feld (50 Hz), bereits nach 15 min Senkungszeit ist durch das ELF-Feld ein signifikanter Effekt erreicht

Unten: Änderung des pH-Wertes des Blutes von Meerschweinchen bei Übergang von Wetterphase 4 zu Wetterphase 1. Der Effekt kann auch bei Wetterphase 4 durch ein überlagertes ELF-Feld (50 Hz) erreicht werden (ELF-Effekt), man erreicht so die Annäherung der Werte bei Wetterphase 4 an Wetterphase 1. Die Messungen fanden in einem Stahlbetonbau statt. Nach U. LAUTERBACH (R. LAUTERBACH, 1983)

Diese in vieler Beziehung wichtigen *Zusammenhänge zwischen Geophysik und Biophysik* werden international – ausgelöst vor allem durch die Kosmosforschung – intensiv erforscht. Es ist deshalb nicht ohne Bedeutung, daß nach Biophysikern, Biologen und Medizinern nun auch die Geophysiker von dieser für die Geowissenschaften in vieler Beziehung perspektivischen Grenzgebietsdisziplin Kenntnis nehmen, wie dies bereits 1929 BENO GUTENBERG empfahl.

12.7. Literatur

ASSMANN, D.: Die Wetterfühligkeit des Menschen. Jena, 1963.

BARNOTHY, M. F. (ed.): Biological Effects of Magnetic Fields, New York ,1969.

BASILEWITSCH, N. J.; RODIN, L. E.; und ROSOV, N. N.: Wieviel wiegt die belebte Materie des Planeten (russ.). Priroda, Moskau, H. 1 (1971).

BERG, H.: Wetter und Krankheiten. Bonn, 1948.

BOCK, P. R.: Beitrag zum Problem der Beziehungen zwischen Wettergeschehen und Blutgerinnung. Ber. D. Wetterd., Nr. 114, Offenbach 1969.

CHIL'MI, G. F.: Grundzüge der Physik der Biosphäre (russ.). Leningrad, 1966.

CHOLODOV, JU. A.: Über die biologische Wirkung von Magnetfeldern (russ.) In: Probleme der kosmischen Medizin. Moskau, 1966a.

CHOLODOV, JU. A.: Wirkungen der elektromagnetischen und magnetischen Felder auf das Zentralnervensystem (russ.). Moskau, 1966b.

CHOLODOV, JU. A.: Magnetism in Biology. Moskau, 1970.

CHOLODOV, JU. A.: Reaktion des Nervensystems auf elektromagnetische Felder (russ.). Moskau, 1975.

COHEN, D.: Magnetoencephalography: Evidence of Magnetic Fields produced by -Rhythm Currents. Science **161** (1968), S. 784—786.

COHEN, D.: vgl. TEYLER u. a. (1975).

CZERMAK, J. N.: Ideen zu einer Lehre vom Zeitsinn. Sitz. Ber. K. Ak. d. Wiss., math.-nat. Kl., Wien, **24** (1857), S. 231—236.

DRISCHEL, H.: Biologische Rhythmen. Sitz. Ber. Sächs. Ak. d. Wiss. Leipzig, math.-nat. Kl., **109** (1972) 5.

DRISCHEL, H.: Biologische Rhythmen und Anpassungsfähigkeit der Lebewesen. Z. f. Geol. Wiss., **2** (1974), S. 889—909.

DRISCHEL, H.: Organismus und geophysikalische Umwelt. Sitz. Ber. Sächs. Ak. d. Wiss. Leipzig, math.-nat. Kl., **111** (1975) 2.

DRISCHEL, H.: Elektromagnetische Felder und Lebewesen. Sitz. Ber. Sächs. Ak. d. Wiss., math.-nat. Kl., **113** (1978) 4.

DUBROV, A. P.: The Geomagnetic Field and Life, Geomagnetobiology. New York and London. 1978 (Leningrad, 1974, russ.).

FRANKENHAEUSER, M.: Estimation of time. Stockholm, 1959.

GNEVYSHEV, M. N. and OL' (eds.): Effects of solar activity on the Earth's atmosphere and biosphere. Izd. Nauka, Moskau, 1971 und Israel Progr. f. Sci. Transl., Jerusalem, 1977.

GUTENBERG, B.: Geophysik und Lebewesen. Kap. XVIII in: GUTENBERG (ed.) Lehrbuch der Geophysik. Berlin, 1929.

HALBERG, F.; VALLBONA, C; DIETLEIN, L. F.; RUMMEL, J. A.; BERRY, C. A.; PITTS, G. C. and NUNNLEY, S. A.: Human circadian circulatory rhythm during weightlessness in extraterrestrial flight or bedrest with and without exercise. Space Live Sci. (1970), 18—32.

HELLPACH, W.: Geopsyche, Stuttgart, 1950.

HORN, W.: Kommunalhygiene. Berlin, 1969.

HURTIG, E.; R.-P. OESBERG; E. RITTER; G. GRÜNTHAL und F. JACOBS: Studies of the crustal structure in the northern part of central Europa. Gerl. Beitr. z. Geoph. **84** (1975), S. 317—325.

KÖNIG, H. L.: Über den Einfluß besonders niederfrequenter elektrischer Vorgänge in der Atmosphäre auf die Umwelt. Z. f. ang. Bäder- und Klimaheilkunde **9** (1962).

KÖNIG, H. L.: Behavioural changes in human subjects associated with ELF electric fields. In: PERSINGER, M. (ed.): ELF and VLF electromagnetic field effects. New York and London, 1974.

König, H. L.: Unsichtbare Umwelt. München, 3. Aufl., 1981.

König, H. L. und Ankermüller, F.: Über den Einfluß besonders niederfrequenter elektrischer Vorgänge in der Atmosphäre auf den Menschen. Naturw. (1960) S. 486–490.

Lauterbach, R.: Bericht über eine Ausstellung der Institute für Geologie und Geophysik, Geophys. u. Geol., Leipzig, 1962.

Lauterbach, R.: Geophysikalische Einflüsse auf biologische Systeme – ein Überblick. Abh. d. AdW d. DDR, Jg. 1974: Umweltbiophysik, ed. R. Glaser, K. Unger u. M. Koch, Berlin 1976.

Lauterbach, R.: Geophysikalische Einflüsse auf die Zeitwahrnehmung des Menschen. In: Chronobiologie u. Chronomedizin, ed.: J. Schuh, K. Hecht und J. A. Romanov; Abh. d. AdW d. DDR, Abt. Math., Nat., Techn., Nr. 1 N (1981) S. 637–653.

Lauterbach, R.: Angewandte Biogeophysik. Geophys. u. Geol., Geophys. Veröff. d. KMU Leipzig, Bd. II (1983) H. 4., S. 109–137.

Lauterbach, R. und Reincke, A.: Nachweis des Rostock-Gramzower Tiefenbruches mit Hilfe einer der Kosmosforschung entlehnten biologischen Methode. Geophys. u. Geol., Geophys. Veröff. d. KMU Leipzig, Bd. I, (1978) H. 4, 143–151.

Leonov, A. A. und Lebedev, V. I.: Die Wahrnehmung von Raum und Zeit im Kosmos. Nauka. Moskau, 1968. (russ.).

Ludwig, H. W.: A hypothesis concerning the absorption mechanism of atmospherics in the nervous system. Int. J. Biomet., **12** (1968) 2.

Ludwig, W.; Mecke, R. und Seelewind, H.: Elektroklimatologie. Arch. f. Meteor., Geophys. u. Bioklimat., Ser. B., **16** (1968).

Maurer, G. und Bernett, P. Wetter und Jahreszeiten in der Chirurgie, Vortr. d. prakt. Chirurgen, Stuttgart, 1966.

v. Mayersbach, H. (ed.): The cellular aspects of biorhythms. Berlin, Heidelberg, New York, 1967.

Moodie, R. L.: Paleopathology. Illinois, 1923.

Otto, W.; Hempel, W.-E.; Wagner, Chr.-U. und A. Best: Einige periodische und aperiodische Variationen der Herzinfarktsterblichkeit in der DDR. Z. f. d. ges. inn. Med. u. ihre Grenzgeb. **37** (1982) H. 22, S. 756–763.

Persinger, M. A. (ed.): ELF and VLF electromagnetic field effects. New York and London, 1974.

Popp, J. A. et al.: Electromagnetic Bioinformation. München, 1979.

Porstendorfer, G.: Principles of magneto-telluric, prospecting. Geoexpl. Monogr., Berlin (W) und Stuttgart, 1975.

Presman, A. S.: Electromagnetic Fields and Life. New York, 1970.

Reincke, A.: Zeitwahrnehmung und Geophysik. Geophys. u. Geol., Geoph. Veröff. d. KMU Leipzig, Bd. II (1980) H. 2.

Reincke, A.: s. Lauterbach und Reincke (1978).

Reiter, R.: Meteorobiologie und Elektrizität der Atmosphäre. Leipzig, 1960.

De Rudder, B.: Grundriß einer Meteorobiologie des Menschen. 3. Aufl. Berlin (W), Göttingen, Heidelberg, 1952.

Rutten, M. G.: The history of atmospheric oxygen. Space Life Sci. **2** (1970), 5–17.

Scharf, J. H. und H. v. Mayersbach (eds.): Die Zeit und das Leben, Chronobiologie. Nova Acta Leopold., N. F., **46** (1977) Nr. 225.

Scheving, L. E.; Halberg, F. und J. E. Pauly: Chronobiology. Stuttgart, 1974.

Schidlowski, M.: Probleme der atmosphärischen Evolution im Präkambrium, Geol. Resch. **60** (1971), S. 1351–1384.

Schuh, J. (ed.): Chronobiologie '76. Kongreß und Tagungsberichte d. Martin-Luther-Univ. Halle-Wittenberg, Wiss. Beitr. 1977/40 (P6), Halle (Saale), 1977.

SCHUMANN, W. O.: Über die strahlungslosen Eigenschwingungen einer leitenden Kugel, die von einer Luftschicht und einer Ionosphärenhülle umgeben ist, Z. f. Naturf. **7a**, (1952), 149–154.

SCHUMANN, W. O. und H. L. KÖNIG: Atmospherics geringster Frequenzen. Naturw. **41** (1954), S. 183–184.

SETSCHENOV, J. M.: 1863, in: Ausgewählte Werke, I, Moskau, 1952.

SINZ, R.: Zeitstrukturen und organismische Regulation. Berlin, 1978.

SINZ, R.: Chronopsychologie, Chronobiologie und Chronomedizin. Wiss. Taschenb. (WTB), Bd. 217, Berlin, 1980.

TCHISHEVSKIJ, A. L.: L'action de l'activité periodique solaire sur la mortalité générale. In: PIERY, M. (ed.): Traité de Climatologie biologique et médicale. Vol. 2, S. 1042. Paris. 1934.

TCHISHEVSKIJ, A. L.: Les épidêmies et les perturbations êlectromagnêtiques du milieu exterieur. Paris, 1938.

TEMBROCK, G.: Biokommunikation. Teil. 1 Berlin, Oxford, Braunschweig, 1971.

TEYLER, T. J.; CUFFIN, B. N. and COHEN, D.: The visual evoked Magnetoencephalogram. Life Sci., **17** (1975) 5, S. 683–692.

UNGEHEUER, H.: Ein meteorologischer Beitrag zu Grundproblemen der Medizin-Meteorologie. Ber. D. Wetterd., 16, Offenbach, 1955.

VERNADSKIJ, V. J.: Geochemie. Leipzig, 1930.

VORONOV, JU. A.: Role of weak stimuli in nature (with reference to the science of Biogeophysics). Trud. Leningrad. Ob. Estestv., **76** (1971) 1, S. 44.

WEVER, R.: Einfluß schwacher elektromagnetischer Felder auf die circadiane Periodik des Menschen. Naturw. **55** (1968), S. 29–32.

WEVER, F.: ELF-effects on human circadian rhythms. In: PERSINGER (1974), s. dort.

WILDFÜHR, G.: Die Bedeutung der Meteorobiologie für die Entwicklung der Hygiene. Z. f. ärztl. Fortbild., **53** (1959).

Sachwortverzeichnis

FSC
www.fsc.org
MIX
Papier | Fördert
gute Waldnutzung
FSC® C083411

Zeitfracht Medien GmbH
Ferdinand-Jühlke-Straße 7
99095 Erfurt, Deutschland
produktsicherheit@kolibri360.de